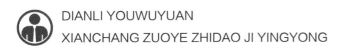

DIANLI YOUWUYUAN

XIANCHANG ZUOYE ZHIDAO JI YINGYONG

电力油务员
现场作业指导及应用

马晓娟　主编

U0260666

中国电力出版社
CHINA ELECTRIC POWER PRESS

内 容 提 要

本书系统地介绍了矿物绝缘油、汽轮机油、抗燃油、SF$_6$气体、油的净化及真空注油作业、矿物绝缘油色谱分析及故障诊断等相关知识。针对某项试验或作业，从适用范围及引用标准、相关知识介绍、试验前准备、试验程序及过程控制、危险点分析及预控措施、仪器维护保养及校验、试验数据超极限值原因及处理等内容进行详细阐述，内容丰富、新颖，实用性强。

本书可作为电力系统油务员的培训教材，也可作为高等院校电厂化学专业的教学参考书，还可供相关技术人员学习参考。

图书在版编目(CIP)数据

电力油务员现场作业指导及应用/马晓娟主编. —北京：中国电力出版社，2016.12
ISBN 978-7-5198-0251-6

Ⅰ.①电…　Ⅱ.①马…　Ⅲ.①电力系统-润滑油 ②电力系统-液体绝缘材料 ③电力系统-气体绝缘材料　Ⅳ.①TE626.3

中国版本图书馆 CIP 数据核字(2017)第 004106 号

出版发行：中国电力出版社
地　　址：北京市东城区北京站西街 19 号(邮政编码 100005)
网　　址：http://www.cepp.sgcc.com.cn
责任编辑：畅　舒
责任校对：常燕昆
装帧设计：张俊霞　左　铭
责任印制：蔺义舟

印　　刷：航远印刷有限公司
版　　次：2016 年 12 月第一版
印　　次：2016 年 12 月北京第一次印刷
开　　本：787 毫米×1092 毫米　16 开本
印　　张：25.75
字　　数：615 千字
印　　数：0001—2000 册
定　　价：**79.00 元**

前 言

　　为提高从事油（气）检测人员和油（气）处理人员的技术素质，作者力图将某个试验或某项作业所涉及的内容进行全面、深入地总结，形成对某项作业的完整知识链，从而让检测人员在工作中遇到问题时能有据可查。

　　本书共分六章，包括矿物绝缘油、汽轮机油、抗燃油、SF₆气体、油的净化及真空注油作业、矿物绝缘油色谱分析及故障诊断等相关知识。针对某项试验或作业内容，从适用范围及引用标准、相关知识介绍、试验前准备、试验程序及过程控制、危险点分析及预控措施、仪器维护保养及校验、试验数据超极限值原因及处理等内容进行详细阐述，内容丰富、新颖，实用性强。

　　本书由国网河南省电力公司技能培训中心马晓娟主编，并编写了第一章、第六章，周永立编写了第二章，郑国彦编写了第三章，吴冷编写了第四章，郭惠敏和赵亚军共同编写了第五章。

　　本书由国网河南省电力公司技能培训中心张磊主审，并审核第一章、第二章、第四章和第六章内容；由国网南阳供电公司郭跃东、国网河南省电力公司技能培训中心张涛和国网郑州供电公司秦旷二审，共同审核第三章和第五章内容。

　　本书的编写得到了电力行业有关专家的大力支持，并得到了厦门加华电力科技有限公司游荣文总工程师、河南省日立信股份有限公司申宏志工程师、河南省电力公司电力科学研究院郑含博博士、山东中惠仪器有限公司贾永伟工程师、上海华爱色谱分析技术有限公司李朝清工程师、开封供电公司郑钧及山东惠工仪器有限公司、河南中分仪器股份有限公司、郑州赛奥电子有限公司、河南省恒生电子仪器公司、北京兴迪仪器有限责任公司、北京昌科仪自动化科技有限公司、ABB（中国）有限公司等的大力支持，在此表示衷心的感谢。

　　由于编者专业知识水平有限，书中疏漏之处在所难免，恳请相关专家、读者批评指正。

编 者

2016 年 7 月

电力油务员现场作业指导及应用

目　录

第一章　矿物绝缘油

第一节　绝缘油取样作业现场指导及应用

一、概述

1. 适用范围

本方法适用于变压器、电抗器、套管、互感器、油断路器等充油电气设备的采集；适用于汽轮机、水轮机、调相机、调速系统用油的采集。发电机、给水泵等用油的采集可参照使用。

2. 引用标准

GB/T 7252—2001　变压器油中溶解气体分析和判断导则

GB/T 7597—2007　电力用油（变压器油、汽轮机油）取样方法

Q/GDW 1799.1—2013　国家电网公司　电力安全工作规程　变电部分

二、相关知识点

1. 采集油样的目的

绝缘油是充油电气设备中重要的介质之一，具有绝缘、散热冷却，可作为信息载体和保护铁芯、线圈及纤维绝缘材料等重要功能。为加强新油验收和对充油电气设备油质的监督和维护，必须定期取油样进行化验分析。

2. 油样采集的意义

正确的取样方法是取得具有代表性油样的前提，是保证试验结果真实的先决条件。

三、作业前准备

1. 人员要求

作业人员 2～4 人，工作负责人（专责监护人）一人；工作班成员若干，工作人员必须经培训合格，持证上岗。

2. 人员分工

工作负责（专责监护）人职责：认真履行 Q/GDW 1799.1—2013 中规定的安全责任，工作前对工作人员交待安全事项，并对取样过程中的安全、技术等负责。工作负责（专责监护）人不得兼做其他工作。

工作班成员职责：认真履行 Q/GDW 1799.1—2013 中规定的安全责任，认真履行油务员岗位责任制和化学监督制度。

3. 气象条件

进行取样作业时，环境温度不应低于＋5℃，并应在良好的天气进行，且空气相对湿

度一般不高于75%。

4. 取样前的准备工作

（1）油样标签的准备。内容包括：单位、设备名称、运行编号、型号、取样人、取样日期、取样部位、取样天气、运行负荷、油牌号及油量等。

（2）取样瓶的准备。500～1000mL磨口具塞试剂瓶（适用于油品常规分析项目），取样瓶先用洗涤剂进行清洗，再用自来水冲洗干净，最后用蒸馏水洗净烘干，冷却后盖紧瓶塞，粘贴取样标签待用。

（3）注射器的准备。

1）用密封性良好的100mL全玻璃医用注射器取样。取样前，注射器应按顺序用有机溶剂或清洁剂、自来水和蒸馏水洗净，在105℃下充分干燥，然后套上注射器芯塞，检查无卡涩，用小胶帽盖住接针头部位，保存于干燥器中备用。注意：所选注射器芯塞应能自由滑动，不卡涩。

2）选用取样容器时要进行严密性检查。推荐采用测含氢油样氢的损失量方法，即用被检注射器取含氢油样，测定含氢量，放置两周后，检查其含氢量，以氢含量损失不大于5%（即每周允许损失的氢含量应小于2.5%）者为合格。

3）进行定容试验。一般采用注水法进行，即将经气密性检查合格的注射器洗净称重，注水至所需刻度，再称出注水后注射器质量，利用水的密度计算出体积，再在该注射器上标示出实际体积大小的刻度。

4）现场快速气密性检查方法。将注射器抽到有明显刻度的位置，用手指堵死出口，用力压注射器活塞，压力使注射器内气体被压缩，松开活塞能复位表明注射器密封良好，否则需更换。

（4）其他取样器皿的准备。取样管洗净后自然干燥，两端用塑料帽封住待用。取样勺洗净，自然干燥后待用。

5. 工器具的准备

需准备的工器具见表1-1。

表 1-1　　　　　　　　　　　　　工　器　具

序号	名称	数量	单位	规格	备注
1	绝缘梯	1	台	高度根据现场工作需要	
2	活动扳手 开口扳手 管钳	1	套		
3	螺钉旋具	各1	把	十字、一字	
4	塑料壶	1	个	5～10kg	
5	不锈钢盘	1	个		医用
6	互感器专用取样头	1	个	根据设备型号需要	
7	望远镜	1	个		观察油位计用
8	干湿温度计	1	个		
9	色谱专用采样箱	根据工作需要	个		

序号	名称	数量	单位	规格	备注
10	油样采样箱	根据工作需要	个		
11	高空作业车	1	辆		
12	安全带	根据工作需要	条	双控	
13	个人保安接地线	根据工作需要	根		
14	温湿度计	标准	只	1	

6. 作业耗材的准备

需准备的作业耗材见表1-2。

表 1-2　　　　　　　　作 业 耗 材

序号	名称	数量	单位	规格	备注
1	取样标签	根据工作需要	个		
2	一次性橡胶手套	根据工作需要	双		
3	白布	根据工作需要	m		
4	玻璃注射器	根据工作需要	只	20、50、100mL	
5	取样瓶	根据工作需要	只	500mL	磨口具塞
6	颗粒度专用取样瓶	根据工作需要	只	250mL	具盖（塞）和塑料薄膜衬垫
7	专用金属取样瓶	根据工作需要	只	500mL	
8	金属三通阀	根据工作需要	个	与设备匹配	医用
9	透明乳胶管	根据工作需要	根	与金属三通阀及设备匹配	耐油
10	橡胶封帽	若干	个		
11	塑料布	根据工作需要	m		
12	白布带	根据工作需要	卷		
13	汽油	根据工作需要	壶		
14	洗洁精	根据工作需要	瓶		
15	甲级棉纱	根据工作需要	包		

四、 作业程序及过程控制

（一）作业前的准备

1. 查阅相关资料、记录

（1）查阅设备的例行（交接）试验报告。

（2）查阅设备的缺陷记录。

（3）分析设备的运行状况。

（4）查阅新油的出厂交接试验报告。

2. 工器具及材料准备

略。

（二）常规分析现场取样作业程序及过程控制

1. 现场作业程序

（1）按 Q/GDW 1799.1—2013 有关规定现场办理第一种或第二种工作票，并结合实际情况检查所做安全措施是否满足取样要求。

（2）列队宣读工作票，工作负责人在开始工作前向全体人员交待清楚工作地点、工作任务、现场安全措施、邻近带电部位和安全注意事项。确认取样设备的取样口位置，防止走错间隔。需要登高取样时应配备足够的安全措施。

（3）工作成员必须熟悉工作内容、工作流程，掌握安全措施，明确作业中的危险点和注意事项，并在工作票中确认签字。

（4）取样前准备工作：把取样容器及工器具等放置在工作地点，必要时准备合适的梯子或登高器具，在试验现场检查安全措施，抄录设备铭牌，记录现场温度、湿度，给取样容器贴上取样记录标签，并检查油位情况，检查取样口外观完好，无渗漏。

（5）常规分析取样量，根据设备油量情况，以够试验用为限。取样后盖紧瓶塞密封，瓶外壁用干净布擦净。

2. 油桶中取样

（1）油桶或油罐中取样，开启桶盖前需用干净的甲级棉纱或布将桶盖外部擦净（油罐的取样阀），防止杂质进入油中影响试验结果。

（2）用清洁、干燥的取样容器取样，并核对磨口瓶上标签填写的内容与油桶、罐的编号是否相符。

（3）应从污染最严重的底部取样，必要时可抽查上部油样，采用 500～1000mL 的磨口具塞瓶取样，所取油样要有代表性（代表总体）。

（4）取样时，用手堵住取样管的上端口，将下端口插入油桶底部后松开，待油自然压入取样管后，堵住取样管上端口，提出取样管。

（5）从整批油桶内取样，取样的桶数应能足够代表该批油的质量，具体规定见表 1-3。

表 1-3   取样桶数的确定

序号	1	2	3	4	5	6	7	8
总油桶数	1	2～5	6～20	21～50	51～100	101～200	201～400	>400
取样桶数	1	2	3	4	7	10	15	20

（6）每次试验应按表 1-3 规定取数个单一油样，均匀混合成一个混合油样。

（7）取样完成后，应盖上瓶盖，扎紧瓶口。放入专用采样箱中。取样时要注意：

1）不要残存有气泡。严密性好，取样后不向外跑气或吸入空气。

2）油样尽可能取满瓶，以减少残留空气造成的试验误差。

（8）终结工作票。

3. 油罐或槽车中取样

（1）应从污染最严重的底部取样，必要时可用取样勺抽查上部油样。

（2）取样前应排去取样工具内的存油，然后用取样勺取样。

4. 新绝缘油取样

新到货的油品应在使用前采集代表性油样进行化验，确认符合供方和使用方提出的技术规范。当新油经过验收并使用 24～48h 以后，再采集油样 4000mL，对其中一部分进行化验，结果可用于以后化验数据的比较基准；另一部分留存供将来必要时查核。该油样应在不超过 5℃ 的条件储存，以使油品变质减少到最小。

5. 电气设备中取样

（1）对于变压器、油断路器及其他充油电气设备，应从下部放油阀处取样，取样前先用干净的甲级棉纱或纱布擦净。

（2）取下设备放油阀处的防尘罩，旋开螺母，让油徐徐流出，排放阀门中的死油，用废油容器收集，不能直接排至现场。

（3）将放油阀内的死油放尽，以便取到真实的油样，保证试验数据的准确性。

（4）死油排放完成后，用 500～1000mL 的磨口瓶取样。

（5）取样过程中油样应沿瓶壁缓慢地流入瓶中，不得产生冲击、飞溅或起泡沫。

（6）取样结束后，立即旋紧螺母。

（7）清理现场，终结工作票。

6. 变压器油中水分和油中溶解气体分析取样

（1）取油样部位。通常大型变压器有上、中、下部三个取样阀，还有一个是气体继电器通过一根细金属油管引到下面的取瓦斯气的阀。一般情况下，由于油流循环，油中溶解气体分布比较均匀，为方便与安全考虑，应在下部取样，所取油样也具有一定代表性。在遇有特殊情况时应注意以下几点：

1）当遇到严重故障，产气量较大时，可在上、下部同时取样，以便了解故障的特性及发展情况，并对故障的部位进行辅助判断。

2）当需要排查变压器的辅助设备（如潜油泵、油流继电器等）存在故障的可能性时，要设法在有怀疑的辅助设备油路输出端取样。

3）当发现变压器有水或油样中 H_2 含量异常时，应在上部或其他部位取样。

4）应避免在设备油循环不畅的死角处取样。

5）应在设备运行时取样。若设备已停运或刚启动，应考虑油的对流不充分、故障气体的逸散性及固体材料吸附对故障诊断带来的影响。

取油样全过程需在全密封状态下进行，以防止油样与空气接触。取样时，大多数设备均可处于运行状态；对于互感器、套管等少油设备，大多需在停运时采样；而对于可产生负压的密封设备，禁止在负压状态下采样。

（2）取样方法。

1）取样前应先将取样阀内的残油排除，放油量一般是 4 倍的死油体积，或当油温有明显的温度感（40℃ 以上）时即认为是本体循环油，并将阀体周围污物擦拭干净。

2）取下设备放油阀处的防尘罩，在取样阀门配带的小嘴上接软管，在注射器和软管之间接一金属小三通。

3）取样连接方式应可靠，连接系统无漏油或漏气缺陷。

4）采用 20～100mL 玻璃注射器，在使用注射器之前，应核对注射器标签上填写的内容与取油设备是否相符。

5）做溶解气体分析时取样量为 50～100mL，做油中水分测定时取样量为 10～20mL。

6）先将"死油"（一般要排掉死油体积的 4 倍，若是老式取样阀门设备，死油体积很大，这样的设备不适合从底部取样）经三通排掉，然后转动三通使少量油进入注射器，再转动三通并压注射器芯，排除注射器内的空气和油。取样前应尽量将取样容器和连接系统中的空气排尽。

7）转动三通使油样在静压力作用下自动进入注射器。

8）取到足够的油样时，关闭三通和取样阀，取下注射器，用橡胶帽封闭注射器，尽可能排尽橡胶帽内的空气。

9）取样时不应拉注射器芯，以免吸入空气或对油样脱气。

10）操作过程中应特别注意保持注射器芯干净，防止卡涩。

11）取样结束，拧紧阀门，防止渗漏，保持取样阀处的橡皮垫圈有一定的压紧裕度。清擦设备，清理现场，终结工作票。

12）对于跟踪分析监督运行设备的跟踪取样，注意要多取一个样品，以便复试和检查用。

7. 气体继电器取气样

（1）取气样部位。通常在气体继电器的放气嘴上抽取气样。有特殊情况时，也可从变压器顶部取气样。

（2）取气样方法。

1）取气样前应用本体油润湿注射器。

2）采用10~20mL玻璃注射器，先用变压器本体油湿润取样注射器，以提高注射器的密封性，增加芯塞润滑性。

3）取样前应核对注射器上标签填写的内容与取油设备是否相符。

4）擦净继电器放气嘴，在其上套上一小段乳胶管，另一头接一个金属小三通，与注射器连接时要注意乳胶管的内径与气体继电器放气嘴及金属三通连接处要密封。

5）转动三通的方向，用气体继电器内的气体冲洗连接管路及注射器，转动三通排空注射器，再转动三通取气样。（若气体继电器的取样嘴是从上部引下来的，管子外部直径约6mm，先把管子内的油及气体继电器内的油放尽，直到看到有气体出来，再转动三通取气样）。

6）取样后，转动三通的方向使之封住注射器口，把注射器连同三通一起取下，取下三通，立即改用橡胶帽封住注射器，尽可能排尽橡胶帽内的空气。

7）拧紧阀门，防止渗漏，清擦设备，清理现场，终结工作票。

取气时要注意：①不要让油进入注射器内；②不要用过小的注射器取满刻度，以防逸散损失组分含量；③应尽可能在短时间内分析。

8. 互感器中油品现场采集

（1）登高取样。

1）根据测试项目要求选择取样容器及容量：20~100mL注射器，500~1000mL取样瓶。

2）注射器和取样瓶应清洁干燥、完好无损：无残缺、裂痕，芯塞灵活无卡涩，橡胶帽弹性好，无老化现象。

3）工器具、耗材等齐备，穿工作服、穿绝缘鞋、戴安全帽、系安全带。

4）按工作票要求，进入工作地点，确认工作设备。

5）在注射器和取样瓶标签上填写单位、设备名称、型号、取样日期、取样部位、取样天气、油量等。

6）核对设备编号，与带电设备保持足够的安全距离（按《安规》规定执行）。

7）根据设备的高低选择绝缘梯的长度，绝缘梯应有校验合格证。

8）取样过程需要4人，一人攀登取样、一人监督、一人扶梯、一人传递工器具。

9）登高作业时，应使用安全带并经校验合格。

10）梯子与地面的倾斜角度约为60°。

11）作业人员必须登在距梯顶不小于1m的梯蹬上作业，并派人扶梯。

12）上下传递工具时不得抛掷，使用工具时不得损伤设备瓷质部分。

13）取样前检查设备表面有无潮湿、污浊和破损之处。取样部位的下方用塑料桶或棉纱接住。

14）取样后，确认无工器具和杂物等遗漏在设备上，由工作负责人监督检查，清理工作现场，终结工作票。

（2）高空作业车停电取样。

1）对不满足带电取样安全距离要求的充油设备（电流互感器、电压互感器、套管等）的，应办理第一种工作票停电取样。

2）作业车必须可靠接地，作业人员必须经过特种作业培训并经考试合格，必须使用安全带，必须严格遵守高空作业车使用规程。

3）操作作业车时，地面必须有一人负责监护，时刻提醒注意与取样设备保持足够的安全距离裕度，防止碰触设备，时刻提醒与相邻间隔运行设备保持足够的安全距离，防止造成人身触电事故和设备事故。

4）使用工器具时必须用白布带捆扎，防止掉落工具或打碎绝缘子。

5）高空作业车下方严禁站人。

6）取样结束后拧紧阀门，防止渗漏，保持取样阀处的橡皮垫圈有一定的压紧裕度。清擦设备，清理现场，确认无工器具和杂物等遗漏在设备上，由工作负责人监督检查后终结工作票。

（三）取样量

取样量应符合下列要求：

（1）运行油中水分含量测定用的油样，可同时用于油中溶解气体分析，不必单独取样。

（2）常规分析时根据设备油量情况采取油样，以够试验用为限。

（3）做溶解气体分析时，取样量为50～100mL。

（4）专用于测定油中水分含量的油样，可取10～20mL。

（四）油样的运输和保存

（1）油样应尽快分析。

（2）油中溶解气体分析油样不得超过4天。

（3）油中水分测定油样不得超过7天。

（4）油样在运输过程中应尽量避免剧烈振动，防止容器破碎，尽可能避免空运。

（5）油样运输和保存期间，必须避光，并保证注射器芯能自由滑动。

五、 危险点分析及预控措施

1. 防人员责任风险

（1）作业前，工作负责人应对作业现场存在的环境危险因素进行勘查，并制订预控措施。

（2）所有作业人员均应提前进行风险辨识，并掌握预控措施。

（3）工作前作业人员应注意休息，保持良好的精神状态和体力，应着装规范。工作负责人发现作业人员精神不振，注意力不集中，应询问、提醒，必要时应更换人员。

（4）工作班成员应认真参加安全交底会，有疑问的要及时提出。确认无误后，由工作班成员本人在工作票上履行签名确认手续。

（5）取样前应仔细检查油位，有疑问时马上通知相关人员进行处理。

（6）取样前后发现取样阀漏油应检查漏油原因，不能自行处理的马上通知相关人员。

2. 防人身触电伤害

（1）熟悉现场安全间隔区域和带电设备的安全距离。

（2）带电取样过程中，必须有专人监护，提醒与带电设备保持足够的安全距离，不得误碰带电设备，使用个人接地保安线，防止感应电伤人。

（3）在变电站应由两人放倒搬运绝缘梯，并与带电设备保持足够的安全距离。

（4）不准超越、跨越遮栏进入运行设备区域。

3. 防高空作业伤害

（1）防止高处坠落。正确使用安全带，检查梯子是否牢固、可靠，正确使用防滑绝缘梯。梯子须放置稳固，并由专人扶持。

（2）从变压器上部取样阀、互感器、套管上取油样等，必须系好安全带。

（3）防止高空落物。高处作业应使用工具袋，工器具的上下传递应用绳索拴牢传递，严禁抛掷。使用工器具时，应用白纱带绑扎，防止工具掉落伤人，严禁工作人员站在工作处的垂直下方。

（4）防止高空作业车事故。停电取样时，操作高空作业车人员必须经过特种作业培训合格后方可操作，并严格执行作业车的使用规程。现场须有专人全程监护，时刻提醒与带电设备和采样设备保持足够的安全裕度。

4. 其他

（1）当作业现场存在多专业、多班组交叉作业时，要注意沟通及协调，防止出现人身伤害及设备事故。

（2）取完油样后应关好取样阀，不得漏油、渗油，并做好工作地点的清洁工作。

第二节　水分测试现场作业指导及应用（库仑法）

一、 概述

1. 适用范围

本方法适用于用库仑法测定运行中矿物绝缘油和汽轮机油的水分含量。

2. 引用标准

GB 2536—2011　电工流体变压器和开关用的未使用过的矿物绝缘油

GB/T 7595—2008　运行中变压器油质量

GB/T 7597—2007　电力用油（变压器油、汽轮机油）取样方法

GB/T 7600—2014　运行中变压器油和汽轮机油水分含量测定法（库仑法）

GB/T 14542—2005　运行变压器油维护管理导则

GB 50150—2006　电气装置安装工程电气设备交接试验标准

DL/T 596—1996　电力设备预防性试验规程

Q/GDW 1168—2013　输变电设备状态检修试验规程

二、 相关知识点

1. 油中水分

水分是指矿物绝缘油中含有的极为微量的水分。运行矿物绝缘油中一般含有微量的水分，水分是影响设备绝缘老化的重要因素。含水量增加，会促使其老化并使绝缘性能下降，影响设备可靠性和导致寿命的降低。所以必须严格监控微量水分指标。

运行矿物绝缘油中的水分，主要是外部侵入和内部自身氧化产生的。如用油设备在安装过程中，干燥处理得不彻底（如绝缘绕组未干燥透等）；或在运行中由于设备的缺陷（如循环泵密封不严密），而使水分侵入运行矿物绝缘油中。另外，运行矿物绝缘油在使用中，由于运行条件的影响，会逐渐地氧化，在自身氧化的过程中，也伴随有水分的产生。

2. 试验原理

库仑法原理：在有水时，碘被二氧化硫还原，在吡啶和甲醇存在的情况下，生成氢碘酸吡啶和甲基硫酸氢吡啶。反应式如下：

$$I_2+SO_2+3C_5H_5N+CH_3OH+H_2O == 2C_5H_5N \cdot HI+C_5H_5N \cdot HSO_4CH_3$$

在电解过程中，电极反应如下：

阳极：$2I^- -2e \longrightarrow I_2$

阴极：$I_2+2e \longrightarrow 2I^-$

　　　　$2H^+ + 2e \longrightarrow H_2\uparrow$

产生的碘又与试油中的水分反应生成氢碘酸，直至全部水分反应完毕为止，反应终点用一对铂电极所组成的检测单元指示。在整个过程中，二氧化硫有所消耗，其消耗量与水的克分子数相等。依据法拉第电解定律，得出样品中的水分含量。

3. 测试意义

矿物绝缘油中水分对绝缘油的电气性能、理化性能及用油设备的寿命都有极大的危害：降低矿物绝缘油品击穿电压；使介质损耗因数升高；使绝缘纤维容易老化；助长了有机酸的腐蚀能力，加速了对金属部件的腐蚀，促使油品老化并使绝缘性能下降。它将影响设备的安全运行，并缩短寿命。所以控制和监督矿物绝缘油中水分对生产运行有非常重要的意义。

三、 试验前准备

1. 人员要求

试验人员应掌握分析化学的基本知识，具备分析化学的基本操作能力，需要1～2名

经培训合格的熟练操作仪器人员。

2. 试验室条件

试验室环境要干燥、清洁、防潮、防尘及避免阳光直接照射，最佳室温要求在15～25℃，且变化不超过3℃，最佳相对湿度在70％以下，操作环境中不得有粉尘及干扰气体；室内不得存放与试验无关的易燃、易爆和强腐蚀性的物质。

3. 试验仪器、工器具及耗材

试验仪器、工器具及耗材见表1-4。

表1-4　　　　　　　　　　　试验仪器、工器具、耗材

序号	名称	规格/编号	单位	数量	备 注
一	试验仪器				
1	微量水分测定仪	CA-200	台	1	
2	恒温干燥箱		台	1	
二	工器具				
1	微量注射器	$0.5\mu L$	支	1	
2	玻璃注射器	100、1mL	支	各1	
3	镊子		个	1	
4	烧杯	100mL	个	2	
三	耗材				
1	变压器油	25号或45号	mL	100	
2	电解液				适量
3	丙酮				适量
4	酒精	分析纯			适量
5	蒸馏水				适量
6	进样垫	10×2			适量
7	高真空硅脂	250mL			适量
8	变色硅胶				适量
9	测试滤纸		盒	1	
10	脱脂棉		包	1	

四、 试验程序及过程控制

（一）操作步骤

1. 采集油样

采集油样按照GB/T 7597—2007的规定进行。应用注射器密封取样，取样量以够用为宜。

2. 仪器准备

（1）微量水分测定仪的测试环境最好能将温度恒定在25℃左右，湿度控制在60％以下。将仪器放在平整的工作台上，将电解池各组件放入恒温干燥箱中，在65℃下恒温3～4h后取出，放入干燥室内冷却至室温备用。

（2）电解液的准备和添加。在通风橱内，预先在清洗干燥的电解池阳极室内放入搅拌子，往阴极室和阳极室分别加入电解液至刻度线，阴极室液面与阳极室液面在同一水平面或稍微高些。

（3）电解池的安装。在干燥管底部铺上适量的棉花，防止杂物进入电解池内部，干燥管内装入变色硅胶，在所有玻璃磨口处涂上高真空硅脂或凡士林，塞好所有的塞子。安装测量电极时，要注意电极方向与电解液的搅拌方向成切线，在电解池上部的进样口处更换进样硅胶垫，旋紧进样口旋钮。

3. 试验步骤

（1）开启电源开关。仪器电压显示应正常。

（2）滴定池空白值消除。

1）调节搅拌速度在 2～3 之间。

2）按"TITRATION"键，消除滴定池本底。等待先后显示"Wait"、"Ready"，然后"Stable"。

3）如果本底（滴定速度）不能下降，重复以下步骤：

a. 按"TITRATION"键停止电解，调节搅拌速度到 0，停止搅拌。

b. 从搅拌器上取下滴定池，轻轻地摇动，让滴定池壁上的微量水分被电解液吸收。

c. 把滴定池放回搅拌器上，重复操作（1）及以后步骤。

4）如果通过以上操作，本底仍不能下降，可能：

a. 微水从外部扩散到滴定池中；

b. 阴极池陶瓷板受潮或试剂失效。

措施：检查 D/T 两电极插头是否正确。拔出后重新连接一次。如果仍不能消除故障，应联系代理商。

（3）参数设置。设置滴定参数，项目空白或设为"0"是无效的，滴定参数可以被保护。按"PARAMETER"键，选择文件，设置滴定参数。

（4）"File-Name"文件名设置。"File-Name"文件名：文件名最多 9 个字节，按照滴定的要求输入。

1）按下"PARAMETER"键和"CS"键进入字符选择模式，按⇐和⇒键选择字符。进入文件名称输入页。按"CLEAR"键时，其后的字符将被删除。

2）按⇓ ⇑ ⇐ ⇒和↵键输入文件名，数字和"－"可以直接输入。

3）按"CS"键退出输入模式。

（5）"Delay"滴定开始延迟时间。设置油品为 0.2min，按下"START/STOP"键，在延迟时间后开始滴定。

（6）"Min-Titr"滴定连续时间。强制进行设定时间的连续滴定。（用户不设置）

（7）"Titr-Stop"强制停止滴定时间。"Titr-Stop"为强制停止滴定时间，滴定到设定的终点时间，滴定强制停止。（用户不设置）

（8）"End-Sense"终点检测水平。当滴定速度小于［终点检测水平（$\mu g/s$）＋本底值（BG）］时，终点来临。

$$0.1 + 0.05 = 0.15$$
终点检测水平　本底值　终点指示值

（9）"Print-Form"打印格式号，一般选3。

（10）"Calc-Form"浓度计算公式，可选0，净水含量。

（11）"Calc-Unit"结果单位，一般选0；0：％，ppm　Auto Select〔用于仪器内存中的公式（1-9），单位自动选择〕。

（12）"VA Select"汽化器选择，一般选0。

（13）设定样品参数。样品参数设定如下，按"SAMPLE"键，根据计算公式选择滴定参数所需的项目显示，如果滴定参数被保护，可以将它们改变。在测量前或过程中所有的参数均能被设定或改变，除了"W"和"w"外，样品其他参数可以连续使用。每一项"W"和"w"将逐一输入，测量结束后如果未被输入，仪器将等待用户的输入。当浓度计算公式选项为0时，不必输入样品量。

（14）进样及测试。

1）按"START/STOP"键，进样。按下该键后，B.G 被存储。

2）如果测量到达终点，会有蜂鸣声并显示结果。结束条件：测量速度≤B.G.＋End sense。

3）注意事项：

a. 空白电流大，电解池密封不好。

b. 样品抽取不产生气泡。

c. 针头应插入液面，避免同电解池壁或电极接触。

（15）测量结束。

1）按下"Titration"键来停止滴定。

2）将搅拌速度调整为"0"。

3）关掉电源开关。

（二）计算及判断

1. 计算

油中水分含量按式（1-1）计算

$$X = \frac{Q \times 10^3}{\rho V \times 10722} \tag{1-1}$$

式中　X——水分含量，mg/L；

　　　Q——试油消耗的电量，mC；

　　　ρ——试油的视密度，g/mL；

　　　V——试油的体积，mL；

　10722——换算常数，mC/g。

2. 结果判断

绝缘油水分质量标准见表1-5所示。

表 1-5　　　　　　　　　　　　　　绝缘油水分质量标准

电压等级 (kV)	水分质量标准（mg/L）		
	新绝缘油	投运前油	状态检修例行试验
330～1000		≤10	≤15（330kV 及以上）
220	报告	≤15	≤25（220kV 及以下）
≤110 及以下		≤20	

（三）精密度分析

（1）两次平行测试结果的差值不得超过表 1-6 中数值。

表 1-6　　　　　　　　　　绝缘油水分测试两次平行试验结果的差值　　　　　　　　　mg/L

样品含水范围	允许差值
10 以下	2
10～20	3
21～40	4
大于 41	10％

（2）取两次平行试验结果的算术平均值作为测定值。

（四）结束工作

（1）电解液静置至分层，仔细抽取上层油液，分别取下电解电极和测量电极接头，将电解池放入干燥器内存放。

（2）将仪器断电，擦拭仪器表面溅上的污渍。

（3）整理仪器，清理操作台使其恢复清洁、整齐，用具归位。将试验结果写在原始记录表上，并填写试验报告。

（五）试验报告编写

试验报告应包含设备主要参数、变压器的负荷、顶层油温、环境温度和湿度、样品名称、取样方法及部位、取样时间、微量水分数值测定结果、试验人员、分析意见、情况说明等。

五、 危险点分析及预控措施

1. 试剂伤害

（1）取试剂时，应使用手套，不要吸入和接触试剂。如果试剂接触了皮肤，立即用大量水冲洗。

（2）试剂含有有害物质（二氧化硫和碘）的，取试剂时要佩戴防护用品，注意房间要通风。按规定处理废液，注意不要污染环境。

（3）试剂瓶和电解池要密封良好，妥善保管，避免有毒气体伤害身体。

（4）试验中，试验人员不得吸烟、进食。试验后，试验人员做好自身清洁工作，以防中毒。

（5）更换电解液和试验均应在通风橱中进行。

（6）化验室应备有自来水、消防器材、急救箱等物品。

2. 电解池损坏

（1）电解池放置很长时间，接触面会粘住。建议每周转动一下，及时涂抹油脂，以防电解池损坏。

（2）如果长时间不使用电解池，应取出各部件，清洗干燥后，放在干燥器中保存。

3. 电解液失效

（1）进样垫重复进样后会有小孔，要及时更换。

（2）及时更换进样垫、硅胶和试剂时，要在各部件的接触面涂油脂，防止潮气进入。

（3）试验做完后，最好将电解池放入干燥器皿中保存。

（4）打开过的试剂瓶要盖紧，以防止水汽进入。

（5）试剂应放置阴凉、避光处保存，防止由于阳光照射及室温偏高造成试剂变质、失效。

（6）按 GB 7600 测定法配制的电解液，当注入的油达到一定量后，整个电解液会呈现浑浊状态，但不会影响测试结果。当试验结束，仪器关闭 15min 后油样会与电解液进行分层，此时可用注射器将油样抽出，注意不要抽走电解液。进行抽油操作后，若要继续使用电解液，应用纯水标定，符合规定后可以继续进行滴定，否则要更换电解液。

4. 试验误差

（1）取油时不要吸入空气和气泡，注油时要将注射器中的气泡排除。

（2）取样用注射器应清洁、干燥、无卡涩，密封性好，针头无堵塞。密封取样，避光保存。

（3）电解电极、测量电极、搅拌棒不得用水清洗，避免受潮。

（4）当电解时间超过 0.5h，空白电流增大，电解过程有强烈气泡生成，试剂被污染成淡红褐色时，应更换电解液。

（5）仪器要及时标定和定期维护，保持仪器的灵敏性和准确性。

（6）当样品注入电解池时，针头应插入液面，避免同电解池壁或电极接触，以减少试验误差。

（7）测定油品中的水分时，应注意电解液和试样的密封性，在测试过程中不要让大气中的潮气侵入试样中。因此从设备中采取试样时，应按与色谱分析法同样的要求，用医用注射器进行取样，并应避光保存。

5. 取样方式不符合要求

（1）取样是要放掉管中死油，应连接好取样管路，避免空气和潮气进入。

（2）取样时让油平缓自动进入注射器，不得产生气泡。

6. 试验场所不符合要求

（1）试验场所要清洁、干燥，不应有影响试验数据的腐蚀性物质和灰尘。

（2）试验场所，要避免阳光直射和振动。

（3）为了试验员的身体健康和仪器安全工作，试验场所要通风良好，同时配置抽风设施。

（4）为了防止触电，试验仪器要可靠接地。

六、 仪器维护保养及校验

（一）仪器维护保养

1. 仪器的使用环境要求

仪器应安放在无腐蚀性气体的室内，无阳光直射，室温应在 5～35℃之间，环境相对湿度最好是低于 80%，75% 以上对仪器就有一定的影响。仪器附近无频繁操作的大功率电气设备。

2. 试剂的维护

把试剂存放于通风良好，环境温度在 $5\sim25℃$，相对湿度不大于 85% 的地方。对试剂的毒性、气味和易燃性必须十分小心，应在通风良好的试验台上装入或更换试剂。

3. 滴定池磨口的保养

大约一星期内要转动一下滴定池的磨口连接处，在不能轻松转动时，应重新涂上薄薄的一层真空脂，否则，真空脂就会变硬，磨口连接处的零件就可能拆不下来。因此要经常保养，使它们便于拆卸、清洗。

注意：真空脂不宜涂的过多，否则会使其进入滴定池而造成测量误差。

4. 滴定池磨口黏结处理

如果滴定池磨口连接处牢固地黏结在一起，不易拆卸，应按下列程序拆卸：

（1）排除滴定池中的试剂，并冲洗干净。

（2）在磨口结合处周围注入少量的丙酮，然后用手轻轻地转动磨口处零件，即可拆卸。

（3）如仍不能拆卸，请将滴定池放在 2L 的烧杯中，慢慢加入浓度为 5% 的氯化钾溶液浸泡，不要让液体进入测量电极、阴极室电极的引线套端头，浸泡约十几个小时或者 24h 后，即可拆卸（此方法可重复进行）。

5. 其他维护事项

试样注入口的硅胶垫，如在使用中发现穿过硅胶垫的针孔变得无收缩性应更换新的；当干燥管里的硅胶由蓝色变至浅粉色时，应更换硅胶；大约一星期内要转动一下电解池的磨口连接处，防止粘连，必要时需更换真空脂。

（二）仪器校验

（1）绝缘油水分测试仪采用自校方法进行仪器检验，即利用纯水进行仪器标定。

1）检查滴定池连接情况，确保无开路情况。

2）开启电源开关。仪器电压显示应正常。

3）滴定池空白值消除。

a. 调节搅拌速度在 $2\sim3$ 之间。

b. 按 "Titration" 键，消除滴定池本底。等待先后显示 "Wait"、"Ready"，然后 "Stable"。

4）用 $0.5\mu L$ 的进样器抽取 $0.05\mu L$ 纯水，将针头擦干，按 "START/STOP" 键，将针头通过滴定池进样旋塞迅速插入池内试剂液面下，注入。测量到达终点，会有蜂鸣声并显示结果。

5）"水分量" 应显示 $(50\pm5)\mu g$。此过程应连续进行 $3\sim5$ 次。

（2）校验周期。

1）更换电解液时，在新试剂调整后，应及时进行仪器标定。

2）当注入的油达到一定量，用注射器将油样抽出后，待稳定后，应进行仪器标定。

3）仪器长时间未用又重新启用时，应进行仪器标定。

4）怀疑仪器检测准确度时，应进行仪器标定。

（3）校验达到标准。注入 $0.1\mu L$ 的纯水其显示测试结果应为 $(100\pm3)\mu g$ 水（含进样误差）。

七、 试验数据超极限值原因及采取措施

1. 警戒极限

运行中变压器油水分超极限值见表 1-7。

表 1-7　　　　　　　　　变压器油水分超极限值

设备电压等级（kV）	水分含量（μg）
330～1000	＞20
220	＞30
≤110 及以下	＞40

2. 原因解释

（1）设备密封不严，潮气侵入。

（2）配件装配质量问题（如干燥不彻底）。

（3）运行温度过高，导致固体绝缘老化，或设备长时间运行，油质劣化。

3. 采取措施

（1）检查密封胶囊有无破损，呼吸器吸附剂是否失效，潜油泵是否漏气。

（2）降低运行温度。

（3）采用真空滤油机过滤处理。

第三节　介质损耗因数/体积电阻率测试现场作业指导及应用

一、 概述

1. 适用范围

本方法适用于在试验温度下呈液态的绝缘材料（新油和运行油）的介质损耗因数、相对介电常数和体积电阻率的测定。

2. 引用标准

GB 2536—2011　电工流体 变压器和开关用的未使用过的矿物绝缘油

GB/T 5654—2007　液体绝缘材料工频相对介电常数、介质损耗因数和体积电阻率的测量。

GB/T 7595—2008　运行中变压器油质量标准

GB/T 7597—2007　电力用油（变压器油、汽轮机油）取样方法

GB/T 14542—2005　运行变压器油维护管理导则

GB 50150—2006　电气装置安装工程电气设备交接试验标准

Q/GDW 1168—2013　输变电设备状态检修试验规程

二、 相关知识点

1. 概念

（1）介质损耗因数。绝缘油是一种电介质，即能够承受电应力的绝缘体。介质损耗是指绝缘材料在交变电场作用下，由于介质电导和介质极化的滞后效应，在其内部引起的能

量损耗。

　　介质损耗因数主要是反映油中因泄漏电流而引起的功率损失，介质损耗因数可用于判断变压器油的劣化与污染程度。对于新油而言，介质损耗因数只能反映出油中是否含有污染物质和极性杂质，而不能确定存在于油中的是何种极性物质。但当油氧化或过热而引起劣化，或混入其他杂质时，随着油中极性杂质或充电的胶体物质含量的增加，介质损耗因数也会随之增大，可高达 10% 以上。

　　（2）相对介电常数。相对介电常数是表示绝缘能力特性的一个系数。它是表征不同电解质在电场作用下极化程度的物理量，其物理意义为金属极板间放入电介质后的电容量（或极板上的电荷量）相对于极板间为真空时的电荷量（或极板上的电荷量）的倍数。其值由电介质的材料所决定。

　　（3）体积电阻率。在恒定电压（±500V）的作用下，介质传导电流的能力称为电导率，电导率的倒数则称为介质的电阻率。体积电阻率是指绝缘材料内的直流电场强度与稳态电流密度之比，可以看成是一个单位体积里的体积电阻。绝缘油的电导率表示在一定电压下，油在两电极间传导电流的能力。电导率越大，则传导电流的能力就越强。

　　介质损耗因数、相对介电常数和体积电阻率是绝缘材料的三个重要指标。

　　2. 试验原理

　　本方法是在两个电极上加 50Hz 交流电压，测量电极间绝缘体中的介质损耗因数，同时测试相对介电常数和体积电阻率。

　　（1）介质损耗因数。采用高压西林电桥配以专用油杯在工频电压下进行绝缘油的测定。

　　介质损耗因数又称介质损耗角的正切值，以 $\tan\delta$ 表示。在交变电场的作用下，电介质内流过的电流可分为两部分，一是无能量损耗的无功电容电流 $\dot{I}_C$，二是有能量损耗的有功电流 $\dot{I}_R$，其合成电流为 $\dot{I}$，电流的相量图如图 1-1 所示。从图中可以看出，合成电流 $\dot{I}$ 与电压 $\dot{U}$ 的相位差非 $90°$，而是比 $90°$ 小 δ 角，此角称为介质损耗角，为功率因数角 φ 的余角。油的 $\tan\delta$ 是指在测量回路中流过的有功电流与无功电流的无量纲比值。

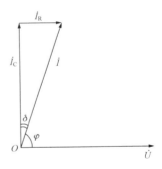

图 1-1　电流相量图

　　（2）体积电阻率。根据欧姆定律，两电极间液体的体积电阻等于施加于试液接触的两电极间直流电压与流过电极的电流之比，其大小应与电极间距成正比、与电极面积成反比。比例常数 ρ 即为液体介质的体积电阻率，其物理意义是单位正方体液体的体积电阻。即

$$R = \frac{U}{I} = \rho\frac{L}{S} \tag{1-2}$$

　　变换上式得

$$\rho = R\frac{S}{L} = RK = \frac{U}{I}(0.113C_0) \tag{1-3}$$

式中　R——被试液体的体积电阻，Ω；

　　　　U——两电极间所加的直流电压，V，测 ρ 时，选择恒定直流电压 $+/-500$V 测试；

I——两电极间流过的直流电流，A；

ρ——被试液体的体积电阻率，$\Omega \cdot m$；

S——电极面积，m^2；

L——电极间距，m；

K——电极常数，$K=S/L$，m；

C_0——空电极电容，pF。

由于液体的体积电阻率测定值与测试电场强度、充电时间、液体温度等测试条件因素有关，因此，除特别指定外，电力用油体积电阻率是指规定温度下，测试电场强度为(250 ± 50)V/mm，充电时间 60s 条件下的测定值。

本方法能够测量体积电阻率 $\rho+/\rho-$。通过正负直流试验电压测量 $\rho+$ 和 $\rho-$。如果相邻两次 $\rho+$ 和 $\rho-$ 绝对值之差不大于两者中较大的 35% ，说明测量是有效的。

3. 测试意义

绝缘油介质损耗因数的测量作为一种有效手段，可判断油样的完好性，可以表明运行中油的脏污与劣化程度或者油的处理结果如何。存在缺陷的油样其他的电气和化学指标可能都在合格范围内，但通过油介质损耗试验仍可发现缺陷。

绝缘油的体积电阻率，对判断变压器绝缘特性的好坏，有着重要的意义。油品的体积电阻率在某种程度上能反映出油的老化和受污染的程度，是鉴定油质的绝缘性能的重要指标之一。

三、 试验前准备

1. 人员要求

要求作业人员 1~2 人，身体健康。作业人员必须经培训合格，持证上岗；熟悉仪器的使用和维护等。

2. 气象条件

环境温度为 5~30℃，环境相对湿度不大于 75%。

3. 试验仪器、工器具及耗材

试验仪器、工器具及耗材见表 1-8。

表 1-8　　　　　　　　　　试验仪器、工器具及耗材

序号	名称	规格/编号	单位	数量	备　注
一	试验仪器				
1	全自动介质损耗及电阻率测试仪	DTLC 型	台	1	需定期维护
2	恒温干燥箱		台	1	
二	工器具				
1	磨口玻璃瓶	500mL	个	1	
2	锥形瓶	250mL	个	1	
3	湿度计		支	1	
4	漏斗		个	1	

续表

序号	名称	规格/编号	单位	数量	备 注
5	烧杯	1000mL	个	2	
三	耗材				
1	新变压器油	25号或45号	mL	500	经滤纸过滤
2	石油醚	分析纯			适量
3	磷酸钠				适量
4	滤纸				适量
5	绸布				适量
6	药棉、卫生纸				适量
7	蒸馏水				适量

四、 试验程序及过程控制

(一) 操作步骤

1. 采集油样

(1) 取样容器：用容积为 500～1000mL 的棕色磨口瓶取样，取样量不得少于 500mL。变压器油对光最敏感，使油的介质损耗因数、水分含量指标都明显变差，所以油试样应避光、密封保存。

(2) 取样作业。

1) 取样瓶清洁、干燥，密封性好。取样瓶不应污染、受潮。

2) 取样应在良好的天气下进行，避免在雷、雨、雾、雪、大风的环境下进行。

3) 清擦放油阀，放掉死油，让油缓慢进入瓶内，避免空气污染杂质进入取样瓶。取样过程中不得产生气泡。

2. 仪器准备

校准清洁干燥的试验杯（目的是校准空杯电容值，保证测量准确度）方法如下：

取一只玻璃碗，内置石油醚。注意：当使用石油醚时，禁止吸烟或使用明火，否则会引起火灾并造成人身伤害。

每次在碗内放入测试杯的一个部件，用清洗刷子清洗。必要时，清洗排液阀并在组装时拧紧。

用电吹风或风扇吹干或干净的无尘布擦干每个部件。

不要用裸露的手指触摸测量电极（任何轻微的污染都会影响校准的准确性），即使是最轻微的触摸也必须再清洗。因此测量电极只能通过橡胶手套或无尘纸接触。

当空杯电容校准值在 $C=68.8～73pF$ 范围内时，校准成功，校准值自动存入试验仪器中。之后使用时无需校准（更换或者清洗试验杯后，需要重新校准）。

3. 试验步骤

(1) 检查仪器接地线是否牢靠。在测试介质损耗因数时，仪器内部电压加到 2kV；测试电阻率时，仪器内部电压为 $\pm500V$。所以，仪器必须良好接地。

(2) 合上电源。合上电源前应检查仪器的接地装置是否连接良好。

（3）仪器自检、自校。向外轻拉操作单元（即彩色显示器），仪器自检，自检完成后，仪器自动进入中文界面，预热 10～15min。

（4）注油。

1）试油应缓慢注入，防止产生气泡。取 45～50mL 试油从进油孔倒入油杯，从观察孔看检测单元的两个液面是否平齐。若两个液面平齐或者注油油杯液面比冒口监视玻璃油杯液面高约 1cm，均认为注油完毕。

2）若冒口监视玻璃油杯液面高，断续点按排油键排油直到合适为止。

（5）介质损耗因数测量。

1）仪器开机直接进入主菜单，选择"标准测量"，按"下一步"按钮，选择"IEC60247：2004"，按"下一步"按钮，选择"是"（仪器测量正电阻率），按"下一步"按钮显示"请清洁测试单元"，按"排油"键排掉新油，打开防尘罩，按"下一步"按钮显示"请填充测试单元"，用试油冲洗 2～3 次后加入试油。

2）关闭防护罩。

3）请按"下一步"按钮自由输入样品序号。

4）选择"执行"，仪器进行测量。

5）测量完毕，仪器自动打印，并提示第二次加试油，按照上面的步骤进行平行样的测试。

6）仪器自动将两次结果取平均值。

7）若第二次测试数据不满足重复性要求，应继续对同一试样进行测量，操作过程同上，直到相邻两次读数之差不超过 0.000 1 加上两个值中较大一个的 25％为止。此时测得的结果才认为有效。

8）记录试验结果。试验结束后，油杯用新油保护。

（6）体积电阻率测试。

1）仪器开机直接进入主菜单，选择"标准测量"，按"下一步"按钮，选择"IEC60247：2004"，按"下一步"按钮，选择"否"（仪器测量正电阻率），按"下一步"按钮显示"请清洁测试单元"，按"排油"键排掉新油，打开防尘罩，按"下一步"按钮显示"请填充测试单元"，用试油冲洗 2～3 次后加入试油。

2）关闭防护罩。

3）请按"下一步"按钮自由输入样品序号。

4）按"保存"按钮确定输入值，测量开始。

5）测量完毕，仪器自动打印，并提示第二次加试油，按照上面的步骤进行平行样的测试。

6）仪器自动将两次结果取平均值。

7）第二次试验结果误差应满足方法重复性要求，对于体积电阻率，同一个油样，两次测量结果之差不大于较大值的 35％，否则应重新试验。方法是：短接电极杯两电极 5min，倒掉电极杯中的液体，用同一试样进行重复测量。直到相邻两个读数之差不超过两值中较高一个的 35％为止，此时试验才算有效。

8）记录试验结果。试验结束后，油杯用新油保护。

（二）计算及判断

（1）计算过程见试验原理。

（2）根据试验结果做出正确的判断，绝缘油介质损耗因数/体积电阻率质量标准见表1-9（GB 2536—2011、GB/T 7595—2008、Q/GDW 168—2013）。

表1-9 绝缘油介质损耗因数/体积电阻率质量标准

电压等级（kV）	项目	质量指标		
		新绝缘油	投运前油	状态检修例行试验
500～1000	介质损耗因数 tanδ（90℃）	≤0.002	≤0.005	≤0.02（500kV及以上，注意值）
≤330		≤0.005（注入电气设备前） ≤0.007（注入电气设备后）	≤0.010	≤0.04（330kV及以下，注意值）
≥500 或≤330	体积电阻率（90℃，Ω·m）	不要求	≥6×10¹⁰	≥1×10¹⁰ ≥5×10⁹

（三）精密度分析

1. 介质损耗因数

（1）取两次有效测量中的平均值作为绝缘油的介质损耗因数。

（2）同一个油样，两次测定结果之差不应大于0.000 1加上两个值中较大一个的25%。

2. 体积电阻率

（1）体积电阻率取两次有效测量结果中较高的一个值作为样品的体积电阻率，保留两位有效数字，并注明测定温度。

（2）同一试验室对同一油样的两次测定结果之差应满足：电阻率$\rho > 10^{10}$ Ω·m时，不大于25%；$\rho \leqslant 10^{10}$ Ω·m时，不大于15%。

（3）不同试验室对同一油样的两个测定结果之差应满足：电阻率$\rho > 10^{10}$ Ω·m时，不大于35%；$\rho \leqslant 10^{10}$ Ω·m时，不大于25%。

（四）结束工作

（1）按"排油"键排掉试油，并用新油对测量电极进行保护，即用新油对电极进行填充。

（2）整理仪器及试验台等。

（五）试验报告编写

（1）填写内容：变压器主要参数、油牌号及产地；变压器的负荷及顶层油温、取样日期、试验日期、温湿度、大气压、工作负责人、试验员、介质损耗因数及体积电阻率测试结果。

（2）报告的填写和传递时间为4天以内。

五、 危险点分析及预控措施

（1）测试仪器的周围应避开电磁场和机械振动。测试环境应清洁、干燥，无干扰，要防止灰尘、杂质进入油杯。

（2）防止人身触电。测试仪器在工作过程中，内部有高压，禁止在通电过程中插拔电缆；试验人员在全部试验过程中应有监护人监护，精力应保持集中，不得与他人闲谈；在更换油样时应切断电源，试验人员应站在绝缘垫上进行测试。

（3）线路各连接处接触应良好，无断路或漏电现象。

（4）防止高温烫伤。油杯温度较高，使用专用工具提取油杯。注油及排油时注意不要触碰油杯，防止烫伤。

（5）当使用石油醚等溶剂时，应注意预防燃烧和对人体的毒害。

（6）操作时不要用手直接接触电极或绝缘表面（避免手上水、杂质污染电极），即使是最轻微的触摸也必须再清洗。因此应戴洁净布手套或无尘纸接触。

（7）在注油操作过程中要缓慢地往油杯中注油，避免产生气泡和手触到电极。

（8）温度的影响。绝缘油的介质损耗因数/体积电阻率是随温度的改变而变化，即温度升高，体积电阻率下降，反之，则增大。因此在测定时必须将温度恒定在规定值 90℃，以免影响测定结果。

（9）绝缘油的介质损耗因数/体积电阻率与电场强度有关，如同一试油，因电场强度不同，则所测得的体积电阻率也不同。因此，为了使测得的结果具有可比性，应在规定的电场强度下进行测定。介质损耗因数的测量电压为交流 2kV，体积电阻率的测量电压为直流±500kV。

（10）油杯的清洁程度对测定结果有显著影响，检测时油杯一定要清洗干净。

六、仪器维护保养及校验

（一）仪器维护保养

（1）测量仪器放置地点应无强大电磁干扰和机械振动并有可靠接地。

（2）测量仪器必须按规定和说明书进行清洁和调整。油杯的清洁程度对测定结果有显著影响，检测时油杯一定要清洗干净。

（3）注入油杯内的试油，应无气泡及其他杂质。

（4）对试油施加电压至一定值时，在升压过程中不应有放电现象。

（5）温度的影响。一般绝缘油的介质损耗因数和体积电阻率是随温度的改变而变化的，即温度升高，介质损耗因数和体积电阻率下降，反之，则增大。因此在测定时必须将温度恒定在规定值，以免影响测定结果。

（6）绝缘油的体积电阻率与电场强度有关，如同一试油，因电场强度不同，则所测得的体积电阻率也不同。因此，为了使测得的结果具有可比性，应在规定的电场强度下进行测定。

（7）与施加电压的时间有关，即施加电压的时间不同，测得的结果也不同，应按规定的时间进行加压。

（二）仪器校验

1. 校验方法

打开防护罩，用一根细裸导线绕在检测单元高压电极上，将检测单元放入设备中并用专用测量线将仪器与标准电容、电阻器相连。

打开全自动介质损耗因数及电阻率测试仪电源，按下"排油"键将油排空。进入主菜单选择"自定义"，按"下一步"按钮显示"新建"，按"下一步"按钮输入编号，按"保存"按钮，选择"填充次数"，按"修改"按钮，用上下键将数字改为 1，然后按"保存"按钮，选择"测试步骤"，按"修改"按钮，用上下键将数字改为 1，然后按"保存"按钮，"选择测试步骤 1"，按"修改"按钮，选择"测量参数"，按"修改"按钮选择"损耗因数"按"保存"按钮，分别选择测试电压为 2000V，频率为 50Hz，选择"测试温度"，修改为无加热后按"保存"按钮。返回保存新建自定义设置。

电阻率自定义与上述介质损耗因数基本相同，将电压改为直流 500V。

打开标准电容、电阻器电源，调整输出值，等待 5s，确保标准电容器、电阻器挡位完成切换后，按绝缘油介质损耗因数及电阻率全自动测定仪面板上方向键选择上述自定义程序（介质损耗因数和电阻率），按"确认"按钮，当出现检测单元放电时按"专用测量线"上的开关使其由闭合到打开。直接对标准电容、电阻器输出信号进行测试。所得结果与输出值进行比对。

测试结束，拆下外接高压线、专用测量线。

2. 校验周期

在以下情况下应对仪器进行校验：

（1）每年度应校验至少 1 次。

（2）仪器经过维修后；仪器长时间未用又重新启用时；怀疑仪器检测准确度时。

3. 校验达到标准

测试结果应满足本方法精密度规定。

七、 试验数据超极限值原因采取措施

1. 警戒极限

运行中变压器油的介质损耗因数（90℃）超极限值：500kV 及以上，$\tan\delta > 0.020$；不大于 330kV，$\tan\delta > 0.040$。

运行中变压器油的体积电阻率（90℃）超极限值：500kV 及以上，$\rho < 1 \times 10^{10} \Omega \cdot m$；不大于 330kV $\rho < 5 \times 10^{9} \Omega \cdot m$。

2. 原因解释

（1）油质老化程度较深。

（2）油被杂质污染。

（3）油中含有极性胶体物质。

另外，在温室和高温（90℃）两个温度下测量介质损耗因数或电阻率时，常能获得有用的补充数据。如在 90℃下所测结果满意而在室温下所测结果不满意，则可指出油中有水分存在或在冷却时油中的劣化产物析出；若在两个温度下所测结果值都不满意，则指出油中可能污染程度严重，不可能使油恢复到满意的水平，此时应考虑对油进行吸附处理或者更换。

因此，介质损耗因数或电阻率试验是变压器油监督的最常用手段之一，具有特殊意义。

3. 采取措施

（1）如果油质快速劣化，则应进行跟踪试验，必要时可通知设备制造商。

（2）检查击穿电压、酸值、水分、界面张力数据。

（3）查明污染物来源并进行吸附过滤处理。无论新油还是运行中油，如介质损耗因数不合格，均可采用吸附剂处理。吸附剂有极性吸附剂、"801"吸附剂、硅胶、白土等。其中以极性吸附剂改善油的介质损耗因数的效果最好。如吸附剂为粉状的，可用接触法处理；如为粒状的，可用过滤法处理。

（4）考虑换油。

第四节　酸值测试现场作业指导及应用（中和滴定法）

一、概述

1. 适用范围

本方法适用于变压器油、汽轮机油的酸值测试。磷酸酯抗燃油的测定可参照本试验。

2. 引用标准

GB 2536—2011　电工流体 变压器和开关用的未使用过的矿物绝缘油

GB/T 7595—2008　运行中变压器油质量标准

GB/T 7597—2007　电力用油（变压器油、汽轮机油）取样方法

GB/T 14542—2005　运行变压器油维护管理导则

GB/T 28552—2012　变压器油、汽轮机油酸值测定法（BTB法）

GB 50150—2006　电气装置安装工程电气设备交接试验标准

Q/GDW 1168—2013　输变电设备状态检修试验规程

二、相关知识点

1. 酸值

变压器油中酸值是油中存在酸性产物成分（低分子酸、环烷酸和脂肪酸）的一种量度。中和1g油样中酸性组分所需要的氢氧化钾的质量（mg）即为油样的酸值。

2. 试验原理

中和滴定法是采用沸腾乙醇抽出试油中的酸性成分，再用配制好的氢氧化钾乙醇溶液对加入指示剂的油样进行滴定，当达到中和滴定终点时，记录所需要氢氧化钾标准溶液的体积，然后换算成酸值，单位：mgKOH/g。

3. 测试意义

（1）根据酸值的大小，可判断油品中所含酸性物质的量。通常酸值越高，则油品中所含的酸性物质就越多，新油酸值是生产厂家出厂检验和用户检查验收油质好坏的重要指标之一。

（2）油在运行中由于氧、温度和其他条件的影响，会逐渐氧化而生成一系列氧化产物，其中危害较大的是酸性物质，主要是环烷酸、羟基酸等。一般运行中油的酸值越高，表明油的老化程度越深，因此酸值是运行中油老化程度的主要控制指标之一。

（3）绝缘油中含有各种酸类及酸性物质会提高油品的导电性，降低油的绝缘性能，还会对设备构件所用的材料有腐蚀作用。

三、 试验前准备

1. 人员要求

试验人员应掌握分析化学基本知识，具备分析化学基本操作能力，需要 1～2 名经培训合格的熟练操作人员。

2. 实验室条件

实验室环境要干燥、清洁、防潮、防尘及避免阳光直接照射，室温要求在 15～25℃，且变化不超过 3℃，相对湿度在 75％以下，操作环境中不得有粉尘及干扰气体；室内不得存放与试验无关的易燃、易爆和强腐蚀性的物质。

3. 试验仪器、工器具及耗材

试验仪器、工器具及耗材见表 1-10。

表 1-10 试验仪器、工器具及耗材

序号	名称	规格/编号	单位	数量	备注
一	试验仪器				
1	酸值测定仪	HGSZ208	台	1	
二	工器具				
1	注射器	1mL	个	1	
2	磁力搅拌子		个	5	
3	专用油杯		个	6	
三	耗材				
1	变压器油		mL	500	实际用油
2	萃取液		mL	330	
3	中和液		mL	250	
4	碱液		mL	250	
5	无水乙醇		mL	500	
6	石油醚		mL	250	

四、 试验程序及过程控制

（一）操作步骤

1. 油样采集

采集油样按照 GB/T 7597—2007 的规定进行。应做到密封取样，取样量不小于 250mL。

2. 仪器及试剂准备

（1）新使用、长时间不用或被污染的油杯应用酒精清洗并晾干，用 1mL 注射器检查滴定针头是否通畅，若不通畅要进行疏通或更换。

（2）萃取液瓶中注入约 200mL 萃取液，将随机附带的带吸管的瓶盖旋紧在萃取液瓶上，用软管将萃取液瓶出口与主机萃取液入口可靠连接。

（3）中和液瓶中注入约 100mL 中和液，洗气瓶中注入约 100mL 碱液（浓度 40％的

NaOH 水溶液），将随机附带的带吸管的瓶盖分别旋紧在中和液瓶及洗气瓶上。用软管将洗气瓶出气口及中和液进气口连接可靠，将中和液瓶出液口与主机中和液入口可靠连接。

3. 试验步骤

（1）开机。开启主机电源，电压显示正常，仪器自动进入主操作界面。

（2）参数设置。

1）按"▲""▲"键选择菜单，按"确认"键进入对应菜单。

2）在主操作界面内，将光标移动至"设置"位置，按"确认"键即进入参数设置界面。参数设置界面显示各工作参数项目，包括：样品选择（绝缘油、抗燃油、汽轮机油）、样品质量（待测样品称重数据）、滴定速度（快速滴定或正常滴定）、打印设置（开、关打印）、日期设置（设置当前日期，带掉电保持功能）等。

3）当确认设置无误后，将光标移至"返回"位置，按"确认"键，设置将被保存并生效，仪器返回主界面。

（3）管路排空。仪器首次投入使用或较长时间搁置后再次投入使用时必须首先进行管路排空操作。做试验前必须保证两个液管内没有气泡，如果存在气泡，用此功能进行排气。

1）把滴定液泵卡和软管压入滴定液泵，使之到位。

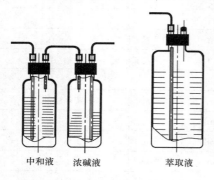

中和液   浓碱液   萃取液

图 1-2 管路连接简图

2）取出滴定液和萃取液的插管和瓶盖，换上随机带的具有不锈钢吸管的瓶盖，旋紧。并把仪器上的滴定和中和连接管分别对应地插入不锈钢管（按图 1-2 所示）。洗气瓶中加入浓碱液，防止中和液与空气反应影响测试结果。

3）样品托盘 F 位置放入一个空样品杯。分别选择中和液排气和萃取液排气。（进行管路排空时必须先将废液杯放在 F 位置，然后按屏幕提示操作）

4）接好管道，按"运行"键进行管路排空，最好排两遍，让管路里充满液体，完全排尽空气。

5）管路排空完成时，仪器鸣叫三声，管路排空完毕。

6）排气结束，按"返回"键，进入主界面。

7）如有卡机情况发生，可打开仪器后盖检查进样装置内注射器是否卡机，用手动方式消除卡机现象。

（4）空白测试。将废液杯取出，放入洁净干燥空杯（放入搅拌子）后，移动光标至"测试"位置，按"确认"键进行空白实验，屏幕下方进度条指示当前试验进度。

试验完成后会自动报出空白数值，保存至系统，亦可重复进行多次试验并求得平均值后，进入"系统设置"界面手动输入空白值。

为保证试验精度，建议该步骤在每次更换中和液及混合液后至少进行两次。

（5）油样测试。

1）在主界面下设置好样品种类、质量等参数后，移动光标至"测试"位置按"确认"键，仪器自动进行测试。

2）油样选择。A、B、C、D、E 油样任选一项（油杯实际放置位置必须与所选油杯位置一致）。

3）用随机附带的油杯称取试油 8.4～8.6g（称准至 0.2g）。试油注入油杯后，放入所选油杯位置中，移动光标至"开始测试"位置。

4）按"确认"键，仪器自动开始试验。测试结束后，屏幕显示试样酸值测试结果，自动打印结果，蜂鸣器响。

（6）管路清洗。

1）每次试验完成后，拆下中和液瓶及萃取液瓶，换上无水乙醇（分析纯）瓶，在操作界面内，将光标移动到"排空"功能按"确认"键，仪器进入管路清洗界面。

2）确认将废液杯放置样品托盘 F 位置，分别选择中和液排气和萃取液排气，仪器将自动完成管路清洗功能。

（7）结束。试验结束后，关闭主机电源，打开油杯仓盖，取出油杯，用镊子取下萃取液及中和液滴液针头，并用随机附带的胶帽堵住萃取液及中和液滴出液口及主机进液口，并将萃取液及中和液密封保存。

（二）计算及判断

1. 计算

试油酸值按式（1-4）计算

$$X = \frac{(V_1 - V_0) \times 56.1 \times c}{m}$$ （1-4）

式中 X——油样的酸值（以 KOH 计），mg/g；

V_1——滴定油样所消耗的氢氧化钾乙醇标准溶液的体积，mL；

V_0——滴定空白所消耗的氢氧化钾乙醇标准溶液的体积，mL；

c——氢氧化钾乙醇标准溶液的浓度，mol/L；

56.1——氢氧化钾的相对分子质量，g/mol；

m——油样的质量，g。

取重复测定两个结果的算术平均值，作为试油的酸值。

2. 结果判断

新绝缘油酸值不大于 0.03mgKOH/g；投运前油酸值不大于 0.03mgKOH/g；状态检修例行试验油酸值（注意值）不大于 0.1mgKOH/g。

（三）精密度分析

（1）重复性：两次平行测定结果的差值不得超过表 1-11 中允许值。

表 1-11　　　　　　　两次酸值测定结果允许差值

酸值（mg/g）	允许差值（mg/g）
<0.1	0.01
0.1～0.3	0.02
大于 0.3	0.03

（2）再现性：由两个实验提出的两个结果之差不应超过 0.05mg/g。

（四）结束工作

（1）试验结束后，整理仪器，清理操作台，恢复清洁、整齐，用具归位。

（2）将试验结果写在原始记录表上，并填写环境温度和湿度。

（五）试验报告编写

试验报告应包含设备环境温度、湿度、样品名称、取样方法及部位、取样时间、酸值测定结果、试验人员、分析意见、情况说明等。

五、 危险点分析及预控措施

（1）防触电。仪器应有良好接地。

（2）防中毒。由于试剂挥发性很强且有一定的毒性和腐蚀性，因此，实验室一定要保持通风良好，同时配置抽风设施，以防中毒。

（3）使用试剂时应戴手套，若不慎接触皮肤，立即用大量水冲洗，防止烧伤。

（4）防止玻璃仪器破碎被扎伤。

（5）化验室应备有自来水、消防器材、急救箱等物品。

（6）开机后如果发现光源二极管不亮，请与厂家联系。

（7）防止试剂失效。应正确存放试剂，中和液须密封、避光，置于冰箱内 4℃冷藏，萃取液须密封、避光，置于阴凉干燥处存放。试剂的保质期为一年，超出一年试剂会变质、失效，应重新更换试剂。

（8）试验完成后，为防止管路中残存中和液产生结晶堵住针头，以及管路中残存的萃取液对管路的腐蚀，必须进行管路清洗操作。

（9）试剂挥发性很强，每次使用后必须将中和液及萃取液进气口封闭。

六、 仪器维护保养及校验

（一）仪器维护与保养

（1）试验结束后应用无水乙醇对仪器管路及样品杯进行清洗，并排空、晾干。

（2）仪器应放置于干燥、清洁的环境中。

（3）如有故障，则应请有经验的保修人员进行检修，且勿擅自打开仪器。

（二）仪器校验

1. 校验方法

在确认气象条件符合要求的情况下，在中和仪器的中和液和萃取液入口接上无水乙醇或蒸馏水，打开仪器，进入管路排空界面，观察中和液和萃取液出液口出液是否通畅。

2. 校验周期

新仪器安装调试时校验一次，此后间隔 1 个月自检校验一次。

3. 校验达到标准

中和液和萃取液出液口应有规律的不间断出液。

如果自检不正常，说明仪器出现故障，请联系售后人员解决。

七、 试验数据超极限值原因及采取措施

1. 警戒极限

运行变压器油酸值超极限值大于 0.1mg KOH/g 。

2. 原因解释

（1）超负荷运行，加速油品劣化。

（2）抗氧化剂消耗，油品氧化加速。

（3）补错了油。

（4）油被污染。

3. 采取措施

（1）调查原因，增加试验次数。

（2）投入净油器。

（3）测定抗氧化剂含量并适当补加。

（4）变压器油劣化严重时可考虑再生。

第五节　击穿电压测试现场作业指导及应用

一、概述

1. 适用范围

本方法适用于验收到货的新绝缘油和电力设备内的油击穿电压现场测试。

2. 引用标准

GB/T 507—2002　绝缘油击穿电压测定法

GB 2536—2011　电工流体 变压器和开关用的未使用过的矿物绝缘油

GB/T 7595—2008　运行中变压器油质量标准

GB/T 7597—2007　电力用油（变压器油、汽轮机油）取样方法

GB/T 14542—2005　运行变压器油维护管理导则

GB 50150—2006　电气装置安装工程电气设备交接试验标准

Q/GDW 1168—2013　输变电设备状态检修试验规程

Q/GDW 1898—2013　绝缘油耐压测试仪检定方法

二、相关知识点

1. 击穿电压

在规定的试验条件下绝缘体或试样发生击穿时的电压称为击穿电压。击穿电压除以施加电压的两个电极之间距离所得的商，称为介电强度。

2. 试验原理

将运行矿物绝缘油装入有一对电极的油杯中，将施加于绝缘油的电压以 2～3kV/s 的速度升高，当电压达到一定数值时，油的电阻突然下降至零，即电流瞬间突增，并伴随有火花或电弧的形式通过介质（油），此时称为油被"击穿"。油被击穿的临界电压，称为击穿电压，以千伏（kV）表示。

3. 测试意义

击穿电压的测定是一项常规试验，它用来检验绝缘油被水和其他悬浮物质物理污染的程度。它是衡量变压器油在电气设备内部能耐受电压而不被破坏的尺度，也就是检验变压器油性能好坏的主要手段之一。该试验可以判断油中是否存在水分、杂质和导电微粒。

三、 试验前准备

1. 人员要求

要求作业人员 1～2 人，身体健康。作业人员必须经培训合格，持证上岗；熟悉仪器的使用和维护等。

2. 气象条件

环境温度为 5～35℃，环境湿度不大于 75%。

3. 试验仪器、备品、工器具及耗材

试验仪器、工器具及耗材见表 1-12。

表 1-12　　　　　　　　试验仪器、工器具及耗材

序号	名称	规格/编号	单位	数量	备注
一	试验仪器				
1	击穿电压全自动测定仪	ZHNY1801	台	1	需定期维护
2	恒温干燥箱		台	1	
二	工器具				
1	校规	2.5mm	个	1	
2	样品杯		套	1	
3	温度计		支	1	
4	玻璃棒	2mm	个	1	除去电极间产生的游离碳
5	漏斗		个	1	
6	磨口玻璃瓶	500～1000mL	个	2	
三	耗材				
1	矿物绝缘油	25 号或 45 号	mL	1500	
2	石油醚		瓶	1	
3	丙酮		瓶	1	
4	滤纸				适量

四、 试验程序及过程控制

(一) 操作步骤

1. 采集油样

采集油样按照 GB/T 7597—2007 的规定进行。取样应使用容积为 500～1000mL 的磨口瓶（尽量选用棕色瓶），取样量不得低于 1000mL。

2. 仪器准备

(1) 检查工作现场的工作条件、仪器接地等安全措施是否完备。

(2) 电极和油杯准备。

1) 电极的准备及检查。新电极、有凹痕的电极或未按正确方式存放较长一段时间的电极，使用前按下述方法清洗：

a. 用适当挥发性溶剂清洗电极各表面并晾干。

b. 用细磨粒砂纸或细纱布磨光。

c. 磨光后，先用丙酮，再用石油醚清洗。

d. 将电极安装在试样杯中，装满清洁未用过的待测试样，升高电极电压至试样被击穿 6 次。

e. 调整电极间距离，应为 2.5mm。

2) 油杯清洗。油杯不用时应保存在干燥的地方并加盖，杯内装满经干燥的绝缘油。在试验时用待测试样清洗油杯 2~3 次，排出待测试样后再将试样杯注满合格新油。

3. 试验步骤

（1）试样准备。试样在倒入试样杯前，轻轻摇动翻转盛有试样的容器数次，以使试样中的杂质尽可能分布均匀而又不形成气泡，避免试样与空气不必要的接触。

（2）装样。试验前应倒掉试样杯中原来的绝缘油，立即用待测试样清洗杯壁、电极及其他各部分 2~3 次，将试油缓慢注入油杯浸没过电极，并避免生成气泡。将试样杯放入测量仪，并盖好高压罩，静置 10~15min。测量并记录试样温度。

（3）加压操作。

1) 静置结束，仪器自动开始加压测试，在电极间按 2~3kV/s 的速率缓慢加压至试样被击穿，击穿电压为电路自动断开时的最大电压值。

2) 记录击穿电压值。达到击穿电压后静止 5min，重复（3）的加压操作过程 6 次。注意电极间不要有气泡，若使用搅拌功能，在整个试验过程中应一直保持搅拌。

3) 测试完毕。关闭电源，整理工作台，将合格的油样充满油杯放干燥处保存。

（二）计算及判断

（1）取 6 次连续测定的击穿电压值的算术平均值，作为平均击穿电压。

（2）试油的绝缘强度按式（1-5）计算

$$E = U/D \qquad\qquad (1-5)$$

式中　E——绝缘强度，kV/cm；

　　　D——电极的间隙，cm；

　　　U——试油的平均击穿电压，kV。

（3）根据试验结果做出正确的判断，绝缘油击穿电压质量标准见表 1-13。

表 1-13　　　　　　　　　　　绝缘油击穿电压质量标准

电压等级 (kV)	击穿电压质量指标（kV）		
	新绝缘油	投运前油	状态检修例行试验
750~1000	未处理油不小于 30kV。 经处理油①：不小于 70kV	≥70	750kV，U≥60kV（警示值）
			500kV，U≥50kV（警示值）
500		≥60	330kV，U≥45kV（警示值）
330		≥50	220kV，U≥40kV（警示值）
66~220		≥40	110（66）kV，U≥35kV（警示值）
35 及以下		≥35	35kV，U≥30 kV（警示值）

① 经处理油指试验样品在 60℃下通过真空（压力低于 2.5kPa）过滤流过一个孔隙度为 4 的烧结玻璃过滤器的油。

（三）精密度分析

单个击穿电压的分布取决于试验结果的数值，图 1-3 是由几个实验室用变压器油测得的大量数据得出的变异系数（标准偏差/平均值）。图中实线显示的是变异系数的中间值与平均值的函数分布，虚线显示的是在 95％置信区间内变异系数与平均值的函数分布。

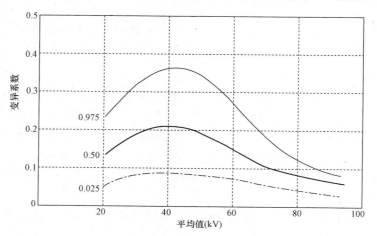

图 1-3　不同实验室用变压器油得出的变异系数

（四）结束工作

（1）测试完毕，关闭仪器电源，拔掉电源插销。

（2）油杯用新油保护，待下次使用。

（3）若测试劣质油，用石油醚或汽油清洗油杯，并用新油保护。

（五）试验报告编写

试验报告应包括：变压器主要参数、油牌号及产地、变压器的负荷及顶层油温、取样日期、试验日期、温湿度、大气压、工作负责人、试验人员、电极类型、电压频率、每次击穿值、测试结果等。

报告的填写和传递时间为 4 天以内。

五、危险点分析及预控措施

（1）人身触电。仪器在电源接通后，尤其升压时，操作人员严禁触及上盖及外壳，防止人身触电。试验人员应站在绝缘垫上进行测试。

（2）仪器测定过程中出现异常。在使用时出现异常，要立即关闭电源。

（3）接地线接触不良。实验室应设专用接地线，测定仪的外壳，必须牢固接地，在无人工作或下班时，必须切断所用电源。

（4）注油过程中违章操作。在操作过程中要缓慢地往油杯中注油，避免产生气泡和手触到电极。

（5）取样方式不符合要求。取样时，让油缓慢进入瓶内，不得产生气泡。

（6）测试仪器的周围应避开电磁场和机械振动。测试环境应清洁、干燥，无干扰，要防止灰尘、杂质进入油杯。

（7）在装样操作时不许用手触及电极、油杯内部和试油。

（8）在更换油样时应切断电源，测试过程中禁止触动高压罩，以防高电压伤人。

（9）试验仪器未放置油样时，切勿升压。

（10）电极间距离为（2.5±0.05）mm，要用标准规校准。电极距离过小容易击穿，测定结果偏低。反之，测定结果偏高。

（11）试样要有代表性，油中有水分及其他杂质时则对击穿电压有明显影响，所以试样一定要摇荡均匀后注入油杯。

（12）由于影响油击穿的因素比较多，试验数据的分散性比较大，因此，试验方法中规定要取 6 次平均值作为试验结果。

（13）试验中发现击穿电压值随闪数增加而增高。这是由于油中混入不同性质的杂质而引起的。若油中混入的主要是纤维杂质和水分，在击穿过程中水分蒸发，所以试验数据越来越高。但也有降低的，要考虑周围环境湿度是否超过规定等。

六、 仪器维护保养及校验

（一）仪器维护保养

（1）试样杯不用时应保存在干燥的地方并加盖，杯内装满干燥合格的绝缘油，保持油杯不受潮。

（2）电极表面污染。若发现电极表面发暗要用绸布及时清擦。

（3）为了减少击穿产生的游离碳，应将击穿电流限制在 5mA 以下。

（4）根据试验方法相关规定来选用不同结构类型的电极。球形电极、半球形电极和平板电极三种电极测定的结果是不同的。球形电极测定结果为最高，半球形电极为其次，平板电极为最低，一般选球形电极、半球形电极。油杯的容量由客户来定，一般为 200mL 或 400mL。

（二）仪器校验

1. 校验方法

（1）击穿电压测试仪处在准备状态。

（2）将数字高压表与击穿电压测试仪高压输出端用高压线与测试仪连接好；把上盖定位开关用螺钉旋具压住（打开仪器上盖，在左上角处），模拟上盖关闭状态。

（3）按下"确认"键，仪器自动升压，使高压表的读数为检测点数值（常选用满量程值），调整相应的电位器，使仪器显示与高压表指示的误差符合 GB/T 507—2002 中 5.2 要求。

2. 校验周期

每年度应校验至少 1 次。

3. 校验达到标准

根据 GB/T 507—2002 5.2 对仪器的要求。

七、 试验数据超极限值原因及采取措施

1. 警戒极限

不同电压等级电气设备中运行变压器油的击穿电压警戒值：对 750kV 设备，其值小

于 60kV；对 500kV 设备，其值小于 50kV；对 300kV 设备，其值小于 45kV；对 220kV 设备，其值小于 40kV；对 110（66）kV 设备，其值小于 35kV；对 35kV 设备，其值小于 30kV。

2. 原因解释

（1）击穿电压超标是因为变压器油中水分含量过大。

（2）油中有杂质颗粒污染。

3. 采取措施

（1）检查水分含量。

（2）对大型变电设备，可检测油中颗粒污染度。

（3）进行精密过滤或换油。

第六节　界面张力测试现场作业指导及应用

一、 概述

1. 适用范围

本方法适用于矿物绝缘油（新油和运行油）界面张力的测试方法。

2. 引用标准

GB 2536—2011　电工流体 变压器和开关用的未使用过的矿物绝缘油

GB/T 6541—1986　石油产品油对水界面张力测定法（圆环法）

GB/T 7595—2008　运行中变压器油质量标准

GB/T 7597—2007　电力用油（变压器油、汽轮机油）取样方法

GB/T 14542—2005　运行变压器油维护管理导则

GB 50150—2006　电气装置安装工程电气设备交接试验标准

Q/GDW 1168—2013　输变电设备状态检修试验规程

二、 相关知识点

1. 界面张力概念

液体与另一种不相混溶的液体接触，其界面产生的力叫液相与液相间的界面张力。由分子间的作用力形成液体的界面张力，张力值的大小能够反映液体的物理化学性质及其物质构成。油品的界面张力，特指液液界面的界面张力。

物理学分子运动论认为，液体的表面存在着一层厚度均匀的表面层，而位于液体表面层上的分子和位于液体内部分子的受力状况是不同的。这是因为在液体内部的每个分子都被同类分子所包围，即其所受周围分子的吸引力是相等的，所受的力可彼此互相抵消，也就是所受的合力等于零；而位于液体表面或两相交界面上的分子，所受的引力是不相等的，因其力场的一部分位于表面层外面，而一般表面层外分子的引力往往小于内部分子的引力，所以它们的力场是不平衡的，或者说是不相同的。由于接近表面或界面的液体分子所受的力不同，而使液体表面产生自动缩小的趋势。即界面层上油分子受到油内部分子的吸引力大于水分子对它的吸引力，而使油表面产生了一种力图缩小的自由表面能。欲使液

体表面缩小的力 F，其大小与交界面的长度 L 成正比。习惯上将被测试液体与其他液体相接触（液—液相，如油—水）时，所测得的数值称为界面张力，单位为 mN/m。

2. 试验原理

界面张力是通过一个水平的铂丝测量环从界面张力较高的液体表面拉脱铂丝圆环，也就是由从水油界面将铂丝圆环向上拉开所需的力来决定。在计算界面张力时，所测得的力要用一个经验测量系数进行修正，此系数取决于所用的力、油和水的密度以及圆环的直径。测量是在严格、标准的非平衡条件下进行的，即在界面形成后 1min 内完成此测定。

3. 测试意义

GB/T 6541—1986 采用"圆环法"测试，界面张力大小取决于油中溶解的极性物质，即亲水化合物。表 1-14 是同一个样品在不同储存条件下的试验数据。

表 1-14　　　　　　　　　同一个样品在不同储存条件下的界面张力

储存条件	界面张力（mN/m）	含水量（μg/g）
储存于洁净的玻璃瓶内，暴露在日光下	36	50
储存于密封的铝罐中	44	18

上述试验数据表明：矿物绝缘油对光最敏感，使界面张力、水分含量指标都明显变差。这也反映了变压器油试样避光、密封保存的必要性。

界面张力能敏感地反映绝缘油油质劣化产物和从固体绝缘材料中产生的可溶性极性杂质，油水界面张力值的大小与新油的纯净程度和运行油劣化状况有着密切的关系。一般地，新的、纯净的绝缘油具有较高的界面张力，通常可以高达 $40\sim50$mN/m，甚至 55mN/m 以上。绝缘油界面张力还可以用来判断运行油质的老化程度。油质老化后生成各种有机酸及醇等极性物质，使油的界面张力也逐渐下降。测定运行中绝缘油的界面张力，就可判断油质的老化深度。运行油的界面张力要求大于 19mN/m，如果低于此指标，则变压器油中可能有油泥析出或酸值不合格。另外，利用界面张力还可监督变压器热虹吸器的运行情况。如果热虹吸器失效，油的界面张力则会逐渐下降。

三、 试验前准备

1. 人员要求

要求作业人员 $1\sim2$ 人，身体健康。作业人员必须经培训合格，持证上岗；熟悉仪器的使用和维护等。

2. 气象条件

环境温度为 $5\sim35$℃，环境相对湿度不大于 75%。

3. 试验（仪器）工器具及耗材

试验仪器、工器具及耗材见表 1-15。

表 1-15　　　　　　　　　试验仪器、工器具及耗材

序号	名称	规格/编号	单位	数量	备　注
一	试验仪器				
1	界面张力全自动测定仪	ZHZ501	台	1	需定期维护

续表

序号	名称	规格/编号	单位	数量	备注
二	工器具				
1	样品杯		个	3	
2	砝码	100mg、500mg、1g	套	1	
3	铂金环		个	1	需知道圆环半径与铂丝半径
4	镊子		把	1	
三	耗材				
1	变压器油		mL	200	至少
2	石油醚		瓶	1	
3	丙酮		瓶	1	
4	蒸馏水		L	10	
5	大烧杯		个	1	
6	小烧杯		个	1	

四、试验程序及过程控制

（一）操作步骤

1. 采集油样

（1）取样容器：用容积为 500~1000mL 的棕色磨口瓶取样，取样量不得少于 200mL（样品量太少时，一方面是容易受其他因素影响，另一方面是有时结果不确定，需要重复几次试验）。变压器油对光最敏感，能使油的介质损耗因数、水分含量指标都明显变差，所以油试样应避光、密封保存。

（2）取样作业。

1）取样瓶清洁、干燥、密封性好。取样瓶不应污染、受潮。

2）取样应在良好的天气下进行，避免在雷、雨、雾、雪、大风的环境下进行。

3）清擦放油阀，放掉死油，让油缓慢进入瓶内，避免空气污染杂质进入取样瓶。取样过程中不得产生气泡。

2. 仪器准备

将仪器放在平面工作台上，把仪器的后盖板的四个手拧螺钉取下，拆下后盖板，把控制磁铁放到仪器后部圆柱形电感里并挂在平衡杆上。再把环架杆测量环装好挂在平衡杆上，调整机角使控制磁铁不碰到圆柱形电感的内壁上（控制磁铁应处于电感内腔中心位置），然后装好盖。

3. 试验步骤

（1）用石油醚清洗全部玻璃器皿，接着分别用丁酮和水清洗，再用热的铬酸洗液浸洗，以除去油污，最后用水及蒸馏水冲洗干净。如果试样杯不立即使用，应将试样杯倒放于一块清洁布上沥干。

（2）检查、矫正铂丝圆环，使圆环每一部分都在同一平面上。

（3）在石油醚中清洗铂丝圆环，接着用丙酮漂洗。

（4）进行样品测试时，仪器样品台上有三个孔穴，其中两个可以进行样品测试，另一个用于存放样品，当做完一个样品时，可以旋转位置做下一个样品。

（5）设置参数。在主菜单上用光标选择"设置参数"，按"确认"键显示并设置项目：圆环半径，39.8mm；铂丝半径，0.299mm；蒸馏水密度，1.000g/mL；样品密度，0.875g/mL。（注：每一个铂金环的参数都不一致，本节只是写了其中一组，不代表其他仪器的真实值）

每次移动光标选择项目后，按"确认"键，再按"▽△"键设置参数，最后按"确认"键。

全部设置完毕，将光标移到"返回"键，按"确认"键，显示屏回到主菜单。

（6）把蒸馏水倒入两个洗净的样品杯中至刻度线，再把样品倒入第三个洗净的样品杯中至最高刻度线，然后依次放入样品台的孔穴中。

（7）选择"张力测定"菜单，按"确认"键，进入张力测试界面。样品温度在开机时就已经开始自动控制，当温度显示恒定在（25±1）℃，10min后，即可对样品杯中的液体进行试验。

（8）按"上升"键，样品台上行到测试位置（测试环位置出厂前已调整好），显示屏显示的工作状态为"准备"。

（9）按"确认"键，工作状态转为"等待"，延时30s后，自动测试。测试完毕仪器报警、显示、打印结果。（蒸馏水的张力值为71～72mN/m）

（10）显示偏低，可能是容器不干净所致，应重新清洗容器或测量环再进行测试。如果还偏低，可对仪器进行标定（标定方法详见本节仪器维护保养及校验部分），标定不准时，可调整仪器内部的"标定电位器"。

以上操作完毕，数据仍然偏低的，就要进一步提纯蒸馏水。

（11）用蒸馏水测得准确结果后，按"确认"键，测量环自动浸入蒸馏水中规定的位置，在蒸馏水液面上，慢慢倒入存放在样品穴中的样品［此时样品的温度也在（25±1）℃］，至样品杯的样品刻度线。

（12）按"▽△"键选择"样品"，按"确认"键，仪器自动延时30s后进行测定，其显示值为样品对水的界面张力，并打印其结果。

（13）重复试验步骤（1），清洗样品杯，用蒸馏水进行标定，进行重复试验。

（14）试验结束，关闭仪器，将工器具归位，清理现场。

（二）计算及判断

1. 计算公式

样品的界面张力 δ（mN/m）按式（1-6）计算

$$\delta = MF \tag{1-6}$$

式中　M——膜破裂时刻度盘读数，mN/m；

　　　F——系数，按式（1-7）计算

$$F = 0.725\,0 + \sqrt{\dfrac{0.036\,78M}{r_{\text{av}}^2(\rho_0 - \rho_1)} + P} \tag{1-7}$$

$$P = 0.045\ 34 - \frac{1.679 r_{\mathrm{w}}}{r_{\mathrm{av}}} \qquad (1\text{-}8)$$

式中　ρ_0——水在 25℃时的密度，g/mL；

　　　ρ_1——试样在 25℃时的密度，g/mL；

　　　P——常数，按式（1-8）计算；

　　　r_{w}——测量环铂丝的半径，mm；

　　　r_{av}——测量环的平均半径，mm。

2. 绝缘油界面张力质量标准

新绝缘油（GB 2536—2011）界面张力：不小于 40mN/m；投运前油界面张力不小于 35mN/m；运行油诊断性试验（注意值）不小于 19mN/m。

（三）精密度分析

（1）重复性。同一操作者重复测定两个结果之差，不应超过平均值的 2%。

（2）再现性。由两个实验室对同一样品提出的测定结果之差，不应超过平均值的 5%。

（3）达到以上规定，可判断试验结果的可靠性（95% 置信水平）。

（4）取重复测定两个结果的算术平均值作为试样的界面张力值。

（四）结束工作

（1）关闭仪器电源，拔掉插销。

（2）取出样品杯，用石油醚清洗。

（3）取下铂金环，用石油醚清洗，放入铂金环盒。

（五）试验报告编写

（1）填写内容：变压器主要参数、油牌号及产地；变压器的负荷及顶层油温、取样日期、试验日期、温湿度、大气压、工作负责人、试验员、界面张力测试结果。

（2）报告的填写和传递时间为 4 天以内。

五、 危险点分析及预控措施

（1）防火灾。试验时要用到石油醚、丙酮等易燃有机溶剂，存在火灾隐患，应做好防火灾措施。试验场地应配备有足够的消防器材，化验人员应具备防火灭火知识，并会正确使用消防器材。

（2）防化学损伤。在使用铬酸洗液时，手上应戴耐酸手套进行操作，铬酸洗液切勿触及皮肤和其他物品，以免引起腐蚀。操作结束后必须仔细洗手。

（3）使用酒精灯时，不得用口吹灭火焰，应用盖子熄灭。

（4）将试油倒入试样杯，油膜破裂全部操作时间大约 60s，如果太快则可能产生滞后现象使结果偏高。

（5）人身触电。试验前对仪器的接地线进行检查；试验后立即切断仪器电源；防湿手操作仪器。

（6）铂金环不符合要求。如果标水<71 时，清洗试样杯，用酒精灯灼烧铂金环。

注：加入被测油样前，应先加入蒸馏水对仪器进行标定。界面张力值为 71～72mN/m，则仪器正常。如果显示结果偏低，可能是由于仪器调整不当或样品容器清洗不干净所致，这就要重新调整，清洗

铂环和用热铬酸洗液再次清洗样品杯，然后重新测定。若结果仍然较低就要进一步纯化蒸馏水（例如用碱性高锰酸钾溶液再度进行蒸馏）直到测到准确结果为止。

（7）标水试验不合格。标水时 ρ_0 为 0.023，标定油样时 ρ_1 为 0.85。

（8）仪器放置不水平。调整仪器下面三个犄角，使黑色电感不要碰到四臂。

（9）磁铁断裂。仪器安装后不要随意移动，防止磁铁断裂。

（10）试验存在系统误差。为了减少试验误差，保证器皿、铂环和蒸馏水清洁无污杂。

（11）取样过程违章操作。取样时让油缓慢进入瓶内，不得产生气泡。

六、 仪器维护保养及校验

（一）仪器维护保养

（1）仪器应放置在无空气对流、平整的工作台上。

（2）如果长时间不使用，仪器应用防尘罩盖住。

（二）仪器校验

1. 用砝码进行标定

（1）进入"仪器标定"菜单，将质量不大于 5mg 的硬纸片放到测量环上，选择"设置零点"，按"确认"键清除零点，张力值为"00"。

注：当测试中更换测量环时，仪器自动修正好无需再进行标定。

（2）砝码放在硬纸片上，显示器应显示标定公式计算值（误差为 ±0.2mN/m），说明仪器已标定好。

标定计算公式

$$f = \frac{mg}{2L} \tag{1-9}$$

式中　m——砝码质量，kg；

　　　g——本地区重力加速度，m/s；

　　　L——测定环周长，m。

例：0.5g 砝码标定计算值多少？

$$f = \frac{mg}{2L} = \frac{0.000\,5 \times 9.8}{2 \times 0.061} = 0.0402(\text{N/m}) = 40.2(\text{mN/m})$$

2. 校验周期

每年度应校验至少 1 次。

3. 校验达到标准

根据 GB/T 6541—1986，应达到的仪器显示值和计算值的允许误差范围是 ±0.5mN/m。

七、 试验数据超极限值原因及采取措施

1. 警戒极限

（1）新变压器油界面张力值的警戒极限：界面张力（25℃）小于 35mN/m。

（2）运行变压器油界面张力值的警戒极限：界面张力（25℃）小于 19mN/m。

2. 原因解释

（1）油质老化严重，油中有可溶性或沉淀性油泥。油质老化后生成各种有机酸及醇等

极性物质，使油的界面张力也逐渐下降。油中氧化产物含量越大，则界面张力越小。如果油中界面张力值在 $27\sim30mN/m$，表明油中已有油泥生成的趋势；如果界面张力值达 $19mN/m$ 以下，则表明油已严重老化，应予以更换。

（2）从固体绝缘材料中产生的可溶性极性杂质对油质造成污染。

3. 采取措施

根据试验数据及变压器运行条件的不同，可采取如下措施：

（1）对变压器油进行过滤。

（2）结合酸值、油泥的测定采取再生处理或换油。

第七节　水溶性酸测试现场作业指导及应用

一、 概述

1. 适用范围

本方法适用于矿物绝缘油（新油和运行油）中水溶性酸的测试方法。

2. 引用标准

GB/T 601—2002　化学试剂 标准滴定溶液的制备

GB 2536—2011　电工流体 变压器和开关用的未使用过的矿物绝缘油

GB/T 7595—2008　运行中变压器油质量标准

GB/T 7597—2007　电力用油（变压器油、汽轮机油）取样方法

GB/T 7598—2008　运行中变压器油水溶性酸测定法

GB/T 14542—2005　运行变压器油维护管理导则

GB 50150—2006　电气装置安装工程电气设备交接试验标准

Q/GDW 1168—2013　输变电设备状态检修试验规程

二、 相关知识点

1. 概念

水溶性酸是指油中能溶于水的酸性物质，即油品加工及储存过程中，存在于油中的水溶性矿物酸。矿物性酸主要是硫酸及其衍生物，包括磺酸和酸性硫酸酯，以及低分子有机酸。

2. 试验原理

在试验条件下，试验油样与等体积蒸馏水混合后，取其水抽出液部分，通过比色，测定油中水溶性酸，结果用 pH 表示。如测定新油以溴甲酚紫（pH5.2～6.8）或溴百里香酚蓝（pH6.0～7.6）作指标剂。测定运行油用溴甲酚绿（pH3.8～5.4）作指示剂。

3. 测试意义

（1）如新油中测出有水溶性酸，表明经酸精制处理后，酸没有完全中和。这些矿物酸的存在，会在生产、使用和存储时腐蚀与其接触的金属部件。水溶性酸几乎对所有的金属都有强烈地腐蚀作用。因此，新油中严禁无机酸的存在。

（2）运行中出现低分子有机水溶性酸，说明油质已经开始老化，这些有机酸不仅影响油的使用特性，还对油的继续氧化起催化作用。

（3）水溶性酸的活性较大，对金属有强烈的腐蚀作用，在有水的情况下，腐蚀作用更加严重。

（4）油在氧化过程中，不仅产生酸性物质，同时也生成水，因此含有水溶性酸的水滴，将严重降低油的绝缘性能。

（5）油中水溶性酸对变压器的固体绝缘材料影响很大。运行中油出现低分子酸，或接近运行标准时，应及时采取相应的措施，如变压器投入热虹吸器，或采用粒状吸附剂过滤除酸等，以提高运行中油的 pH，消除或减缓水溶性酸的影响，延长油品和设备的使用寿命。

三、试验前准备

1. 人员要求

试验人员应是经培训合格的 1～2 名熟练操作人员，且掌握分析化学基本知识，具备分析化学操作能力。

2. 气象条件

环境温度：5～40℃；环境相对湿度：≤75%。

3. 试验仪器、工器具及耗材

试验仪器、工器具及耗材见表 1-16。

表 1-16 　　　　　　　　　试验仪器、工器具、试剂和耗材

序号	名称	规格/编号	单位	数量	备注
一	试验仪器				
1	分析天平		台	1	
二	工器具				
1	封闭电炉		个	1	
2	水浴		个	1	
3	烘箱		台	1	
4	铁架		个	1	
5	微量滴定管	1mL	个	1	
6	温度计	0～100℃	个	1	
7	锥形烧瓶	250mL	个	2	
8	试剂瓶		个	2	
9	量筒	50～100mL	套	1	
10	容量瓶	50～1000mL	套	1	
11	吸液管		套	1	
12	小药匙		个	1	
13	吸耳球		个	1	
14	镊子		把	1	
15	分液漏斗	250mL	个	1	
16	比色管		套	1	
17	比色盒		套	1	

续表

序号	名称	规格/编号	单位	数量	备　注
三	耗材				
1	变压器油	25号或45号	mL	200	至少
2	苯二甲酸氢钾	基准试剂			适量
3	磷酸二氢钾	基准试剂			适量
4	氢氧化钠	分析纯			适量
5	盐酸	分析纯，相对密度为1.19			适量
6	氯化钡				适量
7	无水乙醇	分析纯	瓶	1	
8	坩埚		个	1	
9	坩埚钳		个	1	
10	表面皿		个	2	
11	蒸馏水				适量
12	石油醚		瓶	1	
13	溴甲酚绿指示剂				适量
14	酚酞指示剂				适量
15	溴百里香酚蓝指示剂				适量
16	酚酞				适量
17	溴甲酚紫指示剂				适量

四、 试验程序及过程控制

(一) 操作步骤

1. 采集油样

采集油样按照GB/T 7597—2007的规定进行。用容积为500～1000mL的棕色磨口瓶取样，取样量不得少于200mL。变压器油对光最敏感，能使油的介质损耗因数、水分含量指标都明显变差，所以油试样应避光、密封保存。

2. 仪器及试剂准备

(1) 仪器准备。

1) 将仪器放置于平整的试验台上，周围留出至少40cm的空间。

2) 仪器使用交流220V/50Hz单相电源供电，电源插头为三线制，并可靠接地。

3) 恒温室放入盛取50mL等体积油、水的锥形瓶，并利用压杆固定其位置。连接管路并固定牢靠。

4) 测试仓转盘中放入9个洁净的比色杯。

5) 吸液泵管扣压紧。检查比色剂剩余情况。

(2) 试剂准备。

1）pH 指示剂。

a. 溴甲酚绿的配制。用精密天平称取溴甲酚绿指示剂 0.1g 与 7.5mL0.02mol/L NaOH 溶液一起研匀，而后小心转入 250mL 容量瓶，用除盐水稀释至刻线，移入试剂瓶中备用，配成的指示剂呈蓝绿色，其 pH 应为 4.5～5.4，否则应进行调整。

b. 溴甲酚紫的配制。用精密天平称取溴甲酚紫指示剂 0.1g 与 9.25mL 0.02mol/L NaOH 溶液一起研匀，而后小心转入 250mL 容量瓶，用除盐水稀释至刻线，移入试剂瓶中备用，其 pH 应为 6.0，否则应进行调整。

2）缓冲溶液。

a. 0.2mol/L 邻苯二甲酸氢钾溶液配制。

将邻苯二甲酸氢钾放入小烧杯中，在 110℃ 烘箱中烘干 1h，置于室温后，准确称取 40.846g 邻苯二甲酸氢钾，用烧开放凉的蒸馏水溶解后移于 1000mL 的容量瓶中，并准确稀释至刻线，摇匀即为 0.2mol/L 邻苯二甲酸氢钾标准液，供配 pH 标准色用。

b. 0.2mol/L 磷酸二氢钾溶液配制。

将磷酸二氢钾放入小烧杯中，在 110℃ 烘箱中烘干 1h，置于室温后，准确称取 27.218g 磷酸二氢钾，用煮沸放凉的蒸馏水溶解后移入 1000mL 容量瓶，再用除盐水准确稀释至刻度，摇匀即为 0.2mol/L 磷酸二氢钾标准液，供配 pH 标准色用。

c. 0.1mol/L 盐酸溶液的配制与标定。

（a）盐酸溶液的配制。

a）用量筒量取 8.5mL 浓盐酸注入 1000mL 容量瓶中。

b）用除盐水稀释至刻度，冷却、摇匀，待标定。

（b）盐酸溶液的标定。

a）碳酸钠基准试剂需经过 270～300℃ 灼烧 1h 至恒重。

b）称取基准无水碳酸钠 0.13～0.15g（准确至 0.000 2g）于 250mL 锥形瓶中，加入 50mL 除盐水溶解。

c）加入 10 滴甲基红－溴甲酚绿指示剂，摇动后溶液应显示绿色。

d）定量吸取 100mL 待标定的 HCl 溶液置于洁净干燥的烧杯中，润洗滴定管后装满滴定管，滴定锥形瓶中的碳酸钠溶液，当滴定液落下后溶液变暗红色，晃动后又变为绿色时，应加热煮沸 2～3min 去除 CO_2，冷却后滴定至溶液由绿色变为暗红色即达终点。

e）记录滴定管中盐酸消耗的体积 V_{HCl}，单位为 mL。

f）计算标定溶液的浓度 c_{HCl}，单位为 mol/L。所标定的盐酸溶液的浓度见式（1-10）

$$c_{HCl} = \frac{2G}{0.106V_{HCl}} \qquad (1-10)$$

式中　c_{HCl}——所标定的盐酸溶液的物质的量浓度，mol/L；

　　　V_{HCl}——消耗待标定的盐酸溶液的体积，mL；

　　　G——碳酸钠基准试剂的质量，g。

g）标定时应同时做 2～3 次，在各次结果相差不超过允许差数时（相对偏差不大于 0.4%），取其算术平均值。

（c）盐酸溶液浓度的调整。

a）若配制浓时需加水调整，加水调整时需加水体积按式（1-11）计算

$$V_{H_2O} = \left(\frac{c_{HCl}}{0.1} - 1 \right) V_{HCl,r} \tag{1-11}$$

式中 V_{H_2O}——溶液浓度高时需加入水的体积，mL；

$V_{HCl,r}$——1000mL 盐酸溶液扣除用于标定的部分所剩余体积，mL。

b）若配制稀时需加药调整，并定容至 1000mL。加药调整时需加浓盐酸体积按式（1-12）计算

$$V_{HCl,d} = \frac{100 - V_{HCl,r} c_{HCl}}{c_{HCl,d}} \tag{1-12}$$

式中 $V_{HCl,d}$——溶液浓度低时需加入的浓盐酸的体积，mL；

$c_{HCl,d}$——浓盐酸的物质的量浓度，mol/L。

（d）盐酸溶液的再标定：方法与标定方法相同。

（e）盐酸溶液的再调整：方法与调整方法相同。

d. 0.1mol/L 氢氧化钠溶液的配制与标定。

（a）10％BaCl$_2$溶液的配制。

a）称取 10g BaCl$_2$置于 200mL 烧杯中，加入 30mL 水溶解，转入 100mL 容量瓶中。

b）加入除盐水定容，混合均匀。

c）转移入 125mL 的试剂瓶中备用。

（b）氢氧化钠溶液的配制。

a）称取 4.5g NaOH 置于 200mL 烧杯中，加入 100mL 水溶解。

b）加入 2～3mL 10％BaCl$_2$溶液沉淀 Na$_2$CO$_3$，静置。

c）将烧杯中澄清液移入 1000mL 容量瓶中，用煮沸过无 CO$_2$ 的除盐水定容至刻度，混合均匀。

（c）氢氧化钠溶液的标定。

a）邻苯二甲酸氢钾基准试剂需经过 105℃烘干 2h，存放在干燥器中备用。

b）称取邻苯二甲酸氢钾基准试剂 0.4～0.5g（准确至 0.000 2g）置于 250mL 锥形瓶中，用 50mL 新鲜除盐水（不含 CO$_2$）溶解。

c）加入 2 滴酚酞指示剂，溶液应无色。

d）定量吸取 100mL 待标定的 NaOH 溶液置于洁净干燥的烧杯中，滴定管润洗后装满溶液，滴定锥形瓶中邻苯二甲酸溶液由无色变为粉红色即达终点。

e）记录滴定管中 NaOH 溶液消耗的体积 V_{NaOH}，单位为 mL。

f）计算标定溶液的浓度 c_{NaOH}，mol/L。所标定的 NaOH 溶液的浓度可按式（1-13）计算

$$\begin{aligned} c_{NaOH} &= \frac{G}{204.2 \times V_{NaOH}/1000} \\ &= \frac{G}{0.204\,2 V_{NaOH}} \end{aligned} \tag{1-13}$$

式中 G——称取邻苯二甲酸基准物质的质量，g；

V_{NaOH}——NaOH 溶液消耗的体积，mL。

g）标定时应同时做 2～3 次，在各次结果相差不超过允许差数时（相对偏差不大于 0.4％），取其算术平均值。

（d）氢氧化钠溶液浓度的调整。

a）若配制浓时需加水调整。加水调整时需加水体积按式（1-14）计算

$$V_{H_2O} = \left(\frac{c_{NaOH}}{0.1} - 1\right)V_r \qquad (1-14)$$

式中　c_{NaOH}——标定的氢氧化钠溶液的浓度，mol/L；

　　　　V_r——容量瓶中氢氧化钠溶液的剩余体积，mL；

　　　　V_{H_2O}——溶液浓度高时需加入水的体积，mL；

b）若配制稀时需加药调整，并定容到 1000mL。加药调整时需加 NaOH 体积按式（1-15）计算

$$m_{NaOH} = (0.1 - c_{NaOH}V_r \times 10^{-3})M_{NaOH} \qquad (1-15)$$

式中　m_{NaOH}——溶液浓度低时需加入的氢氧化钠的质量，g；

　　　　M_{NaOH}——氢氧化钠的摩尔质量，取 40.0g/mol。

（e）氢氧化钠溶液的再标定：方法与标定方法相同。

（f）氢氧化钠溶液的再调整：方法与调整方法相同。

e．0.2mol/L 邻苯二甲酸氢钾溶液的配制。

（a）邻苯二甲酸氢钾基准试剂需在 110℃烘箱中烘干 2h，以去除水分，存放在干燥器中备用。

（b）称取邻苯二甲酸氢钾基准试剂 40.846g 置于 200mL 烧杯中，用烧开放凉的蒸馏水溶解。

（c）移入 1000mL 的容量瓶中，用除盐水定容后，摇匀。

（d）将配制好的邻苯二甲酸氢钾溶液转移至试剂瓶中，贴上标签，备用。

f．0.2mol/L 磷酸二氢钾的配制。

（a）磷酸二氢钾基准试剂需在 110℃烘箱中烘干 2h，以去除水分，存放在干燥器中备用。

（b）称取磷酸二氢钾基准试剂 27.218g 置于 200mL 烧杯中，用烧开放凉的蒸馏水溶解。

（c）移入 1000mL 的容量瓶中，用除盐水定容后，摇匀。

3）pH 标准缓冲液

a．pH3.6～5.4 标准缓冲液的配制

（a）取 12 只洁净干燥的 100mL 容量瓶，编号后分别加入 0.1mol/L HCl 标准液，pH3.6～5.4 标准缓冲液见表 1-17。

（b）在上述 12 只 100mL 容量瓶中，分别加入 0.2mol/L 邻苯二甲酸氢钾溶液 25mL。

（c）在上述 12 只 100mL 容量瓶中，分别继续加入 0.1mol/L 氢氧化钠溶液如表 1-7 中所示。

（d）用蒸馏水稀释上述溶液，定容、摇匀。

（e）按顺序分别吸取各容量瓶中 10mL 溶液于直径 15mm 的 10mL 比色管中，按顺序加入 0.25mL 溴甲酚绿指示剂（pH＞5.4 时用溴甲酚紫指示剂）。

（f）将比色管放入比色盒里，此时 pH 3.6～5.8 的 pH 标准色完成。

b．pH6.0～7.0 标准缓冲液

（a）取 6 只洁净干燥的 100mL 容量瓶，分别加入 0.1mol/L NaOH 标准液，pH6.0～7.0 标准缓冲液见表 1-17。

（b）在上述 6 只 100mL 容量瓶中，分别加入 0.2mol/L 磷酸二氢钾溶液 25mL。

（c）用蒸馏水稀释上述溶液，定容、摇匀。

（d）按顺序分别吸取各容量瓶中 10mL 溶液于直径 15mm 的 10mL 比色管中，分别加入 0.25mL 根据 pH 选定的指示剂。

（e）将比色管放入比色盒里，此时 pH 6.0～7.0 的 pH 标准色完成。

c. 按表 1-17 的要求配制 pH 标准缓冲溶液。

表 1-17 pH 标准缓冲溶液的配制

pH	0.1mol/L HCl（mL）	0.2mol/L 苯二甲酸氢钾（mL）	0.1mol/L 氢氧化钠（mL）	0.2mol/L 磷酸二氢钾（mL）	水稀释至最后体积（mL）
3.6	6.3	25			100
3.8	2.9	25			100
4.0	0.1	25			100
4.2		25	3.0		100
4.4		25	6.6		100
4.6		25	11.1		100
4.8		25	16.5		100
5.0		25	22.6		100
5.2		25	28.8		100
5.4		25	34.1		100
5.6		25	38.8		100
5.8		25	42.3		100
6.0			5.6	25	100
6.2			8.1	25	100
6.4			11.6	25	100
6.6			16.4	25	100
6.8			22.4	25	100
7.0			29.1	25	100

4）配制 pH 标准比色液。

a. pH3.6～5.4 标准比色液的配制：按表 1-17 分别取 pH3.6～5.4 标准缓冲溶液 10mL 于 10mL 具塞比色管中，各加入 0.25mL 溴甲酚绿指示剂，并摇匀备用。

b. pH5.6～7.0 标准比色液的配制：按表 1-17 分别取 pH5.6～7.0 标准缓冲溶液 10mL 于 10mL 具塞比色管中，各加入 0.25mL 溴甲酚紫指示剂，并摇匀备用。

3. 试验步骤

（1）开机。接通电源后，打开电源开关，显示开机界面进入系统自检。待滚动条循环滚动时，点击下方"点击开始"按钮进入仪器主界面。

（2）点击"参数设置"按钮进入参数设置界面，根据试验需求更改试验参数，包括"温度、振荡时间、静置时间及各组试验次数和试验模式"。温度为 75℃；振荡时间为 5min；静置时间为 15min；各组试验次数为 2 次；试验模式为自动模式。

更改完毕，确认各参数设置正确。再点击"更多设置"按钮进入更多设置界面，更改

"打印设置和保存数据设置"选项。

比色杯应清洗干净、烘干后方可使用。

点击"转盘"按钮，仪器转盘将旋转到指定杯位，此时可放入预先处理好的比色杯到杯位中（比色杯中应放入搅拌子）。

（3）点击操作仪器主界面中"开始测试"按钮进入测试界面。如果是第一次试验，测试界面将会弹出比色剂管路排空提示窗口，若事先未进行过比色剂管路排空，应点击"排空"按钮，按照向导指示的操作方法进行比色剂管路排空。

（4）点击"开始"按钮，仪器开始试验。

（5）仪器自动加热、冷却、加液、比色等步骤后，试验结果将显示于液晶屏幕上方，并根据打印设置和数据保存设置自动选择是否打印和保存试验结果。

（6）清洗油杯，注入相同样品进行平行试验，记录平行试验结果。

（7）两次实验结果应满足方法重复性要求，否则应重复试验，直至两个相邻实验结果满足方法重复性要求为止。

（8）实验完毕后，清洗烧杯，然后重复准备工作的清洗，等待下一次做实验。

（二）计算与判断

（1）全自动水溶性酸值测定仪，测试结果为直接读数。

（2）取两次平行试验结果的算术平均值为测试值。

（3）水溶性酸试验标准：新绝缘油 pH 为无；投运前油 pH＞5.4；运行油 pH≥4.2。

（三）精密度分析

（1）重复性。同一操作者用相同仪器对同一样品在相同条件下重复测定的两个结果之差不超过 pH＝0.1。

（2）再现性。不同实验室、不同操作者按本方法对同一样品测定的两个结果之差不应超过 pH＝0.8。

（四）结束工作

（1）实验完毕后将烧杯，烧杯盖和搅拌子用蒸馏水（除盐水）洗涤 2～3 次，自然晾干。九个烧杯内装入 100mL 蒸馏水，放入检测位，在仪器清洗液接口处接入蒸馏水，进行清洗流程，完毕后倒掉烧杯内的蒸馏水，晾干烧杯。关机等待下一次实验。

（2）整理仪器，清理操作台恢复清洁、整齐，用具归位。将试验结果写在原始记录表上，并填写环境温度和湿度。

（五）试验报告编写

（1）试验报告应包括：变压器主要参数，油牌号及产地，变压器的负荷、顶层油温，环境温度、湿度，水溶性酸，取样日期、试验日期，工作负责人、试验人员。

（2）报告的填写和传递时间为 4 天。

五、危险点分析及预控措施

（1）防触电。仪器应有良好接地。

（2）防中毒。防止有毒药品损害试验人员身体健康，使用试剂时应小心谨慎，切勿触及伤口或误入口中。

（3）化学伤害。氢氧化钠易吸潮，配制时要迅速，同时避免被氢氧化钠烧伤；不要使用浓盐酸配制溶液，要用稀盐酸配制，避免盐酸烧伤；正确使用玻璃器皿，以防破碎伤人；配制酸碱试剂时使用手套，如果试剂接触了皮肤，立即用大量水冲洗；试验中，试验人员不得吸烟和进食。试验后，试验人员做好自身清洁工作，以防中毒。

（4）高温烫伤。水溶性酸测定温度应为 70～80℃，不要太高，避免烫伤。

（5）仪器测试过程中出现异常。测试仪在使用时出现异常，要立即关闭电源。

（6）取样不符合要求。取样时，让油缓慢进入瓶内，不得产生气泡。

（7）在无人工作或下班时，必须切断所用电源。

（8）锥形瓶和比色杯应清洗干净、烘干后方可使用，无水溶性酸物质存在。

（9）盛取 50mL 蒸馏水和油样时，应使用量筒盛取。需要盛取多个不同油样时，应避免量具重复使用造成油样交叉污染。

（10）进入"测试界面"时，应闭合前盖，因为此时颜色传感器需进行平衡自检，不应受环境光线影响。

（11）排空管路中比色剂时，按照向导提示逐步完成。确保管路排空后，管路中无气泡存在。

（12）当完成一次试验，需要再次试验时，应在锥形瓶中放入蒸馏水并放入恒温室，连接好管路，操作仪器菜单顺序进入"参数设置"→"更多设置"，使用吸液泵自检中的"油样 A"、"油样 B"、"油样 C"冲洗管路至少一次，避免管路污染造成测试偏差。

（13）试验用水带来的误差。试验水本身的 pH 高低对测定结果有明显的影响。试验用水一般规定在煮沸驱除 CO_2 后，水的 pH 为 6.0～7.0，但是除盐水不稳定，煮沸后 pH 不易达到 6.0～7.0，还有水煮后，应密封冷却至室温再测定 pH。这样试验效果才比较准确。

（14）萃取温度的影响。用蒸馏水萃取油中的低分子酸时，萃取温度直接影响平衡时水中酸的浓度，如温度高萃取量大，温度低则反之。因此在不同的温度下，往往会取得不同的结果。采用此法时一般规定温度在 70～80℃是比较合适的。

（15）摇动时间的影响。试样与水必须充分摇匀。摇动时间（指试油、水充分混合而成乳状液）与萃取量也有关。一般规定为 5min。

（16）指示剂本身的 pH 的影响。指示剂本身 pH 的高低对试验结果的影响也比较明显，因为一般来说指示剂本身不是一个弱酸就是一个弱碱，它在水溶液中本身就具有 pH。因此当用指示剂测定某非缓冲溶液的 pH 时，指示剂本身的 pH 就对测定的结果产生影响。一般处理采用等氢法，即把指示剂溶液的 pH 配成与被测溶液的 pH 相等就能消除影响了。

（17）试剂配置不准确。配制溶液和试剂前，要清洗所用器皿和试管并烘干，避免污物杂质的影响；药品要烘干、称量要准确；配制标准溶液要用容量瓶量取液体，不要用其他器皿量取；使用保证试剂或基准试剂。

六、仪器维护保养及校验

（一）仪器维护保养

（1）油杯清洁干燥工作十分重要，注意清洗晾干烧杯，以防止两次试验之间相互影响。

（2）试验过程中不要打开烧杯盖接触实验中的液体，以免烫伤。

（3）每次试验前确保各管路连接正常。

（4）仪器工作环境的清洁及干燥对测定结果有一定的影响。仪器应放在清洁干燥的工作环境中。

（5）如有故障，则应请有经验的保修人员检修，且勿擅自打开仪器。

（6）把试剂存放于通风良好，环境温度5～25℃，相对湿度不大于85%的地方，试剂应避免被阳光直射或置于高温下。

（二）仪器校验

1. 校验方法

使用之前请配比已知pH的试剂，将其放入烧杯内，抽取标定颜色传感器的精度。例如，已知pH为6.8的溶液，经检测后pH＝7.0，那么就在"设定pH值"处填写6.8，"实测pH值"处填写7.0，然后点击"标定"按钮，退出界面。

2. 校验周期

新仪器安装调试时校验一次，此后间隔1个月自检校验一次。

3. 校验达到标准

pH实验误差不大于±0.1。

如果不在正常范围，说明测量电路出现故障，联系售后人员解决。

七、 试验数据超极限值原因及采取措施

1. 警戒极限

新绝缘油pH的警戒极限：无。

运行油pH的警戒极限：<4.2。

2. 原因解释

（1）油质老化。

（2）油被污染。

（3）两次试验间更换了颜色指示剂，由于指示剂的pH不同会导致实验结果出现误差。

（4）清洗剂为蒸馏水或者除盐水，不能混入其他酸碱性物质。

（5）烧杯没有清洗干净，导致两次试验油品互相污染。

（6）试验完毕后未能清洗管路，仪器内存有上次试验残液，导致试验数据异常。

（7）颜色传感器出现误差。

（8）如新油中测出有水溶性酸，表明经酸精制处理后，酸没有完全中和。

3. 采取措施

（1）与酸值比较，查明原因。

（2）进行吸附处理或换油。

（3）更换新的样品、指示剂、清洗剂。

（4）新油中水溶性酸不合格，不能验收。

第八节　闭口闪点测试现场作业指导及应用

一、概述

1. 适用范围

本方法综合阐述了用宾斯基-马丁闭口闪点试验仪测定可燃液体、在试验条件下表面趋于成膜的液体和其他液体闪点的方法。

GB/T 261—2008 标准的试验步骤包括步骤 A 和步骤 B 两个部分。

步骤 A 适用于表面不成膜的油漆和清漆、未用过润滑油及不包含在步骤 B 之内的其他石油产品。（本节矿物绝缘油闭口闪点的测定方法应用的是步骤 A）

步骤 B 适用于残渣燃料油、稀释沥青、用过的润滑油、表面趋于成膜的液体、带悬浮颗粒的液体及高黏稠材料。

2. 引用标准

GB/T 261—2008　闪点的测定 宾斯基-马丁闭口杯法

GB 2536—2011　电工流体 变压器和开关用的未使用过的矿物绝缘油

GB/T 7595—2008　运行中变压器油质量标准

GB/T 4756—1998　石油液体手工取样法

GB/T 14542—2005　运行变压器油维护管理导则

GB 50150—2006　电气装置安装工程电气设备交接试验标准

Q/GDW 1168—2013　输变电设备状态检修试验规程

二、相关知识点

1. 概念

闭口闪点是指在规定试验条件下，试验火焰引起试样蒸汽着火，并使火焰蔓延至液体表面的最低温度，此温度为环境大气压下的闪点，再用公式修正到 101.3kPa 标准大气压下，即为油样的闭口闪点值。

2. 试验原理

在规定的条件下，将油品加热，随油温的升高，油蒸气在空气中（油液面上）的浓度也随之增加，当升到某一温度时，油蒸气和空气组成的混合物中，油蒸气含量达到可燃浓度，如将火焰靠近这种混合物，它就会闪火，把产生这种现象的最低温度称为石油产品的闪点。闭口闪点仪器一般采用自动升降杯盖、自动升温、自动点火、自动捕捉闪点的全自动模式，点火方式有电点火和气点火两种形式可以选择，闪点的捕捉方式有火焰导电感应式和压力感应等检测方式，温度的测量一般都使用铂电阻。

3. 测试意义

运行矿物绝缘油用于变压器等密闭容器内。在使用过程中常由于设备内部发生电流短路、电弧等作用或其他作用引起设备局部过热而产生高温，使油品可能形成轻质分解物。这些轻质成分在密闭容器内蒸发，一旦遇空气混合后，有着火或爆炸的危险。如用开口杯测定，可能发现不了这种易于挥发的轻质成分的存在，所以闭口闪点可鉴定运行矿物绝缘油发生火灾的危险性：闪点越低，油品越易燃烧，火灾危险性越大。日常工作中，需按闪点值的高低可确定其运送、储存和使用过程中各种防火安全措施。

三、 试验前准备

1. 人员要求

要求作业人员 1～2 人，身体健康。作业人员必须经培训合格，持证上岗，且熟悉仪器的使用和维护等。

2. 气象条件

环境温度：5～40℃；环境相对湿度：≤75%。

3. 设备（仪器）、备品、备件、工器具及耗材

试验仪器、工器具及耗材见表 1-18。

表 1-18 试验仪器、工器具及耗材

序号	名称	规格/编号	单位	数量	备 注
一	试验仪器				
1	闭口闪点全自动测定仪	ZHB202	台	1	
二	工器具				
1	气压计	精度 0.1kPa	个	1	
2	通风柜		个	1	
三	耗材				
1	变压器油	25 号或 45 号	mL	300	
2	无铅汽油		mL	500	
3	丙酮（或石油醚）		瓶	1	

四、 试验程序及过程控制

（一）操作步骤

1. 采集油样

采集油样按照 GB/T 7597—2007 的规定进行。取样应使用容积为 500～1000mL 的磨口瓶，取样量不得低于 300mL。

2. 仪器准备

检查工作现场的工作条件、安全措施是否完备。闪点测定仪要放在避风和较暗的地方才便于观察闪火。为了更有效地避免气流和光线的影响，闪点测定仪应放置在避光的通风柜内。

3. 试验步骤

（1）用无铅汽油清洗试验杯、试验杯盖及其他附件，以除去上次试验留下的所有胶质或残渣痕迹。再用清洁的空气吹干试验区杯，确保除去所有溶剂。

（2）将被试油样倒入样品杯中，加入量准确（以刻度线为准），把样品杯放到加热器的杯穴中，利用定位柱把样品杯定好位。

（3）开始加热，加热速度要均匀上升，并定期搅拌。

（4）到预计闪点前 40℃，仪器自动调整加热速度，使在预计闪点前 23℃±5℃时，升温速度能控制在 2～3℃/min，并持续搅拌。

（5）试样温度到达预期闪点前 23℃±5℃时，每经 2℃进行点火试验。点火时，停止搅拌，使火焰在 0.5s 内降到杯上含蒸汽的空间，留在这一位置 1s 立即迅速回到原位。

（6）在试样液面上方最初出现蓝色火焰时，判断为闪火。测试头自动抬起，显示闪点温度，声音提示，打印测试结果，加热部分自动冷却。

（7）对仪器和样品杯冷却 20min 后，倒出油样，清洗样品杯，按以上步骤操作，进行重复性试验。

（二）计算及判断

1. 测试结果的修正

观察和记录实验时的实际大气压力，按式（1-16）计算在标准大气压时的闪点修正数，计算所得结果，即为标准大气压下的闭口闪点值

$$T_c = T_0 + 0.25(101.3 - p) \tag{1-16}$$

式中　T_0——环境大气压下的观察闪点，℃；

　　　p——环境大气压，kPa。

2. 结果表示

结果报告修正到标准大气压（101.3kPa）下的闪点，精确至 0.5℃。

3. 闭口闪点试验标准

新绝缘油闪点试验温度不低于 135℃；投运前油和运行油闪点试验温度不小于 135℃。

（三）精密度分析

按下述规定判断试验结果的可靠性（95％的置信水平）。

（1）重复性 r。在同一实验室，由同一操作者使用同一仪器，按照相同的方法，对同一试样连续测定的两个实验结果之差均不能超过表 1-19 和表 1-20 中的数值。

表 1-19　　　　　　步骤 A 的重复性

材　料	闪点范围（℃）	r（℃）
油漆和清漆	—	1.5
馏分油和未使用过的润滑油	40～250	0.029X

注　X 为两个连续试验结果的平均值。

表 1-20　　　　　　步骤 B 的重复性

材　料	闪点范围（℃）	r（℃）
残渣燃料油和稀释沥青	40～110	2.0
用过润滑油	170～210	5*
表面趋于成膜的液体、带悬浮颗粒的液体或高黏稠材料	—	5.0

*　在 20 个试验室对一个用过柴油发动机的试样进行测定得到的结果。

（2）再现性 R。在不同实验室，由不同操作者使用不同仪器，按照相同的方法，对同一试样测定的两个单一、独立的实验结果之差不能超过表 1-21 和表 1-22 的数值。

表 1-21 步骤 A 的再现性

材 料	闪点范围（℃）	R（℃）
油漆和清漆	—	1.5
馏分油和未使用过的润滑油	40～250	$0.071X$

注 X 为两个连续试验结果的平均值。

表 1-22 步骤 B 的再现性

材 料	闪点范围（℃）	R（℃）
残渣燃料油和稀释沥青	40～110	6.0
用油润滑油	170～210	16*
表面趋于成膜的液体、带悬浮颗粒的液体或高黏稠材料	—	10.0

* 在 20 个试验室对一个用过柴油发动机的试样进行测定得到的结果。

（四）结束工作

（1）取出样品杯，把油样倒出，用丙酮（或石油醚）清洗样品杯，用清洁的空气吹干样品杯，放入仪器加热组件内。

（2）进入仪器自检界面，选择测试头，将测试头落下，起到保护测试部分和样品杯的作用。

（3）对试验现场进行清理。

（五）试验报告编写

试验报告应包括：变压器主要参数，油牌号及产地，变压器的负荷，顶层油温，环境温度、湿度，当前大气压，闭口闪点值。

五、 危险点分析及预控措施

（1）电源应有良好的接地，防止人身触电。

（2）避免高温烫伤，不准触碰加热过的试油及油杯，禁止在仪器通电加热过程中接触油杯。

（3）防止有毒气体损害身体健康，试验应在通风橱中进行。

（4）无人工作或下班时，必须切断电源，防止发生火灾事故。

（5）加入的试油量。测试油杯中加入的试油量要正好到刻度线处，否则油量多测得结果偏低，油量少测得结果偏高。

（6）点火用的火焰大小与离液面高低及停留时间有关。火焰较规定的大，离液面越近，在液面上移动的时间越长，测得的结果越偏低，反之则比正常值高。

（7）升温速度。加热太快结果偏低，反之偏高。

（8）试油含水。如果测试前不脱水处理，则测定结果偏高。

（9）应先看温度后点火。否则结果偏高。

（10）测定压力。压力高闪点高，否则闪点低。

六、 仪器维护保养及校验

（一）仪器维护及保养

（1）仪器因有点火装置，须在通风橱内操作（不要开风机）。

（2）温度传感器由玻璃制成，使用时不要与其他物品相碰。

（3）每次换样品时都要将样品杯清洗干净，样品加热穴内不要有其他物品放入，否则将无法进行试验。

（4）测试头部分为机械自动传动，切勿用手强制动作，否则将造成机械损伤。

（5）仪器的传感器部分易附着油污，会影响检测精度，要经常用无铅汽油、石油醚对传感器进行清洗，清洗时要十分小心，以免碰坏。

（6）长期不用时把样品杯放入加热穴中，在"仪器校验"菜单下，选择"测试头"并按"确认"键将其落下。

（二）仪器校验

1. 校验方法

按照 GB/T 261—2008 附录 A 的规定，根据需要校准的温度段不同，选用对应的试剂进行校准，如表 1-23 所示。

表 1-23 不同的校准所对应的试剂

烃	标准闪点（℃）
癸烷	53
十一烷	68
十二烷	84
十四烷	109
十六烷	134

2. 校验周期

每年度应校验至少 1 次。

3. 校验达到标准

根据 GB/T 261—2008 13.1 对重复性的要求，应达到：

闭口闪点值在 40～250℃ 时，两次测定值之差应小于连续两次试验结果的平均值 $0.029X$。

七、 试验数据超极限值的原因及采取措施

1. 警戒极限

变压器新油温度小于 135℃。

当测试值与标准值偏差在 5℃ 以上或与上次测试温度偏差超过 5℃ 时，应立即检修排

除故障。

2．原因解释

一般情况下，出现闪点值超标是因为变压器存在局部过热现象、电故障或补错了油。

3．采取措施

根据试验数据及变压器等级的不同，可采取如下措施：

（1）维修消除电故障。

（2）进行真空脱气处理。

（3）更换变压器油。

第九节　油中含气量测试现场作业指导及应用（真空压差法）

一、概述

1．适用范围

本方法适用于充油电气设备中绝缘油含气量的测定。对于运动黏度（40℃）不大于40mm²/s的其他油品含气量测定可参照本标准。

2．引用标准

GB 2536—2011　电工流体 变压器和开关用的未使用过的矿物绝缘油

GB/T 7595—2008　运行中变压器油质量

GB/T 7597—2007　电力用油（变压器油、汽轮机油）取样方法

GB/T 14542—2005　运行变压器油维护管理导则

GB 50150—2006　电气装置安装工程 电气设备交接试验标准

DL/T 423—2009　绝缘油中含气量的测定方法 真空压差法

Q/GDW 1168—2013　输变电设备状态检修试验规程

二、相关知识点

1．概念

矿物绝缘油是电力系统中重要的矿物液体绝缘介质，起绝缘、散热冷却和消弧作用。一般要求矿物绝缘油在高压状态下为吸气的。否则，如果油为放气性的，会气穴存于矿物绝缘油中，会发生局部的放电或者过热，严重的会导致击穿。

对于投运前的矿物绝缘油，通过真空滤油使含气量达到1%的要求并不困难，但对于运行于设备中的矿物绝缘油，要达到含气量低于3%［500（330kV）］和2%（750kV）的要求，却有许多实际的问题要解决。例如设备壳体制造工艺、胶囊（波纹膨胀器）密封工艺、循环油泵负压区密封工艺等关键点处理不到位，都会使含气量逐渐增加。

2．方法原理

被试油样通过适当的方式进入高真空的脱气室，使试油中的溶解气体迅速彻底释放，根据试油进入脱气室前、后释放气体产生的压力差值，结合室温、试油量、脱气室容积、脱气室温度等参数计算出油中气体的含量，以标准状况下（101.3kPa、0℃）气体对试油的体积分数表示被测油样中的含气量。

3. 测试意义

（1）一般情况下，电极附近的场强最强，因此电气元件附近产生的气体最多。气泡附着在电气元件周围或游离于电气元件附近，由于气体导热性能差，而降低了运行矿物绝缘油的冷却效果。

（2）气泡是造成局部放电的一个重要原因。局部放电会影响运行矿物绝缘油的长期寿命。气泡减弱了运行矿物绝缘油的绝缘和灭弧作用，当气泡聚集过多时可能会发生短路击穿现象。

（3）在密闭的绝缘系统（如大容量全封闭变压器）等中，运行矿物绝缘油中产生和积累的气体会使封闭体系内压力增高，严重时造成设备爆裂等。

综合以上原因，必须监督运行矿物绝缘油中的含气量。

三、试验前准备

1. 人员要求

试验人员应是经培训合格的1～2名熟练操作人员；能正确操作试验室设备，并能准确分析试验结果。

2. 气象条件

环境温度为5～40℃，环境相对湿度不大于75%。

3. 试验仪器、工器具及耗材

试验仪器、工器具及耗材见表1-24。

表 1-24　　　　　　　　　　　试验仪器、工器具及耗材

序号	名称	规格/编号	单位	数量	备注
一	试验仪器				
1	绝缘油含气量全自动测定仪	ZHYQ3500	台	1	
二	工器具				
1	进样器	100mL	支	1	
2	进样器	500μL	支	1	
3	真空泵		台	1	
	真空胶管		m	1	
三	耗材				
1	变压器油		mL	300	
2	滤纸		盒	1	
3	脱脂棉		包	1	
4	镊子		把	1	
5	硅胶垫		个	10	
6	小烧杯		个	2	100mL
7	硅胶管		m	2	$\phi 6$
8	硅胶管		m	2	$\phi 3$
9	清洗杯		个	1	
10	油桶		个	1	5L

四、 试验程序及过程控制

(一) 操作步骤

1. 采集油样

采集油样按照 GB/T 7597—2007 的规定进行。应用注射器密封取样，取样要求与色谱试验一致，取样量不小于 90mL。

2. 仪器准备

(1) 含气量测定仪的测试环境最好能将温度恒定在 25℃ 左右，相对湿度控制在 60% 以下。将仪器与真空泵并列放在平整的工作台上，将 100mL 注射器清洗后放入恒温干燥箱中，在 100℃ 下恒温 2～3h 后取出，放入干燥室内冷却至室温备用。

(2) 用真空胶管连接真空泵抽气口与仪器后面板上的抽气口，要严密，无泄漏。真空泵的电源插头插在仪器后面板上的插座上。

(3) 将 $\phi 6$ 硅胶管一端插入后面板上排油口短管上，另一端放入接废油的油桶中（要放置在地面上或低于排油口的位置，以免排油不畅）。

3. 试验步骤

(1) 开机。接好仪器电源线，打开仪器开关，显示开机界面，按任意键出现真空自检选项，选择"开始"，按"确认"键。自检无异常，自动进入功能选择界面；自检异常，关机重新开始自检，直至自检通过。

(2) 标定。选择"开始测定"菜单，进入测试界面，移动光标位于"标定"处时按"确认"键，开始标定过程。首先仪器自动启动真空泵对脱气室抽真空，达到一定真空度后，仪器蜂鸣提示可以输入标气（标气为空气）并自动关闭真空泵。用注射器从"标定"口迅速注入抽取好的气体（空气），并迅速拔出注射器，然后二次按下"标定"键，此时仪器即显示含气量的结果为 G_1'。比较显示结果与理论计算值，可知系统工作状态是否正常。一般注入 1mL 标气（空气），而样品的进样量为 25mL，理论计算值 $G_1 =$（进气量/油样体积）$\times 100\% = [(1/25)\times 100\%] = 4\%$，若显示输出结果也为 4%，说明系统工作状态是正常的。

仪器安装时和更换密封胶垫后必须标定。

(3) 仪器设置。取进样口处使用的过滤片、进样微孔板及 O 形密封圈，用石油醚充分清洗，使其表面洁净，无附着物。用同样方法清洗进样口，使内部干净、无杂物，并按图 1-4 所示顺序依次安装 O 形密封圈 2、过滤片 3、O 形密封圈 4、微孔板 5、O 形密封圈 6，旋紧进样口螺母（使之无泄漏）。设置好日期和时间，设置好打印机（打印或不打印）。

(4) 测试。将 100mL 进样器安放在进样支架上，置于仪器顶部，用进样软管连接进样器与进样口（应严密、不泄漏），进入开始测定界面，光标在"开始"处按"确认"键，仪器进入自动测试过程。首先抽真空到一定程度，然后吸入 25mL 油样，用油样冲洗管路，完毕后排出油样。排油完毕，继续抽真空并进油样 25mL。油样缓慢地滴溅到脱气室中，压力不断上升。当油样完全滴入且脱

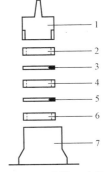

图 1-4 进样口内的
部件组装图

1—进样口压紧螺母；
2、4、6—O 形密封圈；
3—过滤片；5—微孔
板；7—进样口底座

气室压力（脱气室压力是根据油样实际情况确定的，无法确定具体数值）不再上升时，仪器记录该次测试结果。如果试验次数设置为 1 次，仪器即刻输出测试结果（油中含气量），并有蜂鸣提示，然后将脱气室中吸入的油样排出，测试结束；如果试验次数大于 1 次，仪器自动重复以上进样及测试过程，直到测试结束，再输出测试结果。

（5）试验结束。整理仪器，用石油醚清洗过滤片、进样微孔板及 O 形密封圈，并装回原位。清理操作台恢复清洁、整齐，用具归位。将试验结果写在原始记录表上，并填写环境温度和湿度。

（二）计算及判断

（1）根据脱气前、后的压差和相关计算参数，按式（1-17）计算含气量

$$G = \frac{273 \times \Delta p \times (V - V_L)}{(273 + t) \times p_0 \times V_L \times (1 - 0.000\,8 \times t)} \times 100\% \qquad (1\text{-}17)$$

式中　G——油中含气量，%；

　　　Δp——脱气前、后微压传感器的压力指示差值，Pa；

　　　V——脱气单元总容积，mL；

　　　V_L——试油定量容积，mL；

　　　p_0——标准状况下大气压，取 101.3×10^3 Pa；

　　　t——定量单元和脱气单元的恒温温度，℃；

　0.000 8——油的热膨胀系数，1/℃。

（2）取连续两次满足精密度要求测试结果的算术平均值作为试油含气量报告值。

（3）运行中变压器油中含气量质量指标见表 1-25。

表 1-25　　　　　　　　　　运行中变压器油中含气量质量标准

电压等级 (kV)	油中含气量质量指标（体积分数%）	
	投入运行前的油	运行油
750～1000		≤2
330～500	<1	≤3
（电抗器）		≤5

（三）精密度分析

1. 重复性

该方法重复性指标应符合表 1-26 的要求。

2. 再现性

该方法再现性指标应符合表 1-27 的要求。

表 1-26　　重复性指标

油中含气量（体积百分数，%）	相对误差（%）
<1.0	10
1.0～3.0	6
>3.0	3

表 1-27　　再现性指标

油中含气量（体积百分数，%）	相对误差（%）
<1.0	15
1.0～3.0	10
>3.0	5

（四）试验报告编写

试验报告应包括：变压器主要参数，油牌号及产地，变压器的负荷、顶层油温，环境温度、湿度，玻璃注射器密封情况；样品中是否含有气泡，是否进行水分修正（如果被测试油中水分含量大于 20mg/L，需要对试验结果进行修正计算）；含气量测量值。备注写明装油样的玻璃注射器的密封情况，油中是否有气泡等其他要注意的内容。

五、 危险点分析及预控措施

（1）防触电。仪器应有良好接地。

（2）真空泵使用前应检测油位是否符合要求，不足时应及时补加，避免损坏真空泵。

（3）防止真空泵喷油。防止真空泵因误操作而导致喷油。

（4）防止玻璃仪器破碎被扎伤。

（5）化验室应备有自来水、消防器材、急救箱等物品。

（6）试验中需要用到石油醚等易燃试剂，使用中要注意防火。

（7）为防止有毒气体损害身体健康，在试验过程中应始终开启通风装置。

（8）真空泵与抽气口的胶管连接要严密，防止漏气，否则影响测试结果。

（9）测试用的取样器必须选择滑动灵活、无卡涩的注射器，否则会影响进样，使测试结果偏差增大。

（10）测试前要用石油醚把进样口内清理干净，安装在此处的 O 形密封圈、过滤片、进样微孔板在安装前也要清理干净，以免杂质或碎屑堵塞进样管路。

（11）测试过程中如发现真空度长时间达不到测试要求，则无法完成测试。此时要取消测试，并检查系统泄漏情况，经修复，仪器工作正常后再进行油样测试。

（12）标定口处密封胶垫在长期使用后，真空密封程度可能会下降，此时如要标定，应更换密封胶垫，并用螺母压紧，防止漏气。

（13）接废油的容器最好放置在低于排油口的位置，以利于废油排出。

六、 仪器维护保养及校验

（一）仪器的维护保养

（1）仪器不得安装在有腐蚀性气体的室内，腐蚀性气体可使仪器的电路部分遭到腐蚀，因而缩短仪器的使用寿命。

（2）仪器应放在室温高于 5℃或低于 40℃的地方。

（3）不要将仪器放在阳光直射的地方。

（4）不要将仪器安装在湿度大的地方。

（5）密封垫的更换。标定气体注入口的密封垫，如使用过久可能会使其上面的针孔变得无收缩性，使空气进入脱气室而产生误差，此时应更换密封垫。

（二）仪器校验

1. 校验方法

（1）含气量校验。方法如下：先准备好标定用的注射器，并抽取到一定刻度。将光标移至"标定"处，按"确认"键，仪器开始进入标定程序。首先对脱气室抽真空，当真空度达到要求后，仪器蜂鸣提示，可以进标气。用注射器从"标定"口迅速注入抽取好的气體，并迅速拔出注射器，然後二次按下"標定"鍵，此時儀器即顯示含氣量的大小 G_1'。而理論計算值為 $G_1 =$（進氣量/油樣體積）$\times 100\%$，比較 G_1 與 G_1'，若超出 10% 為不合格，需要檢查注射器、標定口橡膠，重新標定，直到 G_1 與 G_1' 小於 10%，儀器工作狀態即為正常。油樣體積一般參照 25mL 進行計算。

（2）儀器應具有密封性和準確性校驗功能。儀器出廠前應由製造廠精確標定。儀器損壞修復使用前應重新標定。

2．校驗週期

儀器應每年進行校驗。

3．校驗達到標準

本試驗 G_1 與 G_1' 相差不超過 10%，即為合格，可供其他儀器參考。可按國家有資質的計量中心規定的校驗標準進行校驗。

七、 試驗數據超極限值的原因及采取措施

1．警戒極限

測試結果大於 GB 7595—2008 中對變壓器油含氣量的要求，見表 1-28。

表 1-28　　　　　　　　　　變壓器油中含氣量限值

設備電壓等級（kV）	油中含氣量（體積分數,%）
750～1000	＞2
330～500	＞3
電抗器	＞5

2．原因解釋

（1）設備關鍵點密封不嚴，如潛油泵處漏氣，充氮滅火裝置泄漏、膠囊或波紋膨脹器漏氣等。

（2）設備外殼製造工藝問題。

（3）設備長時間運行後油品氧化。

3．采取措施

（1）對充油設備中的油用濾油機進行過濾，在過濾過程中對油樣中含氣量進行監控，符合 GB 7595—2008 中對變壓器油含氣量的要求即可。

（2）與製造廠聯系，進行設備的嚴密性處理。

第十節　油中含氣量測試現場作業指導及應用（氣相色譜法）

一、 概述

1．適用範圍

本方法適用於測定充油電氣設備內絕緣油中的溶解氣體含量。

2．引用標準

GB/T 7252—2001　變壓器油中溶解氣體分析和判斷導則

GB/T 17623—1998　绝缘油中溶解气体组分含量的气相色谱测定法

DL/T 703—2015　绝缘油中含气量的气相色谱测定法

DL/T 722—2014　变压器油中溶解气体分析和判断导则

JJG 700—1999　气相色谱议

二、相关知识点

1. 概念

油中的气体含量（总含气量）为油中所有溶解气体含量的总和，用体积百分数表示。

总含气量主要是指设备油中的空气含量。测定油中的总含气量对于评定油本身的质量和适用性能意义不大。对一些高压电气设备，一般要求装入设备中的油品应有较低的含气量，以减少气隙放电和延缓油质劣化的可能。但油中的含气量与电气设备的密封性能和油的净化设备的脱气能力有很大的关系。

2. 试验原理

一般地，气相色谱仪系统采用经典的变压器油中溶解气体色谱分析原理，配有微型热导、氢焰检测器和微型转化炉，采用双色谱柱并联进行组分分离，气路流程采用 GB/T 7252—2001 推荐的二针进样三检测器流程，油气分离方式采用恒温振荡顶空脱气方式。其基本的气路流程图如图 1-5 所示。

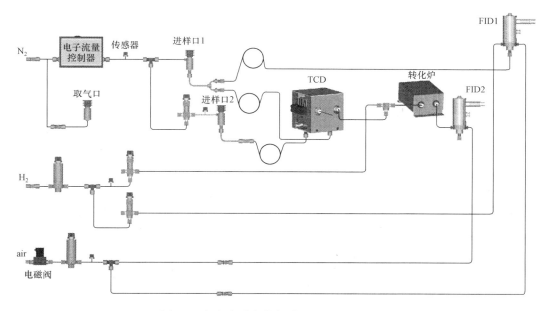

图 1-5　气相色谱仪的气路流程图（含气量）

3. 测试意义

运行中绝缘油中的气体，一般是以溶解状态和游离状态存在的，当周围温度、压力骤变时，会使气体从油中析出来，析出的气体聚集成气泡，这些气泡在强电场的作用下，会把气体拉成长体，极易发生气体的碰撞和游离。因为气泡在高场强作用下，气泡内的气体产生带电离子，使其电流瞬间增大，气体被击穿，使油的绝缘性能下降。

为了保证充油设备绝缘的可靠性，对大于或等于 330kV 电气设备用油，在充入设备前对油品进行真空脱气，使油中有较低的含气量，以减少气隙放电的可能性。油中的含气量与电气设备的严密性的关系也很大，所以对大于或等于 330kV 的电气设备用油要监测含气量。

三、试验前准备

1. 人员要求

试验人员应是经培训合格的 1～2 名熟练操作人员；能正确操作试验室设备，并能准确分析试验结果。

2. 气象条件

最佳环境温度为 15～25℃，最佳相对湿度为 50%～60%。

3. 试验仪器、工器具及耗材

试验仪器、工器具及耗材见表 1-29。

表 1-29　　　　　　　　　　试验仪器、工器具及耗材

序号	名称	规格/编号	单位	数量	备注
一	试验仪器				
1	ZF-301B 气相色谱仪		台	1	
2	色谱工作站		套	1	
3	1081-2 型自动脱气振荡仪		台	1	
4	高纯氩气		瓶	1	纯度不小于 99.99%
5	高纯氢气发生器		台	1	
6	空气发生器		台	1	
二	工器具				
1	温湿度表		块	1	
2	大气压力表		块	1	
3	呆扳手	10～12in （1in＝25.4mm）	把	1	
三	耗材				
1	变压器油	25 号或 45 号	mL	80	
2	注射器	100mL	支	5	
3	注射器	5mL	支	2	
4	注射器	1mL	支	1	
5	针头	5 号牙科针头	盒	1	
6	色谱进样定量卡	1mL	支	1	
7	橡胶封帽		粒	10	
8	进样垫		个	2	
9	取气胶垫		个	2	
10	双头针		根	3	

四、试验程序及过程控制

（一）操作步骤

1. 采集油样

（1）取样部位。取样部位应注意所取的油样能代表油箱本体的油。一般应在设备下部的取样阀门处取油样。在特殊情况下，可在不同的取样部位取样。取样量，对大油量的变压器、电抗器等可为 50～80mL；对少油量的设备要尽量少取，以够用为限。

（2）取油样的容器。应使用密封良好的玻璃注射器取油样。当注射器充有油样时，芯子能按油体积随温度的变化自由滑动，使内外压力平衡。

（3）取油样的方法。

从设备中取油样的全过程应在全密封的状态下进行，油样不得与空气接触。对电力变压器及电抗器，一般可在运行中取油样。需要设备停电取样时，应在停运后尽快取样。对可能产生负压的密封设备，禁止在负压下取样，以防止负压进气。

设备的取样阀门应配上带有小嘴的连接器，在小嘴上接软管。取样前应排除取样管路中及取样阀门内的空气和"死油"，所用的胶管应尽可能的短，同时用设备本体的油冲洗管路（少油量设备可不进行此步骤）。取油样时油流应平缓。

用注射器取样时，最好在注射器与软管之间接一小型金属三通阀，如图 1-6 所示。按下述步骤取样：

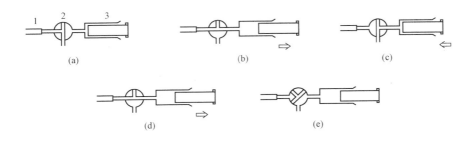

图 1-6　取油操作示意图
1—连接软管；2—三通阀；3—注射器

1）将"死油"经三通阀排掉；

2）转动三通阀使少量油进入注射器；

3）转动三通阀并推压注射器芯子，排除注射器内的空气和油；

4）转动三通阀使油样在静压力作用于自动进入注射器（不应拉注射器芯子，以免吸入空气或对油样脱气）。

5）当取到足够的油样时，关闭三通阀和取样阀，取下注射器，用小胶头封闭注射器（尽量排尽小胶头内的空气）。整个操作过程应特别注意保持注射器芯子的干净，以免卡涩。

2. 仪器准备

（1）气相色谱仪、色谱工作站、振荡仪应工作稳定、正常，氮气瓶、氢气瓶应压力充足。

（2）所用注射器清洁、干燥、无卡涩，密封性好，注射器针头无堵塞。

（3）用 100mL 注射器吸取油样 40mL，再加入高纯氩气 10mL，放入振荡仪中，振荡仪自动升温至 50℃，连续振荡 20min，然后静止 10min。用 5～10mL 注射器吸取平衡气体，准确读取体积。

3. 试验步骤

（1）更换进样垫，使用仪器厂家提供的进样垫。

（2）打开氩气钢瓶阀门及氢气、空气发生器电源开关，压力分别控制在 0.4、0.3、0.4MPa，通气 10min 左右（如长时间没开机，应通气 20min 以上）。

（3）打开气相色谱仪电源开关。

（4）运行色谱工作站软件，软件智能控制仪器自动进行升温、FID 检测器点火、TCD 桥流运行等操作，直至工作站软件状态显示为"分析状态"。

（5）仪器标定。

1）在工作站界面上点击"采集标样"按钮，在弹出的对话框中正确输入进样量 0.5mL，然后点击"确定"按钮。

2）用高纯氩气冲洗 1mL 注射器三次后，取标气 0.5mL，注入色谱仪的进样口 2，待 H_2、O_2、N_2 组分峰出完后，再取标气 0.5mL，注入色谱仪的进样口 1。

3）待标样气体（CH_4、C_2H_4、C_2H_6、C_2H_2、H_2、O_2、N_2、CO、CO_2）谱图出完后，标样谱图会自动进入"分析窗口"中，并按照混合标样气体的出峰顺序和气体浓度，对标样各气体组分峰进行定性和定量。

4）在气相色谱仪稳定的情况下，至少重复操作 2 次。

（6）油样气体分析。

1）在工作站"数据库—标样谱图库"中，从步骤（5）中标定的标样中，正确选择一个合格的标样。

2）点击"采集样品"按钮，在弹出的"样品参数"窗口中正确选择"单位""设备""进样量（0.5mL）""脱气量""气体来源""大气压""室温"等参数。

3）用 1mL 进样注射器，取样品气 0.5mL，注入色谱仪进样口 2，待 H_2、O_2、N_2 组分峰出完后，再取标气 0.5mL，注入色谱仪的进样口 1。

4）在样品峰采集结束后，会自动弹出"样品计算结果"窗口，一般可先关闭该窗口，检查一下谱图认峰情况，若认错了，在峰上单击右键，在峰参数窗口里修改，然后单击"样品诊断"快捷按钮，组分含量会重新计算。然后单击"确定"按钮，数据会自动保存到"数据库—样品记录库"中，方便以后查询数据。

5）如果继续做油样，请单击采集窗口的"样品"按钮，根据上述步骤分析下一针油样。

（7）关机

1）关闭工作站和计算机。

2）退出桥流。

3）关闭色谱仪电源。

4）约 30min 后关闭气体发生器或者钢瓶。

（二）计算及判断

1. 结果计算（机械振荡法）

（1）体积的校正。样品气和油样体积的校正按式（1-18）和式（1-19）将在室温、试验压力下平衡的气样体积 V_g 和试油体积 V_L 分别校正到平衡状态 50℃、试验压力下的体积，即

$$V'_g = V_g \frac{323}{273+t} \tag{1-18}$$

$$V'_L = V_L[1 + 0.000\,8 \times (50-t)] \tag{1-19}$$

式中　V'_g——50℃、试验压力下平衡气体的体积，mL；

　　　V_g——室温 t、试验压力下平衡气体的体积，mL；

　　　V'_L——50℃时油样体积，mL；

　　　V_L——室温 t 时油样体积，mL；

　　　t——试验室的室温，℃；

　0.000 8——油的热膨胀系数，1/℃。

（2）油中气体含量浓度的计算。按式（1-20）计算油中溶解气体各组分的浓度，即

$$\phi_i = 0.879 \times \frac{p}{101.3} \times \phi_{si} \times \frac{\overline{A_i}}{\overline{A_{si}}} \times \left(K_i + \frac{V'_g}{V'_L}\right) \tag{1-20}$$

式中　ϕ_i——油中溶解气体 i 的组分浓度，μL/L；

　　　ϕ_{si}——标准气体中 i 组分的浓度，μL/L；

　　　p——试验时的大气压力，kPa；

　0.879——油样中溶解气体浓度从 50℃校正到 0℃时的温度校正系数；

　101.3——标准大气压力，kPa；

　　　$\overline{A_i}$——油样气体中 i 组分的平均峰面积，mm²；

　　　$\overline{A_{si}}$——标准气体中 i 组分的平均峰面积，mm²；

　　　K_i——试验温度下，气液平衡后矿物绝缘油中溶解气体 i 组分的奥斯特瓦尔德系数（见表 1-30）。

$\overline{A_i}$、$\overline{A_{si}}$ 也可以用平均峰高 $\overline{h_i}$、$\overline{h_{si}}$ 代替。

表 1-30　　　各种气体在矿物绝缘油中的奥斯特瓦尔德系数 K_i

标准	温度（℃）	H₂	O₂	N₂	CO	CO₂	CH₄	C₂H₄	C₂H₆	C₂H₂
GB/T 17623—1998	50	0.06	0.17	0.09	0.12	0.92	0.39	1.46	2.30	1.02

对牌号或油种不明的油样，其溶解气体的分配系数不能确定时，可采用二次溶解平衡测定法。

按式（1-21）计算油中含气量

$$\phi = \sum_{i=1}^{n} \phi_i \times 10^{-4} \tag{1-21}$$

2. 运行中变压器油中含气量质量

运行中变压器油中含气量质量见表 1-12。

（三）精密度分析

（1）重复性。油中溶解气体浓度大于 10μL/L 时，两次测定值之差应小于平均值的

10%；油中溶解气体浓度小于或等于 $10\mu L/L$ 时，两次测定值之差应小于平均值的 15% 加两倍该组分气体最小检测浓度之和。

（2）再现性。两个试验室测定值之差的相对偏差在油中溶解气体浓度大于 $10\mu L/L$ 时，为小于 15%；小于或等于 $10\mu L/L$ 时，为小于 30%。

（3）准确度。本方法采用对标准油样的回收率试验来验证。一般要求回收率不低于 90%，否则应查明原因。

（4）取两次平行试验结果的算术平均值为测定值。

（四）结束工作

（1）主设备关机，关闭气源。

（2）关闭试验电源的总电源。

（3）整理作业工器具，按指定位置放好。

（4）对当日的试验情况下结论。

（五）试验报告编写

试验报告应包含设备主要参数、变压器的负荷、顶层油温、环境温度、湿度、样品名称、取样方法及部位、取样时间、含气量测定结果、试验人员、分析意见、情况说明等。4 天内完成报告填写和传递。

五、 危险点分析及预控措施

（1）油样保存时间不得超过 4 天。

（2）注射器应清洁、干燥、无卡涩，密封性好，针头无堵塞。

（3）进样时要防止油样进入进样口，可在进样前将针头擦一下。

（4）为了使仪器可靠工作和人身安全，仪器必须可靠接地。

（5）气源纯度要求在 99.999% 以上，气瓶压力低于 2MPa 时应停用。

（6）混合标准气有效期为一年，不得超期。

（7）开机前，应先通气，再开电源；关机时，应先关电源，再关气源。

（8）进样操作和标定时进样操作一样，做到"三快"、"三防"。进样气的重复性与标定一样，即重复两次或两次以上的平均偏差应在 2% 以内。

1）"三快"：进针要快、要准，推针要快（针头一插到底即快速推针进样），取针要快（进完样后稍停顿一下立刻快速抽针）。

2）"三防"：防漏出样气（注射器要进行严密性检查，进样口硅橡胶垫勤更换，防止柱前压过大冲出注射器芯，防止注射器针头堵死等）；防样气失真（不要在负压下抽取气样，以免带入空气；减少注射器"死体积"的影响，如用注射器定量卡子，用样气冲洗注射器，使用同一注射器进样等）；防操作条件变化（温度、流量等运行条件稳定，标定与分析样品使用同一注射器、同一进样量、同一仪器信号衰减挡等）。

六、 仪器维护保养及校验

（一）仪器维护保养

（1）建议定期（一周）开机一次。

（2）定期检查气瓶压力是否充足，及时进行充气或者更换操作。

（3）影响色谱柱寿命的主要原因是进油污染，所以在进针时应尽可能避免针头带油。

（4）电源维护：确认仪器电源插头连接牢固、可靠。确认配电装置的开关处于开的状态。尽量避免和其他大功率设备共用同一路电源。

（5）外观清洁：如果仪器的外壳需要清洁，可以使用中性清洁剂进行擦拭。

（6）不要在开机状态或刚关机时清洁，以免被高温部件烫伤。

（7）清洁时不要碰到内部电子元件和气路部件。

（二）仪器校验

1. 校验方法

按照 JJG 700—1999 中的方法进行校验。

（1）一般检查。

1）仪器应有下列标志：仪器名称、型号、制造厂名、出厂日期和出厂编号，国内制造的仪器应标注制造计量器具许可证标志。

2）在正常操作条件下，用试漏液检查气源至仪器所有气体通过的接头，应无泄漏。

3）仪器的各调节旋钮、按键开关、指示灯工作正常。

（2）载气流速稳定性检定。选择适当的载气流速，待稳定后，用流量计测量，连续测 6 次，其平均值的相对标准差不大于 1%。

（3）温度检定。

1）柱箱温度稳定性检定。把铂电阻温度计的连线连接到数字多用表（或色谱仪检定专用测量仪）上，然后把温度计的探头固定在柱箱中部，设定柱箱温度 70℃，加热升温，待温度稳定后，观察 10min，每变化一个数记录一次，求出数字多用表最大值与最小值所对应的温度差值。其差值与 10min 内温度测量的算术平均值的比值，即为柱箱温度稳定性。

2）程序升温重复性检定。按表 1-16 中的检定条件和检定方法进行程序升温重复性检定。选定初温 50℃，终温度 200℃。升温速率 10℃/min 左右。待初温稳定后，开始程序升温，每分钟记录数据一次，直至终温稳定。此实验重复 2～3 次，求出相应点的最大相对偏差，其值应不大于 2%。结果按式（1-22）计算

$$相对偏差 = \frac{t_{max} - t_{min}}{t} \times 100\% \tag{1-22}$$

式中　t_{max}——相应点的最大温度，℃；

　　　t_{min}——相应点的最小温度，℃；

　　　t——相应点的平均温度，℃。

（4）衰减器换挡误差检定。在各检测器性能检定的条件下，检查与检测器相应的衰减器的误差。待仪器稳定后，把仪器的信号输出端连接到数字多用表（或色谱仪检定专用测量仪）上，在衰减为 1 时，测得一个电压值，再把衰减置于 2、4、8…直至实际使用的最大挡，测量其电压，相邻二挡的误差应小于 1%。

（5）TCD 性能检定。

1）TCD 的检定条件见表 1-31。

表 1-31   TCD 的检定条件

检测器检定条件	TCD	FID
色谱柱	气体检定：60～80 目分子筛或高分子小球，填充柱或毛细柱	
载气种类	N_2、H_2、He	N_2、H_2、He
载气流速	30～60mL/min	约 50mL/min
燃气	无	H_2，流速选适当值
助燃气	无	Air，流速选适当值
柱箱温度	30℃左右（气体检定）	50℃左右（气体检定）
气化室温度	120℃左右（气体检定）	120℃左右（气体检定）
检测室温度	100℃左右	120℃左右（气体检定）
桥（电）流或热丝温度	选灵敏度	无
量程	无	选最佳挡

注 载气纯度，对 TCD、FID 为不低于 99.995%，燃气纯度不低于 99.99%，助燃气不得含有影响仪器正常工作的灰尘、烃类、水分及腐蚀性物质。

2）基线噪声和基线漂移检定。按表 1-17 的检定条件，选择灵敏挡，设定桥流或热丝温度。待基线稳定后，调节输出信号至记录图或显示图的中部，记录基线 0.5h，测量并计算基线噪声和基线漂移。

3）灵敏度检定。用气体标准物质检定，按表 1-17 中的检定条件，通入 1%mol/mol 的 CH_4/N_2，CH_4/N_2 或 CH_4/He 标准气体，连续进样 6 次，记录甲烷的面积。热导检测器灵敏度的计算公式如下

$$S_{TCD} = \frac{AF_C}{W} \tag{1-23}$$

式中　S_{TCD}——TCD 灵敏度，mV·mL/mg；

　　　A——甲烷峰面积算术平均值，mV·min；

　　　W——甲烷的进样量，mg；

　　　F_C——氮气流速，mL/min。

（6）FID 性能检定。

1）检定条件见表 1-17。

2）基线噪声和基线漂移检定。按表 1-17 的检定条件，选择较灵敏挡，点火并待基线稳定后，调节输出信号至记录图或显示图中部，记录 0.5h，测量并计算基线噪声和基线漂移。

用气体标准物质检定，按表 1-17 中的检定条件，通入 $100\mu mol/mol$ 的 CH_4/N_2 标准气体，连续进样 6 次，记录甲烷峰面积。

检测限的计算按式（1-24）进行

$$D_{FID} = \frac{2NW}{A} \tag{1-24}$$

式中　D_{FID}——FID 应答值（检测限），g/s；

　　　N——基线噪声，A；

　　　A——甲烷峰面积算术平均值，mV·min；

W——甲烷的进样量，g。

（7）定量重复性检定。定量重复性以溶质峰面积测量的相对标准偏差 RSD 表示，按式（1-25）计算

$$RSD = \sqrt{\frac{\sum_{i=1}^{n}(x_i - \bar{x})^2}{n-1}} \times \frac{1}{\bar{x}} \times 100\% \tag{1-25}$$

式中 RSD——相对标准偏差，%；

N——测量次数；

X_i——第 i 次测量的峰面积，mV·min；

$\bar{x}$——n 次进样的峰面积算术平均值，mV·min；

i——进样序号。

2. 校验周期

每2年一次。

3. 校验达到标准

（1）符合 GB/T 17623—1998 最小检测灵敏度的要求，见表 1-32。

表 1-32 最小检测灵敏度

气 体	出厂、交接试验	运行试验
	20℃以下的浓度（μL/L）	
氢	2	5
烃类	0.1	1
一氧化碳	5.0	25
二氧化碳	10	25
空气	50	50

（2）符合 JJG 700—1999 中气相色谱仪主要技术指标的要求，见表 1-33。

表 1-33 气相色谱仪主要技术指标

检测器	载气流速稳定性（10min）	柱箱温度稳定性（10min）	程序升温重复性	基线噪声	基线漂移（30min）	灵敏度	检测限	定量重复性	衰减器误差
TCD	1%	0.5%	2%	≤0.1mV	≤0.2mV	≥800mV·mL/mg		3%	1%
FID		0.5%	2%	≤1×10^{-12}A	≤1×10^{-11}A		≤5×10^{-10}g/s	3%	1%

七、 试验数据超极限值原因及采取措施

1. 警戒极限

测试结果大于 GB 7595—2008 中对变压器油含气量的要求，见表 1-28。

2. 原因解释

（1）设备关键点密封不严，如潜油泵处漏气，充氮灭火装置泄漏、胶囊或波纹膨胀器漏气等。

（2）设备外壳制造工艺问题。

（3）设备长时间运行后油品氧化。

3. 采取措施

（1）对充油设备中的油用滤油机进行过滤，在过滤过程中对油样中含气量进行监控，符合 GB 7595—2008 中对变压器油含气量的要求即可。

（2）与制造厂联系，进行设备的严密性处理。

第十一节　油中溶解气体组分含量测试现场作业指导及应用

一、概述

1. 适用范围

本方法适用于测定充油电气设备内绝缘油中溶解气体含量的分析。

2. 引用标准

GB/T 7252—2001　变压器油中溶解气体分析和判断导则

GB/T 17623—1998　绝缘油中溶解气体组分含量的气相色谱测定法

DL/T 596—1996　电力设备预防性试验规程

DL/T 722—2014　变压器油中溶解气体分析和判断导则

二、相关知识点

1. 概念

油中溶解气体组分含量色谱分析法，是实现油中溶解气体组分含量测定的有效方法。分析对象为：氢气（H_2）、甲烷（CH_4）、乙烷（C_2H_6）、乙烯（C_2H_4）、乙炔（C_2H_2）、一氧化碳（CO）、二氧化碳（CO_2）。

氧（O_2）、氮（N_2）虽不作为判断指标，但可辅助判断，应尽可能分析。

2. 试验原理

来自高压气瓶或气体发生器的载气首先进入气路控制系统，经调节和稳定到所需要的流量与压力后，流入进样装置把样品带入色谱柱。经色谱柱分离后的各个组分依次进入检测器经检测后放空，由检测器检测到的电信号送至色谱工作站描绘出各组分的色谱峰，从而计算出各种气体组分的含量。气相色谱仪的气路流程图如图 1-7 所示。

（1）通载气。载气首先进入气路控制系统，通过气路控制系统的稳压、稳流调节得到稳定的载气压力和流量。

（2）样气分离。从进样口注入从绝缘油中通过机械振荡法获取的样气，样气组分随着载气进入柱箱的色谱柱内，色谱柱利用色谱分离原理将流经的样气组分进行分离。本节仪器为一针进样三检测器双通道输出，2 号柱分离出 CH_4、C_2H_4、C_2H_6、C_2H_2 4 种烃类气体，1 号柱分离出 H_2、CO、CO_2；当该仪器还用来做含气量分析时，需要多增加一根 3 号柱，为双针进样三检测器双通道输出，第一针从进样口 2 注入样气流经 3 号柱分离出 H_2、O_2、N_2，第二针从进样口 1 注入流经并联的 2 号柱和 1 号柱，由 2 号柱分离出 CH_4、C_2H_4、C_2H_6、C_2H_2 4 种烃类气体，1 号柱分离出 CO、CO_2。在此过程中温控系统一直为

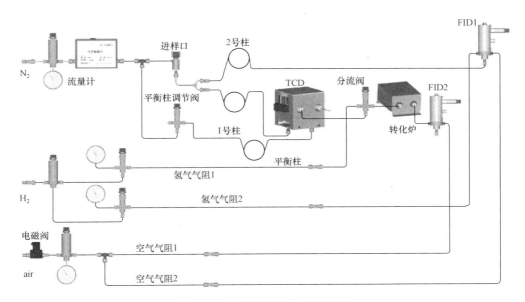

图 1-7　气相色谱仪的气路流程图

色谱仪提供稳定的工作环境，且温度可以通过按键灵活设置。

（3）气体组分含量检测。如图 1-7 所示，气相色谱仪配置双 FID、单 TCD 三检测器，对从色谱柱分离出来的气体组分进行检测。在做绝缘油测试时，FID1 检测器检测出的是 2 号柱分离出来的 4 种烃类气体的含量，TCD 检测器检测出 H_2、CO、CO_2，但由于 TCD 对微量的 CO、CO_2 检测灵敏度不高，因此要将 CO、CO_2 通过镍触媒转化炉转化成 CH_4，再由高灵敏度的 FID2 进行检测。

（4）工作站信号输出。从检测器出来的样品浓度信息通过工作站转化成电信号输出，以色谱峰的形式在色谱数据工作站显示出来，工作站根据样气和标气峰高（或峰面积）对比，利用外标法自动计算出样品浓度信息，在工作站中以数据的形式显示。

（5）气体排空。系统中配备高纯氢气发生器和低噪声空气泵来为系统提供 H_2 和空气，在气相色谱仪工作过程中，H_2 为氢焰检测器提供燃料和动力，同时也是 CO 和 CO_2 通过转化炉转化为 CH_4 的反应物质。空气是氢焰检测器的助燃气体，同时有助于气体在 FID1 和 FID2 检测器完成检测后排空。

3. 测试的意义

油中溶解气体分析的目的是了解充油电气设备的现状，了解发生异常和故障的原因，预测设备未来的状态，以便将设备维修方式由传统的定期维修改为设备状态维修，即预知维修。因此，通过油中溶解气体分析来检测设备内部潜伏性故障，了解故障发生的原因，不断地掌握故障的发展趋势，提供故障严重程度的情况，及时提出处理意见，作为拟定合理维护措施的重要依据，是油中溶解气体分析的主要任务。

三、试验前准备

1. 人员要求

试验人员应是经培训合格的 1～2 名熟练操作人员，能正确操作试验室设备，并能准确分析试验结果。

2. 气象条件

最佳环境温度：15～25℃；相对湿度：50%～60%。

3. 试验设备（仪器）、备品、备件、工器具及耗材

试验仪器、工器具及耗材见表1-34。

表1-34　　　　　　　　　　　　试验仪器、工器具及耗材

序号	名称	规格/编号	单位	数量	备 注
一	试验仪器				
1	中分2000型气相色谱仪	A或B	台	1	
2	色谱工作站（计算机）		套	1	
3	高纯氮气		瓶	1	纯度不小于99.99%
4	空气发生器		台	1	
5	氢气发生器		套	1	
6	标准气体		瓶	1	
二	工器具				
1	温湿度表		块	1	
2	大气压力表		块	1	
3	呆扳手	10～12in (1in＝25.4mm)	把	1	
三	耗材				
1	变压器油		mL	80	实际设备用油
2	注射器	100mL	支	5	
3	注射器	5mL	支	2	
4	注射器	1mL	支	1	
5	针头	5号牙科	盒	1	
6	色谱进样定量卡	1mL	支	1	
7	橡胶封帽		粒	10	
8	进样垫		个	2	
9	取气胶垫		个	2	
10	双头针		根	3	

四、 试验程序及过程控制

（一）操作步骤

1. 采集油样

（1）概述。取样部位应注意所取的油样能代表油箱本体的油。一般应在设备下部的取样阀门处取油样。对大油量的变压器、电抗器等，取样量可为50～80mL，对少油量的设备要尽量少取，以够用为限。

特殊情况下的取样：变压器发生严重故障时，应从不同部位取样；变压器发生突发性

故障，应考虑在不同部位取样，如设备因故障跳闸停运，应启动变压器强油循环后，再进行取样；变压器辅助设备发生故障时，应同时在辅助设备取样；避免在设备油循环不畅的死角处取样。

（2）取油样的容器。应使用密封良好的玻璃注射器取油样。当注射器充有油样时，芯子能按油体积随温度的变化自由滑动，使内外压力平衡。

（3）取油样的方法。从设备中取油样的全过程应在全密封的状态下进行，油样不得与空气接触。

对电力变压器及电抗器，一般可在运行中取油样。需要设备停电取样时，应在停运后尽快取样。对可能产生负压的密封设备，禁止在负压下取样，以防止负压进气。

设备的取样阀门应配上带有小嘴的连接器，在小嘴上接软管。取样前应排除取样管路中及取样阀门内的空气和"死油"，所用的胶管应尽可能短，同时用设备本体的油冲洗管路（少油量设备可不进行此步骤）。取油样时油流应平缓。

用注射器取样时，最好在注射器与软管之间接一小型金属三通阀，如图 1-6 所示。按下述步骤取样：

1）将"死油"经三通阀排掉；

2）转动三通阀使少量油进入注射器；

3）转动三通阀并推压注射器芯子，排除注射器内的空气和油；

4）转动三通阀，使油样在静压力作用下自动进入注射器（不应拉注射器芯子，以免吸入空气或对油样脱气）；

5）当取到足够的油样时，关闭三通阀和取样阀，取下注射器，用小胶头封闭注射器（尽量排尽小胶头内的空气）。整个操作过程应特别注意保持注射器芯子的干净，以免卡涩。

2. 仪器（试剂）准备

（1）仪器准备。

1）气相色谱仪、色谱工作站、振荡仪、气体发生器、高纯氮气（或氩气）工作稳定、正常。

2）所用注射器清洁、干燥、无卡涩，密封性好，注射器针头无堵塞。

（2）脱气及转移平衡气。

1）储气玻璃注射器的准备。取 5mL 玻璃注射器 A，抽取少量试油冲洗注射器筒内壁 1～2 次后，吸入约 0.5mL 试油，套上橡胶封帽，插入双头针头，针头垂直向上。将注射器内的空气和试油慢慢排出，使试油充满注射器内壁缝隙而不致残存空气。

2）试油体积调节。将 100mL 玻璃注射器 B 中油样推出部分，准确调节注射器芯至 40.0mL 刻度（V_L），立即用橡胶封帽将注射器出口密封。为了排除封帽凹部内空气，可用试油填充其凹部或在密封时先用手指压扁封帽挤出凹部空气后进行密封。操作过程中应注意防止空气气泡进入油样注射器 B 内。

3）加平衡载气。取 5mL 玻璃注射器 C，用氮气（或氩气）清洗 1～2 次，再准确抽取 5.0mL 氮气（或 7～8mL 氩气），然后将注射器 C 内气体缓慢注入有试油的注射器 B 内，操作示意图如图 1-8 所示。含气量低的试油，可适当增加注入平衡载气体积，但平衡后气相体积应不超过 5mL。一般分析时，采用氮气作为平衡载气，如需测定氮组分，则

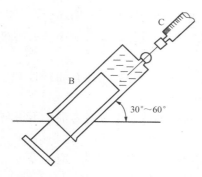

图 1-8　加平衡载气操作示意图

要改用氩气或氦气作为平衡载气。

4）振荡平衡。将注射器 B 放入恒温定时振荡仪的振荡盘上。注射器放置好后，注射器头部要高于尾部约 5°，且注射器出口在下部（振荡盘按此要求设计制造）。启动振荡仪操作按钮，振荡仪自动升温至 50℃，连续振荡 20min，然后静止 10min。室温在 10℃ 以下时，振荡前，注射器 B 应适当预热，再进行振荡。

5）转移平衡气。将注射器 B 从振荡盘中取出，并立即将其中的平衡气体通过双头针头转移到注射器 A 内。室温下放置 2min，准确读其体积 V_g（准确至 0.1mL），以备色谱分析用。为了使平衡气完全转移，且不吸入空气，应采用微正压法转移，即微压注射器 B 芯塞，使气体通过双头针头进入注射器 A。不允许使用抽拉注射器 A 芯塞的方法转移平衡气。注射器芯塞应洁净，以保证其活动灵活。转移气体时，如发现注射器 A 芯塞卡涩，可轻轻旋动注射器 A 的芯塞。

3. 试验步骤

（1）更换进样垫（根据实际情况），使用仪器厂家提供的进样垫。

（2）打开氮气钢瓶阀门及氢气、空气发生器电源开关，压力分别控制在 0.4、0.3、0.4MPa。通气 10min 左右（如长时间没开机，应通气 20min 以上）。

（3）打开气相色谱仪电源。

1）查看氮气、氢气、空气压力表是否符合厂家要求。载气 1、载气 2、氢气 1、氢气 2、空气压力是否符合要求。

2）查看仪器操作条件设置是否符合厂家要求。柱箱、热导、氢焰、转化炉设置温度是否符合要求；载气流量是否符合要求。

3）上述检查无误后，按"运行"键升温，可以看到温度指示灯亮。显示屏各温度显示前有"■"指示，说明各路温控装置开始加热。

注：每台色谱仪的工况条件都不尽相同，气体工况压力值及参数设定值要参照仪器最近的工况条件。

（4）打开色谱工作站和记录仪（计算机），观察基线走势。

（5）点火。

仪器四路温控达到设定值后，按一下红色点火键，可以看到工作站上氢焰 1 的基线迅速上升，过几秒之后以一定斜率向零点漂移，然后氢焰 2 的基线迅速上升，过几秒之后以一定斜率向零点漂移，说明两氢焰已点着火。此时在工作站上打开"状态"窗口，可以检验两氢焰是否点着火。

（6）加桥流。

1）按"热导"键进入"热导"界面，观察桥电流值为设定值 70mA。

2）如果正确，按"运行"键，可以看到桥流指示灯亮，说明桥流已加上。

（7）仪器标定。

1）待基线稳定后，即可进样标定。

2）在工作站界面上单击"标样"按钮，在弹出的对话框中正确输入进样量 0.5mL，然后单击"确定"按钮。

3）用 1mL 进样注射器，取标气 0.5mL，注入色谱仪。

4）待标样气体（CH_4、C_2H_4、C_2H_6、C_2H_2、H_2、CO、CO_2）谱图出完后，标样谱图会自动进入"分析窗口"中，并按照混合标样气体的出峰顺序和气体浓度，对标样各气体组分进行定性和定量分析。

5）标定仪器应在仪器运行工况稳定且相同的条件下进行，两次标定的重复性在其平均值±2%以内。标定标样的灵敏度要满足要求（H_2 浓度不大于 5μL/L、烃类浓度不大于 0.1μL/L）。

（8）油样气体分析。

1）在工作站"数据库—标样谱图库"中从步骤（5）中标定的标样中，正确选择一个合格的标样。

2）单击"样品"按钮，在弹出的"样品参数"窗口中正确选择"单位""设备""进样量（0.5mL）""脱气量""气体来源""大气压""室温"等参数。

3）用 1mL 进样注射器，取样品气 0.5mL，注入色谱仪。

4）在样品峰采集结束后，会自动弹出"样品计算结果"窗口，一般可先关闭该窗口，检查一下谱图认峰情况，若认错了，请在峰上单击右键，在峰参数窗口里修改，然后单击"样品计算"快捷按钮，组分含量会重新计算。然后单击"确定"按钮，数据会自动保存到"数据库—样品记录库"中，方便以后查询数据。

5）如果继续做油样，请单击采集窗口的"样品"按钮，根据上述步骤分析下一针油样。

（9）关机。

1）关闭工作站和计算机。

2）退出桥流。

3）关闭色谱仪电源。

4）约 30min 后关闭气体发生器或者钢瓶。

（二）计算及判断

1. 结果计算（机械振荡法）

（1）体积的校正。样品气和油样体积的校正按式（1-18）和式（1-19）进行计算，将在室温、试验压力下平衡的气样体积 V_g 和试油体积 V_L 分别校正到平衡状态 50℃、试验压力下的体积。

（2）油中溶解气体各组分浓度的计算

按式（1-20）计算 20℃、1 个大气压时油中溶解气体各组分的浓度。

对牌号或油种不明的油样，其溶解气体的分配系数不能确定时，可采用二次溶解平衡测定法，按式（1-21）计算油中含气量。

2. 油中溶解气体含量

油中溶解气体含量试验标准见表 6-1（新设备投运前油中溶解气体含量要求）、表 6-2（运行中设备油中溶解气体含量注意值）、表 6-7（运行中设备油中溶解气体绝对产气速率注意值）和相对产气速率注意值为 10%/月。

（三）精密度分析

（1）重复性。油中溶解气体浓度大于 $10\mu L/L$ 时，两次测定值之差应小于平均值的 10%；油中溶解气体浓度小于或等于 $10\mu L/L$ 时，两次测定值之差应小于平均值的 15% 加两倍该组分气体最小检测浓度之和。

（2）再现性。两个试验室测定值之差的相对偏差在油中溶解气体浓度大于 $10\mu L/L$ 时，为小于 15%；小于或等于 $10\mu L/L$ 时，为小于 30%。

（3）准确度。本方法采用对标准油样的回收率试验来验证。一般要求回收率应不低于 90%，否则应查明原因。

（四）结束工作

（1）主设备关机，关闭气源。

（2）关闭试验电源的总电源。

（3）整理作业工器具，按指定位置放好。

（4）对当日的试验情况下结论。

（五）试验报告编写

试验报告应包含设备主要参数、变压器的负荷、顶层油温、环境温度、湿度、大气压力、样品名称和编号、取样方法及部位、取样时间、测试时间、试验人员、测试结果、分析意见等，备注栏写明其他需要注意的内容。4 天内完成报告填写和传递。

五、 危险点分析及预控措施

（1）油样保存时间不得超过 4 天。

（2）注射器应清洁、干燥、无卡涩，密封性好，针头无堵塞。

（3）进样时要防止油样进入进样口，可在进样前将针头擦一下。

（4）为了使仪器可靠工作和人身安全，仪器必须可靠接地。

（5）气源纯度要求在 99.999% 以上，气瓶压力低于 2MPa 时应停用。

（6）混合标准气有效期为一年，不得超期。

（7）开机前，应先通气，再开电源；关机时，应先关电源，再关气源。

（8）进样操作和标定时进样操作一样，做到"三快"、"三防"。进样气的重复性与标定一样，即重复两次或两次以上的平均偏差应在 2% 以内。

1）"三快"：进针要快、要准，推针要快（针头一插到底即快速推针进样），取针要快（进完样后稍停顿一下立刻快速抽针）。

2）"三防"：防漏出样气（注射器要进行严密性检查，进样口硅橡胶垫勤更换，防止柱前压过大冲出注射器芯，防止注射器针头堵死等）；防样气失真（不要在负压下抽取气样，以免带入空气；减少注射器"死体积"的影响，如用注射器定量卡子，用样气冲洗注射器，使用同一注射器进样等）；防操作条件变化（温度、流量等运行条件稳定，标定与分析样品使用同一注射器、同一进样量、同一仪器信号衰减挡等）。

（9）储气室最好与实验室分开，单独设置；室内温度变化不应过大，避免阳光直射或雨雪侵入；空气与氢气应分开储放，以免发生爆炸危险。

（10）仪器安装后要进行检漏，确认没有漏气才能使用。

（11）标定仪器应在仪器运行工况稳定且相同的条件下进行，两次标定的重复性应在其平均值的±2%以内。

（12）要使用标准气对仪器进行标定，注意标气要用进样注射器直接从标气瓶中取气，而不能使用从标气瓶中转移出的标气标定，否则影响标定结果。

（13）进样操作前，应观察仪器稳定状态，只有仪器稳定后，才能进行进样操作。

（14）进油样前，要反复抽推注射器，用空气冲洗注射器，以保证进样的真实性，以防止标气或其他样品气污染注射器，造成定量计算误差。

（15）样品分析应与仪器标定使用同一支进样注射器，取相同进样体积。

（16）进样前检验密封性能，保证进样注射器和针头密封性，如密封不好应更换针头或注射器。

六、 仪器维护保养及校验

此部分内容略。可参照本书第十节含气量测试现场作业指导及应用（气相色谱法）相关部分。

七、 试验数据超极限值原因及采取措施

1. 警戒极限

测试结果应符合 GB/T 7252—2001 和 DL/T 722—2014 中对变压器油中组分含量的要求，即超过表6-1、表6-2和表6-7中数据。具体要求见本书第六章内容。

2. 原因解释

充油电气设备油中溶解气体含量和产气速率超过注意值时，应关注设备内部电路和磁路故障，设备存在局部过热或放电性故障，但也不能忽略附件故障，具体故障大致部位如下：

（1）电力变压器内部的常见故障。

1）导电回路故障。对于变压器导电回路的故障，除了一般绝缘导体低温过热（低于150℃）之外，其他大多为高温过热，或者更严重的是放电性故障。最常见的部位多发生在分接开关或者高、低压引线处。

2）铁芯故障。铁芯多点接地故障，使铁芯产生断续的充放电现象；铁芯片间绝缘局部破坏（如金属焊渣熔化在片间造成片间短路等），将引起局部涡流增大，导致局部过热；铁芯接地铜片与铁芯硅钢片搭接，使之局部短路，引起局部过热，严重时甚至熔断接地铜片，进而导致悬浮电位放电；铁芯接地铜片断裂导致铁芯及其构件悬浮电位放电；穿芯螺杆的绝缘纸筒破损，造成铁芯局部短路而过热等。

3）电磁屏蔽构件的故障。磁屏蔽不良，因漏磁而造成过热；磁屏蔽元件接地焊接不良，甚至接地点开焊造成悬浮电位而产生火花放电等。

4）油纸绝缘故障。

5）油流带静电故障。

（2）互感器常见故障。电压互感器常见的故障原因多是由于设计结构不合理，如穿心螺栓和铁芯连接松动，导致铁芯穿芯螺栓在运行中电位悬浮而放电。另一常见故障是绝缘支架不良，其次是端部密封不良造成的进水受潮。电流互感器常见的故障原因一般是制造上的问题。

（3）高压套管常见故障。油纸电容套管的常见故障多以放电性故障为主，主要是低能量火花放电，常发生在气隙处或悬浮带电体空间内。

（4）附件故障。在故障诊断时要排除附件故障。

1）切换开关室的油渗漏。当 $C_2H_2/H_2 > 2$ 时，应鉴别本体油中气体是否来自开关室的渗漏。

2）绕组及绝缘中残留吸收的气体。油经过脱气处理，但绕组及绝缘中仍残留吸收的气体。在变压器继续运行中，这些气体缓慢释放于油中而使油中的气体含量增加，而且一次脱气后色谱分析结果有明显好转，但运行 1～3 个月后仍有残留的气体释放出来。

3）强制冷却系统附属设备故障。变压器强制冷却系统附属设备，特别是潜油泵故障、磨损、窥视玻璃破裂、滤网堵塞等都会引起油中气体含量增高。当潜油泵本身烧损后，会使本体油中含有过热性特征气。

3. 采取措施

进行跟踪分析，彻底检查设备，找出故障点并查出隐患，进行真空脱气等处理。

第十二节　糠醛含量测试现场作业指导及应用
（高效液相色谱法）

一、概述

1. 适用范围

本方法适用于测定具有纤维绝缘材料的充油电气设备内部绝缘油中的糠醛含量，可用于监测运行中设备的纸绝缘老化状况。

2. 引用标准

GB 2536—2011　电工流体　变压器和开关用的未使用过的矿物绝缘油

GB/T 7595—2008　运行中变压器油质量标准

GB/T 7597—2007　电力用油（变压器油、汽轮机油）取样方法

GB/T 14542—2005　运行变压器油维护管理导则

DL/T 572—2010　电力变压器运行规程

DL/T 573—2010　电力变压器检修导则

DL/T 596—1996　电力设备预防性试验规程

DL/T 722—2014　变压器油中溶解气体分析和判断导则

DL/T 984—2005　油浸式变压器绝缘老化判断导则

JJG 705—2014　液相色谱仪检定规程

Q/GDW 1168—2013　输变电设备状态检修试验规程

二、相关知识点

1. 油中糠醛

当绝缘纸（板）劣化时，纤维素降解生成一部分 D—葡萄糖单糖，它在变压器运行条件下很不稳定，容易分解，最后产生一系列氧杂环化合物溶解在变压器油中。糠醛

（C_4H_3OCHO）是纤维素大分子降解后生成的一种主要氧杂环化合物。

合格的新变压器油不含糠醛，变压器内部非纤维素绝缘材料的老化也不产生糠醛，变压器油中的糠醛是唯有纸绝缘老化才生成的产物。因此，测试油中糠醛含量，可以反映变压器纸绝缘的老化情况。

用色谱分析判断设备内部故障时，CO 和 CO_2 可作为固体绝缘材料分解产生的特征气体，但是绝缘油的氧化分解产物中也含有这两种气体，并且分散性较大，所以将其作为固体绝缘的判断依据，就不一定确切。测定油中糠醛含量，可在一定程度上解决上述难题。

2. 试验原理

高效液相色谱仪主要由储液瓶、泵、进样器、柱子、柱温箱、检测器、数据处理系统组成。高效液相色谱法是以液体作为流动相，采用高压输液系统，将具有不同极性的单一溶剂或不同比例的混合溶剂、缓冲液等流动相泵入装有固定相的色谱柱，在柱内各成分被分离后，进入检测器进行检测，从而实现对试样的分析。高效液相色谱是一种采用颗粒极细的高效固定相的柱色谱分离技术。

3. 测试意义

变压器的寿命实质上就是固体绝缘材料的寿命，糠醛含量的测定是判断变压器绝缘纸是否老化的重要指标。油中糠醛的含量虽然能反映绝缘老化的情况，但其测定结果会受多种因素的影响。因此，设备在运行过程中可能会出现糠醛含量的波动，其影响因素主要有以下几点：

（1）作为一般多相平衡体系，糠醛在油和纸之间的吸附与解析的平衡关系受温度的影响，这类似油中溶解气体的隐藏特性，变压器运行温度（油温、绕组温度）变化时，油中糠醛含量也随之波动。

（2）变压器进行真空脱气处理时，随着脱气真空度的提高、滤油温度的升高、脱气时间的增加，油中糠醛含量相应下降（但由于糠醛密度略大于油，运动黏度比油大，且常压沸点较高，为 161.7℃，真空脱气无法将其除掉）。

（3）变压器油中放置硅胶（或其他吸附剂）后，由于硅胶的吸附作用，油中糠醛含量明显下降。安装有净油器的变压器，油中糠醛含量随吸附剂用量和吸附剂更换时间的不同而有不同程度的下降，每次更换吸附剂后可能会出现一个较大的降幅。

（4）变压器换新油或油经处理后，油中糠醛含量先大幅度降低，但由于绝缘纸中仍然吸附有原变压器油和糠醛，会逐渐解析扩散到新油中，因此，随着时间增长，油中糠醛含量逐渐回升而最终趋于稳定。

（5）受精炼工艺的影响以及回收油处理后再应用，这些变压器的新油中有可能在运行前已经存在一定含量的糠醛，在以后的定期测试中要注意扣除这部分糠醛的含量。同时，如果油中含有类似糠醛化学结构的化合物，会在糠醛出峰位置出现干扰峰，影响糠醛的精确测定。此时应调整流动相溶剂比例和流速，去除干扰峰的影响。

鉴于以上原因，为了避免由于更换新油或油处理以及更换硅胶（或其他吸附剂）造成变压器油中糠醛含量降低，影响连续监测变压器绝缘老化状况，应当在更换新油或油处理以及更换吸附剂之前及以后数周各取一个油样，以便获得油中糠醛变化的数据。对于非强油循环冷却的变压器，油处理后可适当推迟取样时间，以便使糠醛在油相与纸中的分配达到平衡。变压器继续运行后的绝缘老化判断，应当将换油或油处理前后的糠醛变化差值计算进去。

三、 试验前准备

1. 人员要求

试验人员应是经培训合格的 1～2 名熟练操作人员。试验人员应掌握分析化学基本知识，具备分析化学基本操作能力，能正确操作试验室设备，并能准确分析试验结果。

2. 实验室条件

实验室环境要干燥、清洁、防潮、防尘及避免阳光直接照射，室温要求在 15～25℃，且变化不超过 3℃，相对湿度在 70%以下，操作环境中不得有粉尘及干扰气体；实验室无磁场干扰，室内不得存放与试验无关的易燃、易爆和强腐蚀性的物质。

3. 试验仪器、试剂及耗材

试验仪器、试剂及耗材见表 1-35。

表 1-35　　试验仪器、试剂及耗材

序号	名称	规格/编号	单位	数量	备注
一	试验仪器				
1	高效液相色谱仪	应具备备注要求的功能	台	1	能够处理至少两种溶剂的高压输液系统；填充十八烷基键合相的反相色谱分离柱；填充同样材料的保护柱；紫外检测器，在 274nm 波长检测为宜；进样量在 10～20μL 的进样装置，配有合适的微量注射器（50～250μL）；数据采集系统
2	机械振荡器				
3	离心器				
4	精密天平	0.1mg			
5	注射器	1、10mL			
6	试管				
二	试剂				
1	甲苯	色谱纯			
2	甲醇	色谱纯			
3	去离子水	色谱纯，电导率小于 17MΩ			
4	糠醛	纯度 99.9%以上			
三	耗材				
1	新变压器油	25 号或 45 号	mL	500	
2	运行后变压器油	25 号或 45 号	mL	500	
3	测试滤纸		m	3	
4	绸布		m	3	

四、 试验程序及过程控制

（一）操作步骤

1. 采集油样

取样方法和样品标签见 GB 7597—2007 要求。

2. 仪器（试剂）准备

（1）样品的萃取：用 10mL 注射器抽取 4.5mL 试样，放入试管。用 1mL 注射器抽取 0.5mL 甲醇放入同一试管。将试管口塞住放入机械振荡器中振荡 5min，然后取出在离心机中分离。

（2）萃取液的分析。

1）按照设备说明使液相色谱仪处于完好的运行状态。

2）按照被测电气设备的实际情况选择恰当的分离条件。推荐条件为：

a. 流动相：水 60%～80%；甲醇 20%～40%。

b. 流速：（0.5～2.0）mL/min。

当糠醛色谱峰洗脱出峰后（用糠醛标样标定的保留时间是糠醛定性的手段。在同一色谱条件下，糠醛会在固定的时间在色谱图上出峰），可将流动相改为 100% 甲醇，并适当加大流速，以便尽快脱尽残余物。

3）紫外检测器的波长应调整在 274nm 附近。

4）当液相色谱测试系统处于稳定状态时，用微量注射器仔细抽取试管中的甲醇萃取液［见上步 2（1）"样品的萃取"部分制备的甲醇液体］，其量应满足色谱仪的进样要求（一般 10～20μL），并注入液相色谱仪进样装置中（分手动和自动进样两种）。

3. 试验步骤

（1）标准溶液的配制。

将 25mg 糠醛溶于 25mL 甲苯中，制成 1000mg/L 的糠醛稀释液。准确移取 0.5mL、1.0mL、5mL 和 10mL 上述 1000mg/L 的糠醛稀释液，分别移到 4 个清洗干净的 100mL 容量瓶中，用新变压器油分别稀释糠醛稀释液，获得所需浓度的标准溶液（如 0.5mg/L、1.0mg/L、5mg/L 和 10mg/L）。

（2）测量步骤。

1）萃取标准溶液中的糠醛。用 10mL 注射器抽取 4.5mL 上述配置的 4 个浓度的标准溶液，分别放入 4 个试管。用 1mL 注射器抽取 0.5mL 甲醇放入这 4 个不同试管。将试管口塞住放入机械振荡器中振荡 5min，然后取出在离心机中分离，取甲醇溶液部分进样分析。

2）分析标准溶液中的糠醛含量。选取（0.5～10）mg/L 的四个标准溶液，在液相色谱仪上进行分析，得到通过原点的一条标准曲线（直线）。标准曲线建立之后，若仪器没有大的配置变更，在日常分析时，只需用 1.0mg/L 的标准溶液进行标定。

3）萃取并分析试样中的糠醛含量。用 10mL 注射器抽取 4.5mL 样品，放入试管。用 1mL 注射器抽取 0.5mL 甲醇放入同一试管。将试管口塞住放入机械振荡器中振荡 5min，然后取出在离心机中分离，取甲醇溶液部分在液相色谱仪上进样分析。

将液相色谱仪上样品分析的结果与标准曲线对照，用外标法计算出样品中糠醛的含量。

（二）计算及判断

1. 测试响应系数按照式（1-26）进行计算

$$F = C_S/R_S \tag{1-26}$$

式中　F——测试响应系数；

　　C_S——标准溶液中糠醛含量；

　　R_S——检测器对标准溶液的响应值（糠醛的峰高或峰面积）。

2. 样品中糠醛含量按照式（1-27）进行计算

$$C = FR \tag{1-27}$$

式中　C——样品的糠醛含量，mg/L；

　　R——检测器对样品的响应值（糠醛的峰高或峰面积）。

糠醛含量数据应表示到 0.01mg/L。

3. 判断

在 DL/T 984—2005 中给出了可能存在绝缘纸非正常老化注意值绝缘计算公式

$$\lg(f) = -1.65 + 0.08t \tag{1-28}$$

式中　f——油中糠醛含量；

　　t——变压器运行年数。

油中糠醛含量标准的问题，DL/T 596—1996 中初步提出了一个判断指标（应该说还不成熟），见表 1-36。

表 1-36 　　　　　　　　　　　油中糠醛含量判断指标

运行年限（年）	1～5	5～10	10～15	15～20
糠醛含量（mg/L）	0.1	0.2	0.4	0.75

（三）精密度分析

对测量结果的重复性要求如下：

（1）对于同一样品，在同一条件下（同一操作、同一设备、同一实验室及较短时间间隔内）进行两次试验，测量值一般不大于平均值的 10％。

（2）当糠醛含量较低时，重复性将降低；对于老化的变压器油，由于老化产物的影响，重复性会进一步降低。

（四）结束工作

试验结束后，关机时应进行以下工作。

（1）冲洗系统：反相柱用 10％的甲醇水冲洗系统 30min，再用 100％甲醇冲洗系统 20min，然后停泵。

（2）退出数据采集系统（工作站），关闭计算机。

（3）关闭仪器各组件电源（如泵、进样器、柱温箱、检测器等）。

（4）关掉电源总开关。

（五）试验报告编写

试验报告应包含样品名称、取样方法及部位、取样时间、糠醛含量测定结果、试验人员、分析意见、情况说明等。

五、 危险点分析及预控措施

（1）高效液相色谱系统使用大量的易燃化学溶剂，确保仪器所在房内无任何能引发火灾的火花产生源（如明火、吸烟或其他可产生火花、明火的设备），否则容易引起火灾安全事故。

（2）由于是配合液相柱使用，形成高压流体输送仪器系统，溶剂的压缩性与泵的压力易受到外界温度、湿度的影响，为确保流量精确度的高可靠性，请安装空调或其他调温调湿设备，予以控温控湿。

（3）由于有机溶剂的危险性，房间内应配置消防设备，房间附近应配备处理溶剂可能引发对人体伤害时的应急措施（自来水、清洁液、急救电话等）。

（4）确保仪器的安装平台水平、稳固，足以承受仪器以及其他相关设备的重量，安装平台的宽度、长度能确保仪器的正常安装与使用。

（5）本仪器是高精度仪器，请勿将仪器安装在粉尘颗粒较多、噪声较大、易振动的地方，否则会影响仪器的正常使用与仪器的寿命，甚至可能导致仪器产生严重的损坏及其他故障。

（6）仪器供电电压为（220±22）V，频率为（50±0.5）Hz，并应可靠接地。

六、 仪器维护保养及校验

（一）仪器维护保养
色谱仪在使用过程中易出问题的主要部位是柱子、泵和检测器等核心部件。

1. 流动相

（1）流动相的性质要求：一个理想的液相色谱流动相溶剂应具有低黏度、与检测器兼容性好、易于得到纯品和低毒等特征。

（2）流动相的 pH 应控制在 2～8 之间。

（3）流动相的脱气：高效液相色谱仪所用的流动相必须预先脱气，否则容易在系统内逸出气泡，影响泵的工作。气泡还会影响柱的分离效率，影响检测器的灵敏度、基线稳定性，甚至导致无法检测。

（4）流动相的滤过：所用溶剂使用前必须经 0.45nm 滤膜滤过，以除去杂质微粒。用滤膜过滤时，注意分清有机相和水相滤膜。

（5）流动相的储存：流动相一般储存于玻璃或不锈钢容器内，不能储存于塑料容器内。

2. 色谱柱

（1）避免压力和温度的急剧变化及任何机械振动。

（2）色谱柱的使用方向：色谱柱所示方向是流动相流动方向。不可以反冲，否则会迅速降低柱效。

（3）色谱柱 pH 使用范围是 2.0～8.0。当使用 pH 范围边界时，分析结束立即用与所使用流动相互溶的溶剂彻底清洗置换流动相。

（4）色谱柱的使用温度一般不超过 40℃。温度升高会增加溶剂对键合相和硅胶基质的化学侵害。当粒径小于 5μm 时温度升高时柱床容易塌陷，柱效下降。

（5）避免将基质复杂的样品，尤其是生物样品直接注入柱内，最好用预柱。

（6）每次做完分析，都要进行冲洗。

（7）定期测柱效，若有下降，可能是累积了很多污染物，用甲醇或乙腈清洗；对受蛋白类污染的硅胶基质反相柱，用由有机溶剂、缓冲液和酸，有时还加上离子对试剂等组成的配方清洗效果极佳；对油脂类物质，可用异丙醇清洗。

3. 泵的维护保养

（1）防止任何固体微粒进入泵体，流动相采用 0.45nm 滤膜滤过；泵的入口都应连接砂滤棒（或片），且应经常清洗或更换。

（2）流动相不应含有任何腐蚀性物质，含有缓冲液的流动相不应保留在泵内。

（3）要防止溶剂瓶内的流动相用完，空泵运转会磨损柱塞、缸体或密封环，最终导致漏液。

（4）工作压力不要超过规定的最高压力，否则会使高压密封环变形导致漏液。

（5）流动相应先脱气，以免在泵内产生气泡，影响流量的稳定性。如果有大量的气泡，泵就无法正常工作。

4. 进样器

（1）样品溶液进样前必须用 0.45nm 滤膜过滤，以减少微粒对进样阀的磨损。

（2）进样时转动阀芯时不能太慢，更不能停留在中间位置，否则流动相受阻，使泵内压力剧增，甚至超过泵的最大压力，再转到进样位，过高的压力将使柱损坏。

（3）进样品冲洗需要的流动相体积至少为所进样品的 10 倍，当样品定量环经充分冲洗后，可以将旋柄转加取样位置（Load），也可以继续保持在进样位置，到下次取样前才切换回取样位置。

（4）每次进样结束后都对进样器进行必要的清洁，否则得不到较好的结果。进样装置通常可用水冲洗。或先用能溶解样品的溶剂冲洗，再用水冲洗。

（二）仪器校验

1. 校验方法

依照 JJG 705—2014、相关仪器操作说明书进行。

2. 校验周期

（1）法定检定周期为 1 年。

（2）仪器维修或发现异常时应全面检定一次。

（3）正常自检按表 1-37 执行。

表 1-37　　　　　　　　　　高效液相色谱仪检定项目与周期

序号	检定项目	周期
1	泵流量设定值误差、流量稳定性误差	12 个月
2	柱温箱温度设定值误差 ΔT_s、柱温箱温度稳定性	12 个月
3	波长示值误差、波长重复性	12 个月
4	基线噪声及漂移	12 个月
5	梯度误差 G_c	12 个月
6	定性、定量测量重复性误差	12 个月

3. 校验达到标准

本仪器的检定项目和技术要求如下：

（1）泵流量设定值误差 $S_s\leqslant\pm2\%$；流量稳定性误差 $S_R\leqslant\pm2\%$。

（2）柱温箱温度设定值误差 ΔT_s 应不超过 $\pm2.0℃$；柱温箱温度稳定性应不超过 $1.0℃$。

（3）波长示值误差应小于 $\pm2nm$；波长重复性应优于 $1nm$。

（4）定性测量重复性误差（5 次定量环进样）$RSD\leqslant1.5\%$。

（5）定量测量重复性误差（5 次定量环进样）$RSD\leqslant1.5\%$。

（6）基线漂移应不大于 $5\times10^{-3}(Au/h)$，基线噪声应不大于 $5\times10^{-4}Au$。

（7）最小检测浓度应不超过 $4\times10^{-8}g/mL$（萘的甲醇溶液）。

（8）梯度误差 G_c 应不超过 $\pm3\%$（无梯度装置不进行此项检定）。

其他仪器可参考此标准或按照国家有资质的计量中心规定的校验标准。

七、 试验数据超极限值原因及采取措施

1. 警戒极限

为了判断变压器固体绝缘的整体老化情况，DL/T 984—2005《油浸式变压器绝缘老化判断导则》规定定期对运行中后期变压器油进行油中糠醛含量的测定，并给出了相应的不同运行年限变压器油中糠醛含量的注意值，见表 1-36。

当测得油中糠醛含量超过表 1-36 中数值时，一般为非正常老化，需跟踪检测。跟踪检测时，应注意增长率。当测试值大于 $4mg/L$ 时，认为绝缘老化已比较严重。

2. 原因解释

变压器油中糠醛含量应随运行时间的增加而增加。应了解变压器在运行中是否经受急救性负荷，运行温度是否经常过高，冷却系统和油路是否异常，以及含水量是否过高等情况；绝缘的局部过热老化，也能够引起油中糠醛含量高于注意值。

3. 采取措施

（1）除去油中少量糠醛有两种方法。一是用吸附剂吸附，变压器油经过某些吸附剂处理后，油中糠醛会消失；二是用溶剂萃取，萃取后再经离心分离除去萃取液。

（2）可以结合气相色谱分析判断如下情况：

1）已知变压器内部存在故障时可进一步判断是否涉及固体绝缘。

2）是否存在线圈绝缘局部老化的低温过热现象。

3）可对运行年久设备的绝缘老化程度做出判断。

第十三节　矿物绝缘油带电倾向性测试现场作业指导及应用

一、 概述

1. 适用范围

本方法综合阐述了运行矿物绝缘油带电倾向性的现场测试方法。

2. 引用标准

GB/T 14542—2005　运行变压器油维护管理导则

DL/T 385—2010　变压器油带电倾向性检测方法

二、 相关知识点

1. 带电度（带电倾向）

油在变压器内流动时，与固体绝缘表面摩擦会产生电荷，通常用油流带电度（electrostatic charging tendency）来表征其产生电荷的能力。油流的带电度以电荷密度即单位体积油所产生的电荷量来表示，单位是 $\mu C/m^3$ 或 pC/mL。

2. 试验原理

变压器油带电倾向性检测方法采用过滤法测试，油样以一定的流速通过滤纸摩擦产生电荷电流，其原理如图 1-9 所示。基本原理是：仪器自动抽取一定量的待测绝缘油油样，通过气体加压泵的运行，使油样自动以一定流速流过装有特定化学滤纸的过滤器而产生静电。准确测量产生的静电电流的大小，就可以得到单位体积绝缘油产生的电荷—带电度。

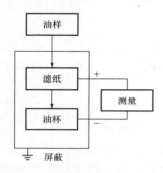

图 1-9　测试原理示意图

3. 测试意义

高电压等级的大型电力变压器投运以来，因油流带电问题引起设备的间歇放电性故障越来越多，直接危害变压器运行的可靠性。经过长期的分析研究，发现在固体和液体的交界面上，固体一侧带一种电荷，另一侧带异种电荷，且液体中的电荷分布密度与离交界面的距离有关。距离越近，电荷密度越高，且不随液体流动；反之，电荷密度越低，且随液体流动。实际上，电荷密度最大的部位都是流速最大的部位，即节流部位。因此带电倾向性测试可监控油流带电的变化倾向，保障大型变压器的运行安全。

三、 试验前准备

1. 人员要求

试验人员应是经培训合格的 1～2 名熟练操作人员。试验人员应能正确操作试验室设备，并能准确分析试验结果。

2. 气象条件

环境温度：5～30℃；环境湿度：≤75%。

3. 试验仪器、工器具及耗材

试验仪器、工器具及耗材见表 1-38。

表 1-38　　　　　　　　　　　试验仪器、工器具及耗材

序号	名称	规格/编号	单位	数量	备注
一	试验仪器				
1	变压器油带电倾向性全自动测定仪	ZHYD3002	台	1	
二	工器具				

续表

序号	名称	规格/编号	单位	数量	备　注
1	过滤器		个	3	
2	过滤器搁盘		个	1	
3	尖镊子		把	1	不锈钢
三	耗材				
1	变压器油	25 号或 45 号	mL	800	
2	测试滤纸		盒	1	
3	绸布		块	3	
4	PU 管		m	2	
5	熔丝管		支	3	
6	O 形密封圈		个	6	

四、　试验程序及过程控制

（一）操作步骤

1. 采集油样

采集油样按照 GB/T 7597—2007 的规定进行。取样应使用磨口瓶，冲洗管路和测试共需要 800mL 左右的样品。

2. 仪器准备

挑选边缘整齐、平整、无污染的滤纸，使用清洁的镊子，将滤纸放入称量瓶中，将称量瓶放入恒温干燥箱中，在 105℃下恒温 1h 后取出，放入干燥室内冷却至室温备用。仪器开机稳定 30min，减少开机时电源对仪器测量部分的冲击，使测量回路处于最佳稳定状态。

3. 试验步骤

（1）准备好待测样品和盛放废油的容器，分别用耐油绝缘管连接到仪器的油样入口和排油口处，接好仪器电源。

（2）在过滤器上安装已裁好的测试滤纸：取出过滤器中的 O 形密封圈，把裁好的滤纸放入，再把 O 形密封圈置于滤纸上面，最后旋紧过滤器螺母（见图 1-10）。

（3）开机，按"确认"键进入主菜单，选择"试验准备"，用待测样品清洗管路（进行管路清洗与管路排空时，过滤器不需要放滤纸），然后进行管路排空。至少清洗 2 次。

（4）根据待测样品的情况，对试验参数进行设置。

（5）将放置好滤纸的过滤器，分别放置在转盘的各测试位置。放置过滤器前，要用绸布将各定位孔处可能存在的残油擦拭干净。

（6）进入测试界面，按"确认"键，仪器开始测试，测试完毕，仪器显示、打印测试结果，并将接油杯中已测试油样排出。

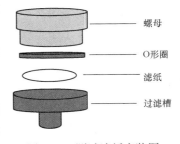

图 1-10　测试滤纸安装图

（7）更换滤纸，进行下一组试验。

（二）计算及判断

根据测试的电流量，用式（1-29）计算电荷密度，即

$$\rho = \frac{I \times 10^{12}}{v} \tag{1-29}$$

式中　ρ——电荷密度，pC/mL；

　　　I——电荷电流，A；

　　　V——油流速度，mL/s。

（三）精密度分析

测试结果应符合 DL/T 385—2010 8.1 对重复性的要求，应达到：

（1）带电倾向性在 20～100pC/mL 时，两次测定值之差应小于平均值的 15%；

（2）带电倾向性大于 100pC/mL 时，两次测定值之差应小于平均值的 15%。

（四）结束工作

（1）取出过滤器，把滤纸取出，用石油醚清洗过滤器。

（2）排油结束后，分别取下油样入口与排油口的耐油绝缘管，将剩余样品与废油进行归类处理。

（五）试验报告编写

试验报告应包括：变压器主要参数，油牌号及产地，变压器的负荷、顶层油温，环境温度、湿度，油泵运行台数及电荷密度等。

五、　危险点分析及预控措施

（1）油流动的速度。油流的流速对油流带电的影响最大，油的流速越高，带电越严重，因此为了控制油流带电，变压器油的流动速度应低于 1m/s。

（2）油温。油温升高，油流带电更为严重，油流带电峰值出现在 20～60℃ 的范围内。要采取措施控制变压器的温度。

（3）其他因素。经研究发现，变压器在油泵启动时，油流带电量明显上升。因此要有步骤地启动油泵，尽量避免对油形成冲击。

（4）仪器机壳应可靠接地，否则测试时会有干扰（电源线的中性线应良好接地）。

（5）一个油样测试完毕，请等待接油杯中已测试油样排放干净后再进行下一个油样的测试，以免接油杯中油位过高而溢出。

（6）如测试时流速明显降低，可能是被测试油样中杂质微粒堵塞测试滤纸微小滤孔所致。可待测试结束后，取下过滤器中的测试滤纸，仔细观察其表面是否有脏污或明显的微粒。如确是油样中杂质所引起的流速降低，可待油样中杂质充分沉淀后再测试。

（7）测试滤纸保存时应注意保持干燥，否则会影响测试准确度。

六、　仪器维护保养及校验

（一）仪器维护保养

（1）仪器使用前要先接好排油管，盛废油的容器也要事先安放好，以免排油时污染环境。

（2）如确定一段时间内不使用仪器，要排尽系统中残余油样，然后关机。仪器应避免处于高湿环境中。

（二）仪器校验

1. 校验方法

（1）使用电池组、电阻、电位器做成可调电池组，输出端使用旋转固定插头。调整电位器，用 pA 表测试电池组输出值，将电池组输出电流调整至 100pA。

（2）把仪器后面校准专用凹孔的四个螺钉拆下，取下外壳，露出测量屏蔽盒及信号接头，将信号线接头旋转后从测量屏蔽盒上取下，把电池组接到测量屏蔽盒接头上。

（3）按住"上下"键，然后开机，进入自检界面，仪器显示数应在 100pA 左右。

（4）仪器关机，旋转取下电池组，连接到 pA 表上，用 pA 表测试电池组输出值，将电池组输出电流调整至 50pA。

（5）重新将电池组连接到仪器测量端上，按住"上下"键，然后开机，进入自检界面，仪器显示数应在 50pA 左右。

2. 校验周期

每年度应校验至少 1 次。

3. 校验达到标准

根据 DL/T 385—2010 中 8.2 对再现性的要求，应达到：

（1）带电倾向性在 30～100pC/mL 时，相对偏差小于 50%；

（2）带电倾向性大于 100pC/mL 时，相对偏差小于 20%。

七、 试验数据超极限值原因及采取措施

1. 警戒极限

当测试值达到 500～1000pC/mL 时，应当及时处理，以免造成静电放电。

2. 原因解释

油流带电会使变压器各部件累积一定的电荷，从而建立一个直流电场，当该电场超过油的击穿强度时，便发生局部放电或沿面放电。当带电倾向测试值超过警戒值的时候，需要密切关注变压器的运行状态。

3. 采取措施

根据试验数据及变压器运行条件的不同，可采取如下措施：

（1）适当调整变压器的运行方式和参数。变压器在投运时，要分步启动油泵，避免引起油流的冲击，限制油流速度不要太快，以减少带电倾向和放电频率。

（2）改进变压器的结构。在结构方面，因冷却器和绕组下部油导入口等节流部位是产生电荷、静电放电的主要部位，所以应改善变压器油道结构的设计，尽量使油流平稳。

（3）更换变压器油。

第十四节　混油试验现场作业指导及应用

一、概述

1. 适用范围

本方法适用于运行中矿物绝缘油混油时产生的油泥情况及混合油老化试验，以酸值、油泥和介质损耗因数的测定结果相互比较来判断。

2. 引用标准

GB/T 261—2008　闪点的测定　宾斯基—马丁闭口杯法

GB 264—1983　石油产品酸值测定法

GB/T 507—2002　绝缘油击穿电压测定法

GB 2536—2011　电工流体　变压器和开关用的未使用过的矿物绝缘油

GB/T 5654—2007　液体绝缘材料工频相对介电常数、介质损耗因数和体积电阻率的测量。

GB/T 7595—2008　运行中变压器油质量标准

GB/T 7597—2007　电力用油（变压器油、汽轮机油）取样方法

GB/T 7598—2008　运行中变压器油水溶性酸测定法

GB/T 7600—2014　运行中变压器油和汽轮机油水分含量测定法（库仑法）

GB/T 14542—2005　运行变压器油维护管理导则

GB 50150—2006　电气装置安装工程电气设备交接试验标准

DL/T 429.6—2015　电力用油开口杯老化测定法

DL/T 429.7—1991　电力系统油质试验方法——油泥析出测定法

DL 429.9—91　绝缘油介电强度测定法

DL/T 572—2012　电力变压器运行规程

DL/T 722—2014　变压器油中溶解气体分析和判断导则

Q/GDW 1168—2013　输变电设备状态检修试验规程

二、相关知识点

1. 油的相容性

（1）电气设备充油不足需要补充油时，应优先选用符合相关新油标准的未使用过的变压器油。最好补加同一油基、同一牌号及同一添加剂类型的油品。补加油品的各项特性指标都应不低于设备内的油。当新油补入量较少时，如小于5％时，通常不会出现任何问题；但如果新油的补入量较多，在补油前应先按 DL/T 429.7—1991 做油泥析出试验，确认无油泥析出，酸值、介质损耗因数值不大于设备内油时，方可补油。

（2）不同油基的油原则上不宜混合使用。

（3）在特殊情况下，如需将不同牌号的新油混合使用，应按混合油的实测凝点决定是否适于此地域的要求。然后再按照 DL/T 429.6—2015 方法进行混油试验，并且混合样品的结果应不比最差的单个油样差。

（4）如在运行油中混入不同牌号的新油或已使用过的油，除应事先测定混合油的凝点以外，还应按 DL/T 429.6—2015 的方法进行老化试验，测定老化后油样的酸值和介质损耗因数值，并观察油泥析出情况，无沉淀方可使用。所获得的混合样品的结果应不比原运行油的差，才能决定混合使用。

（5）对于进口油或产地、生产厂家来源不明的油，原则上不能与不同牌号的运行油混合使用。当必须混用时，应预先对参加混合的各种油及混合后的油按 DL/T 429.6—2015 方法进行老化试验，并测定老化后各种油的酸值和介质损耗因数值及观察油泥沉淀情况，在无油泥沉淀析出的情况下，混合油的质量不低于原运行油时，方可混合使用；若相混的都是新油，其混合油的质量应不低于最差的一种油，并需按实测凝点决定是否适于该地区使用。

（6）在进行混油试验时，油样的混合比应与实际使用的比例相同；如果混油比无法确定时，则采用 1∶1（质量比例）混合进行试验。

2. 试验原理

（1）DL/T 429.6—2015 电力用油开口杯老化测定法方法概要。对补充油样进行全面检测，以确定其检测结果符合相关运行油的质量标准后，将分别装有运行油样、补充油样和混合油样（油样中含有铜催化剂）的烧杯。放入温度为（115±1）℃的老化试验箱内72h，取出后分别对老化后各油样的酸值、油泥等项目进行测试，根据相关油品运行维护管理导则判断是否可以混合使用。

（2）DL/T 429.7 油泥析出测定法概要。

取按实际比例混合的油样 10mL 于 100mL 带磨口塞的量筒中，用不含芳香烃的正庚烷或石油醚（沸点范围 60～90℃）稀释至 100mL，摇匀，放在暗处 24h 后，取出观察是否有沉淀物析出。如无沉淀物产生，方可混合使用。

3. 测试意义

随着油品氧化程度的加深，油中含有各种酸及酸性物质，它们会提高油品的导电性，降低油品的绝缘性能。在运行温度较高时，还会促使固体纤维质绝缘材料老化。有水分子存在，就会降低设备的电绝缘水平，缩短设备的使用寿命。

油质深度劣化的最终产物是油泥。油泥是一种树脂状的部分导电物质，能适度溶于油中，最终会从油液中沉淀出来并形成黏稠状沥青质，黏附于绝缘材料、变压器壳体上，加速固体绝缘破坏，导致绝缘收缩，影响散热。

混油试验检查了新油和运行油、不同牌号的油等是否能够相混合，也检查了绝缘油劣化、老化情况，有助于正确评价运行中变压器油的质量和变压器内部状况，从而使变压器安全稳定运行。

三、　试验前准备

1. 人员要求

试验人员应是经培训合格的 1～2 名熟练操作人员。试验人员应掌握分析化学基本知识，具备分析化学基本操作能力。

2. 气象条件

实验室环境要干燥、清洁、防潮、防尘及避免阳光直接照射，室温要求在 15～25℃，且变化不超过 3℃，相对湿度在 70％以下，操作环境中不得有粉尘及干扰气体；室内不得存放与试验无关的易燃、易爆和强腐蚀性的物质。

3. 试验仪器、试剂及耗材

试验仪器、试剂及耗材见表 1-39。

表 1-39　　　　　　　　　　**试验仪器、试剂及耗材**

序号	名称	规格/编号	单位	数量	备注
一	试验仪器				
1	老化试验箱或电热鼓风恒温箱		台	1	
2	分析天平	感量 0.1mg、0.5mg、0.1g	台	1	
3	烧杯	400、200mL	个	各 2	
4	具塞量筒	100mL	个	1	
5	量筒	50、100mL	套	1	
6	锥形瓶	250mL	套	1	
7	碱式微量滴定管	1.0、2.0mL，分度 0.02mL	个	各 1	
8	容量瓶		套	1	
9	温度计	0～150℃，分度 0.5℃	个	2	
10	吸液管		个	2	
11	小药匙		个	2	
12	吸耳球		个	2	
13	镊子		个	2	
14	坩埚		个	1	
15	坩埚钳		个	1	
16	表面皿		个	1	
17	铁架		个	1	
18	试剂瓶		个	2	
19	搪瓷盘		个	2	
20	水浴	室温～90℃	个	1	
二	试剂				
1	正庚烷	不含芳香烃			油泥析出试验
2	石油醚	沸点 60～90℃，不含芳香烃	瓶	1	
3	丙酮	分析纯或化学纯			适量
4	乙醇-苯	（1∶1）混合液			适量
5	氢氧化钾	配成 0.05mol/L 的乙醇溶液			适量
6	碱性蓝 6B 指示剂				适量
7	浓硫酸	98％			油泥析出试验
8	甲醛				
9	苯二甲酸氢钾	基准试剂			
10	酚酞				

续表

序号	名称	规格/编号	单位	数量	备注
三	耗材				
1	变压器油		mL	200	
2	铜丝	T1号铜，纯度99.95%，符合GB/T 5231的规定；型号规格为TR-1.03；符合GB/T 3953的规定；长度，汽轮机油和磷酸酯抗燃油为330mm，变压器油为660mm			绕成螺旋状
3	砂纸	65μm（240粒度）的碳化硅或氧化铝（刚玉）砂纸			
4	蒸馏水				适量
5	测试滤纸		盒	1	
6	脱脂棉		包	1	
7	乳胶管		m	1	
8	分子筛				油泥析出试验

四、试验程序及过程控制

（一）操作步骤

1. 采集油样

取样方法和样品标签按GB/T 7597—2007进行。

2. 仪器（试剂）准备

（1）老化试验仪器及试剂准备。

1）药品、器皿、试管等处理：清洗所用器皿及试管并烘干，以减少配制和操作误差；按规定对有关药品进行烘干处理。

2）0.05mol/L邻苯二甲酸氢钾配制（本书第二章第三节有详述）。

3）0.05mol/L氢氧化钾乙醇溶液配制（本书第二章第三节有详述）。

4）酚酞指示剂的配制（本书第二章第三节有详述）。

5）碱性蓝6B指示剂（本书第二章第三节有详述）。

6）铜丝：用砂纸将铜丝磨光，并用清洁、干燥的布把铜丝上的磨屑擦干净。将铜丝绕成螺旋形。用异丙醇清洗两次后置于滤纸上空气干燥5min后，放入干燥器内，备用。

（2）油泥析出试验和凝倾点试验的试剂准备。

使用正庚烷、石油醚前，需用甲醛试剂（用100mL量筒量取47mL浓硫酸加入3mL甲醛溶液）检查。如无色则不含芳香烃；如有色则含有芳香烃，应用分子筛处理到用甲醛试剂检查不显颜色为止。

3. 试验步骤

（1）运行油开口杯老化试验测定。

1）在清洁干燥的烧杯中，分别称取运行油样、补充油样和混合油样各400g（准确至

0.1g)，同时用镊子将螺旋形铜丝放入烧杯中，为了保证安全，要将试油烧杯放在搪瓷缸内或搪瓷盘上，然后放入老化试验箱内，待温度升至（115±1)℃时，记录时间，恒温 72h。

2）老化试验结束后，取出试油烧杯，冷却至室温，搅拌均匀，对这些老化后油样分别进行油泥、酸值和介质损耗因数的测试。油泥的测试方法参照下文（2）"油中油泥和沉淀物测定。"

3）测定酸值时，用锥形瓶称取老化后试油 5～10g（准确至 0.1g），加入乙醇-苯（1∶1)混合液 50mL 及碱性蓝 6B 指示剂 0.5mL，用 0.05mol/L 氢氧化钾乙醇溶液滴定至混合液颜色变成浅红色为止。

4）取 50mL 乙醇-苯（1∶1）混合液，按上述同样操作碱性空白测定。

5）介质损耗因数的测试应按照 GB/T 5654 进行测试。

（2）油中油泥和沉淀物测定。

1）将油样瓶充分地摇匀，直到所有的沉淀物都均匀地悬浮在油中。

2）在容量为 100mL 的具塞量筒中注入试油 10mL，用正庚烷或石油醚稀释至 100mL，摇匀，置于暗处 24h 后，取出在光线充足的地方观察有无沉淀物析出，如无沉淀物析出则认为合格。

3）若能观察到沉淀物，则取已干燥、恒重过的定量滤纸过滤这一混合溶液，并用正庚烷少量、多次地洗涤滤纸直至滤纸上无油迹为止。

4）待滤纸上的正庚烷挥发后，将含固体沉淀物的滤纸放入 100～110℃的恒温干燥箱中干燥 1h。然后将滤纸取出，放入干燥器中冷却到室温后，称重滤纸，并反复进行此操作，直至滤纸达到恒重为止。将恒重后的质量扣除滤纸的空白质量后的值，即为油中沉淀物和可析出油泥的总质量 A。

5）用少量热的（约 50℃）混合溶剂（甲苯、丙酮、乙醇或异丙醇等体积混合）溶解纸上的固体沉积物，并将溶液过滤收集在已恒重的锥形瓶中，继续用混合溶剂洗涤，直至滤纸上无油迹和过滤液清亮为止。

6）将装有混合溶剂洗出液的锥形瓶放于水浴上蒸发至干，然后将锥形瓶移入 100～110℃的恒温干燥箱中干操 1h，然后放入干燥器中冷却至室温，称重，直至锥形瓶达到恒重为止。将已恒重的含有沉淀物的锥形瓶的质量扣除空白锥形瓶的质量后的值，即为可析出油泥的质量 B。

7）A-B 的值即为油中沉淀物的质量。

（3）补充说明。

1）同一油基、同一牌号及同一添加剂类型的油品混合时，补加油品的各项指标都应不低于设备内的油。当新油补入量小于 5% 时，通常不需试验；如果补入量较多，在补油前按实际补油比例混合后的试油（若不知实际补油量，可按 1∶1 比例进行）做油泥析出试验即可 ［见本节试验步骤（2)］。

2）不同牌号的新油混合使用，应先测混合油实际凝点，按混合油的实测凝点决定是否适于此地域的要求，再进行混油试验 ［见本节试验步骤（1)］。

3）运行油中混入不同牌号的新油或已使用过的油、进口油、产地厂家不明的油时，应测混合油实际凝点，按混合油的实测凝点决定是否适于此地域的要求；并将混合前的两种油及混合后的油分别进行混油试验［见本节试验步骤（1）］。

（二）计算及判断

（1）老化后的酸值，按式（1-4）计算。

（2）结果判断。混合油的质量如符合下列规定时，可以混合使用。

1）两种符合运行标准的运行油相混时，混合油的质量不应低于氧化安定性较差的一种油。

2）新油与运行中油混合时，混合油的质量不应低于运行中油的质量。

（三）精密度分析

（1）平行测定两个结果之间的差值，不应超过其算术平均值的5%。

（2）试油老化时，若采用电热鼓风恒温箱进行试验，则盛试油的烧杯在恒温箱里的位置应周期性地更换，每隔24h更换一次，以减少可能出现的温差影响。

（四）结束工作

试验结束后，关机时应进行以下工作：

（1）关闭封闭电路电源，拔掉电源插销。

（2）清洗器皿、容量瓶、滴定管、试管等。

（3）将配好的溶液和试剂粘贴标签，放入柜中。

（4）整理试验台碎滤纸、固体废物，有毒、有腐蚀性的废液要倒入废液缸，并妥善处理。

（五）试验报告编写

试验报告应包含样品名称、取样方法及部位、取样时间；运行油样、补充油样以及混合油样老化后的酸值、油泥和介质损耗因数的测试结果；试验人员、分析意见、情况说明等。

五、 危险点分析及预控措施

（1）化学伤害：防止有毒药品损害试验人员身体健康，化学药品要有专人严格管理；使用时应小心谨慎，操作时应戴口罩，切勿触及伤口及误入口中，试验结束后必须仔细洗手；氢氧化钾易吸潮，配制时要迅速，同时避免被氢氧化钾烧伤；不要使用浓盐酸配制溶液，要用稀盐酸配制，避免盐酸烧伤；正确使用玻璃器皿，以防破碎伤人；配制酸碱试剂时要戴手套；如果试剂接触了皮肤，立即用大量水冲洗；试验中，试验人员不得吸烟进食；防酒精蒸汽浓度过高引起人鼻、咽喉部不适。

（2）高温烫伤：在加热回流过程中，操作人员必须戴棉纱手套，防止水蒸气烫伤，在老化箱内取出样品时，操作人员必须戴隔热手套，小心高温灼伤，管口不准朝向自己或他人，防止溶液喷出烫伤。

（3）试剂配置不准确：配制溶液和试剂前，要清洗所用器皿和试管，并烘干，避免污杂的影响；药品要烘干，称量要准确；药品磨碎易溶解；配制标准溶液要用容量瓶量取液体，不要用其他器皿量取；使用保证试剂或基准试剂。

（4）试剂误差：按规定添加碱蓝6B指示剂，不要多加或少加，避免试剂误差；按规定对有关药品进行烘干处理，消除药品误差。

（5）试剂失效：超过有效期的标准溶液不能继续使用，一般酸的保存期为三个月，氢氧化钾保存期限为两个月，氢氧化钾乙醇溶液保存不宜超过三个月，超出保质期应重新配制试剂。

（6）温差影响：老化试验时，若采用电热鼓风恒温箱，则盛试油的烧杯在恒温箱里的位置应周期性地更换，每隔 24h 更换一次，以减少可能出现的温差影响。

（7）防止玻璃仪器破碎扎伤。

（8）化验室应备有自来水、消防器材、急救箱等物品。

六、 仪器维护保养及校验

（一）仪器维护保养

1. 分析天平维护

分析天平属于精密仪器，不要擅自进行拆装；称量前后应保持天平清洁，罩上防尘罩；天平载重不得超过最大负荷，被称物质要放在干燥清洁的器皿中称量；搬动天平应卸下秤盘、吊耳、横梁等部件。

2. 玻璃器皿的使用

洗涤玻璃器皿是一项很重要的操作。洗涤是否合格，会直接影响分析结果的可靠性与准确性。玻璃器皿应用洗涤液、自来水、蒸馏水分别洗涤，洗涤后至少应达到倾去水后器壁上不挂水珠的程度；经干燥后，分类存放在储存室内。

（二）仪器校验

（1）分析天平应定期校验，并在校验期内使用；新购天平第一次启动或天平位置发生变化后使用时，必须进行校准调整，以消除当地重力加速度的影响。

（2）量器的校正。实际中使用的容量与它所标出的大小完全一致。

（3）校验周期。

1）分析天平的校验周期为 1 年，遇特殊情况应及时校准。

2）量器应送到有资质的计量部门进行校准。

七、 试验数据超极限值原因及采取措施

1. 警戒极限

为了判断变压器油的整体劣化、老化情况，GB/T 7595—2008 规定了不同类型设备的检验周期，并给出了相应的变压器油质量标准。GB/T 14542—2005 给出了运行中变压器油极限值（只给出与油老化相关项目），见表 1-40。

表 1-40　　　　　　　运行中变压器油质量极限值（老化试验）

序号	项　　目	超极限值
1	外观	不透明，有可见物或油泥沉淀物
2	颜色	油色很深
3	酸值（mg KOH/g）	＞0.1
4	油泥与沉淀物（质量分数，%）	＞0.02
5	水溶性酸 pH	＜4.2

2. 原因解释

变压器油老化严重时，和新油混合易生成油泥。若变压器油颜色很深，不透明，有可见杂物或油泥沉淀，可能是油过度劣化或污染，油中含有水分或纤维、炭黑及其他固形物；酸值增大的原因较多，设备超负荷运行、油中抗氧化剂减少、补错了油、油被污染是主要原因。油中深度老化与杂质污染形成油泥析出，出现沉淀物。

3. 采取措施

混油试验不合格的两种油品不能混合使用。若是油品老化试验不合格时可采取如下措施：投入净油器，适当补加抗氧化剂，对油进行吸附处理，对变压器油进行再生或更换油品。

第二章　汽轮机油

第一节　汽轮机油(抗燃油)运动黏度测试现场作业指导及应用

一、概述

1. 适用范围

本方法适用于测定液体石油产品（指牛顿液体，本书指的是汽轮机油、变压器油和抗燃油）的运动黏度，其单位为 m^2/s 和 mm^2/s。

2. 引用标准

GB/T 265—1988　石油产品运动黏度测定法和动力黏度计算法

GB/T 7596—2008　运行中汽轮机油质量标准

GB/T 7597—2007　电力用油（变压器油、汽轮机油）取样方法

GB 11120—2011　涡轮机油

GB/T 14541—2005　电厂用运行矿物汽轮机油维护管理导则

DL/T 571—2007　电厂用磷酸酯抗燃油运行与维护导则

JJG 155—1991　工作毛细管黏度计检定规程

二、相关知识点

1. 运动黏度

当液体流动时，液体内部发生阻力，此种阻力是由于组成该液体的各个分子之间的摩擦力所造成的，这种阻力称为黏度或内摩擦。任何液体都具有黏度和内摩擦，在力的作用下，各分子的移动就显出阻力来。油品的分子量越大，其黏度也越大。

2. 试验原理

本方法是在某一恒定的温度下，测定一定体积的液体在重力下流过一个标定好的玻璃毛细管黏度计的时间，黏度计的毛细管常数与流动时间的乘积，即为该温度下测定液体的运动黏度。在温度 t 时运动黏度用符号 v_t 表示。

3. 测试意义

若油中存在乳化物或氧化产物、油泥等，都会改变油的黏度。汽轮机油、抗燃油等润滑油是按油品 40℃的运动黏度的中心值来划分牌号的。运动黏度这一指标对在润滑油的使用上，有重要的意义，如涡轮机的运动黏度性能不好，当温度低时黏度过大，启动就会困难，且当涡轮机启动后润滑油也不易流到需要润滑的摩擦表面，造成机械零件的磨损。如果温度过高，运动黏度变小，则不易在需要润滑的摩擦表面产生油膜，起不到润滑作用，使机械零部件产生不必要的磨损擦伤等故障。

抗燃油的黏度指标是比较稳定的，只有当抗燃油中混入了其他液体，它的黏度才发生

变化。所以说，测定抗燃油的运动黏度可鉴别补油是否正确及油品是否被其他液体污染。

三、 试验前准备

1. 人员要求

作业人员 1～2 人，身体健康。作业人员必须经培训合格，持证上岗，熟悉仪器的使用和维护等。

2. 气象条件

（1）取样应在良好的天气下进行，避免在雷、雨、雾、雪、大风的环境下进行。

（2）仪器工作环境：温度 0～40℃；相对湿度：≤85%。

3. 试验仪器、工器具及耗材

试验仪器、工器具及耗材见表 2-1。

表 2-1　　　　　　　　　　试验仪器、工器具及耗材

序号	名称	规格/编号	单位	数量	备注
一	试验仪器				
1	石油产品运动黏度测定仪	ZHN1502	台	1	
二	工器具				
1	品氏毛细管黏度计		套	1	φ0.4～φ2.0
2	洗耳球		个	1	
3	乳胶管		m	1	
4	干燥箱		台	1	
5	温度计	0～50℃	支	1	分辨率 0.1℃
三	耗材				
1	汽轮机油		mL	200	
2	抗燃油		mL	200	
3	测试滤纸		盒	1	
4	石油醚		瓶	1	
5	打印纸		卷	1	
6	脱脂棉		包	1	
7	镊子		把	1	
8	蒸馏水		mL	50	
9	小烧杯		个	2	100mL

四、 试验程序及过程控制

（一）操作步骤

1. 采集油样

采集油样按照 GB/T 7597—2007 的规定进行，取样瓶为 500～1000mL 具有磨口塞的玻璃瓶，取样量不小于 200mL。

2. 仪器及试样准备

(1) 仪器准备。

1) 测定仪应安装在清洁、干燥的房间内。

2) 仪器使用 220V、50Hz 单相交流电源，电压无较大波动，仪器应有良好的接地。

3) 小心从包装箱内取出主机及其配件，注意不要把水浴缸碰坏；并按仪器装箱单检查各配件是否齐全。把水浴缸放于底座上，仪器的电热管部分轻轻放于水浴缸上部。操作时应小心轻放，以防弄坏玻璃缸。

4) 从配件中找出毛细管夹，按其上面的数字（1、2、3、4）顺序对应放于电热管部分的盖板圆孔上。

5) 把一毛细管用黏度计用毛细管夹夹好放于缸内。从另一毛细管孔向水浴缸内倒入蒸馏水，高度应至少浸没图 2-1 所示毛细管扩张部分 2 的一半。然后把毛细管拿出，盖好毛细管夹。

6) 用控制电缆连接控制箱与电热管部分。

(2) 试样准备。

1) 试样含有水或机械杂质时，在试验前必须经过脱水处理，用滤纸过滤除去机械杂质。因有杂质存在，会影响油品在黏度计内的正常流动。杂质黏附于毛细管内壁会使流动时间增大，测定结果偏高。有水分时，水分在较高温度下会汽化，低温时凝结，均影响油品在黏度计内正常流动，使测定结果的准确性变差。

对于黏度大的润滑油，可以用滤纸过滤，利用水流泵或其他真空泵进行吸滤，也可以在加热至 50～100℃ 的温度下进行脱水过滤。

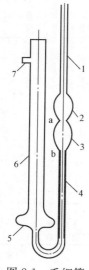

图 2-1 毛细管
黏度计
1、6—管身；
2、3、5—扩张
部分；4—毛细管；
7—支管；
a、b—标线

2) 根据试验的温度选用黏度计，务必使试样流动时间不少于 200s，内径 0.4mm 的黏度计流动时间不少于 350s，变压器油一般用 $\phi0.6$ 的毛细管，汽轮机油一般用 $\phi1.0$ 或 $\phi1.2$ 的毛细管，抗燃油一般用 $\phi1.2$ 的毛细管。主要目的是限制液体在毛细管中流动的速度，保证流体在管中的流动为层流。若液体流速过快，会形成湍流；若液体流动过于缓慢，虽可以获得层流，但在测定时间内不易保持恒温，而温度的波动会影响测定结果。

3) 在测定试样的黏度之前，必须将黏度计用溶剂油或石油醚洗涤，如果黏度计沾有污垢，就用铬酸洗液、水、蒸馏水或 95% 乙醇依次洗涤。然后放入 110℃ 烘箱中烘干或用经棉花过滤的热空气吹干。

4) 测定运动黏度时，在内径符合要求且清洁、干燥的毛细管黏度计内装入试样。在装试样之前，将橡皮管套在支管（见图 2-1 中 7）上，并用手指堵住管身较粗一端（见图 2-1 中 6）的管口，同时倒置黏度计，然后将管身（见图 2-1 中 1）插入装着试样的容器中。利用吸耳球将液体吸到标线 b 处，同时注意不要使管身扩张部分中的液体产生气泡和裂隙。当液面达到黏度计葫芦状扩张部分顶端时，就从容器中提起黏度计，并迅速恢复其正常状态，同时将管身的管端外壁所沾着的多余试样擦去，并从支管取下橡皮管套在较细的管身上。

5) 试油不许有气泡存在，否则会影响装油体积，形成气塞，增大流动阻力，使流动时间拖长，测定结果偏高。

3. 试验步骤

（1）开机。接通电源开关，显示开机页面，按任意键，进入"功能选择"页面，按"△"或"▽"键，配合"确认"键可选择不同功能。设置合适的恒温温度（汽轮机油、抗燃油、变压器油设置为 40℃，轻柴油为 20℃）、计时时间（汽轮机油、抗燃油和变压器油恒温时间设置为 15min，轻柴油为 10min），黏度计相关参数（黏度计常数直接输入）及是否打印选项。黏度计参数存储序号与面板上的序号相对应。

（2）测试。

1）观察仪器温度显示，当温度显示与设定值差距为±0.1℃时，把装有试样的毛细管黏度计固定在毛细管架上。注意：必须把黏度计的扩张部分上部（见图 2-1 中 2）至少浸入一半。

2）将黏度计调整为垂直状态，利用铅垂线从两个相互垂直的方向检查毛细管的垂直情况。

3）按小数点"．"键，仪器开始自动恒温计时，恒温时间到（4 次蜂鸣提示），用毛细管黏度计管身 1 口所套着的橡皮管将试样吸入扩张部分上部（见图 2-1 中 3），使试样液面稍高于 a 标线，并且注意不要让毛细管和扩张部分的液体产生气泡或裂隙。

4）此时观察试样在管中的流动情况，当液面正好到达 a 标线时，按下该毛细管黏度计所对应的数字键，即开始计时。当液面正好到达 b 标线时，再次按下该数字键，则停止计时。

5）重复试验，当试验次数达到预置值时，仪器对测定结果自动进行处理。如每次流动时间与其算术平均值的差数符合要求（至少有 3 次与各次计时时间算术平均值的差数小于±0.5%），则取平均值并进入黏度计计算页面。

6）若几次测试相互偏差过大（不符合允差），仪器蜂鸣 3 声，提示此组测试失败，需重新进行测定。

7）当对 1 支黏度计进行试样测试时，可同时进行其他黏度计的测试。试验方法同上。

8）无论哪支黏度计在测试时，如因某种原因导致测试失误，可按"△"或"▽"选择"取消"选项，并按"确认"键进入"取消试验"页面进行处理。可以取消本次试验数据，也可以取消本组试验数据。

（3）关机。测试完成，可直接关机。

（4）试验结束。整理仪器，清理操作台恢复清洁、整齐，用具归位。将试验结果写在原始记录表上，并填写环境温度和相对湿度。

（二）计算及判断

（1）运动黏度按式（2-1）进行计算

$$\nu_t = c\tau_t \tag{2-1}$$

式中　ν_t——某温度下的运动黏度值，mm^2/s；

　　c——黏度计常数，mm^2/s^2；

　　τ_t——试样的平均流动时间，s。

例：黏度计常数为 0.478 0m^2/s^2，试样在 50℃ 时的流动时间为 318.0、322.4、322.6s 和 321.0s，因此流动时间的算术平均值为

$$\tau_{50} = \frac{318.0 + 322.4 + 322.6 + 321.0}{4} = 321.0 \text{（s）}$$

各次流动时间与平均流动时间的允许差数为

$$\frac{321.0 \times 0.5}{100} = 1.6 \text{（s）}$$

因为 318.0s 与平均流动时间之差已超过 1.6s，所以这个读数应舍去。计算平均流动时间时，只采用 322.4、322.6s 和 321.0s 的观测读数，它们与算术平均值之差，都没有超过 1.6s。

于是平均流动时间为

$$\tau_{50} = \frac{322.4 + 322.6 + 321.0}{4} = 322.0 \text{（s）}$$

试样运动黏度测定结果为

$$\nu_{50} = c\tau_{50} = 0.478\,0 \times 322.0 = 154.0 \text{（mm}^2/\text{s）}$$

测试结果取 4 位有效数字，取有效重复测定的两个结果的算术平均值作为试样的运动黏度。

（2）32 号汽轮机油油质标准：新油和运行油运动黏度（40℃）均为 28.8～35.2mm^2/s。

（3）抗燃油油质标准：新油运动黏度（40℃）为 41.4～50.6mm^2/s；运行油运动黏度（40℃）为 39.1～52.9mm^2/s。

（三）精密度

1. 重复性

同一操作者，用同一试样重复测定的两个结果之差，不应超过下列数值：

测定黏度温度：15～100℃。

重复性：算术平均值的 1.0%。

2. 再现性

不同操作者，在两个试验室提出的两个结果之差，不应超过下列数值：

测定黏度的温度：15～100℃。

再现性：算术平均值的 2.2%。

如果出现精密度超标现象，可重新清洗黏度计，重新取样，重复测试，并减少操作过程中的人为误差。

（四）试验报告编写

试验报告应包括：汽轮机主要参数，油牌号及产地，环境温度、湿度，运动黏度等。

（五）危险点分析及预控措施

（1）防触电。仪器应有良好接地。

（2）防中毒。防止有毒药品损害试验人员身体健康，化学试剂使用时应小心谨慎，切勿触及伤口或误入口中。

（3）防止玻璃仪器破碎而被扎伤。

（4）化验室应备有自来水、消防器材、急救箱等物品。

（5）水浴中未注入蒸馏水时，严禁进入测试状态（即按"开始测定"键进入测试页面），以免烧坏电热管。浴缸内介质的蒸发损失应及时补充，以确保加热器必要的浸入深度。

（6）当室温高于20℃时，如要控制恒温20℃，则需在浴缸内加入低于20℃的冷却水或碎冰。

五、 仪器校验

（一）校验方法

1. 黏度计检定方法

每支黏度计必须按 JJG 155—1991 进行检测并确定常数，常数和测定试油运动黏度的试验步骤相同。

根据黏度计常数的含义，是在20℃时已知黏度的标准液体流过所选定的毛细管，测出所流出的时间 τ（300±150）s，重复进行五次，每次流动时间与其算术平均值的差不应超过其算术平均值的0.03%。取不少于四次的流动时间所得的算术平均值作为一次标准液的平均流动时间，可按式（2-2）求出黏度计常数 c（此常数应具有三位有效数字）。即

$$c = \nu_t / \tau \tag{2-2}$$

对于不同内径的毛细管黏度计，需要配制不同黏度的标准液体。本方法所用的黏度标准液，为精制的矿物油。所配制的各种黏度的标准液体需要用精度较高的黏度计标定后方可使用。由符合要求的计量检定部门检定。

2. 仪器校验

（1）应使用经计量合格、分辨率为0.01的水银温度计或热电偶对仪器进行校验。

（2）开机进入开始测定页面，仪器进入升温、控温状态，当温度恒定时，将仪器显示值与水银温度计或热电偶显示值进行对比。

（二）校验周期

仪器每年至少应校验一次。

（三）校验达到标准

本试验仪器校验时，仪器显示值与水银温度计或热电偶显示值对比一致，差值不超过±0.1℃。其他同类仪器可参考此校验标准，或按照具有资质的计量中心校验标准校验。

六、 试验数据超极限值原因及采取措施

1. 警戒极限

运行中汽轮机油运动黏度警戒极限值：比新油原始值相差超过±10%。

运行中抗燃油运动黏度警戒极限值：与新油同牌号代表的运动黏度中心值相差超过±20%。

2. 原因解释

（1）汽轮机油。

1）油被污染。

2）补错了油。

3）油质已严重劣化。汽轮机油由于长期在较高的温度下运行，油中相对分子质量较低的组分不断挥发掉，同时油在运行的条件下，受空气、压力、流速等的影响要逐渐老

化，因此即使在正常情况下，运行中油的黏度也会有所增加。

（2）抗燃油。被矿物油或其他液体污染。

3．采取措施

（1）汽轮机油。

1）如发现运行中汽轮机油的黏度大于或接近标准的上限，要及时进行处理。

2）一般处理的方法是先用压力式滤油机过滤，除掉油泥、机械杂质等，再投入连续再生装置，用吸附剂除掉油中的老化产物，如沥青质、树脂质、金属皂化物等，以改善油的黏度和颜色。

3）应注意运行中不要补错了油，致使油的黏度增高或降低。

4）加强系统维护，并考虑添加防锈剂。

（2）抗燃油。采取换油处理。

第二节　汽轮机油破乳化度测试现场作业指导及应用

一、　概述

1．适用范围

本方法适用于测定汽轮机新油、运行中汽轮机油和燃/汽轮机油的破乳化度（即油与水分离的能力）。

2．引用标准

GB/T 7305—2003　石油和合成液水分离性测定法

GB/T 7596—2008　运行中汽轮机油质量标准

GB/T 7597—2007　电力用油（变压器油、汽轮机油）取样方法

GB/T 7605—2008　运行中汽轮机油破乳化度测定法

GB 11120—2011　涡轮机油

GB/T 14541—2005　电厂用运行矿物汽轮机油维护管理导则

二、　相关知识点

1．破乳化度

破乳化时间又称破乳化度，指在特定的破乳化测定仪器中，一定的试油与水混合，在规定的温度（54 ± 1）℃下搅拌 5min，使油品形成乳状液，从停止搅拌到油层和水层完全分离时止所需的时间，即为汽轮机油的破乳化时间。

抗乳化性能通常是指油品在有水的情况下，抵抗油—水乳状液形成的能力。破乳化时间越短，表明油品抗乳化能力越强，其抗乳化性能越好。

2．试验原理

在量筒中装入 40mL 油样和 40mL 蒸馏水，并在（54 ± 1）℃下，以 1500r/min 的转速搅拌 5min 形成乳化液，测定乳化液分离（即乳化层的体积不大于 3mL 时）所需要的时间。静止 30min 后，如果乳化液没有完全分离，或乳化层没有减少为 3mL 或更少，则记录此时油层、水层和乳化层的体积。

石油和合成液新油的破乳化性能测定按照 GB/T 7305—2003 进行，运行中汽轮机油破乳化度测定按照 GB/T 7605—2008 进行。

GB/T 7305—2003 方法和 GB 7605—2008 方法所用仪器和试验步骤基本相同。不同之处是方法的结果判断和精密度有差别，因为 GB/T 7605—2008 方法是用于测定运行中汽轮机油的。

3. 测试意义

汽轮机油在使用过程中不可避免要与水或水蒸气相接触，为了避免油与水形成稳定的乳化液而破坏正常的润滑，要求汽轮机油具有良好的与水分离的性能。

汽轮机油在生产过程中，由于精制程度不够或者在使用过程中发生氧化变质都会导致油品破乳化时间的延长，油氧化生成的皂类物质是一种表面活性剂，再加上高速搅拌，在有水存在时，油品特别容易乳化，严重乳化的油里面会生成一些絮状的物质，破坏油的润滑功能。因此，对汽轮机油不但规定了新油的破乳化时间，而且对运行中油的破乳化时间也要加以控制。如果汽轮机油运行中的破乳化时间太长，所形成的乳化液不但能够破坏润滑油膜，增加润滑部件的磨损，还能腐蚀设备，加速油品氧化变质。因此，汽轮机油的破乳化度是鉴别油品精制深度、受污染程度以及老化深度等的一项重要指标。

三、 试验前准备

1. 人员要求

要求作业人员 1～2 人，身体健康。作业人员必须经培训合格，持证上岗，熟悉仪器的使用和维护等。

2. 气象条件

（1）取样应在良好的天气下进行，避免在雷、雨、雾、雪、大风的环境下进行。

（2）环境温度：5～30℃；环境相对湿度：≤70%。

3. 试验仪器、工器具及耗材

试验仪器、工器具及耗材见表 2-2。

表 2-2　　　　　试验仪器、工器具及耗材

序号	名称	规格/编号	单位	数量	备　注
一	试验仪器				
1	石油和合成液破乳化测定仪	ZHY901	台	1	
二	工器具				
1	量筒		个	4	100mL
2	干燥箱		台	1	
3	温度计	50～100℃	支	1	分辨率 0.1℃
三	耗材				
1	汽轮机油		mL	200	
2	测试滤纸		盒		
3	石油醚		瓶	1	
4	蒸馏水		桶	1	符合 GB/T 6682 二级水规格

续表

序号	名称	规格/编号	单位	数量	备注
5	脱脂棉		包	1	
6	竹镊子		把	1	
7	蒸馏水		mL	50	
8	小烧杯		个	2	100mL
9	毛刷		支	1	
10	玻璃棒		根	1	包有耐油橡胶

四、 试验程序及过程控制

(一) 操作步骤

1. 采集油样

采集油样按照 GB/T 7597—2007 的规定进行，取样瓶为 500～1000mL 具有磨口塞的玻璃瓶，取样量不小于 200mL。

2. 仪器准备

1) 石油和合成液破乳化测定仪应安装在清洁、干燥的房间内。

2) 仪器使用 220V、50Hz 单相交流电源，电压无较大波动，仪器应有良好的接地。

3) 打开电源开关，让搅拌装置返回到仪器顶端，然后关断电源，拔下交流电源线。

4) 把蒸馏水倒入水浴缸内，将白色的搅拌子放于缸底中央。操作时应小心轻放，以防弄坏玻璃缸。

5) 把试管支架（圆盖）轻轻放于玻璃缸上，旋转使其上的 V 形角铁恰好能固定于主机立臂上，并且使试管支架上的红色竖线与缸上的箭头在一条直线上，然后用两个手拧螺钉把角铁紧固于主机立臂上。

6) 用清洗溶剂清洗量筒，再用铬酸洗液、自来水、蒸馏水依次进一步清洗量筒，直到量筒内壁不挂水珠为止。

7) 用脱脂棉、竹镊子在石油醚、无水乙醇中依次清洗玻璃棒和叶片，并风干。同时在清洗过程中注意不要将玻璃棒碰断。

3. 试验步骤

(1) 开机。接通电源开关，显示开机页面，按任意键，进入功能选择界面，按"△"或"▽"键，配合"确认"键可选择不同功能。设置合适的恒温温度为 54℃，静止时间为 30min，搅拌时间为 5min。点击"试管 1"、"试管 2"、"试管 3"、"试管 4"中任一个按钮，开始加热。

(2) 测试。

1) 在室温下向干净的量筒内慢慢倒入 40mL 蒸馏水，然后倒入 40mL 的试样，至量筒 80mL 刻度线。

2) 待水浴温度恒定至设定值 54℃±1℃时，将量筒放入试管支架中，调整试管位置，使之位于搅拌叶片正下方并使桨端恰在量筒的 5mL 刻度处。

3）点击"启动"按钮，搅拌装置即沉入试管底部，同时仪器以设置的静置时间计时。

4）静置时间到，搅拌电动机自动启动，搅拌叶片开始搅拌，同时仪器以设置的搅拌时间计时。

5）搅拌时间到，同时升降电动机动作，搅拌叶片自动升起，试样开始分离，同时仪器自动开启分离计时。

6）用玻璃棒把搅拌叶片上的油刮落到量筒内。同时注意观察试样分离情况，然后把另一支试样按上述方法准备好，放于另一组空闲的试管支架中，调整试管位置，使之位于搅拌叶片正下方，即可进行第二个试样的测试。

7）观察油、水分离情况，可能会出现几种现象（运行油）：

a. 当油、水分离界面的乳化层体积减至不大于 3mL 时，即认为油、水分离，停止秒表计时即为该油样的破乳化时间。

注意：① 乳化层或量筒壁上可存在个别乳化泡；

② 水层或油层中可有透明大泡或者水层、油层不透明；

③ 乳化层界面不整齐，应以平均值计。

b. 如果计时超过 30min，油、水分离界面间的乳化层体积依然大于 3mL 时，则停止试验，该油的破乳化试验记为大于 30min，然后分别记录此时油层、水层和乳化层的体积。

c. 没有明显的乳化层，只有完全分离的上下两层，则从停止搅拌到上层体积达到 43mL 时所需的时间即为该油样的破乳化时间，上层认定为油层。

d. 没有明显的乳化层，只有完全分离的上下两层，从停止搅拌开始计时，计时超过 30min，上层体积依然大于 43mL，则停止试验。该油的破乳化时间记为大于 30min，上层认定为乳化层，然后分别记录此时水层和乳化层的体积。

8）如果试样分离时间到，确保当前通道为正在分离的试管组，则按"停止"键，即锁定样品分离时间。仪器自动显示试验结果和试验结束。

9）如需进行重复测试，则按照准备工作第 6）、7）条对量筒、玻璃棒进行清洗，重复以上测试步骤。

（3）关机。测试完成，可直接关机。

（4）试验结束。整理仪器，清理操作台，使其恢复清洁、整齐，将用具归位。将试验结果写在原始记录表上，并填写环境温度和相对湿度。

（二）计算及判断

（1）汽轮机新油油质标准：L-TSA 和 L-TSE 新汽轮油抗乳化性（54℃，乳化液达到 3min）不大于 15min，L-TGSB 和 L-TGSE 新燃/汽轮机油抗乳化性（54℃，乳化液达到 3min）不大于 30min。

（2）运行中汽轮机油破乳化时间（54℃）不大于 30min。

（3）取两次平行测定结果的算术平均值作为试验结果。

（三）精密度分析

按 GB/T 7605—2008 规定，两次平行测定结果的差值不应超过表 2-3 中数值。

表 2-3　　　　　　　　　　　　　　　破乳化时间测定的重复性

破乳化时间（min）	重复性（r/min）
0～10	1.5
11～30	3.0

（四）试验报告编写

试验报告应包括：汽轮机主要参数、油牌号及产地、环境温度及相对湿度、破乳化时间等。

1. 新汽轮机油的报告记录格式

记录达到产品水分离性能要求或超出了水分离性能要求的试验范围（通常 54℃±1℃时为 30min，乳化液为 3mL 或更少）的时间，且每隔 5min 记录试验结果。油层报告的最大体积数为 43mL。结果的报告格式如下所示：

40-40-0(20)　完全分离时间为 20min，15min 时，残留的乳化层超过 3mL。

39-38-3(20)　没有出现完全分离，但乳化层降至 3mL，试验结束。

39-35-6(60)　60min 后，残留的乳化层超过 3mL，即 39mL 的油，35mL 的水，6mL 的乳化层。

41-37-2(20)　没有出现完全分离，但乳化层在 20min 后减少到 3mL 或更少。

43-37-0(30)　30min 后，乳化层减少到 3mL 或更少。25min 时，乳化层超过 3mL，例如，0-36-44 或 43-33-4。

2. 运行汽轮机油的报告记录格式

按照本节 3.试验步骤中（2）中 7）的要求记录运行中汽轮机油的破乳化时间。

五、危险点分析及预控措施

（1）防触电。仪器应有良好的接地。

（2）防中毒。防止有毒试剂损害试验人员身体健康，化学试剂使用时应小心谨慎，切勿触及伤口或误入口中。

（3）防止玻璃仪器破碎而被扎伤。

（4）化验室应备有自来水、消防器材、急救箱等物品。

（5）仪器安装时，水浴缸上面的标志必须与上盖红线对齐，否则将影响搅拌。

（6）量筒的每个位置都有顶紧装置，转动量筒把手时要注意位置是否正确；量筒必须清洗干净，避免由于量筒清洁度不够，乳浊液黏附在量筒壁上，造成试验结果误差。

（7）加热炉丝不能干烧，水的深度必须达到浴缸刻度线。

（8）搅拌金属棒安装时应垂直在量筒正中心，避免搅拌棒偏离中心将量筒打破。

（9）搅拌电动机的转速为（1500±50)r/min，使用前应测量一下，因为搅拌速度快或慢都会影响试验结果的准确性。

（10）试验温度要恒定在（54±1)℃。因温度对油的黏度有影响会造成乳化分离时间的差别。

六、 仪器校验

（一）校验方法

（1）应使用经计量合格、分辨率为 0.01℃的水银温度计或热电偶对仪器进行校验。

（2）开机进入开始测定页面，仪器进入升温、控温状态，当温度恒定时，仪器显示值与水银温度计或热电偶对比，差值不超过±1℃。

（二）校验周期

仪器每年至少应校验一次。

仪器显示的温度值与校验温度计值对比，差值不超过±1℃。

七、 试验数据超极限值原因及采取措施

1. 警戒极限

（1）新汽轮机油破乳化度的警戒极限：L-TSA 和 L-TSE 新汽轮油抗乳化性（54℃，乳化液达到 3min 的时间）大于 15min，L-TGSB 和 L-TGSE 新燃/汽轮机油抗乳化性（54℃，乳化液达到 3min 的时间）大于 30min。

（2）运行中汽轮机油破乳化度的警戒极限：破乳化度大于 30min。

2. 原因解释

（1）油污染。在运行过程中，汽轮机油中污染物来自两个方面：一是系统外污染物通过轴封和各种孔隙进入；二是内部产生的污染物，包括水、金属磨损颗粒及油品氧化产物，这些污染物都会降低汽轮机油的润滑、抗泡沫等性能，增大破乳化度。

（2）设备的腐蚀程度。汽轮机油中混有设备腐蚀带来的金属物质和外来砂土、尘埃等粉状物质，以及某些酸类物质，妨碍了油水分离，延长了汽轮机油的破乳化时间。

（3）油品劣化变质。

1）油品的运行环境。汽轮机油在运行中由于相互摩擦，同时与空气接触，会被氧化生成环烷酸及其他有机酸，使油中环烷酸金属皂化物增加，即增加了表面活性物质，使破乳化时间增长。

2）油品的使用年限。运行了多年的汽轮机油，因其老化程度较深，油中所形成的油泥、泥渣等，也能使油乳化，增长油的破乳化时间。

（4）油品的精制深度。在油品的炼制过程中，由于精制的深度不当，清洗不彻底，油中有残余的环烷及其盐类等表面活性物质会使油的破乳化时间增长。

对于新汽轮机油，其破乳化度超过标准时，视为不合格油。

3. 采取措施

（1）检查破乳化度，并查明原因。

（2）使用旁路净化装置等过滤设备，将水分、金属锈蚀颗粒和油的劣化产物消除掉。

（3）注意观察系统情况，消除设备缺陷。

（4）在机组启动前或油系统检修时，应采用机械方法清除杂物，然后用大流量油冲洗方式，循环过滤，并采用变温（变温范围在 30～70℃）冲洗方式使油中杂质含量达到规定要求。

第三节　汽轮机油(抗燃油)酸值测试(碱蓝 6B 法)现场作业指导及应用

一、 概述

1. 适用范围

本方法适用于测定运行中变压器油、汽轮机油和抗燃油及新抗燃油的酸值。

2. 引用标准

GB 264—1983(1991)　石油产品酸值测定法

GB/T 7596—2008　运行中汽轮机油质量标准

GB/T 7597—2007　电力用油（变压器油、汽轮机油）取样方法

GB 11120—2011　涡轮机油

GB/T 14541—2005　电厂用运行矿物汽轮机油维护管理导则

DL/T 571—2007　电厂用磷酸酯抗燃油运行与维护导则

二、 相关知识点

1. 概念

中和 1g 试油中的酸性组分所需要的氢氧化钾毫克数称为酸值。

2. 试验原理

本方法为指示剂滴定法，将油样中的酸性成分用沸腾的 95% 乙醇萃取出来，用事先配制好的氢氧化钾标准液对加入指示剂的油样进行滴定，当油样变为达到中和终点时规定的颜色时（非水溶液中其颜色由蓝色变为浅红色），记录所需要氢氧化钾标准液的质量，然后换算成酸值，单位：mg KOH/g。其反应式是酸碱中和反应

$$RCOOH + ROH \longrightarrow RCOOR + H_2O$$

3. 测试意义

根据酸值的大小，可判断油品中所含酸性物质的量。油在运行中由于氧、温度和其他条件的影响，要逐渐氧化而生成一系列氧化产物，其中危害较大的是酸性物质，主要是环烷酸、羟基酸等。一般运行中油的酸值越高，表明油的老化程度越深，故酸值是运行中油老化程度的主要控制指标之一。

运行中汽轮机油如酸值增大，说明油已深度老化，油中所形成的环烷酸皂类等，能降低油的破乳化性能，促使油质乳化（在有水的情况下），破坏油的润滑性能，引起机件磨损发热，造成机组腐蚀、振动，影响机组安全运行。

对于汽轮机油，酸值不是一个主要的监控指标，而"T746"防锈剂就是酸性物质，酸性较强。一般可通过监控酸值来监测 T746 防锈剂的消耗情况。

新抗燃油的酸值与含不完全酯化产物的量有关，它具有酸的作用，部分溶解于水，能引起油系统金属表面腐蚀。酸值高还能加速磷酸酯的水解，其水解反应是自催化反应，反应一旦发生，反应速度将逐渐增加，水解反应的产物为二芳基磷酸酯，酸性较强，从而缩短油的使用寿命，故酸值越小越好。运行中酸值接近或超过 0.2mg KOH/g，颜色逐渐变为绿色，甚至接近黑色。

酸值是重要的控制指标，如果运行中抗燃油酸值升高得快，表明抗燃油老化变质或水解。必须查明酸值升高的原因，采取措施，防止油质进一步劣化。

三、试验前准备

1. 人员要求

要求作业人员 1～2 人，身体健康。作业人员必须经培训合格，持证上岗，熟悉仪器的使用和维护等。

2. 气象条件

取样应在晴天进行，且空气相对湿度不高于 80%。

3. 试验仪器、工器具及耗材

试验仪器、工器具及耗材见表 2-4。

表 2-4 试验仪器、工器具及耗材

序号	名称	规格/编号	单位	数量	备注
一	试验仪器				
1	球形回流冷凝器	300mm 长	台	1	
2	分析天平		台	1	
二	工器具				
1	水浴		个	1	
2	烘箱		台	1	
3	铁架		个	1	
4	微量滴定管	1mL	个	1	
5	锥形烧瓶	250mL	个	2	
6	试剂瓶		个	2	
7	量筒	50～100mL	套	1	
8	容量瓶	50～1000mL	套	1	
9	吸液管		套	1	
10	小药匙		个	1	
11	吸耳球		个	1	
12	镊子		个	1	
13	坩埚		个	1	
14	坩埚钳		个	1	
15	表面皿		个	2	
三	耗材				
1	蒸馏水				适量
2	石油醚		瓶	1	
3	氢氧化钾	分析纯			适量
4	苯二甲酸氢钾	基准试剂			适量
5	碱蓝 6B				适量
6	酚酞				适量
7	汽轮机油（抗燃油）				适量

四、 试验程序及过程控制

(一) 操作步骤

1. 采集油样

(1) 新涡轮机油取样按 GB/T 4756—1998 进行，取 3L 样品作为检验和留样。运行汽轮机油取样按照 GB/T 7597—2008 的规定进行，取样量一般为 500～1000mL，以够试验用为限。

(2) 取样用的玻璃器皿洗后用水充分清洗，内壁被水均匀润湿，无挂水珠现象，并在 100～110℃ 条件下充分烘干。取样器皿必须清洁、无杂质颗粒，如有可能，器皿至少用油样冲洗一次。取样器皿盖与油品不能相溶。

(3) 从设备中取样。先用绸布将取样阀擦干净，再放油将取样阀冲洗干净，取样后，应先移走取样瓶，盖好瓶盖，再关取样阀。取样时，应将取样瓶的开瓶时间缩短到最短时间，取样瓶的瓶口不得与取样阀接触，以免被污染。在基建阶段和设备大小修时，取样点应用塑料布搭起小栅，采样时间应尽量避开施工时间，尽可能减少样品被污染的可能性。

(4) 取完油样后，关好取样阀，不得漏油、渗油。

(5) 取完油样后应做好工作地点的清洁工作。

(6) 取样部位。运行中汽轮机油取样一般是从冷油器和油箱底部（检查水分和杂质）取样；油样从主油箱中汲取；也可以从油流的油管中接取。从主油箱中取抽样时，为保证所取到的油样有代表性，应在油系统的油泵运行一段时间后再采取（特别是用于颗粒度分析的样品更应如此）。

(7) 运行抗燃油正常取样时，一般都在取油样阀或冷油器出口处。基建阶段或机组检修中的油循环，可在回油母管滤网前，也可在油箱回油室有效油位的中间位置取样，取样点应用塑料布搭起小栅，采样时间应尽量避开施工时间，尽可能减少样品被污染的可能性。

2. 试剂及仪器准备

(1) 药品、器皿、试管等处理。

1) 清洗所用器皿及试管，并烘干，以减少配制和操作误差。

2) 按规定对有关药品进行烘干处理。

(2) 0.05mol/L 邻苯二甲酸氢钾配制。将邻苯二甲酸氢钾放入小烧杯中，在 110℃ 烘箱中烘干 1h，置于室温后，准确称取 1.021g 邻苯二甲酸氢钾，用烧开放凉的蒸馏水溶解后移于 100mL 的容量瓶中，并准确地稀释至刻线，摇匀即为 0.05mol/L 邻苯二甲酸氢钾标准液，供标定 KOH 溶液用。

标准碱溶液应定期标定，不能出现白色沉淀。

(3) 0.05mol/L 氢氧化钾乙醇溶液配制。

1) 迅速称取 3.2g 氢氧化钾溶于 100mL 无水乙醇中，再移入 1000mL 容量瓶中，用无水乙醇稀释至刻度。

2) 用配好的 0.05mol/L 邻苯二甲酸氢钾进行标定。

3) 氢氧化钾乙醇溶液保存时间不宜过长，一般不宜超过三个月，当氢氧化钾乙醇溶液变黄或产生沉淀时，应对其清液进行标定方可使用。

（4）酚酞指示剂的配制。用天平称取 1g 酚酞指示剂于小烧杯中，加入少量乙醇溶液，并转入 100mL 容量瓶中，用乙醇稀释至刻线、摇匀备用。

（5）碱性蓝 6B 指示剂。称取 1g 碱性蓝 6B（准确至 0.01g）放入锥形烧瓶中，加入 50mL 的乙醇并在水浴上回流 1h，或用索氏提取器回流 1h，冷却后过滤。为提高指示剂的灵敏性，煮沸的澄清滤液要用 0.05mol/L 氢氧化钾乙醇溶液或 0.05mol/L 盐酸溶液中和，直至加入 1～2 滴碱溶液使指示剂从蓝色变成浅红色，而在冷却后不能变成蓝色为止。若碱性蓝 6B 不易溶解，可先将指示剂干磨后，加适量的水溶解。

3. 试验步骤

（1）称取油样。

1）校准电子天平、调好零点，接通电源。

2）用锥形烧瓶称取试油 8～10g（准确至 0.2g）。

（2）滴定乙醇。

1）量取乙醇 50mL 倒入锥形烧瓶中。

2）装上回流冷凝器，于水浴上加热，在不断摇动下，将乙醇煮沸 5min。煮沸的目的是先排除二氧化碳对酸值的干扰，在室温下空气中二氧化碳极易溶于乙醇中（二氧化碳在乙醇中溶解度比在水中的溶解度要大 3 倍）。煮沸 5min 的目的，是将油中有机酸萃取出来。

回流时，操作人员必须戴棉纱手套，防水蒸气烫伤。

3）取下锥形烧瓶，加入 0.5mL 碱性蓝 6B 指示剂，趁热以氢氧化钾乙醇溶液滴定至溶液由蓝色变成浅红色为止。滴定时必须趁热，避免二氧化碳溶于其中，所以规定自锥形瓶停止加热到滴定终止不超过 3min。

碱性蓝 6B 指示剂量规定为 0.5mL，如用量太多，会造成较大的误差。因为指示剂是酸性有机化合物，会消耗碱，影响测定结果的准确度。

4）加入碱性蓝 6B 指示剂后油品呈蓝色，逐渐加入碱液至快到终点时，蓝色中出现红色，随着滴入碱量的增加，红色增多，使溶液呈蓝紫色，最后变为红色。判断时应以蓝色刚消失呈现红色为终点。但对某些老化油，因干扰物多，常破坏指示剂的结构，使滴定终点变色不明显。若蓝色消退后不显红色，则以滴至蓝色明显消退时为终点，或改为电位滴定或其他方法检定终点。

（3）滴定油样。

1）将中和过的乙醇注入装有已称好油品的锥形烧杯中，并装上回流冷凝器。在不断摇动下，将溶液煮沸 5min。

2）在煮沸过的混合液中，加入 0.5mL 的碱性蓝 6B 指示剂，趁热以氢氧化钾乙醇溶液滴定，至溶液由蓝色变成浅红色为止。记下所消耗的氢氧化钾乙醇溶液毫升数。如滴定溶液不能由蓝色变成浅红色，则以溶液的颜色发生明显改变作为滴定终点。在每次滴定时，从停止回流至滴定完毕所用时间不得超过 3min。

（二）计算及判断

（1）试油酸值按式（2-3）计算：

$$X = VT/G$$
$$T = 56.1N$$

（2-3）

式中　X——试油的酸值，mg KOH/g；

V——滴定时所消耗的氢氧化钾乙醇溶液的体积，mL；

T——氢氧化钾乙醇溶液的滴定度，mg KOH/mL；

N——氢氧化钾乙醇溶液的摩尔浓度，mol/mL；

56.1——氢氧化钾的相对分子质量；

G——试油的质量，g。

取重复测定两个结果的算术平均值，作为试样的酸值。

（2）运行汽轮机油油质标准：未加防锈剂时不大于0.2mg KOH/g，加防锈剂时不大于0.3mg KOH/g。

（3）抗燃油油质标准：新油酸值不大于0.05mg KOH/g；运行油酸值不大于0.15mg KOH/g。

（三）精密度分析

（1）重复性。同一操作者重复测定两个结果之差不应超过以下数值，见表2-5。

表2-5　重复性指标

范围（mg KOH/g）	重复性（mg KOH/g）	范围（mg KOH/g）	重复性（mg KOH/g）
0.00～0.1	0.02	大于0.5～1.0	0.07
大于0.1～0.5	0.05	大于1.0～2.0	0.10

（2）再现性。由两个实验提出的两个结果之差不应超过以下数值，见表2-6。

表2-6　再现性指标

范围（mg KOH/g）	重复性（mg KOH/g）	范围（mg KOH/g）	重复性（mg KOH/g）
0.00～0.1	0.04	大于0.5～1.0	平均值的15%
大于0.1～0.5	0.10	大于1.0～2.0	平均值的15%

（四）结束工作

（1）关闭封闭电路的电源，拔掉电源插销。

（2）清洗器皿、容量瓶、试管等。

（3）将配好的溶液和试剂粘贴标签，放入柜中。

（五）试验报告编写

试验报告应包括：汽轮机主要参数，油牌号及产地，取样日期，试验日期，环境温度、相对湿度，试验周期，试验人员，酸值结果等。

五、危险点分析及预控措施

1. 化学伤害

（1）氢氧化钾吸潮，配制时要迅速，同时避免被氢氧化钾烧伤。

（2）不要使用浓盐酸配制溶液，要用稀盐酸配制，避免盐酸烧伤。

（3）正确使用玻璃器皿，以防破碎伤人。

（4）配制酸碱试剂时戴手套。如果试剂接触了皮肤，立即用大量水冲洗。

（5）试验中，试验人员不得吸烟进食。试验后，试验人员做好自身清洁工作，以防中毒。

（6）保持良好通风，防酒精蒸气浓度过高引起人鼻、咽喉部不适。

（7）在旁准备湿毛巾，防酒精泼溅引起火灾。

2. 试剂配置不准确

（1）配制溶液和试剂前，要清洗所用器皿和试管，并烘干，避免污杂的影响。

（2）药品要烘干，称量要准确。药品磨碎易溶解。

（3）配制标准溶液要用容量瓶量取液体，不要用其他器皿量取。

（4）使用保证试剂或基准试剂。

3. 试剂误差

（1）按规定添加碱蓝 6B 指示剂，不要多加或少加，避免试剂误差。

（2）按规定对有关药品进行烘干处理，消除药品误差。

4. 试剂失效

（1）在正确的存放条件下，氢氧化钾乙醇溶解保质期为 3 个月，其他试剂的保质期为一年，超出保质期应重新配制试剂。

（2）试剂应放置阴凉、避光处保存，防止由于阳光照射及室温偏高造成试剂变质、失效。

5. 高温烫伤

酸值测定回流时，温度不要太高，需戴棉手套或用坩埚钳夹紧锥形烧瓶，避免烫伤。

6. 试验场所不符合要求

（1）试验场所要清洁干燥，不应有影响试验数据的腐蚀性物质和灰尘。

（2）试验场所要避免阳光直射和振动。

（3）为了试验员的身体健康和仪器安全工作，试验场所要通风良好，同时配置抽风设施。

六、 仪器校验

关于手动试验方法仪器的校验，只能做同一样品的对比试验数据，无法对手动的仪器进行校验校准。各地的计量单位也无法出具酸值的检定证书。

七、 试验数据超极限值原因及采取措施

1. 警戒极限

（1）汽轮机油。运行中汽轮机油酸值的警戒极限：增加值超过新油 $0.1 \sim 0.2$ mg KOH/g。

（2）抗燃油。新抗燃油酸值的警戒极限：大于 0.05mg KOH/g。

运行中抗燃油酸值的警戒极限：大于 0.25mg KOH/g。

2. 原因解释

（1）汽轮机油。

1）系统运行条件恶劣。油系统的运行温度过高，油箱容积设计过小，油的流速过快等原因都会加速油质劣化，使油品酸值增加。

2）抗氧化剂耗尽，不能有效阻止油品氧化反应进程。

3）补错了油，造成油质快速变差。

　　4）油被内外部杂质污染。

　　5）因T746防锈剂的酸性很强，一旦发现运行中汽轮机油的酸值突然降低，有可能是机组大量进水造成T746防锈剂消耗所致。

　　6）进一步解释，对于不加防锈剂的汽轮机油，运行中酸值升高，说明油质发生了劣化；而对于添加了防锈剂的汽轮机油，在运行中酸值一般是下降的，经长期使用老化后，酸值才开始上升。油品的老化与时间有关，这种关系通过酸值的变化表现出来，其情况因油品不同而有差异（见图2-2）。

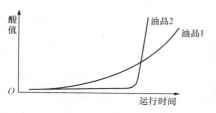

图2-2　两种汽轮机油酸值与时间的关系

　　从图2-2看出，油品1在运行过程中酸值上升，只要这种趋势不使其他特性恶化（如析水性、消泡性能），是不必忧虑的。从油品2的曲线可以看出，酸值在开始时根本没有或略有一点上升的趋势，当使用期限即将结束时，酸值陡然上升，同时其他特性也迅速发生变化。因此当油品接近其使用期限时，只有结合其他指标才可以依据酸值来判断该油品的老化程度。

　　（2）抗燃油。

　　1）运行油温度升高，导致老化。

　　2）油系统存在局部过热。

　　3）油中含水量大，使油水解。

　　4）再生滤元失效。

　　3．采取措施

　　（1）汽轮机油。

　　1）查明酸值上升的原因，如机组大量漏水等，增加试验次数。

　　2）投入油吸附再生装置，对油品进行旁路再生循环处理。

　　3）进行油开口杯老化试验，补加抗氧化剂T501。

　　4）有条件的单位可测定RBOT（RBOT是用旋转氧弹试验方法测得油品的抗氧化能力，试验结果以分钟表示，一般汽轮机油应在200～300min），如果RBOT降到新油原始值的25%，则可能油质劣化，考虑换油。换油时一定要把有污染的油及油泥和沉淀物用化学或机械方法清除干净，其管道应用蒸汽吹洗，油箱可用白面团粘净，否则换入的油会很快被污染而劣化。

　　（2）抗燃油。

　　1）调节冷油器阀门控制油温。

　　2）更换吸附再生滤芯或吸附剂。如果化验系统中抗燃油的酸值超标，且两次化验相隔24h以上，抗燃油酸值没有降低，说明再生滤元失效，应更换再生芯。更换再生芯后，每隔48h取样分析，直至油酸值正常。

　　3）检查冷油器等是否有泄漏。

　　4）高酸值会导致抗燃油产生沉淀、起泡以及空气间隔等问题。故应严密监视抗燃油酸值。当酸值达到0.08～0.1mg KOH/g时，投再生装置（按再生装置投运规程进行），若酸值超标或接近超标，应及时更换再生滤芯。正常情况下，应半年更换一次吸附剂。因为酸值一旦超过0.1mg KOH/g后就会升得很快，达0.2mg KOH/g后，其酸值会以惊人的速度增长，很难用旁路再生装置控制。运行油的酸值越低，旁路再生装置的再生越有效，油品的酸值越易控制。

当酸值超过 0.4mg KOH/g 时，使用再生装置（硅藻土滤芯）很难使酸值下降到正常值，建议更换新油。

第四节　汽轮机油（抗燃油）微量水分测试现场作业指导及应用

一、概述

1. 适用范围

本方法适用于电力用变压器油、汽轮机油、抗燃油等新油及运行中油品的微量水分检测，也可用于含水量不高且不与卡尔·费休试剂反应的其他液体石化产品的微量水分检测。

2. 引用标准

GB/T 4756—2015　石油液体手工取样法

GB/T 7596—2008　电厂运行中汽轮机油质量

GB/T 7597—2007　电力用油（变压器油、汽轮机油）取样方法

GB/T 7600—2014　运行中变压器油和汽轮机油水分含量测定法（库仑法）

GB 11120—2011　涡轮油

GB/T 11133—2015　石油产品、润滑油和添加剂中水含量的测定　卡尔·费休库仑滴定法

GB/T 14541—2005　电厂用运行矿物汽轮机油维护管理导则

DL/T 571—2007　电厂用磷酸酯抗燃油运行与维护导则

二、相关知识点

1. 概念

微量水分是指变压器油、汽轮机油、抗燃油或其他介质中含有的极为微量的水分。

2. 试验原理

本实验采用库仑法。其原理是基于有水时，碘被二氧化硫还原，在吡啶和甲醇存在的情况下，生成氢碘酸吡啶和甲基硫酸氢吡啶。所用电解液为卡尔·费休试剂，具体反应原理如下：

卡尔·费休试剂同水反应为

$$H_2O+I_2+SO_2+3C_5H_5N+CH_3OH=2C_5H_5N \cdot HI+C_5H_5N \cdot HSO_4CH_3$$

所用试剂溶液是由一定浓度的单质碘、I^- 及溶有二氧化硫的甲醇等混合而成。测量的依据是一定浓度的单质碘与 I^- 所构成的平衡体系的导电能力，加在两电极上电流后使电极上分别交替发生如下反应：

阳极　$2I^--2e \longrightarrow I_2$

阴极　$I_2+2e \longrightarrow 2I^-$

$$2H^++2e \longrightarrow H_2 \uparrow$$

溶液中存在过量的I⁻，但I⁻的浓度变化不对溶液导电性产生较大影响，而单质碘浓度在一定范围内变化时，将导致溶液导电性的有效变化，通过测量加在浸入溶液的铂电极两端的电压所产生的电流强度的数值来反映溶液导电能力的强弱。确定当溶液导电状态为某一较低值时所对应的单质碘浓度为平衡点。该点同样对应溶液中较低浓度的水。当一定质量的水进入该平衡体系后，由于主反应的平衡常数特别大，反应进行得很彻底，使单质碘的浓度降低，溶液导电能力降低，溶液状态数值变大。为了维持单质碘的浓度，需通过加在电解电极上的正电荷使溶液中的I⁻失去电子变为单质碘。根据法拉第定律，通过电解，在阳极上生成碘，同消耗的电量成正比例关系：

$$2I^- - 2e \longrightarrow I_2$$

参加反应的碘的物质的量等于水的物质的量。把样品注入电解液中，样品中的水参加反应，通过仪器可测定出反应过程中碘的变化，而碘的消耗量可根据电解出相同数量碘所用的电量，经仪器计算，得出待测定的水的质量。

3. 测试意义

漏入机组的水分如长期与金属部件接触，金属表面将产生不同程度的锈蚀，锈蚀产生物将引起调速系统的卡涩，甚至造成停机事件；运行中油遇到水，特别是开始老化的油长期与水混合循环，会使油质发生浑浊和乳化；水分导致金属部件产生的锈蚀产物，会对油质起催化作用，加速油质老化；油中因有水分而浑浊不清和乳化后，将破坏油膜，影响油的润滑性能，严重者将影响机组磨损，故必须监督和控制汽轮机油中的水分。

抗燃油中的水分会使磷酸酯水解产生酸性物质，并且酸性产物又有自催化作用，酸值升高能导致设备腐蚀。如发现超过标准，应立即查明原因，进行妥善处理。

三、 试验前准备

1. 人员要求

要求作业人员1～2人，身体健康。作业人员必须经培训合格，持证上岗，熟悉仪器的使用和维护等。

2. 气象条件

环境温度：5～40℃；环境相对湿度：≤75%。

3. 试验仪器、工器具及耗材

试验仪器、工器具及耗材见表2-7。

表2-7　　　　　　　　　　　　　**试验仪器、工器具及耗材**

序号	名称	规格/编号	单位	数量	备注
一	试验仪器				
1	微量水分测定仪	SC-3	台	1	
二	工器具				
1	电解池		套	1	
2	进样器	1mL	支	1	
3	进样器	50μL	支	1	
4	进样器	0.5μL	支	1	

续表

序号	名称	规格/编号	单位	数量	备　注
三	耗材				
1	汽轮机油		mL	40	
2	抗燃油		mL	40	
3	测试滤纸		盒	1	
4	电解液		瓶	1	500mL
5	变色硅胶		盒	1	
6	脱脂棉		包	1	
7	镊子		把	1	
8	硅胶垫		个	1	
9	真空油脂		支	1	
10	蒸馏水		mL	50	
11	小烧杯		个	2	100mL

四、 试验程序及过程控制

(一) 操作步骤

1. 采集油样

(1) 汽轮机油和抗燃油采集油样按照 GB/T 7597—2007 的规定进行。

(2) 取样部位。检查水分时，运行中汽轮机油取样一般是从冷油器和油箱底部汲取（含水和杂质）；油样从主油箱中汲取；也可以从油流的油管中接取。从主油箱中取油样时，为保证所取到的油样有代表性，应在油系统的油泵运行一段时间后再采取。

运行抗燃油正常取样时，一般都在取油样阀或冷油器出口处。基建阶段或机组检修中的油循环，可在回油母管滤网前，也可在油箱回油室有效油位的中间位置取样，取样点应用塑料布搭起小栅。采样时间应尽量避开施工时间，尽可能减少样品被污染的可能性。

(3) 取样要求

1) 取样注射器使用前，按顺序用有机溶剂、自来水、蒸馏水洗净，在105℃温度下充分干燥，或采用热风机干燥。干燥后，立即用小胶头盖住头部待用，保存在干燥器中。

2) 取样应在良好的天气下进行，避免在雷、雨、雾、雪、大风的环境下进行。

3) 清洗擦净放油阀，放掉死油，连接好取样管路，让油平缓自动进入注射器，不得产生气泡。取样量不小于40mL。

4) 用橡胶帽密封注射器。油样存放不得超过10天。

2. 仪器准备

(1) 滴定池的清洗、干燥。使用前，把滴定池所有的玻璃口打开，滴定池、干燥管、密封塞可用水清洗。清洗后放在大约80℃的烘箱内烘干，然后自然冷却。注意阴极室、测量电极不能用水清洗，可用丙酮、甲醇等有机溶剂进行清洗，清洗后用吹风机吹干。

(2) 电解液的准备和添加。在通风橱内将预先清洗干燥的电解池阳极室内放入搅拌子，将大约100～120mL的试剂用漏斗（干净、干燥）通过密封口注入到阳极室，再用漏斗向阴极室注入电解液分别至刻度线，阴极室液面与阳极室液面在同一水平面或稍微高些。

（3）电解池的安装。在干燥管底部铺上适量的棉花，防止杂物进入电解池内部，干燥管内装入变色硅胶，注意不要把硅胶粉末装入。在所有玻璃磨口处涂上高真空硅脂或凡士林，塞好所有的塞子。安装测量电极时，要注意电极方向与电解液的搅拌方向成切线，在电解池上部的进样口处更换进样硅胶垫，旋紧进样口旋钮。

3. 试验步骤

（1）开机。正确连接电解电极和测量电极。开启仪器电源（仪器电压显示应正常）。选择搅拌、滴定功能，开始电解所存在的残余水分。若电解液过碘，注入适量的含水甲醇或蒸馏水来消除过碘。若电解液过水，则耐心等待至数值稳定。下面对仪器的操作步骤进行详细说明。

（2）滴定池空白值消除。滴定池本底的消除：

1）调节搅拌速度在2～3之间。搅拌速度对测定结果是有影响的，太快太慢都会影响数据的稳定性，通常最好是能使电解液呈一定的漩涡为宜。

2）按"滴定"键，消除滴定池本底。等待先后显示"等待"、"准备"、"稳定"。

3）如果本底（滴定速度）不能下降，重复以下步骤：

a. 按"滴定"键停止电解，调节搅拌速度到0，停止搅拌。

b. 从搅拌器上取下滴定池，轻轻地摇动，让滴定池壁上的微量水分被电解液吸收。

c. 把滴定池放回搅拌器上，重复1）、2）操作。

4）如果通过以上操作，本底仍不能下降，可能：

a. 微水从外部扩散到滴定池中；

b. 阴极池陶瓷板受潮，试剂失效。

措施：检查D/T两电极插头是否正确，拔出后重新连接一次；更换试剂；如果仍不能消除故障，联系生产商。

（3）参数设置。

滴定参数设置：设置滴定和样品参数。滴定参数通常在滴定开始前设置，在滴定过程中参数可以改变。最终设置的滴定参数可以被打印出来。

项目空白或设为"0"是无效的，滴定参数可以被保护。按"参数"键，选择文件，设置滴定参数，见表2-8。下面分别加以说明。

表 2-8　　　　　　　　　　　　　　滴定参数

功能名	最大值	最小值	最佳值	单位
文件名	9	0	—	—
滴定开始延迟时间	99	0	—	min
连续滴定时间				
强制停止滴定时间				
终点检测水平	1	0	0.1	μg/s
打印方式	5	0	3	—
打印间隔	99	0.1	1	min
计算公式	11	0	1	—
单位	5	0	0	—
空白测试时间	10	0	1	—

1）文件名设置。

a. 文件名：文件名最多九个字节，按照滴定的要求输入。

b. 按 ↓ ↑ ⇐ ⇒ 和 ↵ 键输入文件名，按"ESC"键回到滴定页。

2）滴定开始延迟时间：设置油品为 0.2min，按下" START/STOP "键，在延迟时间后开始滴定。

3）滴定连续时间：强制进行设定时间的连续滴定（用户不设置）。

4）强制停止滴定时间：滴定到设定的终点时间，滴定强制停止（用户不设置）。

5）终点检测水平。当滴定速度小于 [终点检测水平（μg/s）＋本底值（BG）] 时，终点来临。

$$0.1 \quad + \quad 0.05 \quad = \quad 0.15$$
终点检测水平　　　　　　本底值　　　　　终点指示值

6）打印格式号：一般选 3。

7）浓度计算公式：可选 0，净水含量，H_2O，μg。

8）结果单位：一般选 0；0：％，ppm。

（4）仪器标定。待仪器到达终点时，连续 3 次用 0.5μL 注射器取 0.1μL 蒸馏水进样，仪器示值皆应为（100±5）μg。

（5）进样及测试。

1）用注射器取试油冲洗 2 次后准确量取 1mL 试油进样（注射器中不应有气泡），按"START/STOP"键，进样，按下该键后，B.G 被存储。

2）如果测量到达终点，会有蜂鸣声并显示结果。

结束条件：测量速度≤B.G. ＋End sense

a. 空白电流大，电解池密封不好。

b. 样品抽取不产生气泡。

c. 针头应插入液面，避免同电解池壁或电极接触。

3）同一试验至少重复操作两次以上，最后两次平行试验的结果之差不得超过允许值。

（6）测量结束。

1）按下"滴定"键停止滴定。

2）将搅拌速度调整为"0"。

3）关掉电源开关。

（二）　计算及判断

（1）浓度计算公式，选 0，测试结果显示为净水含量，H_2O，μg，并且注入 1mL 油样，所以水分浓度单位为 μg/mL。

国标微水浓度单位为 mg/L，简化如下：

1mg/L＝1000μg/1000mL＝1μg/mL

所以直接读数的单位为 mg/L。

取重复测定两次结果的算术平均值作为试样的含水量。

（2）运行汽轮机油油质标准：水分不大于 100mg/L

（3）抗燃油油质标准：新油水分不大于 600mg/L；运行油水分不大于 1000mg/L。

（三） 精密度分析

根据 GB/T 7600—2014 第 6.1 条规定，两次平行测试结果的差值不得超过表 2-9 中数值。

表 2-9   两次平行测试结果的允许差

样品含水范围	允许差
10 以下	2mg/L
10～20	3mg/L
21～40	4mg/L
大于 41	10％

（四） 结束工作

（1）电解液静置至分层，仔细抽取上层油液，分别取下电解电极和测量电极接头，将电解池放入干燥器内存放。

（2）将仪器断电，擦拭仪器表面溅上的污渍。

（3）整理仪器，清理操作台，恢复清洁、整齐，用具归位。将试验结果写在原始记录表上，并填写试验报告。

（五） 试验报告编写

试验报告应包括：环境温度、湿度、大气压、取样日期、试验日期、工作负责人、试验人员、微量水分数值等相关信息。

五、 危险点分析及预控措施

1. 试剂伤害

（1）取试剂时不要吸入和接触试剂，应使用手套。如果皮肤接触了试剂，立即用大量水冲洗。

（2）当试剂含有有害物质（二氧化硫和碘）时，注意房间要通风。按规定处理废液，注意不要污染环境。要佩戴防护用品。

（3）试剂瓶和电解池要密封良好，妥善保管，避免有毒气体伤害身体。

（4）试验中，试验人员不得吸烟进食。试验后，试验人员做好自身清洁工作，以防中毒。

（5）更换电解液和试验均应在通风橱中进行。

（6）化验室应备有自来水、消防器材、急救箱等物品。

2. 电解池损坏

（1）电解池放置很长时间，接触面会粘住。建议每周转动一下，及时涂抹油脂，以防电解池损坏。

（2）如果长时间不使用电解池，取出各部件，清洗干燥后，放在干燥器中保存。

3. 电解液失效

（1）进样垫重复进样后会有小孔，要及时更换。

（2）更换进样垫、硅胶和试剂时，要在各部件的接触面涂油脂，防止潮气进入。

（3）试验做完后，最好将电解池放入干燥器皿中保存。

（4）开过的试剂要盖紧，以防止水汽进入。

（5）试剂应放置在阴凉、避光处保存，防止由于阳光照射及室温偏高造成试剂变质、失效。

（6）按 GB 7600—2014 测定法配制的电解液，当注入的油量达到一定数量后，整个电解液会呈现浑浊状态，但不会影响测试结果。当试验结束，仪器关闭后，15min 后油样会与电解液进行分层，此时可用注射器将油样抽出，注意不要抽走电解液。进行抽油操作后，若要继续使用电解液，应用纯水标定，符合规定后可以继续进行滴定，否则要更换电解液。

4. 试验误差

（1）取油时不要吸入空气和气泡，注油时要将注射器中的气泡排除。

（2）取样用注射器应清洁、干燥、无卡涩，密封性好，针头无堵塞。要密封取样，避光保存。

（3）电解电极、测量电极、搅拌棒不得用水清洗，避免受潮。

（4）当电解时间超过半小时、空白电流增大、电解过程有强烈气泡生成时，应更换电解液。

（5）仪器要定期校验和维护，保持仪器的灵敏性和准确性。

（6）当样品注入电解池时，针头应插入液面，避免同电解池壁或电极接触，以减少试验误差。

（7）测定油品中的水分时，应注意电解液和试样的密封性，在测试过程中不要让大气中的潮气侵入试样中。因此从设备中采取试样时，应按色谱分析法的取样要求，用医用注射器进行取样，并应避光保存。

5. 取样方式不符合要求

（1）取样时要放掉管中死油，连接好取样管路，避免空气和潮气进入。

（2）取样时让油平缓自动进入注射器，不得产生气泡。

6. 试验场所不符合要求

（1）试验场所要清洁干燥，不应有影响试验数据的腐蚀性物质和灰尘。

（2）试验场所要避免阳光直射和振动。

（3）为了试验员的身体健康和仪器安全工作，试验场所要通风良好，同时配置抽风设施。

（4）为了防止触电，试验仪器要可靠接地。

六、 仪器维护保养及校验

（一） 仪器维护保养

1. 仪器的使用环境要求

仪器应安放在无腐蚀性气体的室内，无阳光直射，室温应在 5～40℃ 之间，环境相对湿度小于 75％。仪器附近无频繁操作的大功率电气设备。

2. 试剂的维护

把试剂存放于通风良好、环境温度在 5～25℃、相对湿度不大于 85％ 的地方。对试剂的毒性、气味和易燃性必须十分小心，应在通风良好的试验台上装入或更换试剂。

3. 滴定池磨口的保养

大约一星期内要转动一下滴定池的磨口连接处，在不能轻松转动时，应重新涂上薄薄的一层真空脂。如果不这样保养，真空脂就会变硬，磨口连接的零件就可能拆不下来。因此要经常保养，使它们便于拆卸清洗。

注意：真空脂不宜涂得过多，否则可能使其进入滴定池而造成测量误差。

4. 滴定池磨口粘结处理

如果滴定池磨口连接处牢固地黏结在一起，不宜拆卸时，按下列程序拆卸：

（1）排去滴定池中的试剂，并冲洗干净。

（2）在磨口结合处周围注入少量的丙酮，然后用手轻轻地转动磨口处零件，即可拆卸。

（3）如仍不能拆卸，请将滴定池放在 2L 的烧杯中，慢慢加入浓度为 5% 的氯化钾溶液浸泡，必须十分注意，不要让测量电极、阴极室电极的引线套端头进入液体，浸泡约十几个 h 或者 24h 后，即可拆卸（此方法可重复进行）。

5. 其他维护事项

试样注入口的硅胶垫，使用中如发现穿过硅胶垫的针孔变的无收缩性，应更换硅胶垫；当干燥管里的硅胶由蓝色变至浅红色时，应更换硅胶；大约一星期内要转动一下电解池的磨口连接处，防止黏连，必要时需更换真空脂。

（二）仪器校验

1. 校验方法

可以用微量进样器注入一定体积的纯水来校验仪器。

（1）检查滴定池连接情况，确保无开路情况。

（2）开启电源开关，仪器电压显示应正常。

（3）将滴定池空白值消除。

1）调节搅拌速度在 2～3 之间。

2）按 "Titration" 键，消除滴定池本底。等待先后显示 "Wait"、"Ready"、"Stable"。

（4）用 $0.5\mu L$ 的进样器抽取 $0.05\mu L$ 纯水，将针头擦干，按 "START/STOP" 键，将针头通过滴定池进样旋塞迅速插入池内试剂液下面，注入。测量到达终点，会有蜂鸣声并显示结果。

（5）"水分量" 显示结果应为（50±5）μg。此过程应连续进行 3～5 次。

2. 校验周期

在以下状况下应校验仪器：当新更换电解液时，仪器长时间未用又重新启用时，怀疑仪器检测准确度时。

3. 校验标准

本试验仪器校验达到的标准：注入 $0.1\mu L$ 的纯水，其显示测试结果应为（100±3）μg 水（含进样误差）。或按国家有资质的计量单位校验标准。

七、 试验数据超极限值原因及采取措施

1. 警戒极限

运行中汽轮机油中含水量极限值：大于 100mg/L。

新抗燃油油中含水量极限值：大于 600mg/L。运行中抗燃油水分含量极限值：大于 1000mg/L。

2. 原因解释

（1）汽轮机油。

汽轮机油中水分的存在会加速油质的老化及产生乳化，同时会与油中添加剂作用，促使其分解，导致设备锈蚀。引起汽轮机油水分含量升高的主要原因有：

1）冷油器泄漏、大气中的湿气进入油箱、轴封的密封部件不严，使蒸汽进入油中所致；

2）油箱未及时排水等。

（2）抗燃油。

1）冷油器泄漏；

2）抗燃油系统中水分主要来源于空气。在注油过程中，潮气可从泵的入口进入，密封不严，冷油器漏水也可使水分进入液压系统，如发现空气湿度较大，就应检查抗燃油中水分含量是否超标；

3）脱水滤芯失效。

3. 采取措施

（1）对运行中汽轮机油采取的具体措施可考虑如下几个方面：

1）检查破乳化度，如不合格应检查污染来源；

2）启用过滤设备排出水分，最好使用离心式滤油机除去水分；

3）注意观察系统情况，消除设备缺陷；

4）增加油箱底部的排水次数。

（2）对运行中抗燃油采取的具体措施可考虑如下几个方面：

1）消除冷油器泄漏。

2）在油箱呼吸器处加装干燥剂，并经常检查干燥剂是否失效，发现失效要及时更换。

3）更换脱水滤芯。如果化验系统中抗燃油中的水分超标，且两次化验相隔24h以上，水分没有降低，则应更换脱水芯。

当含水量不是很大（<0.2%）时，可使用过滤介质吸附或在油箱的通气孔上装带干燥剂的过滤器。硅藻土、分子筛滤芯有一定的吸水作用，需在使用前于110℃烘干12h，并在干燥箱中冷却到20～30℃后，立即装入过滤筒中。

4）当抗燃油被水严重污染时，真空脱水装置是快速干燥的最好方法，但是如果进入大量水，应换油或用虹吸方法将油箱上面的水吸出。

5）严格控制氯含量。

6）防止有矿物油混入。

7）密切注意颗粒污染物。

第五节　汽轮机油防锈性能试验现场作业指导及应用

一、概述

1. 适用范围

本节规定了加抑制剂矿物油在水存在下防锈性能的测定方法。本方法适用于加抑制剂矿物油，特别是汽轮机油在与水混合时对铁部件的防锈性能的测定，还适用于液压油、循环油等其他油品及比水密度大的液体的防锈性能的测定。

2. 引用标准

GB/T 1220—2007　不锈钢棒

GB/T 4756—2015　石油液体手工取样法

GB/T 7596—2008　运行中汽轮机油质量标准

GB/T 7597—2007　电力用油（变压器油、汽轮机油）取样方法

GB/T 11143—2008　加抑制剂矿物油在水存在下防锈性能试验法

GB/T 14541—2005　电厂用运行矿物汽轮机油维护管理导则

GB 11120—2011　涡轮油

二、相关知识点

1. 概念

液相锈蚀是指金属在加抑制剂矿物油在水存在下防锈性能试验，产生的锈蚀现象。

2. 试验原理

将 300mL 试样和 30mL 蒸馏水或合成海水混合，把圆柱形的试验钢棒全部浸在其中，在 60℃下进行搅拌。建议试验周期为 24h，也可根据合同双方的要求，确定适当的试验周期。试验周期结束后观察试验钢棒锈蚀的痕迹和锈蚀的程度。

3. 测试意义

很多情况下，如汽轮机中，水分可能混入润滑油，从而使铁部件生锈。本试验能表明加入适量抑制剂的矿物油，有助于防止这种情况引起的锈蚀；并可用于表示新油品规格指标测定及检测正在使用的油品。

三、试验前准备

1. 人员要求

要求作业人员 1～2 人，身体健康。作业人员必须经培训合格，持证上岗，熟悉仪器的使用和维护等。

2. 气象条件

环境温度：5～30℃；环境相对湿度：≤70%。

3. 试验仪器、工器具及耗材

试验仪器、工器具及耗材见表 2-10。

表 2-10   试验仪器、工器具及耗材

序号	名称	规格/编号	单位	数量	备 注
一	试验仪器				
1	液相锈蚀测定仪	ZHX1202（HGXS 206）	台	1	
二	工器具				
1	不锈钢棒		支	4	
2	钢棒手柄		支	4	
3	烧杯		个	4	
4	搅拌杆		个	4	
5	搅拌叶片		个	4	
6	抛光机		台	1	
7	温度计	50～100℃	支	1	分辨率 0.1℃
三	耗材				
1	汽轮机油		mL	1000	
2	石油醚		瓶	1	
3	脱脂棉		包	1	
4	镊子		把	1	
5	蒸馏水		桶	1	
6	量筒		个	2	200mL
7	砂纸		张	5	240 号
8	砂纸		张	5	150 号
9	硅胶管		m	3	$\phi6$

四、 试验程序及过程控制

（一） 操作步骤

1. 采集油样

新涡轮机油取样按 GB/T 4756—2015 进行，取 3L 样品作为检验和留样。运行汽轮机油取样按照 GB/T 7597—2008 的规定进行，取样量不小于 1L。

2. 仪器准备

（1）液相锈蚀测定仪应安装在清洁、干燥的房间内。

（2）仪器使用 220V、50Hz 单相交流电源，电压无较大波动，仪器应有良好的接地。

（3）锈蚀试验钢棒的打磨处理。试验钢棒首先要用石油醚或异辛烷进行清洗，然后将试样钢棒装夹到抛光机夹头上，打开抛光机电源，用 150 号砂布进行初磨，以除去肉眼看得见的凹凸不平、坑点伤痕等外表面不平整。如果试验钢棒以前使用过且没有锈蚀和不平整，则无需初磨。初磨后的试验钢棒如临时不用要储存在异辛烷之中。当试验钢棒直径小于 9.5mm 时应更换，不可再用。

注意：试验钢棒用石油醚或异辛烷清洗后直到试验结束之前的任何步骤都不可用手接触。取放时可用镊子或干净的无绒棉布。

临试验前需对试验钢棒进行最后抛光。抛光步骤如下：用 240 号的砂布纵向打磨静止的试验钢棒，使整个表面布满可见的痕迹。再启动抛光机用 240 号的砂布紧围试验钢棒半周，以适当的力平稳拉住砂布进行抛光，使之产生没有纵向划痕的均匀精细的抛光表面，用新砂布完成最后阶段抛光。从夹头上取下试验钢棒，用干净、干燥的无绒棉布或丝毛织物轻轻擦拭干净后装到塑料手柄上立即浸入试样当中。

注意：液相锈蚀试验的关键在于钢棒的处理，经精磨、研磨和抛光，使钢棒没有划痕呈均匀精细的磨光表面。钢棒不要用手直接接触，用一块干净、干燥的无绒棉布或丝毛织物轻轻揩拭，然后装到塑料支柄上，立即浸入试样中。在试验中间可以取钢棒观察锈蚀情况，若已严重锈蚀，可立即停止试验。

（4）清洗烧杯、四氟盖、搅拌棒。用蒸馏水彻底清洗烧杯并放入烘箱中干燥。用同样的方法清洗玻璃烧杯盖和搅拌棒。对于不锈钢搅拌棒体（是指起搅拌作用的搅拌棒，前端有可拆卸的搅拌叶片）和四氟盖则应先用石油醚或异辛烷清洗，再用热水充分冲洗，最后用蒸馏水洗，放在温度不超过 65℃ 的烘箱中烘干。

（5）将随机附带软管插入仪器左侧进/排水口，并将软管另一端放在用于盛放补水的水容器中。将仪器左侧的进/排水开关置于自动补水位置（灯亮表示自动补水）。

（6）将 300mL 试样倒入烧杯，并将烧杯放入 60℃±1℃ 的恒温浴孔中，借烧杯的边缘固定，使烧杯悬挂在油浴盖上，浴中的液面不应低于烧杯内油面。盖上烧杯盖，装上搅拌器并拧紧锁紧螺母，注意适当调整搅拌器的高度，使搅拌杆距离装有试样的烧杯中心 6mm，搅拌叶片距烧杯底不超过 2 mm（搅拌叶片只能固定在搅拌杆的顶端）。（注意：搅拌器安装时应防止其突然落下，砸碎烧杯。调整搅拌器与烧杯盖等配件的位置，防止碰撞损坏器件）。

3. 试验步骤

（1）开机。接通电源开关，显示开机页面，点击屏幕任意一处，进入功能选择页面，可通过触摸屏选择不同功能。机内水泵从蒸馏水盛放容器中自动向水浴缸加入适量蒸馏水。

等待加水完毕，在主界面点击"试验参数"设置菜单，进入参数设置界面，点击"试验温度"，即可在弹出的数字键盘上设置恒温温度，一般设置为 60℃。

点击"试验时间"，在弹出的数字键盘上设置计时时间为 24h。

点击"浸润时间"，在弹出的数字键盘上设置计时时间为 30min。

（2）测试。

1）从主界面点击开始测试菜单，进入测试界面，点击 A、B、C、D 任意一组中的开始按钮开启加热，状态显示"准备"、"升温"，下方显示计时，升温时间因水温不同而不同。由水加入时起以 1000 r/min±50r/min 的速度继续搅拌 24h，并保持油-水混合物温度在 60℃。

2）当温度达到设定温度 60℃ 后，屏幕提示"请放钢棒"，根据提示在该组放置事先准备的试验钢棒后，点击"请放钢棒"，试验进入钢棒浸润步骤，状态显示"升温"变为"浸润计时"，下方显示 30min 计时。

3）当浸润计时达到设定值后，提示"请加水"，根据提示在该组加入事先准备好的试验用水 30mL，点击"请加水"，试验进入下一步。状态显示为"试验进行"，下方显示 24h 计时。

4）当试验计时达到设定值 24h 后，取出试验钢棒沥干后用石油醚或异辛烷洗涤，如有必要可以用漆涂层将试验钢棒保护起来，本组试验结束。

（3）关机。

测试完成，可直接关机。

（二）　计算及判断

（1）试验结束时，试验钢棒的所有检查均不使用放大镜，并应在普通光线（照度 650lx）下进行。通过上述检查过程，凡在钢棒上出现任何肉眼可见的锈点和条纹即为锈蚀的试验钢棒。

（2）本试验中，锈蚀是指发生腐蚀的试验面积，可以通过颜色的变化判断，或用无绒棉布或薄纸揩拭后，在试验钢棒表面可判断出的坑点及凹凸不平。在试验钢棒本身不退色或不存在斑点的情况下，如果表面退色或斑点可被无绒棉布或薄纸很容易擦掉，则不认为是锈蚀。

当需指出锈蚀的程度时，建议按下述的锈蚀程度分级：

轻微锈蚀：锈点不超过 6 个，每个锈点直径不大于 1mm。

中等锈蚀：锈蚀超过 6 个点，但小于试验钢棒表面积的 5%。

严重锈蚀：锈蚀面积超过试验钢棒表面积的 5%。

（3）为了报告某种试样合格与否，必须进行平行试验。如果在试验周期结束时，两根试验钢棒均无锈蚀，那么试样为"合格"；如果两根试验钢棒均锈蚀，则应报告为"不合格"；如一根试验钢棒锈蚀而另一根不锈蚀，则应再取两根试验钢棒重新试验。如果重做的两根试验钢棒任何一个出现锈蚀，则应报告该试样为不合格；如果重做的两根试验钢棒都没有锈蚀，则应报告该试样为合格。

（三）　精密度分析

没有可普遍接受的方法用来测定本方法的精密度与偏差。

（四）　结束工作

（1）拿出烧杯，倒出试样并清洗干净。将仪器中恒温浴的水或油放净，并冲洗干净。清理操作台，恢复清洁、整齐，用具归位。

（2）收好温度计、烧杯等试验器材。

（3）将仪器、烘箱断电并擦拭干净。

（4）将试验结果等写在原始记录表上。

（五）　试验报告编写

试验报告应包括：汽轮机主要参数，油牌号及产地，环境温度、湿度，试验周期及试验结果等。

五、　危险点分析及预控措施

（1）防触电。仪器应有良好接地。

（2）化验室应备有自来水、消防器材、急救箱等物品。

（3）防止玻璃仪器破碎被扎伤，注意轻拿轻放。

（4）不要挤压显示屏。

（5）恒温浴中没有水时（仪器故障或操作错误），不能升温，否则将造成仪器损坏和用电安全隐患。

（6）浴内介质蒸发损失后应及时补充，以确保加热器必要的浸入深度。切忌干烧加热器。

（7）因试验过程中有时可能要在不停止搅拌的情况下取放温度计或锈蚀棒，此时需特别小心，以免碰到搅拌杆。

（8）恒温浴中最好用蒸馏水，自来水会有水垢。

（9）熔丝不能用小于 10A 的。

（10）仪器最好安装在电源比较稳定的场所，周围应避免有较大功率的设备工作。

（11）仪器虽具有自动补水功能，试验开始进入加热状态后，也应有人员看护，在确认仪器功能正常的情况下，才可执行夜间无人值守作业。

六、仪器校验

（一）校验方法

（1）应使用经计量合格、分辨率为 0.01℃ 的水银温度计或热电偶温度计对仪器进行校验。

（2）开机进入开始测试页面，点击"开始试验"，仪器进入升温、控温状态，当温度升到 60℃ 时开始恒温。

（二）校验周期

仪器每年至少应校验一次。

（三）校验达到标准

本试验仪器显示的温度值与校验温度计值对比，差值不超过 ±1℃；或按国家有资质的计量单位校验标准。

七、试验数据超极限值原因及采取措施

1. 警戒极限

运行中汽轮机油液相锈蚀试验的警戒极限：有轻锈。

新涡轮机油液相锈蚀质量标准：无锈，不能出现轻锈，否则视为不合格油。

2. 原因解释

（1）由于汽轮发电机组的轴封不严，运行中汽封压力调整不及时以及机组的启停过于频繁等，汽轮机油中会漏入大量汽、水，从而造成油质乳化和油系统内金属表面的腐蚀，腐蚀严重者会使调速系统卡涩。

（2）系统维护不当，如没有及时排除油箱中的水分和污物，忽视放水。

（3）防锈剂消耗过大。当防锈剂吸附在金属表面，形成致密的分子保护薄膜后，就可以防止水、氧和其他浸蚀性介质的分子或离子渗入金属表面，从而起到防锈作用。润滑油系统内黑色金属部件大多数需要防锈保护，运行中的油品随着防锈剂量减少而导致防锈性

能下降。当防锈剂消耗过大时，油品直接和金属表面接触，油中的水、酸性物质等就会腐蚀金属表面。

在运行中防锈剂的消耗有下述几种原因：

1）随水分而流失消耗；

2）在完成它的应有功能时而消耗；

3）被磨损的颗粒及其他固体细粒所吸附而消耗；

4）同油中的其他污染物起化学反应而消耗。

在特殊情况下，进入系统中或残留于系统中的碱，在有大量水分时，导致添加剂损失得相当快。

（4）其他类型的腐蚀。金属被活性硫或强酸腐蚀，新油对活性硫有严格的要求，若是再生油则不应忽视。

3. 采取措施

（1）如果机组漏水、漏气严重导致油呈乳化状态，有条件的机组先采取离心式滤油机除去大量水分，再用二级真空式滤油机（带有吸附剂罐）除去微量水分、吸附处理油中酸性物质及杂质；增加油箱底部的排水次数，同时保持油箱上部的抽烟机经常运转。

（2）定期补加防锈剂。通过液相锈蚀试验，确定油品是否有防锈性能。运行油液相锈蚀试验中，只要试棒上出现锈斑就应及时补加防锈剂，补加量可控制在 0.02% 左右。补加方法：一般可在运行条件下，配成母液后，用滤油机注入油箱，靠其自身油的循环，使药品混合均匀；否则应通过在滤油机和油箱之间进行循环，使混合均匀。

补加防锈剂时，必须结合机组的大小修或停机状态，并且对汽轮机油系统进行彻底的冲洗和清理后，方可进行。

（3）检查冷油器的严密性，保证油压大于水压。

（4）查明原因，加强系统的维护。

（5）必要时对运行油样进行定量的光谱分析，检测油中痕量金属和硅及金属所含的污染物。如果样品具有代表性并能被溶解或很好地分离出来，则系统中的金属像铁、铜就能被精确地检测出来。若有钙元素存在，则确定是电动机油的污染；若硅的含量较高，则可判断为灰尘或吸附剂的污染。

第六节　汽轮机油氧化安定性测试现场作业指导及应用
（旋转氧弹法）

一、概述

1. 适用范围

本方法是利用氧压力容器（氧弹），在水和铜催化剂存在的条件下，在 150℃ 评定具有相同组成（基础油和添加剂）新的和使用中的汽轮机油的氧化安定性。

本方法也可在 140℃ 条件下快速评定含 2，6-二叔丁基对甲酚和（或）2，6-二叔丁基苯酚抗氧化剂的新矿物绝缘油的氧化安定性。

本方法不适合测定 40℃ 时黏度大于 $12\text{mm}^2/\text{s}$ 的含抗氧化剂的矿物绝缘油。

2. 引用标准

GB 1922—2006　油漆及清洗用溶剂油

GB/T 3953—2009　电工圆铜线

GB/T 4756—1998　石油液体手工取样法

GB/T 6682—2008　分析实验室用水规格及试验方法

GB/T 7596—2008　运行中汽轮机油质量标准

GB 11120—2011　涡轮油

GB/T 12581—2006　加抑制剂矿物油氧化安定性测定法

GB/T 14541—2005　电厂用运行矿物汽轮机油维护管理导则

SH/T 0193—2008　润滑油氧化安定性的测定 旋转氧弹法

二、 相关知识点

1. 概念

氧化安定性：试样在规定的温度、压力等条件下，试验达到一定压力降所需要的时间即为此种油品的氧化安定性。

催化剂：在化学反应里能改变其他物质的化学反应速率（既能提高又能降低），而本身的质量和化学性质在化学反应前后都没有发生改变的物质叫催化剂。

2. 试验原理

将试样、水和铜催化剂线圈置于 620kPa 压力的氧弹内，在规定的恒温油浴内（汽轮机油 150℃、矿物绝缘油 140℃），使其以 100r/min 速度与水平面成 30°角轴向旋转。试验达到规定的压力降即 175kPa 时需要的时间即为试样的氧化安定性。

3. 测试意义

（1）汽轮机油的氧化安定性试验，是评价其使用寿命的一种重要手段。若新油精制程度不彻底，油中含有胶质物等有害成分，或使用了不合格的再生油，则其氧化安定性会变差。因质量差的油，抗氧化能力差，在恶劣条件下短期内就会产生沉淀，因此进行新油的质量评价时，氧化安定性是一项重要指标。

润滑油循环时会吸收空气发生氧化反应；运行中油由于金属的催化作用（如铜、铁）而加速了油的劣化使氧化安定性降低，同时还与油中抗氧化剂的含量有关。而抗氧化剂的含量随添加剂在控制氧化中链终止阶段的化学活性或随着挥发损失而发生变化。

运行中油的氧化安定性的下降，是由于酸性化合物不断产生，并进一步反应形成混合的化合物。这一过程最终的产物是不溶性油泥。

油的抗氧化能力随着运行时间的延长而下降，这是由于添加的抗氧化剂在运行中被消耗，因此应及时进行抗氧化剂的补加，并进行氧化安定性试验，测定其效能。

（2）本方法可用于控制具有相同组成及加工过程的汽轮机油其不同批次氧化安定性的连续性，但不能用来比较不同组成的新油品的使用寿命。

（3）本方法也可用于评定使用中汽轮机油的剩余氧化试验寿命。

（4）本方法可作为新的含抗氧化剂矿物绝缘油的氧化安定性的控制试验，在规定的加速老化的条件下，确定抗氧化剂氧化反应的时间，可用来检查生产的矿物绝缘油的氧化安定性的连续性。

三、 试验前准备

1. 人员要求

要求作业人员 1~2 人，身体健康。作业人员必须经培训合格，持证上岗，熟悉仪器的使用和维护等。

2. 气象条件

室温：≤35℃；环境相对湿度：≤80％。

3. 试验仪器、工器具及耗材

试验仪器、工器具及耗材见表 2-11。

表 2-11　　　　　　试验仪器、工器具及耗材

序号	名称	规格/编号	单位	数量	备注
一	试验仪器				
1	润滑油氧化安定性测定仪	HYH-101	台	1	
二	工器具				
1					
三	耗材				
1	异丙醇	分析纯			
2	液体洗涤剂				
3	正庚烷	分析纯			
4	氧气	纯度不低于99.5％			可调压力至620kPa
5.	氢氧化钾醇溶液（1％）				将12g氢氧化钾溶解在1L异丙醇溶液中
6	碳化硅纱布	粒度100号			
7	硅酮润滑脂				
8	催化剂线圈	直径1.63mm±0.01mm			
9	溶剂油	符合GB 1922—2006油漆及清洗用溶剂油中2号或3号			2号：高沸点、低干点；3号：高沸点
10	丙酮	分析纯			
11	水	符合GB/T 6682—2008（二级水）			二级水用于无机衡量分析等试验，可用多次蒸馏或离子制取

四、 试验程序及过程控制

（一） 操作步骤

1. 采集油样

样品可以从油罐、桶、小的容器或操作装置中得到，取样方法和设备见 GB/T 4756

规定。

2. 仪器和试剂的准备

（1）催化剂的准备。在使用前，用碳硅砂布把 3m 长的铜丝磨光，并用清洁、干燥的棉布把铜丝上的磨屑擦干净。将铜丝绕成外径 44～48mm，质量为（55.6±0.3）g，延伸高度为 40～42mm 的线圈。用异丙醇清洗并用空气干燥，如果需要，将线圈旋转插入玻璃盛样器中。每个样品使用一个新线圈。如果需要储存的时间较长，可将线圈放在干燥的惰性气体（如 N_2）中备用；过夜储存（小于 24h），可将线圈置于正庚烷中。

（2）氧弹的清洗。

氧弹清洗后，可用清洁的压缩空气吹干。如果氧弹体、平盖和弹柄内侧经简单清洗后仍可闻到酸味，要用 1‰的氢氧化钾醇液清洗并重复上面的步骤。

注：没有消除氧化残渣会给试验结果带来不利影响，影响实验结果的准确性。

（3）玻璃容器的清洗。先用合适的溶液（溶剂油或丙酮）清洗和漂洗，然后在含水的洗涤溶液中浸泡或刷洗。用自来水充分擦洗和冲刷，再用异丙醇和蒸馏水冲洗，最后用空气干燥。如果有不溶物，在酸性溶液中浸泡一个晚上，并按玻璃仪器清洗中自来水冲洗的步骤开始重复冲洗。

3. 试验步骤

（1）仪器开箱后，按照装箱单检查各部件是否齐备。

（2）检查仪器表面是否完好，有无破损。特别是液晶屏和触摸屏是否保护完好，如有破损，不能正常显示，应及时与厂家联系。

（3）在确保电源开关在"关"的状态下，将电源插头插入 220V 插座。

（4）打开电源开关，液晶显示屏应显示主界面，表示仪器开机正常。若开机正常，系统会显示开机界面即主界面，选择 140 或 150℃后仪器开始正常工作。

在液晶屏的显示界面中，上面和下面部分内容是不变的，只是里面的参数或状态发生实时变化。

最上边显示部分主要显示了主加热、辅加热、充氧阀、放氧阀等执行机构的工作状态。其中，当灯亮时，显示为红色，表示该执行机构（或器件）处于工作状态；反之，灯灭时，显示为灰色，表示该执行机构（或器件）处于停止状态。

最下面显示部分主要显示了参数。在屏幕的下面，显示油浴的温度和 2 个弹体的压力值。在屏幕的右下方，实时显示系统的时钟。

中间显示部分的内容将随着操作的变化而变化。中间显示部分一般由左、右两部分组成（调试功能界面只含一部分），其中，白色区为提示区，主要提示右面的操作和状态，右边蓝色部分为操作区。操作区可以按键操作的地方一般用灰色按钮表示。

主界面中，有"压力校正"、"温度校正"、"时钟校正"、"测试程序"、"充放氧"、"文件查询"等按键。由屏幕提示内容可知各按键的功能。操作员可以在任何时间修改控温点（140 和 150℃两挡切换），任何时间可以开启或停止电动机。

（5）装弹。

1）称量装有清洁干净的催化剂线圈的玻璃盛样器的质量。盛样器内加入 50g±0.5g的试样并加入 5mL 符合 GB/T 6682（二级水）规定的水。另外，再向弹体中加入 5mL 二级水，并将样品盛样器轻轻滑入弹体中。在盛样器上盖上聚四氟乙烯盖子，并在聚四氟乙烯盖子的顶部放置一个固定弹簧。在氧弹平盖密封槽中的 O 形密封圈的外层涂上一层薄薄的硅酮润滑脂来实现润滑，把氧弹平盖插入氧弹体中。

2）用专用工具拧紧。将氧弹放入专用的氧弹底座上，用专用扳手将氧弹上盖旋入弹体螺纹中并拧紧。在主界面状态下，按"充/放氧"键，系统将进入功能调试状态，功能调试如下：

打开氧气瓶阀门并调节输送阀门出口压力达到 650kPa，按下屏幕上触摸键充氧到 620kPa，按下停止键，再按下放氧键将弹体内氧气放掉，重复以上步骤三次，以便吹扫出弹内空气；以上吹扫步骤要持续大约 3min。在室温 25℃下使压力达到 620kPa。对于汽轮机油，温度每高于或低于室温（25℃）2.0℃，压力就应相应增加或减少 5kPa；对于绝缘油，温度每高于或低于室温（25℃）2.8℃，压力就应相应增加或减少 7kPa，以获得所需的初始压力。当氧弹充满至所需的压力后，用手关紧进口阀门。如担心泄露，可把氧弹浸入水中试漏，将弹体放入水中，看是否有气泡从弹体内冒出。

（6）氧化：在搅拌情况下，使油浴达到规定的试验温度（汽轮机油为 150℃，绝缘油为 140℃）。关闭搅拌器，将氧弹插入转动架中，并记录时间。重新启动搅拌器，在氧弹插入油浴 15min 内，油浴的温度要稳定到试验温度，保持试验温度在 ±0.1℃ 范围内。

（7）在整个试验中，保持氧弹完全浸没并连续匀速转动。标准转动速度为 100r/min±5r/min。

（8）当试验弹内压力从仪器自动检测到的最高点下降超过 175kPa 时，试验结束。175kPa 的压降通常与诱导期法的快速压降相对应，但并不总是相对应，当不符合时，操作者要对试验的有效性提出疑问（见本条注 2）。

注 1：标准的试验步骤是当压降达到 175kPa 时，试验结束。操作者也可以选择较小的压降，或选择预先定好大概 100min 的试验，来观察油品的情况以结束试验，100min 远远低于含抗氧化剂新油的诱导期。

注 2：典型的试验如图 2-6 所示曲线 A，预计最大压力在 30min 内达到，形成一个压力平稳阶段，然后可观察到诱导期法的快速压降。曲线 B 中，在诱导期法转折点到达之前，压力有一个平稳降低期，对此较难评价。虽然一些合成液体会产生此类型的曲线，但是压力的逐渐降低可能是由于氧弹的泄漏造成的。如果怀疑有泄漏，可用另外一个氧弹重做试验。如果重复试验仍得出相同类型的曲线，则试验结果是有效的。

（9）试验结束后，从油浴中取出氧弹并冷却到室温。尽快将氧弹浸入轻质矿物油中并在里面搅几下，快速洗掉附着在上面的浴油。用约 100℃ 热水清洗氧弹并在冷水中浸泡使其快速达到室温，也可让氧弹在空气中冷却到室温。打开放气阀门释放掉多余的氧压并打开氧弹。

（二）　计算及判断

1. 结果表示

（1）根据图 2-3 中曲线 A，观察记录的压力—时间曲线并确立曲线中的平稳压力。记录压力从平稳压力下降 175kPa 的时间。如果是重复试验，两个最大压力之差不能超过 35kPa。

（2）根据图 2-6 中曲线 B，观察记录的压力—时间曲线并确立试验在初始 30min 内达到的最大压力。记录压力从最大压力下降 175kPa 的时间。如果是重复试验，两个最大压力之差不能超过 35kPa。

2. 结果报告

（1）根据图 2-3 中曲线 A，试样的氧化寿命为试验开始到压力从平稳压力下降 175kPa 的时间（min）。

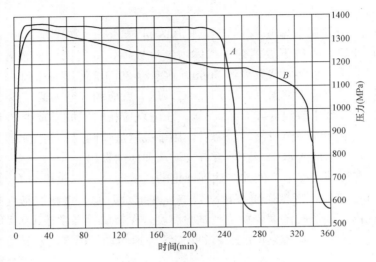

图 2-3　两个旋转氧弹试验的压力与时间关系曲线

（2）根据图 2-3 中曲线 B，试样的氧化寿命为试验开始到压力从最大压力下降 175kPa 的时间（min）。

3. 试验结果判断

根据 GB 11120—2011 和 GB/T 7596—2008：

（1）对于使用中的 L-TSA 和 L-TSE 汽轮机油及 L-TGAL-TGE 燃气轮机油及旋转氧弹试验数值要求大于 250min。

（2）对于 L-TGSB 和 L-TGSE 燃/汽轮机油，旋转氧弹试验数值不小于 750min。改进旋转氧弹试验数值不小于未经处理样品的 85%。

（三）　精密度分析

1. 精密度

按下述规定来判断试验结果的可靠性（95% 置信水平）。

（1）重复性 r。同一操作者，用同一仪器对同一样品进行测定，所得连续测定结果之差，对于矿物绝缘油，不应超过 33min；对于汽轮机油，不应超过式（2-4）规定数值

$$r = 0.12X \tag{2-4}$$

式中　X——重复测定结果的算术平均值，min。

（2）再现性 R。不同操作者是在不同试验室对同一样品进行测定所得两个独立的结果之差，对于矿物绝缘油，不应超过 43min；对于汽轮机油，不应超过式（2-5）规定数值

$$R = 0.22X \tag{2-5}$$

式中　X——两个独立测定结果的算术平均值，min。

2. 偏差

本方法没有确立偏差。

（四）　结束工作

（1）停止搅拌开关，关闭电源，仪器和场地擦拭干净。

（2）将试验结果等写在原始记录表上。

（五）　试验报告编写

试验报告应包括：汽轮机主要参数，油牌号及产地，环境温度、湿度，试验周期及旋转氧弹值等。

五、　危险点分析及预控措施

（1）氧气超压泄露。充氧后应立即关闭氧气瓶阀门。

（2）防触电。仪器应有良好的接地。

（3）化验室应备有自来水、消防器材、急救箱等物品。

（4）防止玻璃仪器破碎被扎伤，注意轻拿轻放。

（5）仪器最好安装在电源比较稳定的场所，周围应避免有较大功率的设备工作。

六、　仪器维护保养及校验

（一）　仪器维护保养

（1）仪器使用前应先接好地线。

（2）要经常保持仪器的清洁，应防腐蚀，特别是触摸屏表面，在操作时应保持手的清洁。

（3）仪器在搬动过程中应防止激烈振动，保护好触摸屏等设备配件。

（4）打印机的装卸方法请参见打印机说明书。

（5）当发现仪器有故障时，切不可随意拆卸，应请厂家有经验的维修人员检查、维修。

（二）　仪器校验

（1）校验方法。压力传感器校正：当需要压力传感器校正时请把压力校正装置与传感器连接，按照仪器说明书中步骤进行压力校正。

（2）校验周期：每周校验一次。

（3）校验达到标准：试验检测系统与校验压力系统连接，通过打气泵打入空气，当标准压力表达到规定数值如 1.0MPa 时，关闭进气阀门，查看液晶屏显示与标准压力表值是否相同，如有差异，将液晶屏数值修改为标准压力表的数值即可。

七、　试验数据超极限值原因及采取措施

1. 警戒极限

（1）对使用中的汽轮机油和燃气轮机油油品监控时试验数值低于 250min 属不正常。

（2）燃/汽轮机新油小于 250min 属不正常。

2. 原因解释

（1）仪器原因。油浴温度不准，压力传输不对，实验操作步骤不对。

（2）油品和用油设备原因。新油精制不彻底，再生油质量不合格，运行油受热和氧化

变质，油中存在水分、金属和颗粒物质等杂质也会促进油的氧化，油系统结构设计不合理，汽轮机油受到辐射，润滑油系统检修质量不好，冲洗不干净等原因，使油品到达使用寿命。

3. 采取措施

（1）对试验仪器采取的措施。

1）校验温度计与显示温度是否一致。

2）重新校验压力数值。

3）严格按照试验要求操作。

（2）对油品和用油设备采取的措施。

1）调查原因，增加试验频次。

2）重新取样，重做试验，如果结果一样考虑换油。

3）与供应商联系，需要重新填充油。

4）如再生油的氧化安定性不合格，可通过小型试验加入适量的 T501 抗氧化剂；若还是不合格，不予接收。

5）补加 T501 抗氧化剂，投入油再生装置（若无法停机，可参考此法）；

6）对生产厂家，要求改进基础油精制工艺，除净其中的不良组分，提高基础油的氧化安定性；在基础油调和时，添加抗氧化剂。

第七节　汽轮机油的补油和混油试验现场作业指导及应用

一、概述

1. 适用范围

本方法适用于运行中汽轮机油的补油、尚未注入汽轮机组油系统中的油品混油及换油。通过油泥析出试验、运动黏度试验、老化试验来判断是否能够进行补油、混油等。

2. 引用标准

GB 264—1983（1991）石油产品酸值测定法

GB/T 265—1983　石油产品运动黏度测定法和动力黏度计算法

GB/T 7596—2008　电厂用运行中汽轮机油质量标准

GB/T 7597—2007　电力用油（变压器油、汽轮机油）取样方法

GB/T 11120—2011　涡轮机油

GB/T 14541—2005　电厂用运行汽轮机油维护管理导则

DL/T 429.6—2015　电力用油开口杯老化测定法

DL/T 429.7—1991　油泥析出测定法

二、相关知识点

1. 概述

（1）汽轮机油的相容性。

1）汽轮机、水轮机等发电设备需要补充油时，应补加与原设备相同牌号及同一添加

剂类型的新油，或曾经使用过的符合运行油标准的合格油品。如补加油的补加份额大于5%，特别当已注油的特性指标接近运行油质量指标极限值时，可能导致补后油迅速析出油泥。由于新油与已老化的运行油对油泥的溶解度不同，当向运行油、特别是油质已严重老化的油中补加新油或接近新油标准的油时，就可能导致油泥在油中析出，以致破坏汽轮机油的润滑、散热或调速特性，威胁机组安全运行。因此，补油前必须先进行混合油样的油泥析出试验，无油泥析出时方可允许补油。

2）参与混合的油，混合前其各项质量均必须检验合格。

3）不同牌号的汽轮机油原则上不宜混合使用，因为不同牌号油的黏度范围是各不相同的，而黏度又是汽轮机油的一项重要指标。对于不同类型、不同转速的机组，要求使用不同牌号的油，这是有严格规定的，一般不允许将不同牌号的油混合使用。在特殊情况下必须混用时，应先按实际混合比例进行混合油样黏度的测定，并应征得汽轮机专业人员或设备制造厂方的认可后才能进行油泥析出试验，以最终决定是否可以混合使用。

4）对于进口油或来源不明的汽轮机油，若需与不同牌号的油混合时，应先将混合前的单个油样和混合油样分别进行黏度检测，如黏度均在各自的黏度合格范围之内，并且混合样的黏度值又征得了汽轮机专职人员或设备制造厂方认可后，再进行老化试验。老化后混合油的质量应不低于未混合油中质量最差的一种油，方可决定混合使用。

5）试验时，油样的混合比例应与实际的比例相同；如果无法确定混合比例，则试验时一般采用1∶1比例进行混油。

6）矿物汽轮机油与用作润滑、调速的合成液体（如磷酸酯抗燃油）有本质上的区别，切勿将两者混合使用。

7）GB/T 14541—2005 规定的运行汽轮机油的补油率每年不应超过总油量的10%的要求，主要是经济考核指标。

（2）相关概念。

1）油泥：油中具有沉淀物倾向的固体物质和液体物质的聚集体。

2）补油：随着机组的运行，油品会逐渐减少，这时就应随时给机组补加汽轮机油，以维持机组的正常运行。

3）混油：尚未注入汽轮机组的润滑和液压系统的两种或两种以上的油品相混合的行为过程。

4）换油：对于已严重老化至接近或超过运行标准的汽轮机油，一般应结合机组的大修，采取换油或体外再生处理。

2. 试验原理

（1）DL/T 429.6—2015 运行油开口杯老化测定法方法概要。可参照第一章第十四节"变压器油混油试验现场作业指导及应用》相关内容。

（2）DL/T 429.7—1991 油泥析出测定法方法概要。取按实际比例混合的油样 10mL 于 100mL 带磨口塞的量筒中，用不含芳香烃的正庚烷或石油醚（沸点范围 60～90℃），稀释至 100mL，摇匀，放在暗处 24h 后，取出观察是否有沉淀物析出。如无沉淀物产生，方可混合使用。

（3）GB/T 265—1983 石油产品运动黏度测定法方法概要。内容详见第二章第一节。

3. 测试意义

同牌号的汽轮机油混合时，易产生油泥，油泥沉积在轴承通道、冷油器、过滤器、主油箱和联轴器内形成绝热层，降低了设备的传热性能，故需要做油泥析出试验。不同牌号的汽轮机油混合时会造成黏度改变和油质变差，若黏度增大，会降低发动机的功率，增大燃料消耗，会造成启动困难，机组振动；如黏度过小，会降低油膜的支撑能力，形不成良好的油膜，使摩擦面之间不能保持连续的润滑层，增加机器的磨损，故需要做混合油样的运动黏度试验；为了防止混油后油质变差无法正常使用，在混合油样黏度合格的情况下，需做混合油样的老化试验，以保证混合油的质量不低于其中最差的油样的质量。

三、 试验前准备

1. 人员要求

要求作业人员 1～2 人，身体健康。试验人员应掌握分析化学基本知识，具备分析化学基本操作能力，必须经培训合格，持证上岗。

2. 实验室条件

实验室环境要干燥、清洁、防潮、防尘及避免阳光直接照射，室温要求在 15～25℃，且变化不超过 3℃，相对湿度在 70% 以下，操作环境中不得有粉尘及干扰气体；室内不得存放与试验无关的易燃、易爆和强腐蚀性的物质。

3. 试验仪器、试剂及耗材。

试验仪器、试剂及耗材料见表 2-12。

表 2-12　　试验仪器、试剂及耗材

序号	名称	规格/编号	单位	数量	备注
一	试验仪器				
1	石油产品运动黏度测定仪		台	1	其他配套产品见第二章第一节
2	老化试验箱或电热鼓风恒温箱		台	1	注：凡没有注明的均为老化试验
3	分析天平		台	1	
4	烧杯	400、200mL	个	各2	
5	具塞量筒	100mL	个	1	
6	量筒	50、100mL	套	1	
7	锥形瓶	250mL	套	1	
8	微量滴定管	1.0、2.0mL，分度0.02mL	个	各1	
9	容量瓶		套	1	
10	温度计	0～150℃，分度0.5℃	个	2	
11	温度计	0～50℃，分度0.1℃	支	1	
12	吸液管		个	2	
13	小药匙		个	2	
14	吸耳球		个	2	
15	镊子		个	2	

序号	名称	规格/编号	单位	数量	备 注
16	坩埚		个	1	
17	坩埚钳		个	1	
18	表面皿		个	1	
19	铁架		个	1	
20	试剂瓶		个	2	
21	搪瓷盘		个	2	
22	水浴		个	1	
二	试剂				
1	正庚烷	不含芳香烃			油泥析出试验
2	石油醚	沸点 60～90℃，不含芳香烃	瓶	1	
3	丙酮	分析纯或化学纯			适量
4	乙醇-苯	（1：1）混合液			适量
5	氢氧化钾	配成 0.05mol/L 的乙醇溶液			适量
6	碱性蓝 6B 指示剂				适量
7	浓硫酸	98%			油泥析出试验
8	甲醛				
9	苯二甲酸氢钾	基准试剂			
10	酚酞				
三	耗材				
1	变压器油		mL	200	
2	铜丝	T1 号铜，直径 1.00～1.02mm，长 330mm			绕成螺旋状
3	砂纸	65μm（240 粒度）的碳化硅或氧化铝（刚玉）砂纸			
4	蒸馏水				适量
5	测试滤纸		盒	1	
6	脱脂棉		包	1	
7	乳胶管		m	1	
8	分子筛				油泥析出试验

四、 试验程序及过程控制

(一) 操作步骤

1. 采集油样

(1) 安全监护：按工作现场的有关安全规定进行，取得汽轮机相关人员的配合，认清工作位置，加强监护，注意高温物体与带电体的安全距离。

(2) 取样方法和样品标签见 GB 7597—2007 规定。

1) 取样容器用 500mL 磨口具塞试剂瓶。要求取样瓶清洁、干燥、密封性好，不被污染、受潮。

2）取样应在良好的天气下进行，避免在雷、雨、雾、雪、大风的环境下进行。

3）清擦放油阀，放掉死油，让油缓慢进入瓶内，避免空气污杂进入取样瓶。不得产生气泡。

2. 仪器（试剂）准备

（1）老化试验仪器及试剂准备。

1）药品、器皿、试管等处理：清洗所用器皿及试管，并烘干，以减少配制和操作误差；按规定对有关药品进行烘干处理。

2）0.05mol/L 邻苯二甲酸氢钾配制（本书第二章第三节有详述）。

3）0.05mol/L 氢氧化钾乙醇溶液配制（本书第二章第三节有详述）。

4）酚酞指示剂的配制

5）碱性蓝 6B 指示剂（本书第二章第三节有详述）。

6）铜丝。T1 号铜，直径 1.00～1.02mm，长 330mm，用砂纸将铜丝磨光，并用清洁、干燥的布把铜丝上的磨屑擦干净。将铜丝绕成螺旋形。用异丙醇洗涤两次后置于滤纸上空气干燥 5min 后，放入干燥器内，备用。

（2）油泥析出试验和运动黏度试验基本不需要试剂准备，略。

3. 试验步骤

（1）同一牌号的油混合。

1）一般情况下，运行中汽轮机油补油时，补油量少于 5%，不需做油泥析出试验，在新油质量欠佳但还没有超过标准时，需要做油泥析出试验，其试验方法如下。

2）将待混合的两个油样按实际比例取出，若不知道比例，可按照试油—运行油（1：1）混合样 10mL 注入 100mL 的具塞量筒中，用正庚烷或石油醚稀释至 100mL，摇匀，置于暗处 24h 后，取出在光线充足的地方观察有无沉淀物析出，如无沉淀物析出则认为合格，可混合使用。

3）使用正庚烷、石油醚前，需用甲醛试剂（浓硫酸 47mL 加入甲醛溶液 3mL）检查。如无色则为不含芳香烃；如有色则含有芳香烃，应用分子筛处理到甲醛试剂检查不显颜色为止。

（2）不同牌号的油（包括国产油和进口油）混合。汽轮机油应先将混合前的单个油样和混合油样分别进行运动黏度检测，测定各种油样及混合油样的运动黏度试验，可参照第二章第一节，具体步骤略。

经测试后，如黏度均在各自的黏度合格范围之内，再进行混油老化试验，混合油的质量应不低于未混合油中质量较差的一种。例如 32 号运行汽轮机油中混入 46 号汽轮机油，混合油的黏度仍在 32 号黏度范围，说明混合油运动黏度符合要求时，然后再做单个油品及混合油的老化试验，否则无须进行混油老化试验，不能混合。

1）运行油开口杯老化测定。

a. 在清洁干燥的烧杯中，分别称取运行油样、补充油样和混合油样各 200g（准确至 0.1g），同时用镊子将螺旋形铜丝放入烧杯中，为了保证安全，要将试油烧杯放在搪瓷杯或搪瓷盘上，然后放入老化试验箱内，待温度升至（115±1）℃时，记录时间，恒温 72h。

b. 老化试验结束后，取出试油烧杯，冷却至室温，搅拌均匀，立即用具塞量筒取老化后的试油 10mL，并用正庚烷或石油醚稀释至 100mL，摇匀，在暗处静置 24h 后，在光亮地方仔细观察，并记录有无沉淀物。

c. 测定酸值时，用锥形瓶称取老化后试油 5～10g（准确至 0.1g），加入乙醇-苯（1∶1）混合液 50mL 及碱性蓝 6B 指示剂 0.5mL，用 0.05mol/L 氢氧化钾乙醇溶液滴定至混合液颜色变成浅红色为止。

d. 取 50mL 乙醇-苯（1∶1）混合液，按上述同样方法操作碱性空白测定。

2）油中沉淀物测定。

a. 将油样瓶充分地摇匀，直到所有的沉淀物都是均匀地悬浮在油中。

b. 在容量为 100mL 的具塞量筒中注入试油 10mL，用正庚烷或石油醚稀释至 100mL，摇匀，置于暗处 24h 后，取出在光线充足的地方观察有无沉淀物析出，如无沉淀物析出则认为合格。

c. 若能观察到沉淀物，则取已干燥、恒重过的定量滤纸过滤这一混合溶液，并用正庚烷少量、多次地洗涤滤纸直至滤纸上无油迹为止。

d. 待滤纸上的正庚烷挥发后，将含固体沉淀物的滤纸放入 100～110℃的恒温干燥箱中干燥 1h。然后将滤纸取出，放入干燥器中冷却到室温后，称重滤纸，并反复此操作，直至滤纸达到恒重为止。将恒重后的质量扣除滤纸的空白质量后的值，即为油中沉淀物和可析出油泥的总质量 A。

e. 用少量热的（约 50℃）混合溶剂（甲苯、丙酮、乙醇或异丙醇等体积混合）溶解纸上的固体沉积物，并将溶液过滤收集在已恒重的锥形瓶中，继续用混合溶剂洗涤，直至滤纸上无油迹和过滤液清亮为止。

f. 将装有混合溶剂洗出液的锥形瓶放于水浴上蒸发至干，然后将锥形瓶移入 1000～1100℃的恒温干燥箱中干燥 1h，然后放入干燥器中冷却至室温，称重，直至锥形瓶达到恒重为止。将已恒重的含有沉淀物的锥形瓶的质量扣除空白锥形瓶的质量后的值，即为可析出油泥的质量 B。

g. $A-B$ 的值即为油中沉淀物的质量。

（二）计算及判断

（1）老化后的酸值，按式（2-3）计算。

（2）结果判断。混合油的质量如符合下列规定时，可以混合使用。

1）两种符合运行标准的运行油相混时，混合油的质量不应低于氧化安定性较差的一种油。

2）新油与运行中油混合时，混合油的质量不应低于运行中油的质量。

（三）精密度分析

酸值测试中，平行测定两个结果之间的差值，不应超过其算术平均值的 5%。

（四）结束工作

（1）关闭封闭电路电源，拔掉电源插销。

（2）清洗器皿、容量瓶、滴定管、试管等。

（3）将配好的溶液和试剂粘贴标签，放入柜中。

（4）整理试验台碎滤纸、固体废物及有毒、有腐蚀性的废液，要倒在废液缸中，并妥善处理。

（五） 试验报告编写

试验报告应包含样品名称、取样方法及部位、取样时间；运行油样、补充油样以及混合油样老化后的酸值含量及油泥与沉淀物含量测定结果；试验人员、分析意见、情况说明等。

五、 危险点分析及预控措施

（1）化学伤害。防止有毒药品损害试验人员身体健康，化学药品要有专人严格管理；使用时应小心谨慎，操作时应戴口罩，切勿触及伤口及误入口中，试验结束后必须仔细洗手；氢氧化钾易吸潮，配制时要迅速，同时避免被氢氧化钾烧伤；不要使用浓盐酸配制溶液，要用稀盐酸配制，避免盐酸烧伤；正确使用玻璃器皿，以防破碎伤人；配制酸碱试剂时使用手套；如果试剂接触了皮肤，立即用大量水冲洗；试验中，试验人员不得吸烟进食；防酒精蒸汽浓度过高引起人鼻、咽喉部不适。

（2）高温烫伤。在加热回流过程中，操作人员必须戴棉纱手套，防止水蒸气烫伤，从老化箱内取出样品时，操作人员必须戴隔热手套，小心高温灼伤，管口不准朝向自己或他人，防止溶液喷出烫伤。

（3）试剂配置不准确。配制溶液和试剂前，要清洗所用器皿和试管，并烘干，避免污杂的影响；药品要烘干、称量要准确。药品磨碎易溶解；配制标准溶液要用容量瓶量取液体，不要其他器皿量取；使用保证试剂或基准试剂。

（4）试剂误差。按规定添加碱蓝6B指示剂，不要多加或少加，避免试剂误差；按规定对有关药品进行烘干处理，消除药品误差。

（5）试剂失效。超过有效期的标准溶液不能继续使用，一般酸的保存期为三个月，氢氧化钾保存期限为两个月，氢氧化钾乙醇溶液保存不宜超过三个月，超出保质期应重新配制试剂。

（6）温差影响。老化试验时，若采用电热鼓风恒温箱，则盛试样的烧杯在恒温箱里的位置应周期性地更换，每隔24h更换一次，以减少可能出现的温差影响。

（7）防止玻璃仪器破碎伤人。

（8）化验室应备有自来水、消防器材、急救箱等物品。

六、 仪器维护保养及校验

（一） 仪器维护保养

1. 分析天平维护

分析天平属于精密仪器，不要擅自进行拆装；称量前后应保持天平清洁，罩上防尘罩；天平载重不得超过最大负荷，被称物质要放在干燥、清洁的器皿中称量；搬动天平应卸下秤盘、吊耳、横梁等部件。

2. 玻璃器皿的使用

洗涤玻璃器皿是一项很重要的操作。洗涤是否合格，会直接影响分析结果的可靠性与准确性。玻璃器皿应用洗涤液、自来水、蒸馏水分别洗涤，洗涤后至少应达到倾去水后器壁上不挂水珠的程度；经干燥后，分类存放在储存室内。

（二）　仪器校验

1. 分析天平的校正

分析天平应定期校验，并在校验期内使用；新购天平第一次启动或天平位置发生变化后使用，必须进行校准调整，以消除当地重力加速度的影响。

2. 量器的校正

实际中使用的容量与它所标出的大小完全一致，为了在使用中获取最佳准确度，需要对量器进行校准。

3. 校验周期

（1）分析天平的校验周期为 1 年，遇特殊情况应及时校准。

（2）量器应送到有资质的计量部门进行校准。

七、　试验数据超极限值原因

1. 警戒极限

经老化试验后，混合油的质量不低于单一油中最差的一种油，方可混合使用。例如欲互相混合的甲、乙两种油，按实际混油比进行老化试验后，判断其能否混合使用，见表 2-13。

表 2-13　　　　　　　　甲、乙两种油混油老化试验结果判断

试验项目（老化后）	甲油	乙油	混合油	是否可混
酸值（mg KOH/g）	0.25	0.15	0.20（0.30）	可（否）
沉淀物（%）	0.21	0.11	0.15（0.25）	可（否）

表 2-13 中混油老化试验结果，第一种情况，混合油的结果（酸值 0.20mg KOH/g 沉淀物 0.15%）虽比乙油差，但比甲油好，因此可以混合使用；如果是第二种情况，即混合油的老化试验结果为括号中的数字，酸值或沉淀物其中有一项大于甲油，就不能混合使用。

2. 原因解释

因新油和劣化油对油泥的溶解度不同，即新油对油泥的溶解度小，当劣化油中掺入新油时油泥便会沉析出来。油泥的沉析将会影响设备的散热性能，同时还会给固体绝缘材料的寿命带来严重影响，导致绝缘性能下降和绝缘劣化。若混油时油泥析出试验结果中有油泥沉析出来，则不能进行混油。

第三章 抗燃油

第一节 抗燃油（汽轮机油）颗粒度测试现场作业指导及应用

一、概述

1. 适用范围

本方法适用于磷酸酯抗燃油、汽轮机油、绝缘油和液压油及其他各种辅机用油等油品的颗粒污染度检测，即适用于无可见颗粒样品的测试。

2. 引用标准

GB/T 7596—2008　运行中汽轮机油质量标准

GB/T 7597—2007　电力用油（变压器油、汽轮机油）取样方法

GB 11120—2011　涡轮机油

GB/T 14039—2002　液压传动油液固体颗粒污染物等级代号

GB/T 14541—2005　电厂用运行汽轮机油维护管理导则

GJB 420B—2006　航空工作液固体污染度分级

DL/T 432—2007　电力用油中颗粒污染度测量方法

DL/T 571—2007　电厂用磷酸酯抗燃油运行与维护导则

DL/T 1096—2008　变压器油中颗粒度限值

JB/T 7857—2007　液压阀污染敏感度评定方法

JB/T 7858—2006　液压元件清洁度评定方法及液压元件清洁度指标

IP 565—2008　航空喷气燃料颗粒污染（清洁度）测试方法

ISO 11171—1999　液压传动 液体中颗粒自动计数仪的校准

ISO 4406—1999　液压传动 油液 固体颗粒污染等级标准

NAS 1638—2011　油液洁净度等级标准

SAE AS4059E—2005　污染度等级标准表

二、相关知识点

1. 概念

洁净度又称颗粒度或污染度，一般采用美国航空航天工业联合会 NAS1638 标准，单位为 100mL 油中机械杂质的颗粒大小及个数。电力用油洁净度的评定方法：一般采用美国航空航天工业联合会 NAS1638 标准，NAS1638 除 0 级和 00 级以外，共分为 12 个级别，并且尺寸包含了 $5\sim100\mu m$ 之间的 5 个尺寸区间，更适用于工业系统的应用，见表3-1。

2. 试验原理

本方法采用自动颗粒计数仪和显微镜方法进行试验。

表 3-1   NAS 的油洁净度分级标准

分级（颗粒数/100mL）	颗 粒 尺 寸（μm）				
	5～15	15～25	25～50	50～100	＞100
00	125	22	4	1	0
0	250	44	8	2	0
1	500	89	16	3	1
2	1000	178	32	6	1
3	2000	356	63	11	2
4	4000	712	126	22	4
5	8000	1425	253	45	8
6	16 000	2850	506	90	16
7	32 000	5700	1012	180	32
8	64 000	11 400	2025	360	64
9	128 000	22 800	4050	720	128
10	256 000	45 600	8100	1440	256
11	512 000	91 200	16 200	2880	512
12	1 024 000	182 400	32400	5760	1024

自动颗粒计数仪根据光阻法（遮光法）原理研制，对油液中的颗粒大小和数量进行检测。仪器工作时，液态样品由负压虹吸原理由下而上通过传感器的进样玻璃狭缝，光学透镜将激光光束准直后垂直入射到进样玻璃狭缝中部，并通过水平检测狭缝到光电二极管。若样品中无微粒通过时，光电二极管输出最大的恒定光电流；当样品中有微粒通过光束的瞬间，由于微粒阻挡而使光束入射到光电二极管的光功率减小，因此，光电二极管输出一个负脉冲电流，其幅度与微粒在光束方向上的投影面积成正比。接收管将接收到的光功率的变化转换成电信号，仪器通过对电信号的处理，得出颗粒的大小，并对其数量进行计量。在液流方向上存在恒定正负压，使检测液体流过检测区，在垂直于液流方向上有光路通过。在没有粒子通过时，左边光源发出的光在光电接收靶上形成一个定值的光电信号，通过一定的调节电路，这个光电信号可以被稳定。传感器的检测区被设计的足够小，以便尽量保证当液体中的粒子通过检测区时，粒子"按序"通过。左边光源发出的光由于受到液体中粒子的遮挡，光强减弱，右侧的光电器件检测到这一信号的变化，形成光电脉冲，因此，每当有粒子通过检测区的通道时，都会产生一个光电脉冲。通过计数光电脉冲的个数，即可求得粒子的个数。根据光阻法的原理，该光电脉冲的幅值大小与粒子的粒径存在一定的关系。通过判断该脉冲的幅值大小，即可得到粒子的直径信息。

3. 测试意义

油中洁净度的规定分为润滑油系统和液压调速系统两种指标。大容量的汽轮机—发电机组对油中的洁净度要求是非常严格的。特别应强调的是，对新机组启动前或检修后的润滑油系统及调速系统，必须进行认真清洗和冲洗，以确保洁净度达标。

　　磷酸酯抗燃油作为大型汽轮发电机组及给水泵汽轮机、高压旁路等的调节系统用油，对其清洁度要求极其严格。由于电液调节系统的油压高，执行机构部件间隙小，机械杂质污染会引起伺服阀等部件的磨损、卡涩，严重时造成伺服阀卡死而被迫停机，故运行中磷酸酯抗燃油应保持较高的清洁度。

　　要求汽轮机油系统没有任何一点杂质，在技术上是不必要的，经济上是不合理的，同时也是不能得到的。鉴于大型汽轮机组复杂的油系统，运行时的油膜厚度，而考虑将大于 $50\mu m$ 的颗粒污物全部滤去，这在现场的条件下是不现实的。根据已有的经验和运行中得知的油膜厚度，认为最大颗粒约为 $200\mu m$，是可以允许的。这在实际中会对轴承产生划痕，但还不致危害运行。但轴向推力相当大的推力轴承，必须装置 $50\mu m$ 网眼的滤网加以保护。滤网装在推力轴承供油管道的正前面。冲洗到距安装管路各点约为 $200\mu m$ 网眼的滤网上，不再有任何硬颗粒为止。但对液压调节系统的要求更高一级，此系统要装用 $30\mu m$ 网眼的滤网作为保护，滤网应尽可能接近液力部分。

三、 作业前准备

　　1. 人员要求

　　要求作业人员 1～2 人，身体健康。作业人员必须经培训合格，持证上岗，熟悉油液污染的相关标准，熟悉仪器的使用和维护等。

　　2. 气象条件

　　室内环境温度为 10～40℃，电源为 AC 220V×（1±10％）、50Hz。

　　实验室环境要求：仪器的校准、样品的制备和测试应在洁净室中或净化工作台上进行。测试环境空气中，大于 $0.5\mu m$ 的灰尘颗粒不得超过 35 万个/m^3，大于 $5\mu m$ 的灰尘颗粒不得超过 35 万个/m^3。室内应有良好通风。

　　3. 试验仪器、工器具及耗材

　　试验仪器、工器具及耗材见表 3-2。

表 3-2　　　　　　　　　　　　试验仪器、工器具及耗材

序号	名称	规格/编号	单位	数量	备 注
一	试验仪器				
1	台式颗粒计数器	CHK-432	台	1	
2	增压泵	220V、2.3A 配电源线	台	1	
3	电源线		根	1	
4	转换器	RS-232 接口转 USB，配驱动软件	根	1	
5	触摸笔		根	1	
6	快熔保险管	6A	个	2	
7	取样瓶	塑料，100mL	个	2	
8	取样瓶	玻璃，200mL	个	2	
9	热敏打印纸		卷	2	
10	气压管	$\phi6$，每根 1.5m	根	2	
11	排液管	PU 软管	根	1	

续表

序号	名称	规格/编号	单位	数量	备注
二	工器具				
1	超声波清洗器	选配	台	1	
2	液体取样器	选配	个	1	
三	耗材				
1	石油醚	500mL（分析纯）	瓶	1	
2	异丙醇	500mL（分析纯）	瓶	1	
3	清洁取样瓶	标配	瓶	2	

四、 作业程序及过程控制

（一） 操作步骤

1. 采集油样

（1）取样瓶的准备。

将取样瓶和瓶盖先用热的洗衣粉水（或其他洗涤液）清洗，再用自来水冲洗，最后用除盐水或蒸馏水冲洗干净，放入烘干箱内干燥。烘箱温度设置为110℃，鼓风装置不能开，干燥时间至少2h，并把取样瓶和瓶盖均倒置摆放。

取样瓶和瓶盖烘干好之后，拧紧瓶盖，把取样瓶放入新的、经无水乙醇擦拭后的自封袋内密封好，在自封袋上盖上白绸布，放入容器柜内存放。

（2）取样。

1）取样的基本原则应遵循 GB/T 7597—2007 的规定。

2）取样位置为系统上取样点或油箱底部取样点。

3）从油箱底部的取样阀取样时，应先用干净绸布蘸取石油醚或无水乙醇擦净阀口，再用普通的圆片滤纸中间撕个小孔套在取样阀上，向上捋成伞状用来遮挡取样阀上的灰尘。

从系统上取样点取样时，打开、关闭取样阀3～5次以冲洗取样阀，并放出取样管路内残留的油（约7500mL），对要采集的油样确保其均匀性。在不改变通过取样阀液体流量的情况下，移走污油瓶，接入取样瓶取样200mL后（严格按照采样量标准进行采样，采样量不应超过清洁取样瓶的上限，否则采样失败），移走取样瓶，再关闭取样阀，盖好取样瓶，并用经过无水乙醇擦拭好的自封袋用细绳子扎紧瓶口，采集过程中应避免对油样的二次污染。

4）油样应密封保存，测量时再启封。

5）一般要求：动力装置应与系统一起在稳定的状态下（正常的工作温度和额定压力）工作，实现该状态的最小循环时间为1h。

2. 试验步骤

（1）测量前的准备。

1）仪器预热。打开仪器电源开关，预热10min后，仪器可以进行测试操作。将液体样品装入容积为100mL的塑料取样瓶中或容积为200mL的玻璃取样瓶中，确保液体是混合均匀的。如果样品中存在很多气泡，建议使用超声波清洗器去除样品中的气泡。

注意：为了避免测量过程中出现测量样品不够的情况，应提前预测需要测量样品的体积（实际需要取样的样品体积加上预留量体积）。实践举例：当仪器清洗体积设置为10mL，清洗2次，仪器每次取样体积设置为10mL，仪器取样次数为3次时，样品在仪器测试过程中的分析体积为50mL。若选用100mL的取样瓶，测量样品的体积至少为100mL；若选用200mL的取样瓶，测量样品的体积至少为150mL。

2）清洗设备。如果上一次测量样品后没有对仪器管路进行冲洗，管路中残留上一次的测量样品会污染下一次样品，导致测量数据存在误差。为了确保测量管路中没有其他残留液体，在样品测量之前，有必要对仪器管路进行清洗。

3）样品放置。顺时针旋转手柄，当样品底托松动后，用手托住底托并使之缓慢放下。平行移动样品底托使之远离圆筒取样仓，将存放样品的取样瓶的瓶口对着取样仓内的进样管装入，并同时还原样品底托的位置，使样品取样瓶放置在样品底托的中间位置，随之上升样品底托至不能上升后逆时针旋转手柄旋紧，使取样仓密封。

警告：确保取样仓内的压力为0的前提下方能打开压力仓。

4）搅拌器。在样品黏度较低的情况下，可以通过搅拌器使油液混合均匀，防止样品因黏度低导致颗粒分布不均，以致测量不准确。在显示主界面点击"开始搅拌"按钮执行搅拌功能，再次点击该按钮执行搅拌停止功能，搅拌速度设置参照"采样设置"执行。

（2）参数设置。

1）用户设置。点击主界面的"系统设置"按钮，进入系统设置界面；点击"采样设置"按钮，输入用户名和油样ID编号，点击"确认"按钮，并点击"返回"按钮。

2）清洗设置。点击主界面的"系统设置"按钮，进入系统设置界面；点击"清洗设置"按钮，输入实际需要的洗涤次数、清洗体积（小于取样注射器的量程）和清洗速度（清洗速度5～20mL/min），修改完毕后点击"确认"按钮。如不改动，系统会默认使用上次保存数值。

3）采样设置。点击主界面的"系统设置"按钮；点击"标准选择"按钮，输入相应需要修改的采样参数，点击"确认"按钮。如不改动，系统会默认使用上次保存数值。

搅拌速度的数值在1～100之间；润洗体积和采样体积的数值一定要小于取样注射器的量程；润洗速度和采样速度的数值在5～20mL/min范围内；真空时间参数在出厂时已经设定好。

4）标准选择（非标准粒径必须在上位机设置）。点击主界面的"系统设置"按钮；点击"标准选择"按钮，在同一个界面选择一个或两个检测标准，分别为SAE749D和NAS1638。

5）打印设置。点击主界面的"系统设置"按钮；点击"打印设置"按钮，选择"自动打印"或"手动打印"，点击"确认"按钮并点击"返回"按钮。

（3）开始测量。

在设备显示屏幕的主界面点击"开始检测"按钮，测量值会实时显示在显示屏幕上。测量值包括颗粒直径、颗粒积分值（累计值）、颗粒微分值（区间值）、主标准的通道等级、主标准和从标准的最终判定等级，颗粒度的测试界面见表3-3。设备检测完毕后会自动停止动作。

表 3-3　　　　　　　　　　　　　　　　　　颗粒度的测试界面

NAS1638: 00		SAE749D: 0	
颗粒直径（μm）	颗粒积分值	颗粒微分值	等级
5.00	0	0	00
10.00	0	0	—
15.00	0	0	00
25.00	0	0	00
50.00	0	0	00
100.00	0	0	00
开始搅拌	停止检测	仪器清洗	打印	系统设置

（4）中止测量。如需要中止检测，在设备显示屏幕的主界面点击"停止检测"按钮，仪器会中止后续操作并泄放掉取样仓内压力。

（5）关闭仪器。当不再需要进行下一个液样测量的时候，需要对仪器进行擦拭和管路冲洗。冲洗管路中残留的样品液样时，选用的清洗剂需与样品液样相溶。关闭计算机软件和设备电源开关。

（二）　计算及判断

（1）根据 DL/T 571—2007 规定，新抗燃油和运行中抗燃油颗粒污染度的质量标准为 NAS1638 级不大于 6 级。有的企业标准更为严格，要求 NAS1638 级不大于 5 级。

（2）将测试结果和质量标准相比较，看油质是否合格。抗燃油的污染度等级等于或低于相应的国家标准或企业标准要求，样品合格，油液被污染程度可以接受；污染度等级高于相应的国家标准或企业标准要求，样品不合格，油液的污染程度不可以接受。

（3）新汽轮机油的质量标准为 L-TSA 和 L-TSE（A 级）汽轮机油不大于−/18/15，B 级见报告；燃气轮机油和燃/汽轮机油均不大于−/17/14。运行中汽轮机油和燃气轮机油的质量标准为 NAS1638 级不大于 8 级。

（三）　精密度分析

（1）三次平行测量中，大于 $5\mu m$ 颗粒总数的最大相对误差为 $\pm 6\%$。

（2）运行油和新油按照同样标准等级和相同通道颗粒数对比。根据 DL/T 571—2007 规定进行运行油和新油判定。

（3）此仪器为样品油中颗粒度等级，可以作为电厂润滑油污染度判定指标。

（四）　结束工作

（1）排空管路内的残余油液，直至没有油液流出。

（2）用石油醚进行清洗，直至管路内没有油液。系统默认清洗 1min。

（3）排空管路内的石油醚，直至没有石油醚流出。

（4）当不再需要进行下一个液样测量的时候，需要对设备进行擦拭和管路冲洗。冲洗管路中残留的样品液样，选用的清洗剂需与样品液样相溶。关闭计算机软件和设备电源开关。

（五）　试验报告编写

（1）颗粒数根据几个尺寸范围（如 $5\sim15\mu m$、$15\sim25\mu m$、$25\sim50\mu m$、$50\sim100\mu m$、大于 $100\mu m$）的三次测量结果的平均值按进位法修约到整数报告。

（2）按 NAS 1638 颗粒污染度分级标准划分颗粒污染度等级。

（3）报告式样参见表 3-4。

表 3-4 颗粒污染度检测报告

编号：

仪器：					传感器：	
校准物质：					流量：	
校准日期：					每次计数体积：	
检验日期：					稀释比例：	

样品名称	颗粒尺寸范围及每 100mL 液体中颗粒数					污染级别 NAS 1638	质量指标
	5～15μm	15～25μm	25～50μm	50～100μm	>100μm		

校验：　　　　　　　　　　校核：　　　　　　　　　　审核：

五、 危险点分析及预控措施

（1）仪器测试较黏稠样品或测试完成后清洗不当，容易造成仪器计数不正常或进样异常。测试完成后应及时清洗进样狭缝及管路。

（2）在空气湿度较大的环境，空气过滤组合可能会残存一定的水分，导致过滤组合失效。可通过仪器后面板的观察窗观察，及时进行排水操作。

（3）当仪器的压缩空气含水量过高时，压缩空气中的水分会进入样品中，影响测试结果。定期观察，当需要时更换分子筛干燥剂。

（4）当检测样品中存在明显肉眼可见的大颗粒时（>400μm），请谨慎测量，防止大颗粒堵塞仪器管路。

（5）仪器中的设置参数，在出厂前已经设置为最优参数，适合大多数液体检测，请谨慎更改。

（6）当检测样品黏度较大时，请选用加热设备对样品进行预热，使其黏度降低。

（7）仪器检测完毕后最好及时清洗，防止液样残留管路时间较长，导致管路粘连使其堵塞。

（8）请选用能够与液体样品相溶的清洗剂进行设备管路清洗。

六、 仪器维护保养及校验

（一） 仪器维护保养

1. 日常维护

每次设备使用完毕后以及设备不使用时，用清洗剂冲洗注射器以及设备管路。完成或测试较黏稠的样品后，应使用石油醚及时对管路及进样狭缝进行清洗。清洗前先排尽管路内的余液，清洗后排空管路内的石油醚。

2. 每周维护

在设备使用不频繁的情况下，必须每周使用清洗剂清洗一次设备注射器的液体通道，清除沉淀物、消除细菌生长等。长时间不使用时，应定期开机数分钟，让仪器保持良好的工作状态。

3. 定期维护

设备中的液体导管、注射器密封件、阀门需要定期维护。如这些部件出现磨损，系统会出现精确度、准确性变差，气隙发生变化或者移动、泄漏的情况。

如果出现这些情况，但又不能明显看出由哪个部件造成，可以按照以下顺序一次性更换某个部件是最简单、最经济的办法：仪器输入导管与输出导管、活塞密封、阀名称，仪器自动检测是哪个部件的问题。部件更换频率根据系统工作周期、所用液体及系统维护情况决定。

（二） 仪器的校准

1. 校准和定标

（1）校准。使用标准油对仪器计数准确性进行校验。可按 GB/T 18854—2002 （ISO 11171—1999、JJG 066—95）等标准进行标定、校准。

（2）定标：每次校准仪器后，应在传感器校准曲线上找到与所需粒径（一般为 5、10 或 15、25、50 及 100μm）对应的门限值，并按粒径大小依次调整到各通道上。

校验应由相关计量中心或厂家专业人员进行。

2. 校验周期

一般校验周期为一年。在更换传感器元件时，也应依据 ISO 11171 重新校准。

3. 校验达到标准

测试结果应符合国家标准的相关指标要求。取样精度：±0.5%；重复性：≤3%；相对标准偏差（CV）：≤2%。

七、 试验数据超极限值原因及采取措施

（一） 警戒极限

新抗燃油和运行中抗燃油颗粒污染度（NAS 1638）/级大于 6。

运行中汽轮机油颗粒污染度（NAS 1638）/级大于 8。

（二） 原因解释

1. 抗燃油

（1）被机械杂质污染。

（2）精密过滤器（即波纹纤维滤器）失效，精滤器能去除油中水分和杂质。

（3）油系统部件磨损。

2. 汽轮机油

（1）补油时带入的颗粒。

（2）系统中进入灰尘。

（3）系统中锈蚀或磨损颗粒。

（三） 采取措施

1. 抗燃油

（1）检查精密过滤器、滤网是否破损、失效，必要时更换滤芯。当压差接近或超过极限时，表明过滤器脏物堵塞，应立即进行更换，防止过滤元件堵塞时，压力过大而使过滤

器破损。如对于工作压力 15MPa 的系统，其油泵出口过滤器前后压差超过 0.7MPa 就应立即更换，回油污染指示器压差超过 0.2MPa 应及时更换滤芯。

（2）检查油箱密封及系统部件是否有腐蚀破损。

（3）消除污染源，进行旁路过滤，必要时增加外置过滤系统过滤，直至合格。

（4）查找增加污染度的原因，过滤油品或更换油品后再使用。如属于用油设备本身的原因，应对其进行维修或保养。废油采取制造厂回收或高温焚烧的方法处理。

（5）使用过滤精度 β 大于 200 甚至 β 大于 1000 的高效滤芯。

（6）建议有条件的使用渐变孔径滤材，以提高过滤器的过滤精度。

（7）保持合适的运行温度。正常使用温度在 35～55℃之间。

2. 汽轮机油

（1）注意观察，并与其他试验结果比较。

（2）如果加错了油应更换纠正。

（3）可酌情添加消泡剂，并开启精滤设备处理。

（4）运行中发现油中颗粒数突然增加，需立即检查净化装置的过滤层，如发现腐蚀或磨损颗粒，应对油系统进行精密过滤处理，并查明颗粒的来源，必要时应停机检查。

（5）汽轮机油颗粒度若大于 NAS 1638 中的 8 级，机组不准启动，避免机械的磨损和造成损坏。

第二节　抗燃油（汽轮机油）泡沫特性测试现场作业指导及应用

一、概述

1. 适用范围

本方法适用于测定润滑油在中等温度下的泡沫特性，适用于加或未加用以改善或遏止形成稳定泡沫倾向的添加剂的润滑油。

2. 引用标准

GB/T 4756—1998　石油液体手工取样法

GB/T 6682—2008　分析实验室用水规格和试验方法

GB/T 7596—2008　运行中汽轮机油质量标准

GB/T 7597—2007　电力用油（变压器油、汽轮机油）取样方法

GB 11120—2011　涡轮机油

GB/T 12579—2002　润滑油泡沫特性测定法

GB/T 14541—2005　电厂用运行汽轮机油维护管理导则

DL/T 571—2007　电厂用磷酸酯抗燃油运行与维护导则

二、相关知识点

1. 泡沫特性

在液体内部或表面聚集起来的气泡，从体积上考虑，其中空气（气体）是主要组成部

分。抗泡沫性质（或称泡沫特性）是评定润滑油（包括汽轮机油）、液压油、齿轮油等的泡沫性质，即油品生成泡沫的倾向及泡沫的稳定性的重要指标，以泡沫体积（单位为mL）表示。在油的表面上，特别在主油箱、泵入口处有薄薄一层泡沫，好的油品泡沫很快破裂，不致形成泡沫的堆积。

2. 试验原理

试样在24℃时，用恒定流速的空气吹气5min，然后静止10min。在每个周期结束时，分别测定试样中泡沫的体积。取第二份试样，在93.5℃下进行试验，当泡沫消失后，再在24℃下进行重复试验。

3. 测试意义

润滑油在使用过程中，由于受到振动、搅拌等作用，不可避免地有空气混入油中，在界面张力的作用下形成泡沫。此外，设备密封不严、油泵漏气或油箱中的润滑油过分的飞溅都会使空气滞留在油中。在油中的空气表现为气泡和雾沫空气两种形式。油中较大的空气泡能迅速上升到油的表面，并形成泡沫。而较小的气泡上升到油表面较慢，这种小气泡称为雾沫空气。

在相同条件下，三芳基磷酸酯的空气饱和度和矿物油大致一样，但磷酸酯的空气释放速度比汽轮机油小1/3～1/2。常压下，油中通常有约10%（体积）的溶解空气，压力升高时，空气在油中的溶解度随压力而成比例的增加，使进入泵的不溶解空气在很长的压力油管中就溶解于油。但是，节流时在很小的局部减压区段内，空气又可能从油中再释放出来，会导致系统的工作不稳定，引起振动等现象。因此，在泵的入口处，油中的不溶解空气应尽可能少。油中有不溶解的空气还会影响到泵的运转；同时会加速油的老化，使油箱油位难以维持，油箱溢油；造成油压波动，使调速系统不稳定。

油中泡沫特性和空气释放值的变化，受抗燃油表面活性物质的影响。特别是抗燃油中水分含量超标及电阻率较低时，这种情况更为突出。运行中抗燃油在补油之后出现抗泡沫特性和空气释放值恶化的现象，原因是补油前腐蚀产生的金属皂化物均匀分散于抗燃油中，油—空气界面张力较大，此时不易形成气泡。当有新的抗燃油补入时，腐蚀产物在抗燃油中的溶解度达到过饱和形成油泥析出，漂浮在油和气的界面上，由于其密度低于抗燃油，漂浮在油的液面上，改变了油气界面的表面活性，使抗燃油产生严重起泡现象，使油—空气的界面张力下降。由于油—空气的界面张力下降，空气在油流的搅动下很容易形成气泡，而且由于腐蚀产物分子两端极性的差别而被定向地吸附在气—液界面上，形成牢固的液膜。这个较牢固的液膜对泡沫具有保护作用，使抗燃油的泡沫破灭速度小于生长的速度，造成抗燃油泡沫特性、空气释放值超标，油箱油位下降，影响安全运行。

另外，由于润滑油的质量水平不断提高，功能添加剂的加入品种和加入量不断增加，使润滑油的起泡性能显著增强。常见的是引起机械产生噪声和振动，大量的气泡存在于油中使润滑油的冷却效果降低，运行管路产生气阻，润滑油供应不足，油箱溢油。泡沫的存在还会破坏油膜的完整性，从而导致机械磨损加剧。

三、 试验前准备

1. 人员要求

要求作业人员1～2人，身体健康。作业人员必须经培训合格，持证上岗，熟悉仪器的使用和维护等。

2. 气象条件

（1）取样应在良好的天气下进行，避免在雷、雨、雾、雪、大风的环境下进行。

（2）环境温度：5～40℃；环境相对湿度：≤75%。

3. 试验仪器、工器具及耗材

试验仪器、工器具及耗材见表3-5。

表 3-5　　　　　　　　　　　试验仪器、工器具及耗材

序号	名称	规格/编号	单位	数量	备注
一	试验仪器				
1	润滑油泡沫特性测定仪	ZHP1901	台	1	
二	工器具				
1	量筒		个	4	1000mL
2	干燥箱		台	1	
3	温度计	0～50℃	支	1	分辨率0.1℃
4	温度计	50～100℃	支	1	分辨率0.1℃
5	不锈钢导气管		支	4	
6	气体扩散头		个	4	
7	硅胶管	φ4	m	4	
8	镊子		把	1	
9	烧杯	300mL	个	2	
10	量筒	200mL	个	1	
三	耗材				
1	汽轮机油	32号防锈油	mL	1000	
2	测试滤纸		盒	1	
3	石油醚		瓶	1	
4	生料带		卷	1	
5	脱脂棉		包	1	
6	蒸馏水		mL	50	
7	干燥剂		瓶	1	
8	正庚烷	分析纯	瓶	1	
9	丙酮	分析纯	瓶	1	
10	异丙醇	分析纯	瓶	1	
11	甲苯	分析纯	瓶	1	
12	清洗剂	非离子型，能溶于水			适量

四、 试验程序及过程控制

（一） 操作步骤

1. 采集油样

（1）运行油的取样应由有经验的专业人员按照 GB/T 7597—2007 电力用油（变压器

油、汽轮机油）取样方法进行。

（2）取样瓶清洁、干燥、密封性好，不应被污染、受潮。

（3）取样部位：一般从冷油器出口、油管路入口、旁路再生装置入口或油箱底部取样。

（4）取样方法：取样前调速系统至少应在正常情况下运行24h，以保证所取样品具有代表性。

1）泡沫特性试验取样前应先将取样阀周围清理干净，打开取样阀，放出取样管内存留的抗燃油，然后打开取样瓶盖，用油将取样瓶内刷洗两遍后取样。样品取好并撤离后再关闭取样阀，同时盖好瓶盖。

2）油箱顶部取样时，先将箱盖及周围清理干净后再打开，用专用取样器从存油的上部及中部取样。取样后将箱盖复位封好。

2. 仪器（试剂）准备

（1）润滑油泡沫特性测定仪应安装在清洁、干燥的房间内。

（2）仪器使用220V、50Hz单相交流电源，电压无较大波动，仪器应有良好的接地。

（3）若是新的仪器，要小心地从包装箱内取出主机及其配件，注意不要把水浴缸碰坏，并按仪器装箱单检查各配件是否齐全。把水浴缸放于底座上，仪器的电热管部分轻轻放于水浴缸上部，操作时应小心轻放，以防弄坏玻璃缸。应注意不要把高低温浴的位置顺序弄反。

（4）从两水浴缸注水孔分别注入蒸馏水，当两支1000mL量筒均浸入浴中后，水面至缸沿的高度应始终为50mm左右。

（5）用控制电缆连接控制箱与电热管部分。

（6）每次试验之后，必须彻底清洗试验用量筒和进气管，以除去前一次试验留下的痕量添加剂，这些添加剂会严重影响下一次的试验结果。先依次用甲苯、正庚烷和清洗剂仔细清洗量筒，然后用水和丙酮冲洗，最后再用清洁、干燥的空气流将量筒吹干，量筒的内壁排水要干净，不能留水滴。

分别用甲苯和正庚烷清洗扩散头，方法如下：将扩散头浸入约300mL溶剂中，用抽真空和压气的方法，使部分溶剂来回通过扩散头至少5次。然后用清洁、干燥的空气将进气管和扩散头彻底吹干，最后用一块干净的布沾上正庚烷擦拭进气管的外部，再用清洁的干布擦拭，注意不要擦到扩散头。

（7）调节进气管的位置，使气体扩散头恰好接触量筒底部中心位置。空气导入管和流量计应通过一根铜管连接，这根铜管至少要绕冷浴内壁一圈，以确保能在24℃左右测量空气的体积。检查系统是否泄漏。

（8）试样准备。

1）不经机械摇动或搅拌，将约200mL试样倒入600mL烧杯中加热至（49±3）℃，并使之冷却到（24±3）℃。

2）某些类型的润滑油在储存过程中，因泡沫抑制剂分散性的改变，致使泡沫增多，如怀疑有以上现象，可以用下述选择步骤来进行：

按以上第6）条方法要求清洗一个带高速搅拌器的1L容器，将18～32℃的500 mL

试样加入此容器中，并以最大速度搅拌 1min。在搅拌过程中，常常会带进一些空气，因此需使其静止，以消除引入的泡沫，并且使油温达到（24±3）℃。搅拌后 3h 之内，开始进行试验。

3. 试验步骤

（1）开机。

接通电源开关，显示开机页面，按任意键，根据样品测试情况，选择合适的测定方式，可以单独进行高温浴或低温浴的测定，也可以选择高、低温浴同时测定。按"△"或"▽"键，配合"确认"键可选择对应的功能。

（2）测试。

1）预先将高温水浴加热到 49.5℃，将不经过机械摇动或搅拌的 190mL 油样注入 1000mL 量筒中，浸入到高温水浴中固定好，至少浸没到 900mL 刻度处，油样在 49.5℃ 的水浴中恒温 15～20min。

2）从 49.5℃ 的水浴中取出量筒，将其浸入 24℃ 水浴中，至少浸没到 900mL 刻度处。将仪器"控温"时间设置为 15min，15min 后，待油温达到浴温时，塞上塞子，连接管路。将屏幕"按键"光标转移到"开始"，按"确认"键，状态显示为"浸没"。扩散头浸泡 5min 后（有蜂鸣提示），自动开始通气，状态显示"送气"，调整流量计使空气流量为（94±5）mL/min，使清洁干燥的空气通过气体扩散头。这时量筒中有泡沫产生，从扩散头中出现第一个气泡开始计时，通气 5min±3s，通过系统的空气总体积应为（470±25）mL。通气结束，立即记录泡沫的体积（即试样液面到泡沫顶部之间的体积）。静置 10min±10s 后，再记录泡沫的体积，精确至 5mL。（参见程序Ⅰ）

3）将第二份试样倒入清洁的 1000mL 量筒中，使液面达到 180mL 处。将量筒浸入 93.5℃ 水浴中，至少浸没到 900mL 刻线处。仪器"控温"时间设置为 15min，15min 后，待油温达到（93±1）℃时，插入清洁的气体扩散头及进气管，并按上述 2）条所述步骤进行试验，分别记录在吹气结束及静置周期结束时的泡沫体积，精确至 5mL。（参见程序Ⅱ）。

4）以搅动的方法除去 93.5℃ 试验后留下的所有泡沫。将试验量筒置于室温，使试样冷却至低于 43.5℃（一般需要 15～20min），然后，将量筒浸入 24℃ 浴中。当试样达到浴温后，将清洁的进气管与气体扩散头插入试样，按以上第 2）条所述步骤进行试验，并记录在吹气结束时及静置周期结束时的泡沫体积，精确至 5mL。（参见程序Ⅲ）

（3）关机。测试完成，可直接关机。

（二）　计算及判断

1. 抗燃油

测试结果应符合 DL/T 571—2007 中对抗燃油泡沫特性的要求，见表 3-6、表 3-7。

表 3-6　　　　　　　　　　　新磷酸酯抗燃油泡沫特性的质量标准

泡沫特性（mL/mL）	24℃	≤50/0
	93.5℃	≤10/0
	24℃	≤50/0

表 3-7　　　　　　　　　　运行中磷酸酯抗燃油泡沫特性的质量标准

泡沫特性（mL/mL）	24℃	≤50/0
	93.5℃	≤10/0
	24℃	≤50/0

其他要求同汽轮机油。

2. 汽轮机油

（1）运行中汽轮机油的测试结果应符合 GB 7596—2008 中对泡沫特性的要求，见表 3-8。

表 3-8　　　　　　　　　　运行中汽轮机油泡沫特性的质量标准

泡沫特性（mL/mL）	24℃	500/10
	93.5℃	50/10
	后 24℃	500/10

（2）新汽轮机油的测试结果应符合 GB 11120—2011 中对泡沫特性的要求，见表 3-9、表 3-10、表 3-11。

表 3-9　　　　　　　　　L-TSA 和 L-TSE 汽轮机油泡沫特性技术

泡沫性（泡沫倾向/泡沫稳定性）（不大于，mL/mL）	A 级	B 级
程序Ⅰ（24℃）	450/0	450/0
程序Ⅱ（93.5℃）	50/0	100/0
程序Ⅲ（后 24℃）	450/0	450/0

表 3-10　　　　　　　　　L-TGA 和-TSE 燃气油泡沫特性技术要求

泡沫性（泡沫倾向/泡沫稳定性）（不大于，mL/mL）	A 级	B 级
程序Ⅰ（24℃）	450/0	450/0
程序Ⅱ（93.5℃）	50/0	50/0
程序Ⅲ（后 24℃）	450/0	450/0

表 3-11　　　　　　　　L-TGSB 和 TGSE 燃/汽轮机油泡沫特性技术要求

泡沫性（泡沫倾向/泡沫稳定性）（不大于，mL/mL）	A 级	B 级
程序Ⅰ（24℃）	450/0	50/0
程序Ⅱ（93.5℃）	50/0	50/0
程序Ⅲ（后 24℃）	450/0	50/0

（3）报告结果精确到 5mL，表示为"泡沫倾向"（在吹气周期结束时的泡沫体积 mL）和（或）"泡沫稳定性"（在静止周期结束时的泡沫体积 mL）。每个结果要注明程序号以及试样是直接测定还是经过搅拌测定的。

当泡沫或气泡层没有完全覆盖油的表面，且可见到片状或"眼睛"状的清晰油品时，报告泡沫体积为"0mL"

（三）精密度分析

1. 重复性 r

同一操作者使用同一仪器，在恒定的试验条件下对同一试样重复测定的两个试验结果之差不能超过式（3-1）和式（3-2）的值。

$$r（程序Ⅰ和程序Ⅱ）=10+0.22X \quad (3-1)$$

$$r（程序Ⅲ）=15+0.33X \quad (3-2)$$

式中　X——两个测定结果的平均值，mL。

重复性图解见图3-1。

2. 再现性 R

不同的操作者，在不同的实验室对同一试样得到的两个独立的试验结果之差不能超过式（3-3）和式（3-4）的值。

$$R（程序Ⅰ和程序Ⅱ）=15+0.45X \quad (3-3)$$

$$R（程序Ⅲ）=35+1.01X \quad (3-4)$$

式中　X——两个测定结果的平均值，mL。

再现性图解见图3-20。

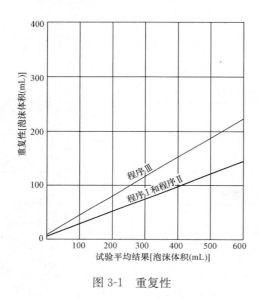

图 3-1　重复性　　　　　　　　　　图 3-2　再现性

（四）　结束工作

（1）拆除管路，取出量筒，通过排水口，把循环水浴的水排放掉，并把量筒等试验工器具清洗干净。

（2）将水浴中的水倒出。

（3）整理仪器，清理操作台，使其恢复清洁、整齐，用具归位。

（五）　试验报告编写

试验报告应包括：汽轮机主要参数、油牌号及产地、环境温度及湿度、泡沫特性测试结果等。

泡沫倾向性　　　　　　　　　泡沫稳定性

吹气 5min 结束时　　　　　　静置 10min 结束时

的泡沫体积（mL）　　　　　　的泡沫体积（mL）

程序Ⅰ：（24℃）……　　　　……

程序Ⅱ：（93.5℃）……　　　　　　……

程序Ⅲ：（24℃）……　　　　　　……

五、 危险点分析及预控措施

（1）新的或使用一段时间后的气体扩散头，应进行渗透率的测定。

（2）试验浴按规定要求保持恒温：必须使试样量筒浸入浴中至少达 900mL 刻线处。

（3）所用的量筒、进气管、气体扩散头每次必须清洗干净，并用干燥空气吹干，避免影响试验结果的准确性。

（4）防触电。仪器应有良好的接地。

（5）化验室应备有自来水、消防器材、急救箱等物品。

（6）防止玻璃仪器破碎被扎伤。

（7）水浴中无水或缺水时，不要开机试验，以免烧坏电热管。

（8）干燥塔中硅胶蓝色消失时，表明已经失效，应更换新的硅胶。

（9）仪器使用前，检查通气管路连接是否正确。

（10）当室温高于 24℃时，需配置投入式致冷器给低温浴降温，以满足恒温要求。

（11）仪器使用前，检查气体管路有无泄漏，如有泄漏，则将连接管重新连接妥当。

六、 仪器校验

（一） 校验方法及校验项目

仪器校验应使用经计量合格、分辨率为 0.05℃的水银温度计或分辨率为 0.01℃的热电偶温度计对仪器进行校验。仪器接通电源，开机进入主界面，选择双浴，进入测定页面，仪器进入升温、控温状态。

（二） 校验周期

仪器每年至少应校验一次。

（三） 校验达到标准

当温度恒定在 24℃和 93.5℃时，仪器显示值与水银温度计或热电偶温度计数值对比，差值不超过±1℃。

七、 试验数据超极限值原因及采取措施

1. 警戒极限

（1）抗燃油。

1）新磷酸酯抗燃油泡沫特性的异常极限值为：

$$>50/0mL/mL$$
$$>10/0mL/mL$$
$$>50/0mL/mL$$

2）运行中磷酸酯抗燃油泡沫特性的异常极限值为：

$$>250/50mL/mL$$
$$>50/10mL/mL$$
$$>250/50mL/mL$$

（2）汽轮机油。

1）对于新的汽轮机油和抗燃油来说，若泡沫试验数据超标，就判断油质不合格，不能验收。

2）运行中汽轮机油起泡沫试验的警戒极限：泡沫倾向性大于500mL，泡沫稳定性大于10mL。

2. 原因解释

（1）运行中抗燃油泡沫特性数据超标的原因。

1）油老化或被污染。

2）添加剂不合适。

3）与油接触的某些材料或介质的某些化学成分被溶入油中。

4）油中含有少量矿物油。

5）油中含抗泡沫的化学成分被再生剂吸附除去。

6）管道腐蚀劣化产生的劣化产物。

7）外来表面活性剂的污染。

（2）运行中汽轮机油起泡沫试验数据超标的原因。

1）可能被固体物污染或加错了油。

2）在新机组中可能是残留的锈蚀物所致。

3. 采取措施

（1）抗燃油。

1）查明原因，消除污染源。

2）更换旁路再生装置的再生滤芯或吸附剂，进行处理。旁路再生以961吸附剂或硅藻土填充的再生滤元效果较好，988能较好地除去抗燃油劣化产物。

3）添加消泡剂。

4）考虑换油。

（2）汽轮机油。

1）注意观察，并与其他试验结果相比较。

2）如果加错了油应更换。

3）可酌情添加消泡剂，如近年来发展较快的非硅抗泡剂丙烯酸酯的聚合物，即T901抗泡剂，并开启精滤设备处理。如运行中汽轮机油产生泡沫较严重，并长时间不能消除时，可通过小型试验，在油箱油面的泡沫上喷洒（或雾状）二甲基硅油或T901消泡剂消除。喷洒量由小型试验确定，一般喷洒量为油量的几个10^{-6}即可。

第三节　抗燃油（汽轮机油）空气释放值测试现场作业指导及应用

一、概述

1. 适用范围

本方法用于测定润滑油分离雾沫空气的能力，适用于汽轮机油、液压油或其他要求测定空气释放值的产品。

2. 引用标准

GB/T 4756—1998　石油液体手工取样法

GB/T 7596—2008　运行中汽轮机油质量标准

GB/T 7597—2007　电力用油（变压器油、汽轮机油）取样方法

GB 11120—2011　涡轮机油

GB/T 14541—2005　电厂用运行汽轮机油维护管理导则

DL/T 571—2007　电厂用磷酸酯抗燃油运行与维护导则

SH/T 0308—1992　润滑油空气释放值测定法

二、　相关知识点

1. 空气释放值

在油中的空气表现为气泡和雾沫空气两种形式。油中较大的空气泡能迅速上升到油的表面，并形成泡沫。而较小的气泡上升到油表面较慢，这种小气泡称为雾沫空气。雾沫空气是用空气释放值来衡量的。空气释放值是润滑油分离雾沫空气的能力，油中含有空气量越少越好。特别是密封油系统，对油品的此项特性有较严格的要求。

2. 试验原理

空气释放值是指在规定的条件下，将被测样品加热到 50℃，在样品中通入过量的压缩空气，并使试样激烈搅动，以使空气在油中形成小气泡，即雾沫空气。停气后记录油中雾沫空气体积减小到 0.2% 时所需要的时间，即空气释放值，以分钟（min）表示。

3. 测试意义

有些三芳基磷酸酯具有较大的生成泡沫的倾向，使用抗泡沫添加剂可以加速泡沫的破裂。添加剂应不溶于油，而呈细分散的乳化液状态分布在油中。但是，油中有添加剂时呈小泡状，存在于油中的空气比无添加剂时释放得更慢，因此，添加消泡剂应慎重。生成泡沫的倾向随其相对分子质量的增大而减小；若工业磷酸酯馏分组成变窄时，泡沫破裂的速度就加快。

回油管路的压力对泡沫的稳定性和微细空气泡从油中释放出来的速度有明显影响（特别是脱气速度）。压力降为 2~0.1MPa 时，泡沫破裂速度比压力降大于 2.0MPa 时大得多。采用空气分离器可以提高脱气速度。

一般空气在矿物油中的溶解度为 10% 左右，如果汽轮机油的空气释放值较差，油在运行中溶解的空气就不易释放出来，而滞留在油中，会增加油的可压缩性，影响调节系统的灵敏性，引起机组振动，降低泵的出口压力等，同时油中溶有空气，在运行中受温度、压力、金属催化等影响，会加速油的老化，缩短油的运行寿命。所以汽轮机油必须具备良好的空气释放特性。

油品的放气性与油品组成有关。油中芳烃、环烷烃及氮、硫化合物均影响其放气性。添加剂如硅油及某些降凝剂对放气性影响较大。通常汽轮机油中加入酸性防锈剂（T746），若被强碱物质污染，相互作用生成不溶性皂类物质，则增加气泡稳定性，使油品的放气性变差。

三、 试验前准备

1. 人员要求

要求作业人员 1～2 人，身体健康。作业人员必须经培训合格，持证上岗，熟悉仪器的使用和维护等。

2. 气象条件

（1）取样应在良好的天气下进行，避免在雷、雨、雾、雪、大风的环境下进行。

（2）环境温度：5～40℃；环境湿度：≤75%。

3. 试验仪器、工器具及耗材

试验仪器、工器具及耗材见表 3-12。

表 3-12　　　　　　　　　　试验仪器、工器具及耗材

序号	名称	规格/编号	单位	数量	备注
一	试验仪器				
1	润滑油空气释放值测定仪	ZHC103	台	1	
二	工器具				
1	水浴套管		套	1	
2	干燥箱		台	1	
3	温度计	0～50℃	支	1	分辨率 0.1℃
4	密度计	空气释放值专用	套	1	
5	气泵		台	1	
6	大镊子		个	1	
三	耗材				
1	汽轮机油或抗燃油		mL	500	
2	乳胶管		m	3	
3	石油醚		瓶	1	
4	蒸馏水		桶	1	
5	脱脂棉		包	1	
6	蒸馏水		L	50	
7	烧杯		个	2	
8	量筒		个	2	
9	铬酸洗液		瓶	1	1L
10					

四、 试验程序及过程控制

（一） 操作步骤

1. 采集油样

（1）运行油的取样应由有经验的专业人员按照 GB/T 7597—2007 电力用油（变压器油、汽轮机油）取样方法进行。

（2）取样瓶清洁、干燥、密封性好，不应被污染、受潮。

（3）取样部位：一般从冷油器出口、油管路入口、旁路再生装置入口或油箱底部

取样。

（4）取样方法：取样前调速系统至少应在正常情况下运行 24h，以保证所取样品具有代表性。

1）空气释放值试验取样前应先将取样阀周围清理干净，打开取样阀，放出取样管内存留的抗燃油，然后打开取样瓶盖，用油将取样瓶内涮洗两遍后取样。样品取好后再关闭取样阀，同时盖好瓶盖。

2）油箱顶部取样时，先将箱盖及周围清理干净后再打开，用专用取样器从存油的上部及中部取样。取样后将箱盖复位封好。

2. 仪器准备

（1）仪器应有良好的接地。

（2）用铬酸溶液或者其他溶剂洗净并干燥耐热夹套玻璃试管。

（3）小心地将水浴套管用试管固定夹固定在托板上。用适宜的橡胶管分别将试管的进水口和循环水供水口相连，试管的出水口与循环水回水口相连。

（4）检查排水阀门是否在"关"状态，如果不在，请将排水阀门旋转到"关"的位置。

（5）用烧杯或其他取样磨口瓶给试管内加入 180mL 的试验样品油。

（6）将仪器顶部的密度计从恒温室中取出，从此口用漏斗向水箱内加入蒸馏水。待溢水口有水流出时，停止加水，并且将恒温室装回原处。

3. 试验步骤

（1）开机。

接通电源开关，显示开机页面，按任意键，进入"功能选择"页面，按"△"或"▽"键，配合"确认"键可选择不同功能。设置恒温温度为 50℃，试验压力为 1.96N/cm²，选择是否打印选项等。

（2）测试。

1）在开始测试状态下，按"确认"键，将进入"准备测试"页面，仪器状态显示为"准备测试？"。

2）按"确认"键，仪器将进入自动测定状态。如果循环水浴中的温度低于预置温度 50℃，仪器将自动加热，并且仪器自动计时。当计时到 30min 后，仪器自动报警，此时将密度计（汽轮机油密度计选用范围为 $0.6 \sim 1.0$g/mL，抗燃油密度计选用范围为 $1.0 \sim 1.3$g/mL）放入试管中，观察密度计的读数（一般油面上为 10 格），用镊子转动小密度计，使其上下移动，静止后再读一次，两次读数应该一致。如果两次读数不一致，5min 后再读一次，直到相同为止，记录此密度计的值为 D_0。

3）取出小密度计，放入密度计恒温室，保持在试验温度。将热空气出口与通气管进气口相连（应提前打开空气压缩机），此时按"确认"键，计时器自动清零并且自动计时，当计时到 5min 后，气泵开始工作，此时空气温度已经到达 50℃±5℃，调节气压调节阀，使气压稳定在 0.2kgf/cm²，计时器将自动清零并且自动计时通气 7min。

4）当计时到达 7min 后，计时器将自动清零并且自动计时。仪器将自动停止通入空气，并且气室加热器停止工作。此时迅速将通气玻璃管取出，将恒温室中的小密度计放入玻璃夹套试管中。

5）观察小密度计的读数（一般油面上的格数降到 6.5 格，密度降低了 3.5 格，3.5 格的密度正好是 0.001 7g/mL），记录此时密度计的读数 D_1，当密度计的密度差 $D_0 - D_1 =$ 0.001 7 时，按下"确认"键。此时屏幕上显示的气泡分离时间即为该样品在试验温度下的空气释放值。仪器会自动将试验结果存入仪器的内存中并且将试验结果自动打印出来。

6）若需重复试验，观察密度计的读数，当密度计的读数与初始读数 D_0 相等时，取出密度计放入恒温室内，再次连接好试管，按下"重复实验"键可以进行第二次实验，操作方法与前边所述相同。

7）实验完毕，关闭仪器电源和空气压缩机电源。

（二）　计算及判断

若气泡分离时间在 15min 内，记录时间精确到 0.1min，在 $15 \sim 30min$ 内精确到 1min，停气 30min 后密度计还未达到 D_1 值，则停止实验。

（1）空气释放值计算。

空气释放值按式（3-5）计算：

$$d_t = d_0 - 0.0017 \tag{3-5}$$

式中　d_t——停气后经时间 t（单位为 min）时试样的密度，g/mL；

　　　　d_0——通气前试油的密度，g/mL；

　0.001 7——试样中剩余 0.2% 的雾沫空气对试油密度的影响值。

（2）新磷酸酯抗燃油空气释放值（50℃）的质量标准：$\leqslant$3min；运行中磷酸酯抗燃油空气释放值（50℃）的质量标准：$\leqslant$10min。

（3）32 号新汽轮机油的空气释放值（50℃）的技术要求：不大于 5min；运行中汽轮机油空气释放值（50℃）的质量标准：$\leqslant$10min。

（三）　精密度分析

两次重复测试结果的差值不得超过表 3-13 中重复性数值；两个实验室的测定结果不能超过表 3-13 中重复性和再现性的数值。

表 3-13　　　　　　　　　　精 密 度 表　　　　　　　　　　　min

空气释放值	重复性	再现性
<5	0.7	2.1
$5 \sim 10$	1.3	3.6
$>10 \sim 15$	1.6	4.7

（四）　结束工作

（1）试验结束后，整理仪器，清理操作台，用具归位。将试验结果写在原始记录表上，并填写环境温度和湿度。

（2）将仪器中水浴的水放净，取下夹套试管，倒出试样并清洗干净。

（3）收好密度计等试验器材。

（4）将仪器、烘箱及空气压缩机断电并擦拭干净。

（五）　试验报告编写

试验报告应包括：汽轮机主要参数，油牌号及产地，环境温度、湿度，空气释放值等。

五、　危险点分析及预控措施

（1）水浴中未注入蒸馏水时，严禁进入测试状态（即按"开始测定"键进入测试页面），以免烧坏电热管。

（2）防触电。确保所使用的电源要有可靠的接地线，如未接地，可能导致人身伤亡事故。

（3）化验室应备有自来水、消防器材、急救箱等物品。

（4）仪器玻璃部件易碎，注意轻拿轻放，防止玻璃仪器破碎被扎伤。

（5）请不要在有爆炸危险性的环境内工作。仪器外壳并非完全密闭，存在因火星、气体进入造成爆炸的可能性。

（6）使用化学品和溶剂时，请遵守制造商的使用指导和通用实验室安全规范。

（7）密度计的安全使用。密度计使用前必须全部擦拭干净；应选用合适的密度计，轻轻缓慢放入试管中心；待密度计处于平稳状态，计数时眼睛与液面上边缘必须在同一水平面，按弯月面上缘计数；在读数的同时记录试样温度。

（8）试验过程应保持温度恒定。通入空气的压力为表压 0.02MPa，必要时进行调节。

（9）用小密度计测量其密度时，可用镊子动一下小密度计使其上下浮动，静止时再读一次数，使其读数准确，以便精确记录气汽分离时间。

六、　仪器校验

（一）　校验方法

（1）应使用经计量合格、分辨率为 0.01 的水银温度计或热电偶温度计对仪器进行校验。

（2）开机进入开始测定界面，点击"开始"按钮，仪器进入升温、控温状态，当温度达恒温 50℃时，仪器显示值不超过 ±1℃。

（二）　校验周期

仪器每年至少应校验一次。

（三）　校验达到标准

仪器显示的温度值与校验温度计值对比，差值不超过 ±1℃。

七、　试验数据超极限值原因及采取措施

1. 警戒极限

（1）抗燃油。新抗燃油空气释放值（50℃）的警戒极限：>3min。运行中抗燃油空气释放值（50℃）的警戒极限：>10min。

（2）汽轮机油。新的汽轮机油空气释放值（50℃）的警戒极限：>5min。运行中汽轮机油空气释放值（50℃）的警戒极限为：>10min。

2. 原因解释

（1）抗燃油。空气释放值是表示油中析出空气能力的条件值。油中泡沫特性和空气释放值的变化，受抗燃油表面活性物质的影响。特别是抗燃油中水分含量超标及电阻率较低

时，这种情况更为突出。

有实例证明，运行中抗燃油在补油之后出现抗泡沫特性和空气释放值恶化的现象，原因是补油前腐蚀产生的金属皂化物均匀分散于抗燃油中，油—空气界面张力较大，此时不易形成气泡。当有新的抗燃油补入时，腐蚀产物在抗燃油中的溶解度达到过饱和形成油泥析出，漂浮在油和气的界面上，由于其密度低于抗燃油，漂浮在油的液面上，改变了油气界面的表面活性，使抗燃油产生严重起泡现象，使油—空气的界面张力下降。由于油—空气的界面张力下降，空气在油流的搅动下很容易形成气泡，而且由于腐蚀产物分子两端极性的差别而被定向地吸附在气—液界面上，形成牢固的液膜。这个较牢固的液膜对泡沫具有保护作用，使抗燃油的泡沫破灭速度小于生长的速度，造成抗燃油泡沫特性、空气释放值超标，油箱油位下降，影响安全运行。抗燃油中空气释放值超标的原因如下：

1）与油接触的某些材料或介质的某些化学成分被溶入油中。

2）油中含有少量矿物油。

3）油中含抗泡沫的化学成分被再生剂吸附除去。

4）管道腐蚀劣化产生的劣化产物。

5）外来表面活性剂的污染。

6）油质老化，特别是油温高时油质发生水解反应。

7）油中侵入大量空气。

（2）汽轮机油。

1）油被污染。使用的密封材料、润滑皂类、油脂、酸洗剂残余、表面活性物质、防腐蚀剂、绝缘材料及其他由外界进入油中的杂质，都会使汽轮机油受到污染，从而对油品的析气性能产生不利影响，造成油品空气释放值增大。

2）劣化变质。

3. 采取措施

（1）抗燃油。

1）查明原因，消除污染源。

2）更换吸附再生滤芯或吸附剂，进行处理。

3）若油中侵入大量空气，应主要检查泵入口的密封是否正常。

4）采用空气分离器。

（2）汽轮机油。注意监视汽轮机油系统，并与其他试验结果相比较，找出污染原因并消除。

第四节　抗燃油（汽轮机油）开口闪点测试现场作业指导及应用

一、概述

1. 适用范围

本方法用于测定石油产品、含固体悬浮物的可燃液体及其他各种可燃液体的开口闪点值，适用于除燃料油（燃料油通常按照 GB/T261 进行测定）以外的、开口杯闪点高于

79℃的石油产品。

2. 引用标准

GB 267—1988　石油产品闪点与燃点测定法（开口杯法）

GB/T 3536—2008　石油产品 闪点与燃点的测定 克利夫兰开口杯法

GB/T 7596—2008　电厂运行中汽轮机油质量

GB/T 7597—2007　电力用油（变压器油、汽轮机油）取样方法

GB 11120—2011　涡轮机油

GB/T 14541—2005　电厂用运行矿物汽轮机油维护管理导则

DL/T 571—2007　电厂用磷酸酯抗燃油运行与维护导则

二、 相关知识点

1. 概念

闪点：在规定试验条件下，试验火焰引起试样蒸汽着火，并使火焰蔓延至液体表面的最低温度［修正到标准大气压（101.3kPa）下］。

2. 试验原理

采用克利夫兰开口杯法测定开口闪点和燃点是将样品装入试验杯至规定的刻度线，先迅速升高试样的温度，接近闪点时再缓慢以恒定的速度升温。在规定的温度间隔，用一个小的试验火焰在液体表面划扫，使试验火焰引起试样表面上部蒸汽闪火的最低温度，并修正到标准大气压下，即为油样的开口闪点值。仪器采用微型计算机控制，整个测定过程完全自动进行，自动升温，自动点火，自动捕捉闪点、燃点。点火方式有电点火和气点火两种形式可以选择。闪点的捕捉方式有火焰导电感应式和压力感应等检测方式。温度的测量一般都使用铂电阻。

3. 测试意义

闪点值用于表示在相对非挥发或可燃性物质中是否存在高挥发性或可燃性物质，是石油产品运输、储存、操作、安全管理的重要参数之一。

闪点是一项安全指标，是有火灾危险出现的最低温度，闪点越低，火灾危险越大。汽轮机油、燃气轮机油、燃/汽轮机油和抗燃油在长期高温下运行，应安全稳定可靠。一般闪点越低，挥发性越大，安全性越小，故将闪点作为运行控制指标之一。油在运行中遇到高温时，会引起油的热裂解反应，油中高分子烃经热裂解而产生低分子烃。低分子烃容易蒸发而使油的闪点下降。运行中有时因错补了低闪点油品而使闪点降低。

三、 试验前准备

1. 人员要求

要求作业人员1～2人，身体健康。作业人员必须经培训合格，持证上岗，熟悉仪器的使用和维护等。

2. 气象条件

（1）取样应在良好的天气下进行，避免在雷、雨、雾、雪、大风的环境下进行。

（2）环境温度：10～40℃；相对湿度：≤80％。

3. 试验仪器、工器具及耗材

试验仪器、工器具及耗材见表3-14。

表 3-14　　　　　　　　　试验仪器、工器具及耗材

序号	名称	规格/编号	单位	数量	备注
一	试验仪器				
1	开口闪点测定仪	HGKS211	台	1	
二	工器具				
1	具有磨口塞的玻璃瓶	500～1000mL	个	1	
2	锥形瓶	250mL	个	1	
3	湿度计		支	1	
三	耗材				
1	抗燃油		mL	500	
2	汽轮机油		mL	500	
3	熔丝管	5A	支	3	
4	钢丝绒	能除去碳沉积物而不损害试验杯的钢丝	个	1	

四、 试验程序及过程控制

(一) 操作步骤

1. 采集油样

(1) 运行油的取样应由有经验的专业人员按照 GB/T 7597—2007 电力用油（变压器油、汽轮机油）取样方法进行。

(2) 取样瓶清洁、干燥、密封性好，不应被污染、受潮。

(3) 取样部位：一般从冷油器出口、油管路入口、旁路再生装置入口或油箱底部取样。

(4) 取样方法：取样前调速系统至少应在正常情况下运行 24h，以保证所取样品具有代表性。

1) 开口闪点试验取样前应先将取样阀周围清理干净，打开取样阀，放出取样管内存留的抗燃油，然后打开取样瓶盖，用油将取样瓶内涮洗两遍后取样。样品取好后再关闭取样阀，同时盖好瓶盖。

2) 油箱顶部取样时，先将箱盖及周围清理干净后再打开，用专用取样器从存油的上部及中部取样。取样后将箱盖复位封好。

2. 仪器准备

(1) 仪器的放置：将仪器放置在无空气流的房间内，并放在平稳的台面上。如果不能避免空气流，最好用防护屏挡在仪器周围。若样品产生有毒蒸汽，应将仪器放置在能单独控制空气流的通风柜中，通过调节可将空气抽走，但空气流不能影响试验杯上方的蒸汽。

(2) 试验杯的清洗：先用清洗溶剂〔清洗溶剂的选择依据试样及其残渣的黏性。低挥发性芳烃（无苯）溶剂可除去油的痕迹，混合溶剂如甲苯—丙酮—甲醇可有效除去胶质类

的沉淀物]。清洗试验杯，以除去上次留下的所有胶质或残渣痕迹。再用清洁的空气吹干试验杯，确保除去所有溶剂，如果试验杯上留有碳的沉积物，可用钢丝绒擦去。

（3）试验杯的准备：试验前将试验杯冷却到预期闪点 56℃ 以下。

（4）仪器的组装：将温度计垂直放置，使其感温泡距离试验杯底 6mm，并位于试验杯中心与试验杯边之间的中点和试验火焰扫过的弧（或线）相垂直的直径上，且在点火器的对边。

3. 试验步骤

（1）将试验样品注入油杯至刻线处。将被测油样倒入样品杯中，加入量要准确[因被测油样的种类不同，膨胀系数也不相同，为保证能够顺利地进行测试，GB 267—1988 标准分上下刻度线，小于 210℃ 的样品在上刻度线（距离样品杯上部边缘 8mm），大于 210℃ 的样品在下刻度线（距离样品杯上部边缘 12mm），未知闪点的可以按下刻线处理，待测试出闪点值后再确认选择上刻线或下刻线；GB/T 3536—2008 则规定将被测油样注入油杯至上部边缘 10mm 的刻线处，本节试验按此要求执行]。把样品杯放到加热器的杯穴中。如果在试验最后阶段试样表面仍有泡沫存在，则此结果作废。

（2）打开仪器电源，进入主界面，选择"仪器校验"菜单进入校验界面，按相应的功能按钮检查各执行部件功能是否正常。打开点火头和电磁阀，接上燃气，调节试验火焰火球的直径为 3.2～4.8mm。

（3）在设置界面按"温度设置"按钮进入样品设置界面，根据被测油样设置试验标准、预闪值等试验参数。如仪器显示气压值与当前气压值出入较大，可手动输入当前气压，避免出现错误的试验结果。

（4）在主界面按"闪点测试"按钮进入测试界面，试验程序启动，仪器自动降下升降臂，打开电磁阀、点火头，进行加热并控制升温速度：开始加热时为 14～17℃/min，当试样温度达到预闪值前约 56℃ 时减慢加热速度，使试样温度在达到预闪值前 23℃ 时达到 5～6℃/min，此时用试验火焰自动划扫，温度每升高 2℃ 划扫一次（如果试样表面形成一层膜，应把油膜拨到一边再进行试验），直至油样蒸汽闪火。闪火传感器自动捕捉，记录当时闪火温度，并校正到标准大气压下，此时测试头自动抬起，显示闪点温度，声音提示，存储并打印测试结果。

（5）试验结束。降温风机自动打开，直至炉温降到 50℃ 以下。

（6）倒出油样，清洗样品杯，按以上步骤操作，进行重复性试验。

（7）试验过程中，当在试样液面上的任何一点出现闪火时，立即记录温度计的读数，作为观察闪点，但不要把有时在试验火焰周围产生的淡蓝色光环与真正的闪火相混淆。

（8）如果观察闪点与最初点火温度之差小于 18℃，则此结果无效，应更换新试样重新进行测定。调整最初点火温度，直至得到有效结果，即此结果应比最初点火温度高 18℃ 以上。

（二）计算及判断

（1）观察闪点的修正。试样的蒸发速度除和加热速度有关外，还与大气压力有关。气压低，蒸发快，空气中油蒸气浓度易达到爆炸下限，则闪点低；气压高，蒸发慢，空气中油蒸气浓度不易达到爆炸下限，则闪点高。同一试样在不同的大气压下测出的闪点不同。通常，把标准大气压（1atm＝101.3kPa）下的闪点作为标准，不在标准大气压测出的闪点必须换算为标准大气压的闪点。当大气压力与标准大气压力之差超过 2kPa 时，按式（3-6）修正。

$$T_c = T_0 + 0.25(101.3 - p) \qquad (3\text{-}6)$$

式中　T_c——标准大气压力下的闪点，℃；

　　　　T_0——环境大气压下的观察闪点，kPa；

　　　　p——环境大气压，kPa。

（2）本仪器为自动型开口闪点测定仪，测量结果为直读数。试验结果为经式（3-6）气压校正后的最终闪点，修约到整数。

（3）根据（GB/T 3536—2008），如果试验闪点值与最初点火温度之差小于 18℃，则此结果无效。应换新试样，调整预闪值，重新进行测定，直至结果有效。

（4）抗燃油油质标准：新油开口闪点不小于 240℃；运行油开口闪点不小于 235℃。

（5）汽轮机油油质标准：新汽轮机油和燃气轮机油开口闪点不低于 186℃，新燃/汽轮机油开口闪点不低于 200℃；运行中汽轮机油开口闪点不小于 180℃，且不能比前次测定值低 10℃。

（三）　精密度分析

测试结果应符合 GB/T 3536—2008 第 14 条精密度的要求，按照下述判断实验结果的可靠性（95％的置信水平）。

（1）重复性：在同一实验室，由同一操作者使用同一仪器，按相同方法，对同一试样连续测定闪点和燃点的两个试验结果之差均不能超过 8℃。

（2）再现性：在不同实验室，由不同操作者使用不同的仪器，按相同方法，对同一试样测定的两个单一、独立的结果之差：对于闪点不能超过 17℃，对于燃点不能超过 14℃。

（四）　结束工作

（1）如果实验结束，待仪器冷却至 50℃ 以下，将油样倒入废液桶，用丙酮（或石油醚）清洗样品杯，用清洁的空气吹干样品杯，放入配件箱内。

（2）进入仪器自检界面，选择测试头，将测试头落下，起到保护测试部分和传感器的作用。

（3）关掉电源，等待下次试验。

（4）对试验现场进行清理。

（五）　试验报告编写

（1）试验报告中注明：汽轮机主要参数，油牌号及产地，测试标准编号，环境温度、湿度，当前大气压，开口闪点值，试验人员，试验日期等信息。

（2）报告的填写和传递时间为 4 天。

五、　危险点分析及预控措施

（1）防止人身触电伤害。电源应有良好的接地。

（2）避免高温烫伤。不准触碰加热过的试油及油杯，禁止在仪器通电加热过程中接触油杯。

（3）防止有毒气体损害身体健康，试验应在通风橱中进行。

（4）测试仪在使用时出现异常，要立即关闭电源。

（5）在无人工作或下班时，必须切断所用电源。

（6）禁止注油过程中违章操作。在操作过程中要缓慢的往油杯中注油，防止溅出并且不要超过油杯内刻线。

（7）防止试验数据误差。

1）试样含水量。加热油品时，试样水汽化形成的水蒸气会稀释混合气，泡沫覆盖在液面上影响正常的汽化，推迟闪火时间，使测定的结果偏高。含水较多的试样，加热时会溢出杯外，导致无法进行试验。因此含未溶解水的样品，应将水分离出来，因为水会影响开口闪点的测定结果。

2）点火火焰的大小、离液面的高低及停留时间长短。点火用的球形火焰直径较规定的大，则所得结果偏低。火焰在液面上移动时间越长，出液面越低，则所测得结果偏低，反之则偏高。

3）点火次数。点火次数越多则试验时间就越长，扩散和消耗油蒸气越多，要在较高的温度下才能达到闪火下限，结果就偏高。

4）试样注入油杯时，试样和油杯的温度都不应高于室温或试样脱水时的温度。

六、 仪器维护保养及校验

（一） 仪器维护保养

（1）每次换样品时都要将样品杯清洗干净，样品加热炉内不要放入其他物品，否则将无法进行试验。

（2）仪器不使用时，可进入自检菜单，按降臂按钮将升降臂降下后关闭电源。

（3）金属检测环禁止短接，试验时禁止用手触碰，如需调整需断电后进行。

（4）仪器如有损坏或故障，请直接与厂家联系，严禁私自拆机。

（5）为防止空气流动对试验结果造成的影响，请在通风橱内完成试验。试验结束后，开启通风橱风扇排出有害气体。

（6）温度传感器由玻璃制成，使用时不要使其与其他物品相碰撞。

（7）测试头部分为机械自动传动，切勿用手强制动作，否则将造成机械损伤。

（8）仪器的传感器部分易附着油污，会影响检测精度，试验前用无铅汽油、石油醚清洗传感器，清洗时要十分小心，以免碰坏。

（9）仪器不用时，应将开口杯拿出。

（二） 仪器校验

1. 校验方法

用有证标准样品（CRM）对仪器进行校验，所得结果与CRM标定值之差应小于或等于 $\frac{R}{\sqrt{2}}$，其中 R 是本标准的再现性。推荐用工作参比样品（SWS）对仪器进行经常性的校验。详细方法参照 GB/T 3536—2008 附录 B。

按照 GB/T 3536—2008 附录 B 的规定，根据需要校准的温度段不同，选用对应的试剂进行校准，见表 3-15。

2. 校验周期

每年度应校验至少1次。

表 3-15 不同校准的温度段对应的试剂

烃	标准闪点（℃）	烃	标准闪点（℃）
十四烷	116	十六烷	139

3. 校验达到标准

测试结果应符合 GB/T 3536—2008 中第 14 条精密度的规定，对重复性的要求：在同一实验室，由同一操作者使用同一仪器，按相同方法，对同一试样连续测定闪点和燃点的两个试验结果之差均不能超过 8℃。

七、 试验数据超极限值原因及采取措施

1. 警戒极限

（1）抗燃油。新抗燃油的开口闪点小于 240℃；运行中抗燃油的开口闪点小于 235℃。

（2）汽轮机油。运行中汽轮机油开口闪点小于 180℃，且比前次测量值低 10℃以上；新 L-TSA、L-TSE、L-TGA 和 L-TGE 汽轮机油开口闪点小于 186℃，新 T-TGSB 和 L-TGSE 汽轮机油开口闪点小于 200℃。

2. 原因解释

（1）抗燃油被矿物油或其他液体污染。

（2）汽轮机油被轻质油等污染；油温过热导致油分解出低分子烃类气体，使闪点降低。

3. 采取措施

（1）对抗燃油，应换油。

（2）对汽轮机油，应查明原因，并测定闪点或破乳化度，必要时应换油。

第五节 抗燃油中氯含量测试现场作业指导及应用

一、 概述

1. 适用范围

本方法用于测定抗燃油中氯的含量，但试样中不能存在其他卤素和一些能生成不溶性氯化物的银、汞等金属。测量范围是试油中氯含量低于 0.5% 时。

2. 引用标准

GB/T 7597—2007　电力用油（变压器油、汽轮机油）取样方法

DL 433—2015　抗燃油中氯含量测定方法（氧弹法）

DL/T 571—2007　电厂用磷酸酯抗燃油运行与维护导则

二、 相关知识点

1. 概念

电力系统主要采用三芳基磷酸酯。目前常用的合成工艺方法如下：

$$3ArOH + POCl_3 \xrightarrow{\triangle} \begin{matrix} Ar\text{—}O \\ | \\ Ar\text{—}O\text{—}P\text{=}O \\ | \\ Ar\text{—}O \end{matrix} + 3HCl$$

抗燃油中氯离子含量高，一是来源于合成中的副产物，二是系统清洗时使用含氯溶剂。

2. 试验原理

氯含量的测定采用氧弹法，含氯的有机样品在充满氧气的氧弹中燃烧，燃烧后生成的氯化氢气体被碱性过氧化氢溶液吸收。吸收液用硝酸溶液调节 pH 为 3～4，以二苯偶氮碳酰肼和溴酚蓝为指示剂，用硝酸汞滴定。测定其含氯量基本原理的反应式如下：

$$2Cl^- + Hg^{2+} \longrightarrow HgCl_2$$

当过量的硝酸汞所离解出的汞离子与二苯偶氮碳酰肼生成淡红色的络合物时，即为滴定终点，结果以 mg/kg 表示。

3. 测试意义

氯含量是磷酸酯抗燃油质量控制的重要指标之一。磷酸酯抗燃油对氯的含量要求很严格。因为氯离子超标会加速磷酸酯的降解，并导致伺服阀的腐蚀，并会损坏某些密封衬垫材料。而普通的矿物基汽轮机油则没有这方面的要求。

当 EH 油中的 Cl^- 含量较高时，大量的 Cl^- 会聚集在伺服阀的阀口处形成电化学腐蚀，造成伺服阀内漏，EH 油压力降低，回油温度、压力升高。若 Cl^- 含量超标，要对 EH 油系统进行彻底清洗并换油。

三、 试验前准备

1. 人员要求

要求作业人员 1～2 人，身体健康。作业人员必须经培训合格，持证上岗，熟悉仪器的使用和维护等。

2. 气象条件

环境温度：10～45℃；环境相对湿度：30%～80%。

3. 试验仪器、工器具及耗材

试验仪器、工器具及耗材见表 3-16。

表 3-16 试验仪器、工器具及耗材

序号	名　称	规格/编号	单位	数量	备注
一	试验仪器				
1	氯含量测试仪	CHK-433	台	1	
2	分析天平	精度 0.0001g	台	1	
二	工器具				
1	放气帽	433-003	个	1	
2	电源线	433-006	条	1	
3	熔丝	10A	个	2	
4	点火丝	0.12mm	盒	1	

续表

序号	名　称	规格/编号	单位	数量	备注
三	耗材				
1	抗燃油		mL	200	
2	过氧化氢	30%	mL		适量
3	氢氧化钠	0.1mol/L	mL		适量
4	硝酸	0.1mol/L	mL		适量
5	水	Ⅱ级试剂水	mL	1000	符合 GB/T 6682 的要求
6	二苯偶氮碳酰肼指示剂	0.5%乙醇溶液	mL		适量
7	溴酚蓝	0.1%乙醇溶液	mL		适量
8	硝酸汞	0.000 6、0.001、0.002 5、0.01mol/L	mL		适量
9	氯化钠（基准试剂或优级纯）	0.001、0.002mol/L	mL	500	

四、 试验程序及过程控制

（一） 操作步骤

1. 采集油样

（1）运行中抗燃油的取样应由有经验的专业人员按照 GB/T 7597—2007 进行。

（2）取样瓶清洁、干燥、密封性好，不应被污染、受潮。

（3）常规监督试验取样部位，一般从冷油器出口、油管路入口、旁路再生装置入口或油箱底部取样。如发现抗燃油被污染，应增加取样点，如油箱顶部或旁路再生装置出口等部位。

（4）新油应逐桶取样，试验油样应是从每个桶中所取油样混合均匀后的样品。每桶应取双份新验收样品，一份用于验收试验，另一份用于储存以备复查。

（5）取样瓶上应贴好标签。标签上应按规定逐项填写清楚。

（6）取样方法：取样前调速系统至少应在正常情况下运行 24h，以保证所取样品具有代表性。

1）氯含量试验取样前，应先将取样阀周围清理干净，打开取样阀，排出阀中的死体积油，然后打开取样瓶盖，用油将取样瓶内涮洗两遍后取样。样品取好后再关闭取样阀，同时盖好瓶盖。

2）油箱顶部取样时，先将箱盖及周围清理干净后再打开，用专用取样器从存油的上部及中部取样。取样后将箱盖复位封好。

2. 试剂及仪器准备

（1）氯化钠溶液的配制。

1）0.02mol/L 氯化钠溶液。将基准氯化钠在 105℃烘箱中烘 2h，再放置于干燥箱中冷却 0.5h 后，称取氯化钠 1.168 8g 倒入容积为 100mL 的烧杯中。加少量水溶解后再转移到 1000mL 的容量瓶中，用水稀释至 1000mL。

2）0.001mol/L 氯化钠标准溶液。0.02mol/L 氯化钠溶液 50mL，倒入容积为

1000mL 的容量瓶中，用水稀释至 1000mL。

（2）硝酸汞溶液的配制。

1）0.01mol/L 硝酸汞标准溶液：将 3.44g 硝酸汞溶于 500mL 浓度为 0.1mol/L 硝酸溶液中，静置 24h，过滤后用水稀释至 1000mL，并用 0.02mol/L 氯化钠溶液按照本方法 3. 中（11）和（12）的操作方法标定此溶液的浓度。

2）0.000 6mol/L 硝酸汞标准溶液：取浓度为 0.01mol/L 硝酸汞溶液 60mL，用水稀释至 1000mL，并用 0.001mol/L 氯化钠溶液进行标定。

3）0.000 6mol/L 硝酸汞标准溶液的规定：

a）取 0.001mol/L 氯化钠标准溶液 25mL，加入溴酚蓝指示剂 3 滴，此时溶液呈蓝色，用 0.1mol/L 硝酸中和至氯化钠标准溶液呈黄色，继续加少量 0.1mol/L 硝酸溶液至氯化钠标准溶液的 pH 值为 3～4，再加入二苯偶氮碳酰肼指示剂约 0.5mL。

b）用待标定硝酸汞标准溶液滴定至氯化钠标准溶液呈淡红色，记录消耗的硝酸汞标准溶液的体积 V_1，准确至 0.01mL。

c）按 3）a）和 b）进行空白试验。空白试验时，用试验用水替代氯化钠标准溶液。记录空白试验消耗的硝酸汞标准溶液的体积 V_0。

d）按式（3-7）计算所标定的硝酸汞溶液的浓度

$$c = \frac{25 \times 0.001}{2(V_1 - V_0)} \tag{3-7}$$

式中　c——硝酸汞标准溶液的浓度，mol/L；

V_1——消耗的硝酸汞标准溶液的体积，mL；

V_0——空白试验消耗的硝酸汞标准溶液的体积，mL；

25——氯化钠标准溶液的体积，mL；

0.001——氯化钠标准溶液的浓度，mol/L。

（3）0.1mol/L 氢氧化钠溶液的配制。

1）用天平称取干燥后的 NaOH 4g，精确到 0.002g，加入事先装有蒸馏水的烧杯中，用玻璃棒搅拌使其混合均匀，然后使其冷却至室温。

2）用玻璃棒引流，将烧杯中的溶液移入 1000mL 容量瓶中，用蒸馏水洗涤烧杯和玻璃棒 2～3 次，把洗涤后的水溶液也加入容量瓶中，轻轻摇晃容量瓶使其混合均匀。

3）待溶液混合均匀后定容至 1000mL，盖上瓶塞，再次轻轻摇晃容量瓶使其混合均匀，然后贴上标签，以待备用。

（4）0.1mol/L 硝酸溶液的配制。

1）用移液管量取 6.25mL 浓 HNO_3，加入事先装有少许蒸馏水的烧杯中，用玻璃棒搅拌使其混合均匀，然后使其冷却至室温。

2）用玻璃棒引流，将烧杯中的溶液移入 1000mL 容量瓶中，用蒸馏水洗涤烧杯和玻璃棒 2～3 次，把洗涤后的水溶液也加入容量瓶中，轻轻摇晃容量瓶使其混合均匀。

3）待溶液混合均匀后定容至 1000mL，盖上瓶塞，再次轻轻摇晃容量瓶使其混合均匀，然后贴上标签，以待备用。

（5）二苯偶氮碳酰肼（二苯卡巴腙）指示剂：0.5% 乙醇溶液的配制。

1）用天平称取干燥后的二苯基偶氮碳酰肼 0.5g，精确到 0.002g，加入事先装有无水乙醇的烧杯中，用玻璃棒搅拌使其混合均匀。

2）用玻璃棒引流，将烧杯中的溶液移入 1000mL 容量瓶中，用乙醇溶液洗涤烧杯和玻璃棒 2～3 次，把洗涤后的溶液也加入容量瓶中，轻轻摇晃容量瓶使其混合均匀。

3）待溶液混合均匀后定容至 1000mL，盖上瓶塞，再次轻轻摇晃容量瓶使其混合均匀，然后贴上标签，以待备用。

（6）溴酚蓝：0.1％乙醇溶液的配制。

1）用天平称取干燥后的溴酚蓝 10g，精确到 0.002g，加入事先装有无水乙醇的烧杯中，用玻璃棒搅拌使其混合均匀。

2）用玻璃棒引流，将烧杯中的溶液移入 1000mL 容量瓶中，用乙醇溶液洗涤烧杯和玻璃棒 2～3 次，把洗涤后的溶液也加入容量瓶中，轻轻摇晃容量瓶使其混合均匀。

3）待溶液混合均匀后定容至 1000mL，盖上瓶塞，再次轻轻摇晃容量瓶使其混合均匀，然后贴上标签，以待备用。

3. 试验步骤

（1）将氯含量测试仪良好接地。

（2）打开仪器的电源开关，开机，仪器自动进入参数设置界面。

（3）在坩埚中称取试样油 0.4～0.7g（精确至 0.000 1g）。

（4）取一段点火丝，将其两端分别与氧弹的两极连接，再将盛试样油的坩埚放在支架上。调节点火丝的位置，使其仅与试样油接触。注意勿使点火丝接触燃烧坩埚，以免短路导致点火失败，甚至烧坏坩埚。

（5）在氧弹中加入过氧化氢 2mL 和浓度为 0.1mol/L 的氢氧化钠溶液 10mL，拧紧氧弹盖。

（6）接上氧气导管，通过氧气瓶和自动充氧器往氧弹中缓慢充入氧气（一直向下压手动充氧器手柄），使充氧压力达到 3.0MPa。

（7）接通仪器电源，打开电源开关，检测仪器运行是否正常。

（8）设定仪器点火时间及冷却时间。在参数设置界面下，第一行为点火时间，按"→"键移动光标，按"↑"键来修改数值，出厂设定为 5s，若要修改，修改完成后等待 8s 后自动保存并退出。第二行为冷却时间，该项用于设定点火后氧弹的冷却时间，出厂设定为 30min，如需重新设置参数，按"→"、"↑"键来修改数值，等待 8s 后自动保存并退出。

（9）将氧弹装入到仪器上固定好后，按点火按钮，点火延时到达设定点后，仪器自动点火，点火完成后仪器冷却风扇自动打开，按照设定的冷却时间进行冷却动作。冷却时间到达设定点后，蜂鸣器报警，按此键，蜂鸣器停止鸣叫。

若氧弹没点着，拿出氧弹，用专用放气装置缓慢放掉氧弹内压力，打开氧弹，再换一个点火丝，按要求通入氧气，重新点火。

（10）冷却 30min 后，将氧弹从仪器上取下，开启放气阀放气，拧开氧弹盖，用 80～100mL 水清洗燃烧用坩埚和氧弹盖及氧弹盖内壁，冲洗至水溶液呈中性，将全部清洗液倒入锥形瓶中。

（11）在收集的冲洗液中加入溴酚蓝指示剂 3 滴，此时溶液呈蓝色。用 0.1mol/L 硝酸中和至瓶中溶液呈黄色，再加 0.1mol/L 硝酸 0.5mL，此时溶液 pH 为 3～4。然后，再加入二苯偶氮碳酰肼溶液 0.5mL（10 滴）。

（12）用 0.000 6mol/L 的硝酸汞标准溶液滴定至溶液呈淡红色，记录消耗硝酸汞标准溶液的体积 V_2，读准至 0.01mL。

（13）测定前需按本节 3. 中（4）～（12）条进行空白试验。空白试验时，坩埚内不加试样油。记录空白试验消耗的硝酸汞标准溶液的体积 V_3。

（二） 计算及判断

（1）按式（3-7）公式计算抗燃油中氯含量

$$X = \frac{(V_2 - V_3) \times 3.546 \times c \times 2}{m} \times 10\ 000 \tag{3-8}$$

式中 X——抗燃油中氯含量，mg/kg；

V_2——试样油消耗硝酸汞标准溶液体积，mL；

V_3——空白试验消耗硝酸汞标准溶液体积，mL；

c——硝酸汞标准溶液的浓度，mol/L；

m——试样油的质量，g。

（2）新磷酸酯抗燃油氯含量质量标准：≤50mg/kg。运行中磷酸酯抗燃油氯含量质量标准：≤100mg/kg。

（三） 精密度分析

重复性：对同一样品，两次重复测定结果误差应小于 6mg/kg。

再现性：对同一样品，不同实验室测定结果误差应小于 27mg/kg。

（四） 结束工作

（1）将仪器断电，擦拭仪器表面溅上的污渍。

（2）清洗氧弹及其配件，以备下次试验。

（3）整理仪器，清理操作台，用具归位。将试验结果写在原始记录表上，并填写试验报告。

（五） 试验报告编写

试验报告应包括：环境温度、湿度、大气压、取样日期、试验日期、工作负责人、试验人员、审核人员、氯含量试验结果等相关信息。

注：具体格式及项目依据用户格式。

五、 危险点分析及预控措施

（1）硝酸汞溶液有剧毒，需谨慎使用。

（2）所有试剂应保存在专门标识的聚乙烯塑料瓶中。在使用之前，必须用洗涤剂和水彻底清洗，然后用最高品质的去离子水冲洗几遍。所有试剂的质量等级都必须是分析纯或分析纯以上，且未过保质期。

（3）氧弹使用 1000 次后，要进行 20.0MPa 并保持 5min 的水压试验。在更换新零件及首次使用新氧弹时，均应进行水压试验，水压试验合格后方可使用。

（4）试样在氧弹中必须完全燃烧。待氧弹冷却后要缓慢打开放气阀。

（5）用 80～100mL 蒸馏水清洗氧弹内各个部件，要少量多次冲洗直到水溶液为中性为止，若冲洗不净，会造成试验结果偏低。

（6）仪器维护保养。使用人员需掌握仪器的结构、原理、操作流程和注意事项等，避免由于误操作给仪器带来的损害。仪器需放置在合适的环境中，最好放于干燥、清洁、防晒、防干扰的环境中。

（7）实验室应有良好的通风条件，加热应在通风橱中进行。

（8）从事抗燃油工作的人员，在工作时应穿工作服，戴手套及口罩，在现场不允许吸烟、饮食。

（9）人体接触抗燃油后的处理措施如下：

1）误食处理：一旦吞进抗燃油，应立即采取措施将其呕吐出来，然后到医院进一步诊治。

2）误入眼内：立即用大量清水冲洗，再到医院治疗。

3）皮肤沾染：立即用水、肥皂清洗干净。

4）吸入大量蒸汽：立即脱离污染气源，如呼吸困难，立即送往医院诊治。

六、 仪器校验

（1）校验方法及校验项目。压力表应经计量单位每年检定一次，以保证指示准确和操作安全。

（2）校验周期：一年一次。

（3）校验达到标准：本试验氧弹压力大于 3MPa，或按国家有资质的计量中心校验标准执行。

七、 试验数据超极限值原因及采取措施

1. 警戒极限

运行中抗燃油中氯含量异常极限值为＞100mg/kg。

2. 原因解释

氯含量超标主要是含氯杂质污染，氯污染通常是由于使用含氯清洗剂造成的，所以不能用含氯量大于 1mg/L 的溶剂清洗油系统零部件。

3. 采取措施

（1）使用高品质的抗燃油。

（2）用高纯度不含氯的有机溶剂清洗系统部件，如无水乙醇等。

（3）无论何时在可能的情况下用抗燃油冲洗新的或重新改造的部件。

（4）检查系统密封材料是否损坏。

（5）换油。

第六节　抗燃油体积电阻率测试现场作业指导及应用

一、 概述

1. 适用范围

本方法用于测定新抗燃油或运行抗燃油及绝缘油等液体介质的体积电阻率（$\Omega \cdot cm$）。

2. 引用标准

GB/T 7597—2007　电力用油（变压器油、汽轮机油）取样方法

DL/T 421—2009　绝缘油体积电阻率测定法

DL/T 571—2007　电厂用磷酸酯抗燃油运行与维护导则

二、 相关知识点

1. 概念

体积电阻率：液体内部的直流电场强度与稳态电流密度的商称为液体介质的体积电阻率，通常用 ρ 表示。

2. 试验原理

抗燃油的体积电阻率是指规定温度下，测试电场强度为 $250V/mm \pm 50V/mm$，充电时间 60s 的测定值。如图 3-3 所示，通过分压计计算出油杯内液体介质的电阻，然后乘以系数 K，就得到体积电阻率。

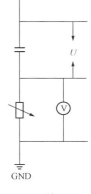

$$\rho = \frac{\dfrac{U}{L}}{\dfrac{I}{S}} = \frac{U}{I} \times \frac{S}{L} = RK \qquad (3-9)$$

$$K = \frac{S}{L} = \frac{1}{\varepsilon\varepsilon_0}\left(\varepsilon\varepsilon_0 \frac{S}{L}\right) = 0.113C_0 \qquad (3-10)$$

式中　ρ——被试液体的体积电阻率，$\Omega \cdot m$；

$\quad\ \ U$——两电极间所加直流电压，V（通过 DC500V 减去采样电阻分压得到）；

$\quad\ \ I$——两极间流过直流电流，A（通过测量采样电阻分压和采样电阻阻值之比得出）；

$\quad\ \ S$——电极面积，m^2；

$\quad\ \ L$——电极间距，m；

$\quad\ \ R$——电极间被试液体的体积电阻，Ω；

$\quad\ \ K$——电极常数，S/L，m；

$\quad\ \ \varepsilon$——空气的相对介电常数；

$\quad\ \ \varepsilon_0$——真空介电常数，取 $8.85 \times 10^{-12}F/m$；

$\quad\ \ C_0$——空电极电容，pF。

图 3-3　体积电阻率测量原理示意图

3. 测试意义

磷酸酯抗燃油的介电性能主要是以体积电阻率指标表征的，电阻率是判断油品介电性能的重要控制指标。对伺服阀的损坏的研究表明，伺服阀内漏量增加主要是由伺服阀的腐蚀磨损引起的。而伺服阀的电化学腐蚀与磷酸酯抗燃油的电阻率变化密切相关，电阻率低，会使伺服阀等调节系统零部件受到电化学腐蚀而损坏。

磷酸酯抗燃油用于电液调节系统时应具有较高的电阻率。提高磷酸酯抗燃油的电阻率，可以减少因电化学腐蚀引起的伺服阀等调节系统部件的损坏。

三、 试验前准备

1. 人员要求

要求作业人员 1～2 人，身体健康。作业人员必须经培训合格，持证上岗，熟悉仪器的使用和维护等。

2. 气象条件

（1）取样应在良好的天气下进行，避免在雷、雨、雾、雪、大风的环境下进行。

（2）仪器工作环境：温度 10～40℃，相对湿度不大于 75%。

3. 试验仪器、工器具及耗材

试验仪器、工器具及耗材见表 3-17。

表 3-17　　　　　　试验仪器、工器具及耗材

序号	名　称	规格/编号	单位	数量	备注
一	试验仪器				
1	体积电阻率测定仪	HGTD213	台	1	
二	工器具				
1	具有磨口塞的玻璃瓶	500～1000mL	个	1	
2	锥形瓶	250mL	个	1	
3	湿度计		支	1	
三	耗材				
1	抗燃油		mL	500	
2	溶剂汽油、石油醚或正庚烷		mL	500	
3	蒸馏水或除盐水		mL	500	
4	熔丝管	5A	支	3	

四、 试验程序及过程控制

（一） 操作步骤

1. 采集油样

（1）运行中抗燃油的取样应由有经验的专业人员按照 GB/T 7597—2007 进行。

（2）取样瓶清洁、干燥、密封性好，不应被污染、受潮。

（3）取样部位：一般从冷油器出口、油管路入口、旁路再生装置入口或油箱底部取样。

（4）取样方法：取样前调速系统至少应在正常情况下运行 24h，以保证所取样品具有代表性。

1）电阻率试验取样前，应先将取样阀周围清理干净，打开取样阀，放出取样管内存留的抗燃油，然后打开取样瓶盖，用油将取样瓶内涮洗两遍后取样。样品取好后再关闭取样阀，同时盖好瓶盖。

2）油箱顶部取样时，先将箱盖及周围清理干净后再打开，用专用取样器从存油的上部及中部取样。取样后将箱盖复位封好。

2. 仪器准备

（1）新使用、长期不用或污染的电极杯应进行解体清洗，参考 DL/T 421—2009。

1）拆解电极杯各部件，先用溶剂汽油（石油醚或正庚烷）清洗，再用洗涤剂洗涤（或在 5％～10％磷酸三钠溶液中煮沸 5min），然后用自来水冲洗至中性，最后用蒸馏水（除盐水）洗涤 2～3 次。

2）将清洗好的电极杯各部件，置于 105～110℃的干燥箱中干燥 2～4h，取出放入玻璃干燥器中冷却至室温（操作时不可直接与手接触，应戴洁净布手套）。

3）按拆卸相反顺序装配好电极杯，用电容表确认空杯电容值与标称值偏差不得大于 2％。使用仪器空杯电极清洁干燥检验功能确认空杯绝缘电阻大于 $3 \times 10^{12} \Omega$。

（2）正常测试时的仪器准备。若前次测试样品为同类合格样品，则本次测试时电极杯清洗可每次注入适量被测样品并摇动 1min 排空，重复冲洗 2～3 次即可；若前次测试样品为非同类或不合格产品，则本次测试时电极杯清洗参照污染的电极杯清洗。

3. 试验步骤

（1）打开仪器电源，进入自检界面，进行空杯自检。根据国家标准，空杯自检结果为 $3.0 \times 10^{12} \Omega$ 以上，可判定油杯清洁度达标。如空杯自检结果不达标，可准备清洗溶剂，进入测试界面，进行自动清洗、烘干。

确认仪器正常后，根据被测样品种类设置测试温度（抗燃油为 20℃，变压器油为 90℃），根据需求设置恒温时间，设置充电时间为 60s。

（2）将实验样品混合均匀（尽量避免产生气泡，混于其中的气泡会影响测试结果的准确度和重复性），将进油管插入存有待测液体的容器内，仪器进入测试界面，按"进油"键自动进油。

（3）按"开始"键，开始自动进入测试程序，对测试电极杯进行加热或制冷，待内、外电极指示温度和设置温度的偏差均小于 0.5℃时，开始恒温倒计时；待恒温时间结束，仪器自动进行加压、充电和测量，并存储试验结果。

（4）按"排油"键，排出被测液体，再次按"进油"键注入相同样品进行平行试验。

（5）进入查询界面，查看两次实验结果是否满足试验重复性要求，否则应重复试验，直至两个相邻实验结果满足试验重复性要求为止。

（二）计算及判断

（1）自动型电阻率测试仪器，其测量结果为直读数。

（2）用非自动型的高阻计测量时，用试验原理中 $\rho = KR$ 公式进行计算。

（3）取相邻两次满足精密度要求的实验结果的平均值作为样品的体积电阻率报告值，保留两位有效数字，并注明测试温度。

（4）磷酸酯抗燃油电阻率（20℃）质量标准见表 3-18。

表 3-18　　　　　　　　　　抗燃油体积电阻率质量标准

项　目	质量指标				备注
	新抗燃油	运行油	试验周期		
			第一个月	第二个月后	
电阻率（20℃，Ω·cm）	$\geq 1 \times 10^{10}$	$\geq 6 \times 10^{9}$	每周一次	每月一次	

（三）精密度分析

（1）重复性：$\rho > 1.0 \times 10^{10}$ 时，相对误差不大于 25％；$\rho \leq 1.0 \times 10^{10}$ 时，相对误差不

大于 15%。

(2) 再现性：$\rho>1.0\times10^{10}$ 时，相对误差不大于 35%；$\rho\leqslant1.0\times10^{10}$ 时，相对误差不大于 25%。

（四） 结束工作

如果试验结束，请将进油管插入装有清洗试剂的容器内，进入测试界面，按"清洗"键，完成自动清洗（推荐 2 遍）。然后按"烘干"键，仪器自动完成烘干过程。待仪器冷却到室温后，关闭仪器电源，等待下次实验。

（五） 试验报告编写

试验报告中注明：

(1) 取样日期、试验日期、温湿度、大气压、体积电阻率、工作负责人、试验人员等。

(2) 报告的填写和传递时间为 4 天。

五、 危险点分析及预控措施

(1) 人身触电伤害。仪器外壳要接地。测试仪在电源接通后，尤其升压时，操作人员严禁触及上盖及外壳，防止人身触电。

(2) 仪器测试过程中出现异常。测试仪在使用时出现异常，要立即关闭电源。

(3) 在无人工作或下班时，必须切断所用电源。

(4) 注油过程中违章操作。在操作过程中要缓慢地往油杯中注油，避免产生气泡和手触到电极。若仪器为抽真空自动注油，可略去此项，如本节推荐的仪器。

(5) 试验结束后油杯没有采取保护措施。试验结束后，油杯应用新油保护。

(6) 取样不符合要求。取样时，让油缓慢进入瓶内，不得产生气泡。

(7) 试验场所不符合要求。试验场所要清洁干燥，不应有影响试验数据的腐蚀性物质和灰尘，要避免阳光直射和振动。

(8) 磷酸酯抗燃油的安全使用。

1) 在工作时应穿防护工作服，戴手套和防护眼镜，工作场所不允许吸烟和饮食。

2) 人体接触后的处理措施如下：

a. 误食处理：一旦吞进磷酸酯抗燃油，应立即采取措施将其呕吐出来，然后到医院进一步诊治。

b. 误入眼睛：立即用清水或大量硼酸水冲洗，再到医院治疗。

c. 皮肤沾染：立即用水、肥皂清洗干净。

d. 吸入蒸汽：立即脱离污染气源，如呼吸困难，立即送往医院诊治。

(9) 使用磷酸酯抗燃油的场所应有良好的通风条件并定期进行空气检测。经常接触抗燃油的人员应定期进行体检。

六、 仪器维护保养及校验

（一） 仪器维护保养

(1) 油杯清洁干燥工作十分重要，尤其对高阻值油品测试时，油杯不清洁干燥会导致测试结果偏低，所以务必按照 DL/T 421—2009 中 6.1.1 新使用、长期不用或污染的电极杯解体清洗方法的规定，对新使用、长期不用或污染的电极杯进行解体清洗、干燥、装配。

（2）油杯是由测量系统中的内外电极及屏蔽电极组成的，在清洗使用时，应避免跌落、碰撞；测试过程中，应尽力避免手对油杯内电极的污染，否则将影响测试精度。

（3）测试过程中，试验人员不得触及油杯电极、插头及加热恒温器。

（4）仪器工作环境湿度过大，实验结果偏低，仪器应放在清洁干燥的工作环境之中。

（5）如有故障，则应请有经验保修人员检修，切勿擅自打开仪器。

（二）仪器校验

1. 校验方法

在确认气象条件符合要求情况下，打开仪器电源，进入自检界面，进行低端、高端量程测试。本方法是根据试验原理测试定值电阻的电阻值，可验证测试电路的准确度。

2. 校验周期

新仪器安装调试时校验一次，此后间隔 1 个月自检校验一次。

3. 校验达到标准

低端量程自检结果正常范围：$1.0 \times 10^7 \times (1 \pm 5\%)\Omega$。

高端量程自检结果正常范围：$1.0 \times 10^{11} \times (1 \pm 10\%)\Omega$。

如果不在正常范围，说明测量电路出现故障，请联系售后人员解决。

同类仪器可参考此校验标准，也可按国家有资质的计量中心校验标准。

七、 试验数据超极限值原因及采取措施

1. 警戒极限

运行中抗燃油的电阻率异常极限值：$<5 \times 10^9 \Omega \cdot cm$。

2. 原因解释

引起抗燃油电阻率降低的原因主要是可导电物质污染，包括以下几个方面：

（1）极性污染物：如氯离子、水或油的酸性降解物（如酸式磷酸一酯、二酯或磷酸盐）。

（2）脏物或颗粒杂质：如磨损的金属碎屑、空气中灰尘污染等。

（3）添加剂：许多合成润滑油中的添加剂是极性物质，如防锈剂、金属钝化剂及其他防腐添加剂等，即使量很少，也会使电阻率降低。

（4）油的温度：抗燃油系统中油的温度一般控制在 40～60℃，但是伺服阀中的油温可能高得多，其电阻率随温度变化很快。对三芳基磷酸酯的试验表明，当温度从 20℃ 上升到 90℃，电阻率则由 $1.2 \times 10^{11} \Omega \cdot cm$ 下降到 $6 \times 10^8 \Omega \cdot cm$。而压力和黏度的变化对电阻率的降低不会起很大作用。

（5）补加了电阻率不合格的磷酸酯抗燃油会引起油品的电阻率下降。油的含水量增大、酸值增大会引起电阻率下降。

（6）新油的电阻率低会造成运行油的电阻率降低。新油注入系统前应严格控制油的电阻率。

（7）新油注入系统前的系统清洁状况。注油前的油系统应认真进行冲洗过滤，除去制造或安装过程中向油系统中引入的污染物。

（8）抗燃油在运行过程中，随着使用时间的延长，油的老化、水解以及可导电物质的

污染等都会导致电阻率降低。

（9）再生滤芯失效。

3. 采取措施

（1）更换吸附再生滤芯或吸附剂。如果化验系统中抗燃油的电阻率超标，且两次化验相隔 24h 以上，抗燃油电阻率没有升高，说明再生滤元失效，应更换再生芯。更换再生芯后，每隔 48h 取样分析，直至油电阻率正常。

（2）换油。

第四章 SF₆ 气体

第一节 SF₆ 气体水分检测现场作业指导及应用

一、 概述

1. 适用范围

本方法用于 SF₆ 气体绝缘设备在进行交接试验及运行中的预防性试验时绝缘气体中水分含量的测量。

2. 引用标准

GB/T 8905—2012 六氟化硫电气设备中气体管理与检测导则

GB/T 11023—1989 高压开关设备六氟化硫气体密封试验方法

GB/T 11605—2005 湿度测量方法

GB 50150—2006 电气装置安装工程电气设备交接试验标准

DL/T 506—2007 六氟化硫电气设备中绝缘气体湿度测量方法

DL/T 595—1996 六氟化硫电气设备气体监督细则

DL/T 639—1997 六氟化硫电气设备运行、试验及检修人员安全防护细则

Q/GDW 1168—2013 输变电设备状态检修试验规程

Q/GDW 1799.1—2013 国家电网公司电力安全工作规程变电部分

二、 相关知识点

1. SF₆ 气体水分

SF₆ 气体水分是指 SF₆ 气体中水蒸气的含量。SF₆ 新气和设备中的气体都不可避免含有水分，其来源于新气中残留、安装检修带入和运行中产生。

（1）新气中残留。新气中的水分是生产过程中残留和充装过程中带入的。SF₆ 合成后，要经过热解、碱洗、水洗、干燥吸附等工艺，虽然经过严格干燥，但仍残留少量水分。在充装时，也难免带入水分。另外气瓶存放时间过长时，大气中水分会向瓶内渗透，使 SF₆ 气体含水量升高。因此按规定要求，对充入 SF₆ 气体的存放半年以上的气瓶，应复测其湿度。

（2）SF₆ 电气设备固体绝缘材料残存和生产装配中带入。对于互感器、变压器等线圈类设备内部的固体绝缘材料干燥处理不当时，内部将残存较多的水分，设备投入运行后将不断地溶解、扩散到气体中，使水分含量逐渐增加。这种现象，在互感器中尤为突出。

设备在生产装配过程中，可能将空气中的水分吸附在器件表面和气室内壁，带到设备内部。虽然设备组装完毕后要进行充高纯氮气置换和抽真空处理，但附着在设备内壁上的水分难以完全排除干净。

　　另外，SF_6 电气设备中的环氧树脂是浇注件，其含水量一般在 0.1%～0.5%，运行时水分将释放出来，直至与气体中的水分达到动态平衡。

　　（3）大气中的水汽渗透到设备内部。SF_6 分子直径为 $4.56×10^{-10}$m，水分子直径是 $3.20×10^{-10}$m，SF_6 分子是球状，而水分子为细长棒状。由于环境的水分压比设备内部水分压大得多，水分子会自动地从高压区向低压区渗透，进入设备内部。外界气温越高，相对湿度越大，内外水蒸气压差就越大，大气中的水分进入设备的可能性就越大。

　　（4）内部故障时产生。

　　当内部故障涉及环氧树脂、聚乙烯和绝缘纸等固体绝缘材料时，这些碳水化合物分解将产生水，事故后水分溶解、扩散到气相，使气体中水分不断增加，直至平衡。

　　2. SF_6 气体水分检测方法及原理

　　SF_6 气体水分现场检测方法有阻容法、露点法和电解法，但目前使用较多的有阻容法、露点法。本试验方法的测试原理是阻容法。

　　（1）阻容法。阻容法使用的电感器有薄膜电容和氧化铝传感器两种。气体进入传感器后，使电极间的电抗发生变化，输出与水分含量相应的电信号，从而计算出气体的含水量。该法稳定性好，灵敏度高，响应速度快，耗气量少，抗干扰强，不受低沸点物质的影响，很适于现场使用。

　　（2）露点法（也称镜面法）。该方法是利用帕尔帖原理，将检测室温度降低到水的蒸气压达到镜面温度的饱和水蒸气压时，镜面上便结露或结霜，通过光学系统测量霜层的形成，来判断露点温度。该法稳定性好，精度高，但用气流量大，适用于精密测试。

　　（3）电解法。根据水电解原理，气体进入电解池后，由库仑定律，电解所消耗的电量与水分含量呈正比，从而计算出被测气体的含水量。该法虽然很经典，但是很难确保电解池的干燥，操作麻烦，耗气量较大，很少使用。

　　3. 水分检测的意义

　　SF_6 气体中的水分对设备危害很大。分解产物发生水解反应生成氢氟酸、亚硫酸，可严重腐蚀电气设备，加速 SF_6 气体的分解；使金属氟化物水解，危害人的身体健康；在设备内部结露，降低设备的绝缘性能。因此，对 SF_6 气体中水分的分析、监测和控制有十分重要的意义。

三、现场操作前的准备

　　1. 人员要求

　　（1）熟悉 SF_6 气体相关知识，掌握 SF_6 气体泄漏后处理的知识、技能及应急措施。

　　（2）熟悉防护、安全用具使用的相关知识。

　　（3）能够熟练、正确无误地操作设备，并能够根据故障现象处理简单的设备故障。

　　（4）具有一定的现场工作经验，熟悉并严格遵守电力生产和工作现场的相关安全管理规定。

　　2. 气象条件

　　（1）环境温度：$-20～+40℃$；环境相对湿度：0%～85%；大气压力：80～110kPa；风速：≤5m/s。

　　（2）室外检测宜在晴朗天气下进行。

3. 试验仪器、工器具及耗材

试验仪器、工器具及耗材见表 4-1。

表 4-1 试验仪器、工器具及耗材

序号	名　称	规格/编号	单位	数量	备注
一	试验仪器				
1	SF_6 气体微水测试仪	RA-601FD 型	台	1	
2	SF_6 气体便携检漏仪		台	1	
3	SF_6 气体回收装置		台	1	
二	工器具				
1	测量转换接头		套	1	
2	吹风机		台	1	
3	组合工具	呆扳手、棘轮扳手、套筒扳手	套	1	
4	温、湿度风向仪		台	1	
5	安全带		套	2	
6	绝缘梯	2m 人字平梯	套	1	
7	绝缘凳	1m	个	1	
三	耗材				
1	生料带		卷	1	
2	胶手套		双	10	
3	绝缘胶带		卷	1	
4	防雨布		套	1	
5	白绸布		m	10	
6	集气袋		个	20	

四、 现场作业程序及过程控制

(一) 操作步骤

1. 仪器准备

(1) 打开仪器电源，检查电量指示是否充足，若不充足应及时充电，否则将损害电池，影响检测数据的准确性。启动时须用充电器充电片刻方可使用。

(2) 观察屏幕，看是否正常显示。

(3) 选择与设备充气口相匹配的转换接头。转接头匹配要求如下：

SF_6 电气设备厂家多、种类多，排气口结构没有统一，因此，转接头一定要密封良好。根据设备型号选用相应的转接头。目前大致可分为三种形式：

1）平板结构的专用接口。主要用于 750kV 新东北高压电气 GIS、韩国晓星 GIS、日本日立公司、日本三菱公司生产的绝缘子支柱式或落地箱式 SF₆ 断路器。此类型断路器检查口的密封采用平板（加密封垫）的形式，接口可仿制平板结构，在平板中部加工直径 3mm 的圆孔，经管路将设备本体与仪器连接起来。

2）螺母式结构的专用接口。主要用于 500kV 及以上西开、沈开、平开、ABB、阿尔斯通、西门子 GIS、北京开关厂、上海华通开关厂等厂家生产的 SF₆ 断路器或 GIS 中。断路器检查口的密封采用螺母式堵头，中间加密封垫，接口可采用同制式的螺纹和断路器检查口连接，设备本体中气体经堵头的 ϕ3mm 中心孔和连接管路通至检测仪器。

3）配合逆止阀结构使用的专用接口。常用于平顶山开关厂、ASEA 生产的 SF₆ 断路器。该类型断路器检查口的密封方式比较特殊，一般情况下气路比较简单，没有压力表，以气体密度继电器作为气体检查口的密封，取消截止阀。检测时取下密度继电器，逆止阀自动关闭气路，把检测专用接口接上，要求专用接口可以顶开逆止阀的弹簧将气路连通，设备中气体经管路通至检测仪器。检测完毕，把专用接口卸下，逆止阀再次自动封闭气路。将密度继电器重新装上，逆止阀自动连通气路，设备恢复正常。

2. 检测步骤

（1）进入变电站，正确办理第二种工作票。

（2）测点准备。通过电气接线图、气隔图等资料，结合现场勘查确定检测部位。

（3）工作票许可后，工作班成员整齐列队，工作负责人宣读工作票，交待工作任务，合理分工，进行危险点告知，明确安全注意事项，签名确认，工作开始。

（4）进入被试设备区，勘察现场巡视被试设备，了解各电压等级间隔划分及设备结构，确定各气室 SF₆ 密度继电器及其检测点位置，观察各气室 SF₆ 压力是否在额定压力范围内。

（5）将仪器可靠接地。

（6）观察风向，将排气管接入至下风口低洼处 6m 外连接气体回收装置或回收袋。

（7）仪器预热。打开微水测试仪电源键，进入预热界面，仪器预热 8～10min。此时记录环境温度、环境相对湿度，抄写设备铭牌、设备编号，查看压力表记录气体压力等。

（8）气路连接。将导气管一端与检测设备充气阀相匹配的转接头相连，另一端与仪器进气口相连。打开设备充气阀封帽，将转接头与被测试设备充气阀相连（根据充气阀情况安排 1～2 人，部分设备需打开常闭阀门），保证各部位连接良好，用 SF₆ 气体检漏仪检查气路的气密性。

（9）待仪器自校准完毕后，将面板传感器旋钮置"run"位置，仪器进入测量状态。

（10）打开流量调节阀使气体流量在 0.5±10％ L/min/2～2.5SCFH，5min 后，仪器读数稳定后读取露点值和湿度值（20℃），记录并打印数据。

（11）检测结束后，先取下连接设备的转接头、导气管（部分设备需关闭常闭阀门），再拔出与仪器连接的快插，关闭流量阀，湿度测量旋钮旋至保护位。检查 SF₆ 气体压力无明显变化。

（12）用 SF₆ 气体检漏仪检查设备阀门无泄漏，盖上封帽；收起转接头、排气管、接地线等，整理装箱；回收集气袋。

（13）关闭设备电源，整理试验设备。

（二）　计算及判断

1. SF₆ 气体水分的计算

国家标准规定 SF₆ 气体水分以体积分数表示。

实际测量中，各种仪器测量的结果可用不同的量值来表示。

（1）气体湿度的体积分数计算：

$$\varPhi_W = V_M/V_T \times 10^6 = p_W/p_T \times 10^6 \tag{4-1}$$

式中　$\varPhi_W$——测试气体湿度的体积分数，10^{-6}；

　　　V_M——水汽的分体积，L；

　　　V_T——测试气体的体积（气室体积），L；

　　　p_W——气体中水汽的分压，Pa；

　　　p_T——测试系统的压力，Pa。

（2）气体湿度的质量分数计算：

$$\omega_W = m_W/m_T \times 10^6 = \varPhi_W M_W/M_T \tag{4-2}$$

式中　ω_W——气体湿度的质量分数，10^{-6}；

　　　M_W——湿气中水的摩尔质量，g/moL；

　　　M_T——测试气体的摩尔质量，g/moL。

现在的水分测试仪大多直接读取数据，不需换算。

2. 判断标准

SF₆ 气体微水注意值（20℃）（Q/GDW 1168—2013）：

新 SF₆ 气体水分含量不大于 5μg/g。

交接及大修后，灭弧室 SF₆ 气体水分含量：≤150μL/L；非灭弧隔室 SF₆ 气体水分含量≤250μL/L。

运行中设备，灭弧室 SF₆ 气体水分含量：≤300μL/L；非灭弧隔室 SF₆ 气体水分含量：≤500μL/L 。

（三）　精密度分析

1. 重复性

阻容法的露点重复性不大于±0.5℃，镜面法的露点重复性不大于±0.3℃。

2. 再现性

阻容法的露点重复性不大于±0.5℃；镜面法的露点重复性不大于±0.5℃。

（四）　结束工作

检测结束后应进行如下工作：

（1）整理工具、仪器，放回原处，清理工作现场，确保现场无遗漏。

（2）工作终结：工作负责任全面检查，确定无遗漏后，撤离现场，结束工作票，并做好检测记录。

（五）　试验报告编写

测量结果报告应包括以下内容：被测设备名称、型号、出厂编号，湿度测量仪器名称、型号，校验日期，测量日期，环境温度，相对湿度，大气压力，天气状况，测量结果和分析意见，试验人员、审核人、负责人等。

现场试验报告格式见表 4-2。

表 4-2　　　　　　　　　×××变电站 SF$_6$ 气体水分检测报告

变电站名称			设备编号		
检测日期			检测人员		
设备厂家			设备型号		
仪器名称			仪器型号		
温度			湿度		
气室编号	项目	标准值	实测值		
			A1	B2	C 备注
×××气室	湿度（μL/L）				
×××气室	湿度（μL/L）				
结论					

批准：　　　　　　　　　　　　　　　　　　　　　　审核：

五、危险点分析及预控措施

（1）防人身触电。工作负责人应在值班人员的带领下看清工作地点、任务、安全措施是否齐全，并向班组人员交待清楚工作地点、工作内容、现场安全措施，邻近带电部位和安全注意事项。工作中，应加强监护，保持足够的安全距离。在变电站应由两人放倒搬运楼梯。不准超越遮栏进入运行设备区。

（2）在不停电工作票许可时，应先与运行人员沟通，在设备因紧急情况需要操作时通知现场试验人员及时撤离工作区。

（3）防 SF$_6$ 气体中毒。

1）严格采取通风措施，装有 SF$_6$ 设备的配电装置室内必须装设强力通风装置，且风口应设置在室内底部，工作人员进入 SF$_6$ 配电装置室，必须先通风 15min；不准一人进行检修工作。测试时，仪器的排气管路应引至仪器 10m 以外的低洼处，人应处在上风位置。

2）不准在设备防爆泄压装置附近逗留，防止装置突然爆炸。

3）当 SF$_6$ 设备测试接口或逆止阀发生突发性失控泄漏时，应先用测量接头堵住测试接口，并立即关闭测量接头阀门，疏散工作人员，汇报运行人员。

（4）防止高空坠落。高度超过 1.5m 时应设专人扶梯；使用前检查梯子是否坚固、可靠，安全带是否在有效期内；登高作业时必须把安全带系于牢固的地方。

（5）防高空落物伤人。正确佩戴安全帽；严禁工作人员站在工作处的垂直下方。在高处工作应使用工具袋，工具、器材上下传递应用绳索拴牢传递，严禁抛掷。

（6）SF$_6$ 气体分解产物会伤害呼吸道，必要时使用专用的防护用品，以防止 SF$_6$ 分解气体对呼吸道的影响。

（7）温度对 SF$_6$ 气体湿度测量的影响分析。气体绝缘设备中的水分不仅存在于 SF$_6$ 气体中，绝缘件、导体表面和器壁都吸附有水分，气体中水分在二者间的分配取决于温度的变化。一年之中设备中气体水分含量随气温升高而升高。

（8）内置吸附剂的影响分析。为了确保设备绝缘性能，在设备内部放置约为气体质量 10%的分子筛来吸收水分，SF$_6$ 气体中的水汽分子处于吸附与释放的平衡状态，这种平衡状态与温度有关。当温度升高，吸附剂吸附水汽能力降低，气体中相对湿度上升；反之，吸附剂吸水能力增强，气体中相对湿度降低。在不同环境温度时测量 SF₆ 气体中水分值有所变化。环境温度高时，测得数据较大，反之则相反。

（9）排气口干燥。由于设备排气口密封不太好，排气口周围可能有水，拆下密封帽后，要用干燥、洁净的布擦干净后，才能连接转接头和导气管。

（10）转接头匹配良好。SF₆ 电气设备厂家多、种类多，排气口结构没有统一，因此，转接头一定要密封良好。

（11）导气管连接可靠。对 SF₆ 电气设备气体检测时必须从排气口取气。将检测仪进气口用导气管连接到设备排气口，再打开截止阀，调节气体流量至正常值。

测试的气路系统要尽量短，接口和管路的材质也应选用憎水性强的物质，如不锈钢和聚四氟乙烯管，不能使用乳胶管和橡胶管作取样管。

（12）仪器必须在有效的校验期内。由于传感器存在老化和漂移，因此使用的仪器必须在有效的校验期内，以便确保检测数据可靠。

（13）检测气体流量稳定。气体流量变化将影响检测数据的稳定性和准确性，因此，检测时气体流量不仅要稳定，而且不能太小。

六、　仪器维护保养及校验

（一）　仪器维护保养
（1）仪器最好专人使用，专人保管。
（2）仪器在运输过程或测试过程中防止碰撞挤压及剧烈振动。
（3）仪器进行测量前，湿度传感器需要进行自校准。
（4）仪器在使用过程中，当电量指示不足时，应及时充电。
（5）仪器要进行定期校准，以保证仪器的性能。

（二）　仪器校验
1. 校验方法
（1）仪器应由有 SF₆ 气体试验仪器校验资质的电科院或仪器生产厂家标定，以便确保准确度。
（2）自校。
1）采用单点标定：主要用于修正零点漂移造成测量不准确，用高纯的 SF₆ 气体标定零点。
2）采用双点法校准：主要用于修正漂移比较大，造成零点和斜率都变化的情况；通过先确定零点再确定高点的办法确定斜率，从而对传感器进行校准。
2. 校验周期
按照行业规程要求，阻容法一年校准一次，镜面法两年校准一次。
3. 校验达到标准
湿度校准达到 GB/T 11605—2005 中 6.5 条电阻电容法精密度的要求。

七、　试验数据超极限值原因及采取措施

1. 警戒极限
交接及大修后，灭弧室 SF₆ 气体水分含量：>150μL/L；非灭弧隔室 SF₆ 气体水分含

量：>250μL/L。

运行中设备，灭弧室 SF_6 气体水分含量：>300μL/L；非灭弧隔室 SF_6 气体水分含量：>500μL/L。

2. 原因解释

SF_6 设备中气体水分超标原因如下：

（1）新气中残留；

（2）SF_6 电气设备固体绝缘材料残存和生产装配中带入；

（3）大气中的水汽渗透到设备内部；

（4）内部故障时产生。

3. 采取措施

（1）外部原因处理。首先对所有抽真空管路进行更新，将连接管路的减压阀、三通等部件置于 80℃ 的烤箱中烘干 3h，抽真空前再用 25μg/g 的高纯氮气吹 20min，保证抽真空管路的干燥；同时将抽真空管路接入麦氏真空计用以监测真空度，而且在充入氮气的同时对设备进行检漏，检查是否有泄漏点。

（2）内部原因处理。

1）绝缘件及内部附着水分的处理。考虑到内部绝缘件受潮及内部附着水分，先对设备进行 24h 的长时间抽真空，并保持 133Pa 的较低真空度，然后充入微水 25μg/g 高纯氮气 0.5MPa 进行检测，此过程可反复进行。水分检测合格后，用同样方法充入合格的 SF_6 气体，24h 后检测其水分值。

2）利用吸附剂处理水分。将设备内部吸附剂取出放入 350℃ 的烤箱中进行了 3h 活化处理后装入设备，抽真空后注入 25μg/g 的氮气。此过程可反复进行。若断路器内部微水含量有所下降，但仍大于检测导则中 150μL/L 的规定值，说明断路器内部吸附剂确实已受潮，而且已达到饱和，即使进行活化处理，效果也不理想。可对内部吸附剂全部进行更换，抽真空后注入 25μg/g 的氮气后检测，可反复多次放入活化处理后的吸附剂，处理至水分合格。经验表明：选用分子筛与活性氧化铝的混合吸附剂，效果较好。

第二节　SF_6 气体水分、纯度、分解产物测试现场作业指导及应用

一、概述

1. 适用范围

本方法用于 SF_6 气体绝缘设备在交接试验及运行中的预防性试验时，绝缘气体中水分含量、纯度、分解物的现场检查。

2. 引用标准

GB/T 8905—2012　六氟化硫电气设备中气体管理与检测导则

GB/T 11023—1989　高压开关设备 SF_6 气体密封试验方法

GB/T 11605—2005　湿度测量方法

GB 50150—2006　电气装置安装工程电气设备交接试验标准

DL/T 506—2007　六氟化硫电气设备中绝缘气体湿度测量方法

DL/T 595—1996　六氟化硫电气设备气体监督细则

DL/T 639—1997　六氟化硫电气设备运行、试验及检修人员安全防护细则

DL/T 1205—2013　六氟化硫电气设备分解产物试验方法

Q/GDW 1168—2013　输变电设备状态检修试验规程

Q/GDW 1799.1—2013　国家电网公司电力安全工作规程变电部分

Q/GDW 1896—2013　SF₆气体分解产物检测技术现场应用导则

二、 相关知识点

1. SF₆ 气体水分、纯度、分解物概述

SF₆ 气体水分是指 SF₆ 气体中水蒸气的含量。

SF₆ 气体纯度是评价气体质量和安装检修工艺的重要手段。SF₆ 气体中常含有空气（O_2、N_2）、四氟化碳（CF_4）和二氧化碳（CO_2）等杂质气体。它们是在 SF₆ 气体合成制备过程中残存的或者是 SF₆ 气体加压充装运输过程中混入的。

SF₆ 气体分解产物是设备中绝缘材料在故障能量的作用下产生的物质，其包括 SF₆ 气体和环氧树脂、聚四氟乙烯、聚乙烯、绝缘纸、橡胶和绝缘漆等固体绝缘材料发生反应生成的气体杂质，而固体绝缘材料的分解是危及设备安全的最大威胁。因此，通过检测能及时检出设备内部隐患，避免事故的发生，为设备的状态维修提供科学依据。该法是近年来研发的新技术，其应用有力地保障了 SF₆ 电气设备的安全经济运行，因而得到广泛应用。现场检测主要应用电化学法原理检测设备内部绝缘材料裂解的主要产物 SO_2、H_2S、CO、HF 的含量。

2. SF₆ 气体水分、纯度、分解物现场检测方法及原理

本仪器能同时检测 SF₆ 气体中分解物、纯度和水分。分解产物采用电化学传感器法原理检测，纯度采用恒温绝热热导传感器检测，水分采用阻容法检测。检测时 SF₆ 电气设备内部气体从排气口流出，经导气管过滤进入仪器，经针形阀调节流量后流入传感器进行检测，将分解物、纯度和水分含量转换成相应电信号，通过放大后送至微处理器和 A/D 转换器，将模拟量转换成相应的数字量，进行温度补偿、线性处理和交叉干扰补偿后，由 LCD 显示检测组分的含量，并将数据送入存储器存储，由微处理器做逻辑分析，判断检测终点到达后，发出声响；当检测的数值超过正常值时，仪器发出声、光警报，专家诊断系统根据检测数据按设备的状态进行分析判断，并提出处理意见。检测后的气体从排气口流到集气袋或排至下风侧低洼处。

（1）SF₆ 气体水分现场检测方法与原理不再赘述。

（2）SF₆ 气体纯度现场检测方法与原理。电化学传感器法（热导法）是 SF₆ 气体纯度现场检测常用的方法，国家电网公司推荐应用热导原理，利用各种气体不同的热导系数，即各气体具有不同的热传导速率来进行测量。当被测气体以恒定的流速流入分析仪器时，热导池内的铂热电阻丝的阻值会因被测气体的浓度变化而变化，使原来平衡的惠斯顿电桥（见图 4-1）输出发生改变，气体纯度相应的电阻值信号转换成电信号，通过电路处理将信号放大、A/D 转换、温度补偿、线性化，显示纯度使其成为测量值。

图 4-1 所示为纯度检测惠斯顿电桥的原理图，图中 A、B 为输入端，C、D 为输出端，

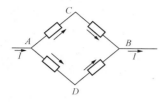

图 4-1　惠斯顿电桥

在测试气体未进入仪器时，桥路平衡，C、D 两端无输出；当测试气体进入仪器后，桥路不平衡，C、D 两端输出与气体纯度相应的电压。

电化学传感器为恒温绝热式热导检测器，温控精度高，具有压力和温度补偿，响应速度快、稳定性好、耗气量少，是一种高精度、智能化的检测方法，很适合现场使用。

（3）SF_6 气体分解产物。SF_6 电气设备中分解产物的现场检测方法有电化学传感器法、气体检测管法和气相色谱法。

电化学传感器法的检测原理：被测气体透过电化学传感器气体过滤膜，在传感器内发生化学反应，产生与被测气体浓度成比例的电信号，经对信号处理后得到被测气体浓度。该法具有稳定性好、灵敏度高、耗气量少等优点，很适合现场使用。

3. 检测的意义

当 SF_6 气体应用于电气设备中时，由于受到大电流、高电压、高温等外界因素的影响，并在氧气和水分的作用下将产生含氧、含硫低氟化物和 HF。这些杂质气体，有的是有毒或剧毒物质，对人体危害极大；有的腐蚀设备材料，影响电气设备的安全运行，因此必须控制 SF_6 气体的纯度，严格监测杂质含量。

当内部故障严重时，通过纯度检测可以检测设备隐患，如断路器动作发生电弧重燃，将使灭弧室严重灼伤，产生大量以 CF_4 为主的分解产物；当压缩气缸出现高温过热时，也产生大量 CF_4；这两种故障都使 SF_6 气体纯度明显降低。而且当内部故障严重时，通过纯度检测可以检测设备隐患。

SF_6 电气设备中杂质来自于 SF_6 新气或安装、检修、运行和内部故障时产生。因此，对 SF_6 气体中水分、纯度的分析、监测和控制有十分重要的意义。

SF_6 气体分解物检测方法对于固体 SF_6 气体绝缘设备的绝缘物沿面缺陷、设备内部导体间连接缺陷、设备内部的异常发热、气体中颗粒杂质、悬浮电位放电和灭弧室内零部件的异常烧蚀等潜伏性故障诊断，对于 GIS，经综合判断后能确定故障部位，具有受外界环境干扰小、灵敏度高、准确性好等优势，成为了运行设备状态监测和故障诊断的新技术和有效手段。该法可为判断评价 SF_6 电气设备的运行状况提供科学依据，因而得到广泛应用。

三、 现场操作前的准备

1. 人员要求

（1）熟悉 SF_6 气体相关知识，掌握 SF_6 气体泄漏后处理的知识、技能及应急措施。

（2）熟悉防护、安全用具使用的相关知识。

（3）能够熟练、正确无误地操作设备，并能够根据故障现象处理简单的设备故障。

（4）具有一定的现场工作经验，熟悉并严格遵守电力生产和工作现场的相关安全管理规定。

2. 气象条件

（1）环境温度：$-20 \sim +40℃$；环境相对湿度：$0\% \sim 85\%$；大气压力：$80 \sim 110kPa$；风速：$\leqslant 5m/s$。

（2）室外检测宜在晴朗天气下进行。

3. 试验仪器、工器具及耗材

试验仪器、工器具及耗材见表 4-3。

表 4-3　　　　　　　　　　　　　试验仪器、工器具及耗材

序号	名　称	规格/型号	单位	数量	备　注
一	试验仪器				
1	SF₆ 气体综合检测仪	JH5000D-4 型	台	1	能同时检测分解物、水分和纯度
2	SF₆ 气体便携检漏仪		台	1	
3	SF₆ 气体回收装置		台	1	
二	工器具				
1	测量转换接头		套	1	
2	吹风机		台	1	
3	组合工具	呆扳手、棘轮扳手、套筒扳手	套	1	
4	温、湿度风向仪		台	1	
5	安全带		套	2	
6	绝缘梯	2m 人字平梯	套	1	
7	绝缘凳	1m	个	1	
三	耗材				
1	生料带		卷	1	
2	胶手套		双	10	
3	绝缘胶带		卷	1	
4	防雨布		套	1	
5	白绸布		m	10	
6	集气袋		个	20	

四、　现场作业程序及过程控制

(一)　操作步骤

1. 仪器准备

(1) 打开仪器电源，检查电量指示是否充足，若不充足应及时充电。

(2) 观察屏幕，看是否正常显示。

(3) 选择与设备充气口相匹配的转换接头。

2. 检测步骤

(1) 进入变电站，正确办理第二种工作票。

(2) 测点准备。通过电气接线图、气隔图等资料，结合现场勘查确定检测部位。

(3) 工作票许可后，工作班成员整齐列队，工作负责人宣读工作票，交待工作任务，合理分工，进行危险点告知，明确安全注意事项，签名确认，工作开始。

(4) 进入被试设备区，勘察现场，巡视被试设备，了解各电压等级间隔划分及设备结构，确定各气室 SF₆ 密度继电器及其检测点位置，观察各气室 SF₆ 气体压力是否在额定

压力范围内。

（5）将仪器可靠接地。

（6）观察风向，将排气管接入下风口低洼处 6m 外的气体回收装置或回收袋。

（7）导气管和接头须用干燥的 N_2（或 SF_6）冲洗 10min 进行干燥（长期放置时做此项，经常使用仪器不需此操作）。

（8）零位检测（只需要在每天第一次开机时进行）。开启电源，仪器自检正常后，稳定预热 2～3min，点击"跳过预热"JH5000，跳过预热，进入显示主界面菜单，再点击"系统自检"，显示"系统自检"界面，点击"零位检测"，自动检测各分解物传感器的零位，并与原来保存的零位进行比较，决定是否更新，若相差较大（大于±3 个数值），点击"保存"，仪器提示"保存成功"；若相差不大（小于±3 个数值），无需保存，确保检测精度。点击"退出"——→"取消"，退出程序。

（9）气路连接。检查两个针型阀，应处于关闭状态。将导气管带过滤器的一端与检测设备充气阀相匹配的转接头相连，另一端与仪器进气口相连。打开设备充气阀封帽，将转接头与被测试设备充气阀相连（根据充气阀情况安排人员 1～2 人，部分设备需打开常闭阀门），保证各部位连接良好，用 SF_6 气体检漏仪检查气路的气密性。

（10）在仪器预热时（单测分解物时预热 2min，有测试纯度和水分时预热 10min）。点击 JH5000，进入预热界面，缓慢打开分解物和纯度针型阀，调节气体流量至 $200\times(1\pm10\%)$mL/min，缓慢调节水分流量调节阀使气体流量至 $500\times(1\pm10\%)$mL/min，仪器预热 10min。此时记录环境温度、环境湿度，抄写设备铭牌、设备编号，查看和密度继电器压力表记录气体压力等。

（11）仪器预热结束前 1min 左右，缓慢打开分解物针型阀，调节气体流量至 $200\times(1\pm10\%)$mL/min。

（12）预热结束，直接进入主菜单的功能界面：点击"设备选择"，选择"预试"的断路器和或其他设备；进入"检测项目选择"，选择"分解物＋纯度＋水分"。

（13）开始检测，5min 后，自动判断检测终点，发出"滴"声，显示检测及判断结果，记录检测结果，可保存打印。

（14）分解物重测：当分解物含量异常时，仪器发出声、光警报，应重复检测一次确认，点击"返回"预热 6s 后，进行测试。这时应拔出导气管，关闭针型阀，启动气泵 2～3min 后，重新进行零位检测，接入导气管，进入检测程序。

（15）检测结束后，先取下连接设备的转接头、导气管（部分设备关闭常闭阀门），再拔出与仪器连接的快插，关闭两个针型阀，开启气泵 2～3min，对仪器进行清洁。

（16）关机：在主菜单中选择"退出"，并选择"确认"，仪器自动关机。

（17）用 SF_6 气体检漏仪检查设备阀门无泄漏，盖上封帽；收起转接头、排气管、接地线等，整理装箱；回收集气袋或其他收集装置。

（二）计算及判断

1. SF_6 气体水分、纯度、分解物检测计算

（1）SF_6 气体水分的计算与判断同本章第一节。

（2）SF_6 气体纯度计算。纯度分为体积百分比（$V_v\%$）和质量百分比（$V_{wv}\%$），杂质以空气为准，按以下方法进行体积百分比和质量百分比的换算：

$$V_{WV}\% = [V_V\% \times 146/V_V\% \times 146 + (1 - V_V\%) \times 29] \times 100\% \qquad (4-3)$$

式中 $V_{WV}\%$——质量百分比；

$\qquad V_V\%$——体积百分比。

国家标准规定 SF₆ 气体纯度一般以体积分数表示。

电化学传感器法测试纯度仪器会自动判断检测终点，自动计算纯度，并显示检测结果。

（3）SF₆ 气体分解物计算

DL/T 1205—2013 中分解物浓度单位用 μL/L 表示，即每升 SF₆ 气体中含有多少微升的分解物。

2. SF₆ 气体纯度、分解物检测结果处理

（1）SF₆ 气体纯度用百分比表示，分解物检测结果用体积分数表示，单位为 μL/L。

（2）取两次有效检测结果的算术平均值作为最终检测结果，所得结果应保留小数点后 1 位有效数字。

3. 判断标准

（1）SF₆ 气体纯度注意值（体积比）：

新气、交接及大修后 SF₆ 气体纯度：≥99%。

运行中设备，灭弧气室 SF₆ 气体纯度：≥97%；非灭弧气室 SF₆ 气体纯度：≥95%。

（2）SF₆ 气体分解物注意值见表 4-4。

表 4-4   **SF₆ 气体分解物评价标准**

气体组分	检测指标(μL/L)		评价结果
SO₂	≤1	正常值	正常
	1～5 *	注意值	缩短检测周期
	5～10 *	警示值	跟踪检测，综合诊断
	>10	警示值	综合诊断
H₂S	≤1	正常值	正常
	1～2 *	注意值	缩短检测周期
	2～5 *	警示值	跟踪检测，综合诊断
	>5	警示值	综合诊断

注   灭弧气室的检测时间应在设备正常开断额定电流及以下电流 48h 后。

*   表示为不大于该值。

（三）精密度分析

1. 检测限

SO₂、H₂S、CO 和 HF 不大于 0.5μL/L。

2. 示值误差

SO₂、H₂S 含量在 0～10μL/L 时，误差不大于 ±1μL/L；SO₂、H₂S 含量在 10～100μL/L 时，误差不大于 ±10%。

CO 含量在 0～50μL/L 时，误差不大于 ±3μL/L；CO 含量在 50～500μL/L 时，误差不大于 ±6%。

HF 含量在 0～10μL/L 时，误差不大于±1μL/L。

3. 重复性

SO_2、H_2S 含量在 0～10μL/L 时，为±0.3μL/L；SO_2、H_2S 含量在 10～100μL/L 时，为±3%。

CO 含量在 0～50μL/L 时，为±1.5μL/L；CO 含量在 50～500μL/L 时，为±3%。

HF 含量在 0～10μL/L 时，为±0.5μL/L。

4. 再现性

优于"示值误差"。

（四）　结束工作

检测结束后应进行如下工作：

（1）整理工具、仪器，放回原处，清理工作现场，确保现场无遗漏。

（2）工作终结：工作负责人全面检查，确定无遗漏后，撤离现场，结束工作票，并做好检测记录。

（五）　试验报告编写

试验报告应包括以下内容：被测设备名称、型号、出厂编号，综合测试仪名称、型号，校验日期，测量日期，环境温度，相对湿度，大气压力，天气状况，测量结果和分析意见，试验人员、审核人、工作负责人等。

现场试验报告格式见表 4-5。

表 4-5　　　　　　　SF_6 气体湿度、纯度、成分检测现场记录

变电站名称			设备编号				
检测日期			检测人员				
设备厂家			设备型号				
仪器名称			仪器型号				
温度（℃）			相对湿度（%）				
测试气室	测试压力（MPa）	湿度（20℃）（μL/L）	纯度（%）	成分测试值分解产物（μL/L）			
				SO_2	H_2S	CO	HF
结论							
其他							
依据与标准	Q/GDW 1168—2013						

批准：　　　　　　　　　　　　　　　　　　　　　　　审核：

五、　危险点分析及预控措施

（1）工作负责人应在值班人员的带领下看清工作地点及任务、安全措施是否齐全，并向班组人员交待清楚工作地点、工作内容、现场安全措施、邻近带电部位和安全注意事项。

（2）在不停电工作票许可时，应先与运行人员沟通，在设备因紧急情况下需要操作时通知现场试验人员及时撤离工作。

（3）不准在设备防爆泄压装置附近逗留，防止装置突然爆炸。

（4）当 SF₆ 设备测试接口或逆止阀发生突发性失控泄漏时，应先用测量接头堵住测试接口，并立即关闭测量接头阀门，疏散工作人员，汇报运行人员。

（5）防止高空坠落。高度超过 1.5m 时应设专人扶梯；使用前检查梯子是否坚固、可靠，安全带是否在有效期内；登高作业时必须把安全带系于牢固的地方。

（6）SF₆ 气体分解产物会伤害呼吸道，必要时使用专用的防护用品，以防止 SF₆ 分解气体对呼吸道的影响。

（7）排气口干燥。由于设备排气口密封不太好，排气口周围可能有水，旋下密封帽后，要用干燥、洁净的布擦干净后，才能连接转接头和导气管。

（8）转接头匹配。SF₆ 电气设备厂家多、种类多，排气口结构没有统一，因此转接头一定要密封良好。

（9）导气管连接可靠。对 SF₆ 电气设备气体进行检测时必须从排气口取气。将检测仪进气口用导气管连接到设备排气口，再打开截止阀，调节气体流量至正常值。

测试的气路系统要尽量短，接口和管路的材质也应选用憎水性强的物质，如不锈钢和聚四氟乙烯管，不能使用乳胶管和橡胶管作取样管。

（10）仪器必须在有效的校验期内。由于传感器存在老化和漂移，因此使用的仪器必须在有效的校验期内，以便确保检测数据可靠。

（11）检测气体流量稳定。在连接导气管前，应将针型阀置于关闭状态，仪器开机后打开检测设备排气阀，缓慢地调节针型阀将流量调至正常值，使气体流量变化稳定，否则将影响检测数据的稳定性和准确性。在检测过程中，不能快速调节针型阀，以免气流冲击引起检测数据失真。试验结束后应将流量调节阀置于关闭位置。

六、 仪器维护保养及校验

（一） 仪器维护保养

（1）仪器最好专人使用，专人保管。

（2）仪器在运输过程或测试过程中防止碰撞挤压及剧烈振动。

（3）仪器进行测量前，仪器需要进行自校准。

（4）仪器在使用过程中，仪器内置电池电压低于 14.0V 时，欠电压灯亮，应及时充电。

（5）仪器存放较长时间不用时，应每月检查电池电压，当电压降至正常值时，应及时充至额定值，延长电池寿命。

（6）仪器要进行定期校验，以保证仪器的性能。

（7）为了防止空气中水汽和灰尘的污染，应将仪器存放在试验台或仪器架上；较长时间不用时，应放入铝合金包装箱，然后置于试验台或仪器架上；应将导气管放置在干燥器内。

（二） 仪器校验

1. 校验方法

由于电化学传感器的电解质与外界有极其微小的交换，使响应值有所降低，因此按照行业标准要求每年标定一次，以便确保准确度，可选择有资质的电科院、计量院和仪器生产厂家进行校验。校验方法如下：

（1）采用多点校准法，使用具有生产"GB"等级资质的以 SF_6 做底气浓度分别为 50、50μL/L 和 500μL/L 的 SO_2、H_2S 和 CO 标准气体。

（2）开机后，选择"系统标定"进入自校准界面，按国网公司生变电（2011）50 号《关于开展 SF_6 气体分解物检测仪检验工作的通知》要求，分别进行 SO_2、H_2S 及 CO 单气和混合气体试验，使其达到判断潜伏性故障要求。

2. 校验周期

一年校准一次。

3. 校验达到标准

1）检测灵敏度：SO_2、H_2S、CO 和 HF 不大于 0.5μL/L。

2）检测精度：

SO_2、H_2S 含量在 0～10μL/L 时，误差不大于±1μL/L；SO_2、H_2S 含量在 10～100μL/L 时，误差不大于±10%。

CO 含量在 0～50μL/L 时，误差不大于±3μL/L；CO 含量在 50～500μL/L 时，误差不大于±6%。

HF 含量在 0～10μL/L 时，误差不大于±1μL/L。

3）稳定性：

SO_2、H_2S 含量在 0～10μL/L 时，为±0.3μL/L；SO_2、H_2S 含量在 10～100μL/L 时，为±3%。

CO 含量在 0～50μL/L 时，为±1.5μL/L；CO 含量在 50～500μL/L 时，为±3%。

HF 含量在 0～10μL/L 时，为±0.5μL/L。

七、 试验数据超极限值原因及采取措施

1. 警戒极限

（1）SF_6 气体纯度警戒值（体积比）。新气、交接及大修后 SF_6 气体纯度小于 99%。运行中设备：灭弧气室 SF_6 气体纯度小于 97%，非灭弧气室 SF_6 气体纯度小于 95%。

（2）运行中 SF_6 气体分解物警示值，见表 4-6。

表 4-6 运行中 SF_6 气体分解物警示值

气体组分	检测指标(μL/L)		评价结果
SO_2	1～5*	注意值	缩短检测周期
	5～10*	警示值	跟踪检测，综合诊断
	>10	警示值	综合诊断
H_2S	1～2*	注意值	缩短检测周期
	2～5*	警示值	跟踪检测，综合诊断
	>5	警示值	综合诊断

注 灭弧气室的检测时间应在设备正常开断额定电流及以下电流 48h 后。

* 表示为不大于该值。

2. 原因解释

（1）SF_6 水分超标原因可参照本章第一节相关内容。

（2）SF$_6$纯度。运行设备中杂质主要包括：空气、水分、低氟化物、矿物油、HF、CF$_4$、CO、SO$_2$等，杂质来源有：新气（主要空气、水分、可水解氟化物、HF、矿物油、CF$_4$），设备充气（主要是空气），电弧分解物及绝缘材料故障产物（主要是低氟化物、SO$_2$、HF、CO、H$_2$S等），气体回收处理（主要是水分、机械油），运行泄漏（大气水分渗透进入设备）。

（3）SF$_6$气体分解物超标原因可参照本章第四节相关内容。

3. 采取措施

（1）SF$_6$水分超标处理措施参照本章第一节相关内容。

（2）SF$_6$纯度。

1）回收SF$_6$气体应净化处理。回收利用的SF$_6$气体，经净化处理，达到新气质量标准后方可使用。

2）对设备抽真空，用氮气或空气冲洗气室。

3）将设备内部清理干净，对废物进行处理。

4）检修完毕后，装入吸附剂并抽真空。

（3）SF$_6$气体分解物。若设备中SF$_6$气体分解产物SO$_2$或H$_2$S含量出现异常，应结合SF$_6$气体分解产物CO和CF$_4$含量及其他状态参量变化、设备电气性能、运行工况等，对设备状态进行综合诊断。CO和CF$_4$作为辅助指标，与初值（交接验收值）比较，跟踪其增量变化，若变化显著，应进行综合诊断。

第三节　SF$_6$气体纯度测试现场作业指导及应用（色谱法）

一、概述

1. 适用范围

本方法用于SF$_6$气体绝缘设备在交接试验及运行中的预防性试验时绝缘气体中纯度的现场检查。

2. 引用标准

GB 190—2009　危险货物包装标志

GB/T 3723—1999　工业用化学产品采样安全通则

GB 5099—2011　钢质无缝气瓶

GB/T 6681—2003　气体化工产品采样通则

GB 7144—1999　气瓶颜色标志

GB/T 8170—2008　数值修约规则与极限数值的表示方法和判定方法

GB/T 8905—2012　六氟化硫电气设备中气体管理与检测导则

GB/T 12022—2014　工业六氟化硫

GB 14193—2009　液化气体气瓶充装规定

GB 15258—2009　化学品安全标签编写规定

GB 16804—2011　气瓶警示标签

GB/T 28537—2012　高压开关设备和控制设备中六氟化硫（SF$_6$）的使用和处理

GB/T 28726—2012　气体分析　氦子化气相色谱法

DL/T 596—2005　电力设备预防性试验规程

DL/T 639—1997　六氟化硫电气设备运行、试验及检修人员安全防护细则

DL/T 1032—2006　电气设备用六氟化硫（SF_6）气体采样方法

DL/T 1205—2013　六氟化硫电气设备分解产物试验方法

DL/T 1359—2014　六氟化硫电气设备故障气体分析和判断方法

DL/T 1366—2014　电力设备用六氟化硫气体

Q/GDW 1168—2013　输变电设备状态检修试验规程

Q/GDW 1799.1—2013　国家电网公司电力安全工作规程变电部分

Q/GDW 1896—2013　SF_6气体分解产物检测技术现场应用导则

Q/CSG 10007—2004　电力设备预防性试验规程

Q/GDW 11157.87—2009　SF_6电气设备气体采样作业指导书

IEC 60480—2005　从六氟化硫电气设备中气体的检测和处理导则及其再使用规范

IEC/TR 62271—303—2008　六氟化硫（SF_6）的使用和操作

二、 相关知识点

1. 概念

SF_6气体纯度是评价气体质量和安装检修工艺的重要手段。SF_6气体中常含有空气（O_2、N_2）、四氟化碳（CF_4）、二氧化碳（CO_2）、六氟乙烷（C_2F_6）、八氟丙烷（C_3F_8）等杂质气体。它们是在SF_6气体合成制备过程中残存的或者是SF_6气体加压充装运输过程中混入的。

工业上一般采用的制备方法是单质硫与过量的气态氟直接化合。

$$S + 3F_2 \longrightarrow SF_6 + Q(放热)$$

近年来，对无水 HF 中电解产生硫或含硫化合物的合成方法进行了探索。

$$MF + S + Cl_2 \longrightarrow MCl + SF_6$$

$$MF_2 + S + Cl_2 \longrightarrow MCl_2 + SF_6$$

2. 试验原理及结果计算

（1）试验原理。本试验仪器主要配备进口十通阀、进口六通阀、热导检测器（TCD）和氢火焰检测器（FID）。通过阀的切割将定量管里的待测SF_6样品由载气（氦气）带入色谱柱，利用样品中各组分在色谱柱中的气相和固定相间的不同分配系数和保留时间的不同，利用阀中心切割技术进行分离检测。本试验气路流程对SF_6气体中的空气（Air）、四氟化碳（CF_4）、六氟乙烷（C_2F_6）、八氟丙烷（C_3F_8）等杂质进行测定，采用外标法进行定性、定量分析，仪器采用高效色谱柱和高灵敏度热导及氢火焰检测器对于以上四种杂质进行有效分离并检测。

（2）结果计算。检测结果计算采用外标定量法。

1）各组分质量分数含量按式（4-4）计算

$$W_i = \frac{A_i}{A_s} W_s \tag{4-4}$$

式中 W_i——样品气中被测组分 i 的含量（质量分数），$\times 10^{-6}$；

     A_i——样品气中被测组分 i 的峰面积；

     A_s——气体标准样品中相应已知组分 i 的峰面积；

     W_s——气体标准样品中相应已知组分 i 的含量（质量分数），$\times 10^{-6}$。

    2）各组分体积分数含量按式（4-5）计算

$$C_i = \frac{A_i}{A_s} C_s \tag{4-5}$$

式中 C_i——样品气中被测组分 i 含量（体积分数），$\times 10^{-6}$；

     A_i——样品气中被测组分 i 的峰面积；

     A_s——气体标准样品中相应已知组分 i 的峰面积；

     C_s——气体标准样品中相应已知组分 i 的含量（体积分数），$\times 10^{-6}$。

    3）质量分数与体积分数的换算按式（4-6）计算

$$W_i = C_i \frac{M_i}{M_1} \tag{4-6}$$

式中：W_i——样品气中被测组分 i 的含量（质量分数），$\times 10^{-6}$；

     C_i——样品气中被测组分 i 的含量（体积分数），$\times 10^{-6}$；

     M_i——被测组分的摩尔质量，g/mol；

     M_1——SF$_6$ 的摩尔质量，g/mol。

（3）SF$_6$ 气体纯度检测的色谱分析流程图。SF$_6$ 气体纯度检测的色谱分析流程如图4-2所示。

（4）分析条件。

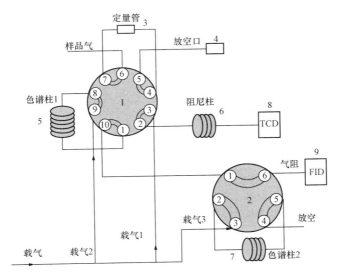

图 4-2   SF$_6$ 气体纯度检测的色谱分析流程图

1—十通阀；2—六通阀；3—定量管；4—流量计；5—色谱柱 1；

6—阻尼柱；7—色谱柱 2；8—热导检测器（TCD）；9—氢火焰检测器（FID）

1) SF_6 气体纯度检测的色谱分析条件见表 4-7、表 4-8。

表 4-7 SF_6 气体纯度检测的色谱分析条件 （一）

分析条件	参数设置	分析条件	参数设置
柱炉温度	80℃	热导检测器电流	120mA
氢火焰检测器温度	180℃	色谱柱 1	TekayF 柱 4m
氢火焰检测器量程	10^9	色谱柱 2	TekayG 柱 6m
热导检测器温度	100℃		

表 4-8 SF_6 气体纯度检测的色谱分析条件 （二）

分析条件（压力）	参数设置（MPa）	分析条件（压力）	参数设置（MPa）
载气（氢气）	99.999%（高纯氢）	空气 1	0.1
载气 1	0.27	空气 2	0.1
载气 2	0.26	氢气 1	0.1

2) SF_6 气体纯度检测的色谱分析阀切割时间见表 4-9。

表 4-9 SF_6 气体纯度检测的色谱分析阀切割时间 （供参考）

事　　件	1	2
1	0	5.4
2	6.0	17.0

3) SF_6 气体纯度检测的色谱分析标气浓度见表 4-10。

表 4-10 SF_6 气体纯度检测的色谱分析标气浓度 （供参考） $\mu L/L$

组分	Air	CF_4	C_2F_6	C_3F_8	SF_6
含量	423.7	201.9	395.9	99.5	余

4) 标气色谱图如图 4-3 和图 4-4 所示。

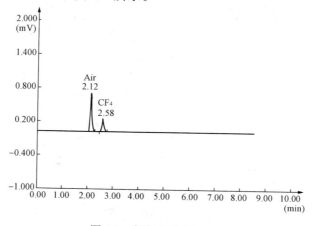

图 4-3　标气色谱图 （一）

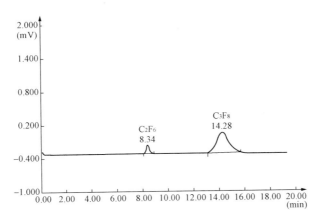

图 4-4　标气色谱图（二）

5）样品色谱图如图 4-5 和图 4-6 所示。

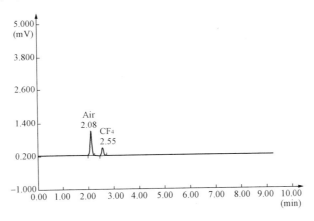

图 4-5　样品色谱图（一）

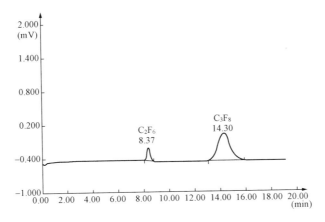

图 4-6　样品色谱图（二）

6）检测组分及保留时间见表 4-11。

表 4-11 SF₆ 气体纯度检测组分及保留时间

序号	检测组分	保留时间（min）	序号	检测组分	保留时间（min）
1	Air	1.9	3	C_2F_6	8.3
2	CF_4	3.0	4	C_3F_8	14.3

三、 试验准备

1. 人员要求

（1）熟悉 SF₆ 气体相关知识，掌握 SF₆ 气体泄漏后处理的知识和技能和应急措施。

（2）熟悉防护、安全用具使用的相关知识。

（3）能够熟练、正确无误地操作设备，并能够根据故障现象处理简单的设备故障。

（4）具有一定的现场工作经验，熟悉并严格遵守电力生产和工作现场的相关安全管理规定。

2. 环境条件

环境温度为 5～35℃，环境相对湿度为 20%～85%。

3. 试验仪器、工器具及耗材

试验仪器、工器具及耗材见表 4-12。

表 4-12 试验仪器、工器具及耗材

序号	名　　称	规格/型号	单位	数量	备　　注
一	试验仪器				
1	SF₆ 气体纯度专用便携式色谱仪	GC-9760C 型	台	1	
2	SF₆ 气体便携检漏仪		台	1	
3	SF₆ 气体回收装置		台	1	
二	工器具				
1	测量转换接头		套	1	
2	组合工具	呆扳手、棘轮扳手、套筒扳手	套	1	
3	温湿度风向仪		台	1	
4	安全带		套	2	
5	绝缘梯	2m 人字平梯	套	1	
6	绝缘凳	1m	个	1	
7	减压阀	G21.8，输出 1/16	个	1	含连接管道
三	耗材				
1	生料带		卷	1	
2	胶手套		双	10	
3	载气气源	1L	瓶	2	放置仪器内部（H₂、He）
4	白绸布		m	10	
5	集气袋		个	20	

四、 现场作业程序及过程控制

（一） 操作步骤

1. 开机准备

（1）打开仪器箱盖，取出里面的减压阀和连接管道，依次安装载气减压阀和载气输出

气路管道，此时将气路管道另一端的快速接头连接在仪器载气接口上，打开气源，将减压阀分压调在 0.6MPa，打开仪器工作站观察仪器载气压力显示正常后，点击工作站界面"启动控温"按钮。

（2）待仪器实测温度达到设定温度之后，"准备"灯亮，打开空气、氢气气源，在工作站界面点击"FID 点火"；输入桥流"120"，点击"设置"，然后点击"TCD 通桥流"，待基线平稳，这个过程大约持续 0.5h 左右。

2. 试验步骤

（1）将聚四氟乙烯管路和配套的设备接头连接，检查 SF₆ 气体纯度色谱仪样品进气口与待测的电气设备取气口情况，连接完成后，确保连接处无泄漏，连接管路无松动；连接好进气管路前，确认关闭流量调节阀后再将进口快插与仪器相连，防止样品压力过大损坏流量计。按照仪器使用说明书调节流量阀使仪器流量达到规定流量，样品气流出，通过调节针型阀来控制样品气吹扫流速。仪器样品气输出气路管引到距离仪器 6m 外的地方，置于下风口方向并放入 SF₆ 回收袋或回收装置。室内测试时应排放在室外并放入 SF₆ 回收袋或回收装置，进样压力设置为 100kPa。

（2）样品吹扫好后，点击工作站"开始运行"，仪器开始进样分析。分别在 A/B 通道的"系统设置"栏下面设定好 A/B 通道的谱图处理方法。默认的谱图处理方法为"默认方法"，A 通道对应的谱图处理方法在下拉菜单中选择"A 通道"，B 通道对应的谱图处理方法在下拉菜单中选择"B 通道"。A 通道测试组分：Air、CF_4。B 通道测试组分：C_2F_6、C_3F_8。

（3）分析结束，谱图自动停止并跳转至后处理界面，同时显示分析结果。

（4）对于有些组分处理不好的要手工处理切割基线，重新计算结果。

（5）记录结果并保存谱图。

（二）　计算及判断

1. 计算公式

采用外标法的计算方法，并以标准气体标定。试验前在实验室将色谱仪标定好，到试验现场直接分析样品，分析结束后直接计算出分析结果。结果一栏直接给出所测组分的浓度。杂质组分的浓度单位取决于标准气体的浓度，标准气体的单位如果是体积分数，所测样品结果也是体积分数。或者按式（4-6）换算成质量分数。

SF₆ 气体纯度按式（4-7）计算

$$W = 100 - (W_1 + W_2 + W_3 + W_4) \times 10^4 \tag{4-7}$$

式中　W——六氟化硫（SF₆）纯度（质量分数），$\times 10^{-2}$；

　　　W_1——空气含量（质量分数），$\times 10^{-6}$；

　　　W_2——四氟化碳（CF_4）含量（质量分数），$\times 10^{-6}$；

　　　W_3——六氟乙烷（C_2F_6）含量（质量分数），$\times 10^{-6}$；

　　　W_4——八氟丙烷（C_3F_8）含量（质量分数），$\times 10^{-6}$。

2. 测定结果

仪器稳定后按照仪器说明书进行测定操作。平行测定气体标准样品和样品气至少两次，直至相邻两次测定结果之差不大于测定结果平均值的 20%，取其平均值。

3. 判断标准

SF_6 气体纯度注意值（体积比）：

新气、交接及大修后 SF_6 气体纯度：≥99%。

运行中设备，灭弧气室 SF_6 气体纯度：≥97%；非灭弧气室 SF_6 气体纯度：≥95%。

（三）　精密度分析

（1）仪器检测重复性在 3% 以内。

（2）仪器检测再现性在 5% 以内。

（四）　结束工作

（1）关闭氢气阀，点击"关闭控温"，待检测器实测温度降到 100℃ 以下，热导温度降到 60℃ 以下时，即可关闭色谱仪主机电源，关闭氢气和空气总阀门。

（2）整理取样连接管和阀门等配件。

（3）清理试验现场。

（五）　试验报告编写

试验报告应包括以下内容：样品名称和编号、取样时间、检测时间、检测人员、审核和批准人员、检测依据、检测仪器、检测结果、备注栏写明其他需要注意的内容。

五、　危险点分析及预控措施

（1）工作负责人应在值班人员的带领下看清工作地点及任务、安全措施是否齐全，并向班组人员交待清楚工作地点、工作内容、现场安全措施、邻近带电部位和安全注意事项。

（2）在不停电工作票许可时，应先与运行人员沟通，在设备因紧急情况下需要操作时通知现场试验人员及时撤离工作。

（3）不准在设备防爆泄压装置附近逗留，防止装置突然爆炸。

（4）当 SF_6 设备测试接口或逆止阀发生突发性失控泄漏时，应先用测量接头堵住测试接口，并立即关闭测量接头阀门，疏散工作人员，汇报运行人员。

（5）防止高空坠落。高度超过 1.5m 高度时应设专人扶梯；使用前检查梯子是否坚固、可靠，安全带是否在有效期内；登高作业时必须把安全带系于牢固的地方。

（6）SF_6 气体分解产物会伤害呼吸道，必要时使用专用的防护用品，以防止 SF_6 分解气体对呼吸道的影响。

（7）排气口干燥。由于设备排气口密封不太好，排气口周围可能有水，旋下密封帽后，要用干燥、洁净的布擦干净后，才能连接转接头和导气管。

（8）转接头匹配。SF_6 电气设备厂家多、种类多，排气口结构没有统一，因此转接头一定要密封良好。

（9）样品气吹扫时间不宜过长，而且取样管线要检漏，不然会导致设备压力下降，影响绝缘性能。

六、　仪器维护保养及校验

（一）　仪器维护保养

（1）应按照仪器使用说明书的要求存放仪器。

（2）定期检测色谱柱，确保仪器在最佳分析状态。

（3）检测仪整体运输或零散运输的部件，需适合运输和装载的要求。

（4）保持仪器清洁。

（二）仪器校验

1. 校验方法

（1）做标准气谱图，正确切割各组分峰，并逐个输入对应组分的名称。

（2）新建 A、B 通道方法，在谱图处理界面点击"设置"下拉菜单下的"谱图处理方法设置"，点击"创建新方法"，新建 A、B 通道方法并保存。默认处理方法为归一法。

（3）点"参数设置"栏中"谱图处理方法"，在"谱图处理方法"的下拉菜单中选择对应谱图的处理方法（如 A 通道谱图选择 A 通道处理方法），同时选取对应的谱图处理方法——外标法。

（4）点击![]加入标准曲线表，点击"加入"，点击"是"，将谱图信息加入到 ID 表。

（5）点击![]打开 ID 表设置，对应输入各组分浓度，点击"计算"，点击"确定"。

2. 校验周期

3 个月标定一次。

3. 校验达到标准

连续 3 次标准气体的重复性在 3% 以内。

七、试验数据超极限值原因及采取措施

1. 警戒极限

SF₆ 气体纯度警戒值（体积比）：新气、交接及大修后 SF₆ 气体纯度：<99%；运行中设备：灭弧气室 SF₆ 气体纯度：<97%；非灭弧气室 SF₆ 气体纯度：<95%。

表 4-13 为运行设备中 SF₆ 气体的纯度检测指标及其评价结果。

表 4-13　　　　　运行设备中 SF₆ 气体的纯度检测指标及其评价结果

气室类型	体积比（%）	评价结果	备　注
灭弧气室	≥97	正常	
	95～97	跟踪	1 个月后复检
	<95	处理	抽真空，重新充气
非灭弧气室	≥95	正常	
	90～95	跟踪	1 个月后复检
	<90	处理	抽真空，重新充气

2. 原因解释

运行设备中杂质主要包括：空气、水分、低氟化物、矿物油、HF、CF_4、CO、SO_2 等，杂质来源有：

（1）新气（主要是空气、水分、可水解氟化物、HF、矿物油、CF_4）。

（2）设备充气（主要是空气）。

（3）电弧分解物及绝缘材料故障产物（主要是低氟化物、SO_2、HF、CO、H_2S 等）。

（4）气体回收处理（主要是水分、机械油）。

（5）运行泄漏（大气水分渗透进入设备）。

3. 采取措施

（1）回收 SF_6 气体应净化处理。回收利用的 SF_6 气体，经净化处理，达到新气质量标准后方可使用。

（2）对设备抽真空，用氮气或空气冲洗气室。

（3）将设备内部清理干净，并进行废物处理。

（4）检修完毕后，装入吸附剂并抽真空。

第四节　SF_6 气体分解产物测试现场作业指导及应用（色谱法）

一、概述

1. 适用范围

本方法用于以 SF_6 气体作为绝缘介质的电气设备故障的监测和诊断。

2. 引用标准

GB/T 8905—2012　六氟化硫电气设备中气体管理和检测导则

GB/T 12022—2014　工业六氟化硫

GB/T 28537—2012　高压开关设备和控制设备中六氟化硫（SF_6）的使用和处理

GB/T 28726—2012　气体分析 氦离子化气相色谱法

DL/T 639—1997　六氟化硫电气设备运行、试验及检修人员安全防护细则

DL/T 1032—2006　电气设备用六氟化硫（SF_6）气体采样方法

DL/T 1205—2013　六氟化硫电气设备分解产物试验方法

DL/T 1359—2014　六氟化硫电气设备故障气体分析和判断方法

DL/T 1366—2014　电力设备用六氟化硫气体

Q/GDW 1168—2013　输变电设备状态检修试验规程

Q/GDW 1896—2013　SF_6 气体分解产物检测技术现场应用导则

Q/GDW 11096—2013　SF_6 气体分解产物气相色谱分析方法

Q/GDW 11157.87—2009　SF_6 电气设备气体采样作业指导书

Q/CSG 10007—2004　电力设备预防性试验规程

IEC 60480—2005　从六氟化硫电气设备中气体的检测和处理导则及其再使用规范

IEC/TR 62271—303—2008　六氟化硫（SF_6）的使用和操作

二、相关知识点

1. 概念

本方法采用氦离子化气相色谱法，对 SF_6 气体作为绝缘介质的电气设备运行状态进行现场检测和试验，对于 SF_6 气体中的分解产物测定做了详细描述。

SF_6 气体分解机理如下：

对于正常运行的 SF_6 电气设备，非电弧气室中一般没有分解产物，即使在有电弧的

断路器气室，因其分合速度快，SF₆ 具有良好的灭弧功能，以及其高复合性（复合率达99.9％以上），所以正常运行的设备中没有明显的分解产物。

SF₆ 电气设备发生故障时，因故障区域的高电弧放电及高温产生大量的 SF₆ 气体分解产物。可见，SF₆ 气体分解产物及含量的检测，对预防可能发生的 SF₆ 电气设备故障及快速判断设备故障部位具有重要意义。放电下的 SF₆ 气体分解和还原过程如图 4-7 所示。

2. 试验原理及色谱图

（1）试验原理。通过定量管由载气（氦气）把 SF₆ 气体带入色谱柱，利用样品中各组分在色谱柱中的气相和固定相间的不同分配系数和阀中心切割技术进行分离，并通过 PDD 氦离子化检测器进行检测。采用多维色谱法，四阀六柱的气路流程对 SF₆ 气体中 H_2、O_2、N_2、CH_4、CO、CF_4、CO_2、C_2F_6、C_3F_8、SO_2F_2、SOF_2、H_2S、COS、SO_2、CS_2 15 种杂质和分解产物进行测定，采用外标法进行定性、定量分析，仪器采用 PDD 检测器，对分解产物的检测限可达到 $0.1\mu L/L$ 以下。仪器对于上述 15 种 SF₆ 气体杂质和分解产物可以有效分离并检测。气相色谱法测量精度高，稳定可靠。

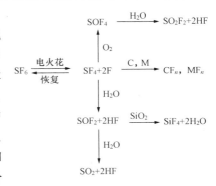

图 4-7 SF₆ 气体分解和还原示意图

（2）PDD 检测器检测组分结果计算。检测结果计算采用外标定量法。各组分含量按式（4-8）计算

$$C_i = \frac{A_i}{A_s} C_s \qquad (4-8)$$

式中 C_i——试样中被测组分 i 的含量，$\mu L/L$；

A_i——试样中被测组分 i 的峰面积，$\mu V \cdot s$；

C_s——标气中被测组分 i 的含量，$\mu L/L$；

A_s——标气中被测组分 i 的峰面积，$\mu V \cdot s$。

氦离子化检测器的色谱分析流程如图 4-8 所示。

（3）分析条件。

氦离子化检测器色谱分析流程的分析条件见表 4-14。

表 4-14   氦离子化检测器色谱分析流程的分析条件

分析条件	参数设置	分析条件	参数设置
柱箱 1 温度	50℃	色谱柱 1	TekayA 柱 2m
柱箱 2 温度	120℃	色谱柱 2	TekayB 柱 2m
柱箱 3 温度	60℃	色谱柱 3	TekayC 柱 2m
柱箱 4 温度	70℃	色谱柱 4	TekayD 柱 4m
PDD 检测器温度	150℃	色谱柱 5	TekayE 柱 4m
载气流量	30mL/min	色谱柱 6	Permant 柱 2m

（4）色谱图。

1）PDD1 色谱标准气谱图。PDD1 色谱标准气谱图如图 4-9 所示。

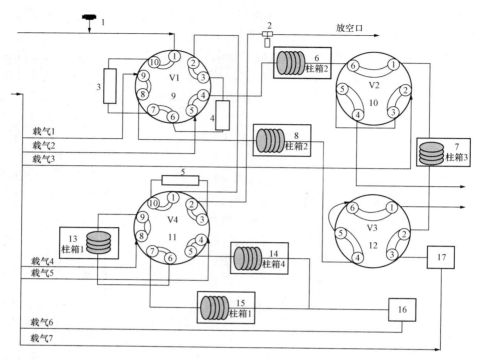

图 4-8 氦离子化检测器的色谱分析流程图

1—针型阀；2—压力传感器；3—定量管 1；4—定量管 2；5—定量管 3；6—色谱柱 1；7—色谱柱 2；8—色谱柱 3；9—十通阀 1；10—六通阀 1；11—十通阀 2；12—六通阀 2；13—色谱柱 4；14—色谱柱 5；15—色谱柱 6；16—氦离子检测器 1；17—氦离子检测器 2

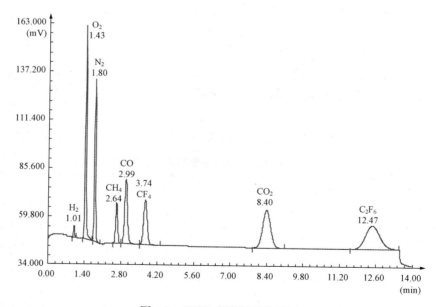

图 4-9 PDD1 色谱标准气谱图

2）PDD2 色谱标准气谱图。PDD2 色谱标准气谱图如图 4-10 和图 4-11 所示。

3）PDD1 色谱样品气谱图。PDD1 色谱样品气谱图如图 4-12 所示。

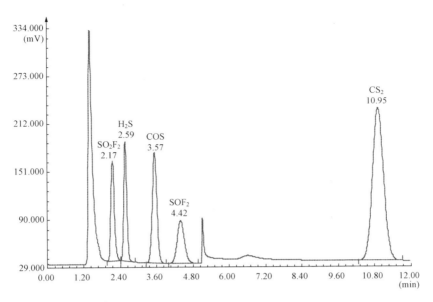

图 4-10　PDD2 色谱标准气谱图

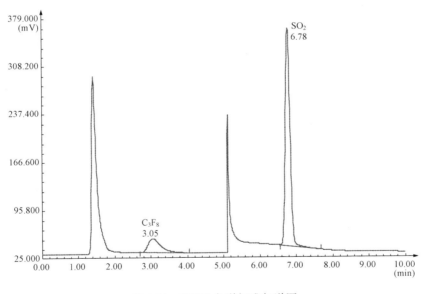

图 4-11　PDD2 色谱标准气谱图

4）PDD2 色谱样品气谱图。PDD2 色谱样品气谱图如图 4-13 所示。

注：a. 样品一共有两张谱图，标气有 3 张谱图。原因解释：标准气体 H₂S 和 SO₂ 不能配在 1 瓶，否则会有反应。

b. 标气谱图和样品谱图中没有标出的峰有两种解释，一是 SF₆ 气体不需要检测，但是又必须让其出峰而不影响定性和定量（多维色谱涉及中心切割等技术）；二是中心切割多路载气会有微量变化，氢离子化检测器对流量敏感度也很高，就会出现切割峰。总之，没有标出的峰不影响对分析杂质的分析检测。

（5）检测组分及保留时间。

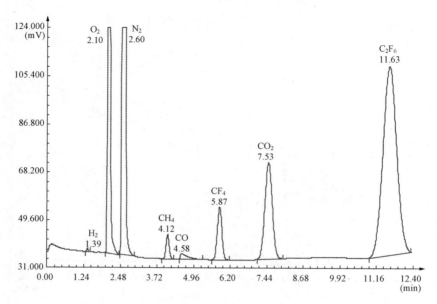

图 4-12 PDD1 色谱样品气谱图

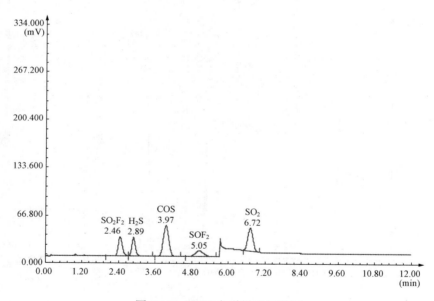

图 4-13 PDD2 色谱样品气谱图

1）PDD1 检测组分及保留时间。PDD1 检测组分及保留时间见表 4-15。

表 4-15   PDD1 检测组分及保留时间

序号	检测组分	保留时间（min）	序号	检测组分	保留时间（min）
1	H_2	1.85	5	CH_4	3.50
2	O_2	2.33	6	CF_4	4.07
3	N_2	2.48	7	CO_2	4.51
4	CO	3.06	8	C_2F_6	5.79

2）PDD2 检测组分及保留时间。PDD2 检测组分及保留时间见表 4-16。

表 4-16 PDD2 检测组分及保留时间

序号	检测组分	保留时间（min）	序号	检测组分	保留时间（min）
1	SO_2F_2	2.76	5	SOF_2	5.34
2	H_2S	3.37	6	SO_2	9.61
3	C_3F_8	3.71	7	CS_2	14.32
4	COS	4.42			

3. 测试意义

通过检测 SF₆ 设备气体分解产物，分析运行设备内部的状态，以提高电气设备的安全运行水平。

三、 试验前准备

1. 人员要求

（1）熟悉 SF₆ 气体相关知识，掌握 SF₆ 气体泄漏后处理的知识及技能及应急措施。

（2）熟悉防护、安全用具使用的相关知识。

（3）能够熟练、正确无误地操作设备，并能够根据故障现象处理简单的设备故障。

（4）具有一定的现场工作经验，熟悉并严格遵守电力生产和工作现场的相关安全管理规定。

2. 气象条件

环境温度为 5～35℃，环境相对湿度为 20%～85%。

3. 试验仪器、工器具及耗材

试验仪器、工器具及耗材见表 4-17。

表 4-17 试验仪器、工器具及耗材

序号	名 称	规格/型号	单位	数量	备 注
一	试验仪器				
1	SF₆ 设备放电分解产物便携式氦离子检测仪	GC-9760B	台	1	
2	SF₆ 气体便携检漏仪		台	1	
3	SF₆ 气体回收装置		台	1	
二	工器具				
1	测量转换接头		套	1	
2	组合工具	呆扳手、棘轮扳手、套筒扳手	套	1	
3	温湿度风向仪		台	1	
4	安全带		套	2	
5	绝缘梯	2m 人字平梯	套	1	
6	绝缘凳	1m	个	1	
7	减压阀	G21.8，输出 1/16	个	1	含连接管道
三	耗材				
1	生料带		卷	1	
2	胶手套		双	10	
3	载气气源	1L	瓶	2	放置仪器内部（He）
4	白绸布		m	10	
5	集气袋		个	20	

四、 作业程序

(一) 操作步骤

1. 开机准备

(1) 打开仪器箱盖，将钢瓶竖立，取出里面的减压阀和连接管道，依次安装减压阀和气路管道。

(2) 将气路管道另一端的快速接头连接在仪器载气接口上，打开气源，将减压阀分压调在 0.6MPa，听到有排气声音，迅速关闭载气阀门。等排气完成，再次打开气瓶阀门，听到排气声迅速关闭气瓶阀门，如此操作 5 次将减压阀和管路中的残留气体吹扫干净。再次打开气瓶阀门，并迅速将仪器上的阀门扳到开机位置。

(3) 连接仪器电源线，打开电源开关，仪器自检，工控机开机，仪器上计算机开机后打开工作站软件，连接后，点击"启动控温"，仪器按预定程序升温，检测器、纯化器、四个柱炉分别开始升温，升温速率平均在 20℃/min。

(4) 等温度升到设定值（检测器为 180℃，纯化器为 350℃，柱 1 为 60℃，柱 2 为 120℃，柱 3 为 55℃，柱 4 为 65℃），点击"PDD 开关"，打开检测器脉冲高压，等仪器稳定即可进样。这个过程大约持续 0.5h 左右。

2. 试验步骤

(1) 连接需要分析的样品：选择与设备取样口配套的接头，将它和取样管连接，取样管带针型阀和快速接头一端连接在仪器的样品进口上，另一端直接和设备取样口连接，样品气流出，通过调节针型阀来控制样品气吹扫流速。仪器样品气输出气路管引到距离仪器 6m 外的地方，置于下风口方向并放入 SF_6 回收袋或回收装置。室内测试时应排放在室外并放入 SF_6 回收袋或回收装置。进样压力 100kPa。

(2) 样品吹扫好后，点击工作站"开始运行"，仪器开始进样分析。分别在 A/B 通道的"系统设置"栏下面设定好 A/B 通道的谱图处理方法。默认的谱图处理方法为"默认方法"，A 通道对应的谱图处理方法在下拉菜单中选择"A 通道"，B 通道对应的谱图处理方法在下拉菜单中选择"B 通道"。

A 通道测试组分：H_2、O_2、N_2、CH_4、CO、CF_4、CO_2、C_2F_6。B 通道测试组分：SO_2F_2、H_2S、C_3F_8、COS、SOF_2、SO_2CS_2。

(3) 分析结束，谱图自动停止并跳转至后处理界面，同时显示分析结果。

(4) 对于有些组分处理不好的要手工处理切割基线，重新计算结果。

(5) 记录结果并保存谱图，如图 4-14 所示。

(二) 计算及判断

1. 计算方式

采用外标法的计算方法，以标准气体标定。不需要去现场标定，在实验室将仪器标定好，到实验现场直接分析样品，分析结束后直接计算出分析结果。结果一栏直接给出所测到组分的浓度。杂质组分的单位浓度取决于标准气体的浓度，标准气体的单位如果是体积比，所测样品结果也是体积比。

2. 判断依据

(1) 运行 SF_6 设备气体分解产物指标控制，Q/GDW 1896—2013 提出了 SF_6 设备气

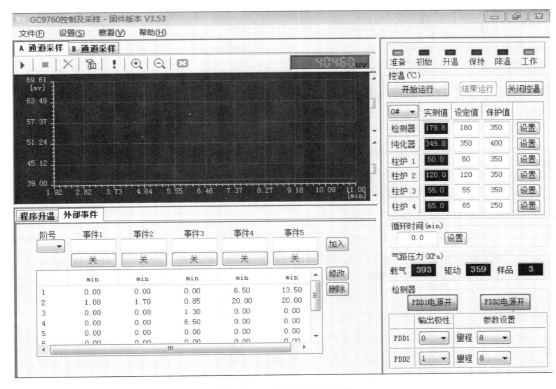

图 4-14 仪器结果记录图

体分解产物的检测指标及评价结果。运行设备中 SF₆ 气体分解产物控制指标见表 4-4。

（2）当确定 SO_2 或 H_2S 含量出现异常变化时，应增加实验室分析，根据 SF₆ 分解产物中 CO、CF_4 含量及其他参考指标的变化，结合故障气体分析历史数据、运行工况等对设备状态进行综合诊断，采取相应的措施。

（3）当设备检出 SO_2F_2 等其他组分增大时，应及时对设备进行综合分析，同时分析其他相关组分。必要时应结合电气试验、解体分析，检查设备是否存在过热或放电故障。

（4）当 SF₆ 分解产物中的 CO、CF_4 的增量变化大于 10% 或出现 CS_2 时，应缩短检测周期，并结合电气试验和设备运行状况对设备的固体绝缘状态进行综合诊断。

（5）当发生近区短路故障引起断路器跳闸（额定开断电流以下）时，断路器气室的 SF₆ 分解产物检测结果应包括开断 48h 后的检测数据。

（6）SF₆ 分解产物分析数据应建立历史记录，应包含 SO_2、H_2S、SO_2F_2、SOF_2、CO、CF_4、CO_2、C_2F_6、C_3F_8、SOF_2、COS、CS_2。

（三）精密度分析

（1）检测结果重复性在 3% 以内。

（2）检测结果再现性在 5% 以内。

（四）结束工作

（1）点击"仪器关闭控温"，仪器开始降温。

（2）整理取样连接管和阀门等配件。

（3）等仪器纯化器温度降至200℃以下，关闭软件和计算机，再关闭仪器电源。

（4）将仪器上的阀门扳到关机位置，再关闭载气阀门，拆卸减压阀和载气连接管。

（五）试验报告编写

试验报告应包括以下内容：样品名称和编号、取样时间、检测时间、检测人员、审核和批准人员、检测依据、检测仪器、检测结果，备注栏写明其他需要注意的内容。

五、危险点分析及预控措施

（1）SF_6设备气体分解产物属于有毒物质，在仪器操作过程中要做好相应的防护工作，SF_6尾气要回收，防止操作人员中毒。

（2）样品气吹扫时间不宜过长，取样管线要检漏，应无泄漏。确保不会导致设备压力下降，影响绝缘性能。

（3）工作负责人应在值班人员的带领下看清工作地点及任务、安全措施是否齐全，并向班组人员交待清楚工作地点、工作内容、现场安全措施、邻近带电部位和安全注意事项。

（4）在不停电工作票许可时，应先与运行人员沟通，在设备因紧急情况需要操作时通知现场试验人员及时撤离工作区。

（5）不准在设备防爆泄压装置附近逗留，防止装置突然爆炸。

（6）当SF_6设备测试接口或逆止阀发生突发性失控泄漏时，应先用测量接头堵住测试接口，并立即关闭测量接头阀门，疏散工作人员，汇报运行人员。

（7）防止高空坠落。高度超过1.5m时应设专人扶梯；使用前检查梯子是否坚固、可靠，安全带是否在有效期内，登高作业时必须把安全带系于牢固的地方。

（8）SF_6气体分解产物会对呼吸道造成伤害，必要时使用专用的防护用品，以防止SF_6分解气体对呼吸道的影响。

（9）转接头匹配。SF_6电气设备厂家多、种类多，排气口结构没有统一，因此转接头一定要密封良好。

六、仪器维护保养及校验

（一）仪器维护保养

（1）关机时一定要将载气气路封闭。

（2）定期检测色谱柱，确保仪器在最佳分析状态。

（二）仪器校验

1. 校验方法

通过标准气体进行校准，标准气体2瓶。按下面步骤逐瓶进样并建立标准曲线表。

（1）做标准样品，取数据稳定的一张谱图，检查组分名称和切割是否正确。

（2）点击参数设置栏谱图处理方法，选取B通道对应的谱图处理方法。打开ID表，将原来ID表中数据清空，点击"确认"退出。

（3）点击🏧加入标准曲线表，点击"加入"→"是"，将谱图信息加入到ID表。

（4）点击▦打开ID表设置，对应输入标准气中各组分浓度，点击"计算"，点击"确定"。

重复以上（1）～（4）步骤完成另外一瓶标准气体的分析和校准。

2. 校验周期

3 个月标定一次。

3. 校验达到标准

连续 3 次标准气体的重复性在 3% 以内。

七、 试验数据超极限值及采取措施

1. 警戒极限

运行中 SF_6 气体分解物警示值，见表 4-6。

2. 原因解释

研究表明，SF_6 气体绝缘设备的绝缘物沿面缺陷、设备内部导体间连接缺陷、设备内部的异常发热、灭弧室内零部件的异常烧蚀等都会造成 SF_6 气体分解物超标。

3. 采取措施

若设备中 SF_6 气体分解产物 SO_2 或 H_2S 含量出现异常，应结合 SF_6 气体分解产物 CO 和 CF_4 含量及其他状态参量变化、设备电气性能、运行工况等，对设备状态进行综合诊断。CO 和 CF_4 作为辅助指标，与初值（交接验收值）比较，跟踪其增量变化，若变化显著，应进行综合诊断。

第五节　SF_6 气体检漏现场作业指导及应用

一、 概述

1. 适用范围

本方法适用于以 SF_6 气体作为灭弧、绝缘介质的高压设备气体密封试验，并说明 SF_6 气体泄漏检测技术现场应用中的检测要求和检测方法。

2. 引用标准

GB/T 8905—2012　六氟化硫电气设备中气体管理与检测导则

GB/T 11023—89　高压开关设备 SF_6 气体密封试验方法

GB 50150—2006　电气装置安装工程电气设备交接试验标准

DL/T 595—1996　六氟化硫电气设备气体监督细则

DL/T 639—1997　六氟化硫电气设备运行、试验及检修人员安全防护细则

Q/GDW 1168—2013　输变电设备状态检修试验规程

Q/GDW1799.1—2013　国家电网公司电力安全工作规程变电部分

Q/GDW 11062—2013　六氟化硫气体泄漏成像测试技术现场应用导则

二、 相关知识点

1. SF_6 气体检漏概述

SF_6 气体电气设备中，要求充入的气体保持一定的压力，才能起到绝缘、灭弧和冷却作用。若设备密封不良，造成气体泄漏，不仅影响设备安全，而且危及运行维护人员健

康，污染环境。检漏是对 SF_6 设备检测泄漏点和泄漏气体浓度的手段。

SF_6 电气设备的气体泄漏检测可分为定性和定量两种。定性检漏只能确定 SF_6 电气设备是否漏气，不能确定漏气量，也不能判断年漏气率是否合格，是定量检漏前的预检。定量检漏是通过包扎检查或压力折算求出泄漏点的泄漏量，从而计算出气室的年泄漏率。下面简单介绍检漏试验方法。

（1）检漏试验方法。

1）定性检漏。定性检漏仅作为判断试品漏气与否的一种手段，判断是大漏还是小漏，不能确定漏气量，也不能判断年漏气率是否合格，一般用于日常维护。

定性检漏主要有两种方法：一是抽真空检漏法，二是定性检漏仪检测法。

本试验主要介绍 SF_6 气体红外成像法定性检漏。

2）定量检漏。对定性检漏的可疑部位，应采用定量检漏法确定漏气的程度。

定量检漏可以在整台设备/隔室或由密封对应图规定的部件或元件上进行，可以判断产品是否合格，确定漏气率的大小，主要用于设备制造、安装、大修和验收。

定量检漏所使用的仪器，必须能检测出从密封容器中泄漏的微量 SF_6 气体，其灵敏度应不低于 $10^{-6}\mu L/L$，测量范围为 $10^{-4} \sim 10^{-6}\mu L/L$。

定量检漏通常采用扣罩法、挂瓶法、包扎法、压力降法等。

扣罩法适用于设备制造厂，挂瓶法、包扎法、压力降法适用于现场检测，本节主要介绍局部包扎法，局部包扎法一般用于组装单元和产品。

（2）现场检漏的特殊情况。

1）"动"泄漏。"动"泄漏是指某些 SF_6 密封部件在发生相对位移时导致气体的泄漏状态。例如断路器、GIS 的隔离开关和接地开关等在闭合或分离的时间内，由电动机操作的机构连杆与设备壳体间的密封部位发生相对位移，使原来的静密封状态变成动密封状态导致 SF_6 气体发生泄漏。这种泄漏通常发生在设备操作的过程中，操作结束泄漏也基本结束。这就是为什么在断路器的机构箱内经常能检测出 SF_6 气体而不能找出泄漏点的原因。当然随着设备操作次数的增加、密封材料的老化和磨损，泄漏量会越来越大。

2）假泄漏。设备在运行中个别气室的压力突然下降或设备发出补气信号，除了前面所述原因造成的真实泄漏之外，还有个别情况属于"假泄漏"。产生假泄漏的情况主要有两种，一种是环境温度骤降引起的，另一种是密度继电器失灵所致。

a. 环境温度骤降引起的假泄漏。

当环境温度下降较多时，气体实际压力的下降将可能触及密度继电器的气体报警装置而发出报警信号。这种压力的下降是气体在环境温度变化下的正常反应，气体并没有真正泄漏，属于假泄漏。

要避免这类假泄漏现象主要是要选配合适的密度继电器，即选择具有温度补偿功能的密度继电器或无低压报警功能的密度继电器（压力表）。

b. 密度继电器失灵所致的假泄漏。密度继电器的 SF_6 气体压力迅速下降，虽经补气处理却不见压力回升，造成设备停运事故。这是由于设备并没有泄漏而是密度继电器的压力指针失灵。及时校验密度继电器可有效地消除这类假泄漏现象。

3）SF_6 气体泄漏的易发时间。

a. 交接验收时发现的 SF_6 气体泄漏缺陷最多，产生的原因基本上属于材料、加工、装配缺陷引起。

b. 第一个寒暑周期内发生 SF_6 气体泄漏故障的情况也较多。

c. 设计缺陷引发的泄漏事件一般在设备运行 2、3 年内显露。

d. 设备临近或超过设计寿命。这种情况发生的原因基本上是由密封材料老化、破损引起。

2. 检测原理

（1）SF_6 气体红外成像法检测原理。利用 SF_6 气体对特定波长的光吸收特性较空气强，致使两者反映的红外影像不同，将通常可见光下看不到的气体泄漏，以红外视频图像的形式直观地反映出来。检测原理如图 4-15 所示。红外成像检漏仪主要由红外光学镜头、红外探测器、数据处理系统、显示单元和供电单元组成。

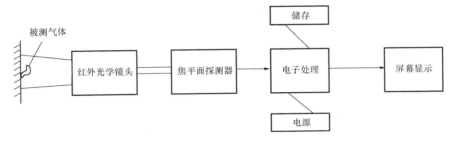

图 4-15　红外成像检漏原理图

（2）局部包扎法原理。局部包扎法一般用于组装单元和大型产品的场合。

用约 0.1mm 厚的塑料薄膜按被试品的几何形状围一圈半，使接缝向上，尽可能构成圆形或方形，经整形后边缘用白布带扎紧或用胶带沿边缘粘贴密封。塑料薄膜与被试品应保持一定的空隙，一般为 5mm 左右，过一定时间后测定包扎腔内 SF_6 气体的浓度，分别计算出试品的漏气量、年漏气率和补气间隔时间。

3. SF_6 气体现场检漏的意义

SF_6 电气设备中，气体介质的绝缘性能与灭弧能力主要依赖于充气密度（压力）和气体纯度。设备中气体的泄漏，不但导致气压降低，影响设备正常运行，而且泄漏的 SF_6 气体中含有危害人体的有毒杂质。因此，一旦发生泄漏，应查找原因予以消除。SF_6 气体泄漏量的检查是 SF_6 电气设备交接和运行监督的主要项目。

SF_6 高压电气设备在长期运行过程中，受 SF_6 气体介质的腐蚀以及污秽、温度、压力等因素的影响下，在法兰连接部位和密封结构中都不可避免地会出现泄漏问题。SF_6 气体泄漏会造成 SF_6 气体压力降低导致绝缘性能降低，同时空气中的水分会从泄漏点进入设备，导致 SF_6 气体中微水含量超标，影响设备的安全运行。同时 SF_6 气体作为一种很重要的温室效应气体，其泄漏势必将潜在威胁人们生活的环境。如 2014 年 6 月 750kV 西宁变电站的隔离开关气室因盆式绝缘子龟裂，造成 SF_6 气体瞬间大量泄漏。因此，对于昼夜温差大的地区，应该提高密度继电器的质量，并加强现场巡视，及时发现泄漏隐患。

三、 现场操作前的准备

1. 人员要求

（1）熟悉 SF_6 气体相关知识，掌握 SF_6 气体泄漏后处理的知识和技能及应急措施。

（2）熟悉防护、安全用具使用的相关知识。

（3）能够熟练、正确无误地操作设备，并能够根据故障现象处理简单的设备故障。

（4）具有一定的现场工作经验，熟悉并严格遵守电力生产和工作现场的相关安全管理规定。

2. 气象条件

（1）环境温度：$-20 \sim +40℃$；环境相对湿度：$0\% \sim 85\%$；大气压力：$80 \sim 110kPa$；风速：$\leqslant 5m/s$。

（2）室外检测宜在晴朗天气下进行。

3. 试验仪器、工器具及耗材

试验仪器、工器具及耗材见表 4-18。

表 4-18 试验仪器、工器具及耗材

序号	名　称	规格/编号	单位	数量	备　注
一	试验仪器				
1	SF_6 气体红外成像检漏仪	GF306	台	1	定性检漏
2	便携式检漏仪		台	1	
3	手持式 SF_6 气体红外检漏仪	LM068	台	1	可定量检漏
二	工器具				
1	绝缘梯	3m 人字梯	台	1	
2	三脚架/云台		套	1	
3	安全带		条	1	
4	吹风机		台	1	
三	耗材				
1	洁净绸布		m		适量
2	塑料布		m		适量
3	记录本		本	1	
4	扎带		m		适量

四、 现场作业程序及过程控制

（一） 操作步骤

1. 定性检漏操作步骤

（1）进入变电站，正确办理第二种工作票。

（2）测点准备。通过电气接线图、气隔图等资料，结合现场勘查确定检测部位。

（3）工作票许可后，工作班成员整齐列队，工作负责人宣读工作票，交待工作任务，合理分工，进行危险点告知，明确安全注意事项，签名确认，工作开始。

（4）进入被试设备区，勘察现场巡视被试设备，了解各电压等级间隔划分及设备结构，确定各气室 SF_6 密度继电器及其检漏测点位置，观察各气室 SF_6 压力是否在额定压力范围内。

（5）仪器预热。打开仪器电源开关，进入预热界面，仪器预热 $8 \sim 10min$。此时记录环境温度、环境湿度，抄写设备铭牌、设备编号，查看压力表记录气体压力等。

（6）以气室为单位，现场检查法兰密封面、压力表密封处、充气口、SF$_6$ 管道（焊接处、密封处、管道与断路器本体的连接部位）、罐体预留孔的封堵处及设备本体（砂眼）有无异常。以间隔为单位进行记录。

（7）开机后，将开机键调至相应挡位，一般仪器挡位标志不同的温度测量范围（常用 $-40\sim50℃$），打开镜头盖，对比度/亮度自动模式，调焦至红外画面清晰；若泄漏量微小，需用高灵敏度模式（一般不超过 3 挡），改变调色板颜色：灰色/铁红/彩虹，通过变换不同调色板模式有利于发现气体泄漏；正常时拍摄设备整体照片（铁红模式一张）；异常时，除拍摄照片（可见光一张，彩虹模式一张）外，还应拍摄视频（彩虹模式，时长以 $10\sim15s$ 为宜）。

（8）检测结束。

1）关闭仪器设备，整理工具、仪器并放回原处，清理工作现场，确保现场无遗漏。

2）工作终结：工作负责人全面检查，确定无遗漏后，撤离现场，结束工作票，并做好检测记录。

2. 定量检漏操作步骤

（1）进入变电站，正确办理第二种工作票。

（2）测点准备。对定性检漏的可疑部位，应采用定量检漏法确定漏气的程度。通过电气接线图、气隔图等资料，结合现场勘查确定局部包扎检测部位。

（3）工作票许可后，工作班成员整齐列队，工作负责人宣读工作票，交待工作任务，合理分工，进行危险点告知，明确安全注意事项，签名确认，工作开始。

（4）对可疑漏气部位进行包扎。可采用 0.1mm 厚的塑料薄膜按被检部位的几何形状围一圈半，使接缝向上，包扎时尽可能构成圆形或方形。

（5）经整形后，边缘用白布带扎紧或用胶带沿边缘粘贴密封。塑料薄膜与被试品间应保持一定的空隙，一般为 5mm。

（6）包扎一段时间（一般为 24h）后，用检漏仪测量包扎腔内 SF$_6$ 气体的浓度。

（7）根据测得的浓度计算漏气率等指标。

（8）检测结束。

1）关闭仪器设备，整理工具、仪器并放回原处，清理工作现场，确保现场无遗漏。

2）工作终结：工作负责人全面检查，确定无遗漏后，撤离现场，结束工作票，并做好检测记录。

（二）　计算及判断

1. 定性检漏的判断

试品先充入 $0.01\sim0.02$MPa 的 SF$_6$ 气体，再充入干燥气体至额定压力，然后用灵敏度不低于 $1\times10^{-8}\mu$L/L 的 SF$_6$ 气体检漏仪检漏，无漏点则认为密封性能良好。

2. 定量检漏的计算

若用局部包扎法来检查设备的泄漏情况，假设共包扎了 n 个部位，单位时间内的漏气量以 F_0（单位为 g/s）表示，年漏气率以 F_y 表示，则 F_0 为

$$F_0 = \frac{\sum_{i=1}^{n}\varphi_i V_i \rho}{\Delta t} \qquad (4-9)$$

式中　ρ——SF$_6$ 气体的密度，取 6.16g/L；

　　　φ_i——每个包扎部位测得的 SF$_6$ 气体泄漏浓度（体积分数），μL/L；

　　　V_i——每个包扎腔的体积，m^3；

　　　Δt——包扎至测量的时间间隔，s。

$$F_y = \frac{F_0 t}{m_T} \times 100\% \tag{4-10}$$

式中　t——以年计算的时间，每年等于 31.5×10^{6}s；

　　　m_T——设备内充入 SF$_6$ 气体的质量，g。

　　制造厂在产品说明书中应提供试品的体积和充气量。采用包扎法时应注意：由于塑料薄膜对 SF$_6$ 气体有吸附作用，以及包扎的气密性和包扎体积的测量误差，都会影响年漏气率的准确计算。一般包扎前用吸尘器沿包扎面吸洗一次，包扎时间以 12~24h 为宜。同时，应注意检测仪器调零时，大气环境中的 SF$_6$ 气体含量应小于检漏仪的最低检测量。

　3. 判断标准

　　定量检漏的标准按年漏气率来评价，无明显泄漏点，则认为密封良好。220kV 及以下设备，$F_y \leqslant 0.5\%$；对于 500kV 及以上的设备，$F_y \leqslant 0.1\%$。

　（三）　精密度分析

　（1）最小检知量：SF$_6$ 气体定量检漏仪不大于 1μL/L。

　（2）精度：一般优于 ±1μL/L。

　（四）　结束工作

　检测结束后应进行如下工作：

　（1）整理工具、仪器，并放回原处，清理工作现场，确保现场无遗漏。

　（2）工作终结：工作负责人全面检查，确定无遗漏后，撤离现场，结束工作票，并做好检测记录。

　（五）　试验报告编写

　　试验报告应包括以下内容：被测设备名称、型号、出厂编号，综合测试仪名称、型号，校验日期，测量日期，环境温度，相对湿度，环境风速，天气状况，测量结果、测试图片和分析意见，试验人员、审核人、负责人等。

　　现场试验报告格式见附录 A。

五、　危险点分析及预控措施

　1. 防 SF$_6$ 气体中毒

　（1）严格采取通风措施，装有 SF$_6$ 设备的配电装置室内必须装设强力通风装置，且风口应设置在室内底部，工作人员进入 SF$_6$ 配电装置室，必须先通风 15min；不准一人进行检修工作。测试时，仪器的排气管路应引至仪器 6m 以外的低洼处，人应处在上风位置。

　（2）SF$_6$ 气体分解产物会对呼吸道造成伤害，必要时使用专用的防护用品，以防止 SF$_6$ 分解气体对呼吸道的影响。

　2. 防人身触电

　（1）工作负责人应在值班人员的带领下看清工作地点及任务、安全措施是否齐全，并向班组人员交待清楚工作地点、工作内容、现场安全措施、邻近带电部位和安全注意事项。在变电站应由两人放倒搬运楼梯。不准超越遮栏进入运行设备区。

（2）在不停电工作票许可时，应先与运行人员沟通，因紧急情况需要操作设备时通知现场试验人员及时撤离工作。

（3）应有专人监护，监护人在检测期间应始终行使监护职责，不得擅离岗位或兼职其他工作。

3. 防高空坠落

高度超过 1.5m 时应设专人扶梯；使用前检查梯子是否坚固、可靠，安全带是否在有效期内；登高作业时必须把安全带系于牢固的地方。

4. 防高空落物伤人

正确佩戴安全帽；严禁工作人员站在工作处的垂直下方。高处工作应使用工具袋，工具、器材上下传递应用绳索拴牢传递，严禁抛掷。

5. 防测量误差

定量检漏通常采用扣罩法、局部包扎法，挂瓶法，压力降法测得的结果与实际泄漏值都有一定的误差。为了减少测量误差，在现场检测泄漏时，应注意以下事项：

（1）SF₆ 电气设备充气至额定压力，经 12～24h 之后方可进行气体泄漏检测。

（2）为了消除环境中残余的 SF₆ 气体的影响，检测前应先吹净设备周围的 SF₆ 气体，双道密封圈之间残余的气体也要排尽。

（3）采用包扎法检漏时，包扎腔尽量采用规则的形状，如方形、柱形等，以便于估算包扎腔的体积。在包扎的每一部位，应进行多点检测，取检测的平均值作为测量结果。

（4）采用扣罩法检漏时，由于扣罩体积较大，应特别注意扣罩的密封，防止收集气体的外泄。检测时，应在扣罩内上下、左右、前后多点测量，以检测的平均值作为测量结果。

（5）定性检漏可以较直观地观察密封性能，对于定性检漏有疑点的部位，应采用定量检漏确定漏气的程度。如发现某一部位漏气严重，应进行处理，直到年泄漏率合格。

（6）红外检漏时，避免阳光直接照射或反射进入仪器镜头。采用包扎法检漏时，包扎口应在上部，扎口朝下。

（7）设备生产厂家对每个密封部位的密封性能有不同的要求。例如：分别控制检测点的单位时间泄漏率不大于 2.57×10^{-7} MPa·cm³/s，或控制每点的泄漏浓度不超过 5×10^{-6}～10×10^{-6}（体积分数）。

6. 防爆炸

不准在设备防爆泄压装置附近逗留，防止装置突然爆炸。

六、 仪器维护保养及校验

（一） 仪器维护保养

（1）仪器最好专人使用，专人保管。

（2）仪器在运输过程或测试过程中防止碰撞挤压及剧烈振动。

（3）仪器进行测量前，需预热 100s，预热完毕后方能启动气泵进入正常测量状态。气泵未启动时，显示数据为 0，仪器尚未进入测量状态。

（4）勿用强光源（比如激光）照射镜头，勿用仪器测量太阳的温度，尽量避免太阳光直射镜头，以防止烧坏仪器的探测器。

（5）在室外工作时，尽量选择在干燥无风的天气条件下进行测量，如果需要在风大的情况下测量 SF_6 的泄漏情况，建议使用包扎法测量。

（6）在检漏时要防止仪器进气孔接触到水分或溶剂等物质，否则将引起测量结果不正确甚至损坏传感器。

（7）保护好镜头，注意不要刮伤镜头；不使用仪器时应盖上镜头盖，如果镜头脏了，可用镜头纸轻轻擦拭，最好用无水乙醇浸泡过的棉绒来清洁镜头；不要用水等清洗，也不要用手或纸巾直接擦。

（8）电池充电完毕，应该停止充电，如要延长充电时间，最好不要超过 30min；不能对电池进行长时间充电。

（二）仪器校验

1. 校验方法

（1）仪器应送有 SF_6 气体试验仪器校验资质的电科院或仪器生产厂家标定，以便确保准确度。

（2）定量检漏仪可自校。采用两点标定。

1）通入以空气或氮气为低点的标准气体进行校准，待采样值稳定时，确认低点校准结束。

2）通入 50ppm ［量程指定的气体（1ppm＝10^{-6}）］为高点的标准气体进行校准，待采样值稳定时，确认高点校准结束；校准结束后通入低于高点的已知浓度的 SF_6 气体进行检测，验证校准的准确性。

2. 校验周期

一年校准一次。

3. 校验达到标准

按照 DL/T 846.6—2004 要求执行。

七、试验数据超极限值原因及采取措施

1. 警戒极限

设备年漏气率若达到以下标准，对于 220kV 及以下设备，$F_y＞0.5\%$；对于 500kV 及以上的设备，$F_y＞0.1\%$，应采取措施进行处理。

2. 原因解释

（1）对 SF_6 设备常见泄漏部位做出判断。

1）法兰密封面。法兰密封面是发生泄漏较多的部位，一般是由密封圈的缺陷造成的，也有少量的刚投运设备是由于安装工艺问题导致的泄漏。查找这类泄漏时应该围绕法兰一圈，检测各个方位。

2）压力表座密封处。由工艺或是密封老化引起，检查表座密封部位。

3）罐体预留孔的封堵。预留孔的封堵也是 SF_6 泄漏率较高的部位，一般是由于安装工艺造成的。

4）充气口。活动的部位，可能会由于活动造成密封缺陷。

5）SF$_6$管道。重点排查管道的焊接处、密封处、管道与断路器本体的连接部位。有些三相连通的断路器，SF$_6$管道可能会有盖板遮挡，这些部位需要打开盖板进行检测。机构箱内有SF$_6$管道时需要打开柜门才能对内部进行检测。

6）设备本体砂眼。一般来说，砂眼导致泄漏的情况较少，当排除了上述一些部位的时候也应当考虑存在砂眼的情况。

（2）对SF$_6$设备泄漏原因做出判断。

1）密封件质量。由于老化或密封件本身质量问题导致的泄漏。

2）绝缘子出现裂纹导致泄漏。

3）设备安装施工质量。如螺栓预紧力不够、密封垫压偏等导致的泄漏。

4）密封槽和密封圈不匹配。

5）设备本身质量。如焊缝、砂眼等。

6）设备运输过程中引起的密封损坏。

3. 采取措施

（1）SF$_6$设备壳体上有砂眼漏点，更换部分在现场无法处理的壳体。还有部分砂眼用样冲在砂眼周围逐步向砂眼处冲，直到漏气点消除。

（2）对有些漏气点可进行清理分支的各密封面，更换密封圈。

（3）部分漏气点在壳体与表计之间使用的连接铜管回路上，把有漏气点铜管拆卸后用气焊重新焊接。经检查无泄漏后安装，漏点消除。漏气量不大时可用各种密封胶堵漏。

（4）对阀门中波纹管开裂造成的漏气，选用质量较高的阀门进行更换。

图 4-16　500kV 金合 1 号线 5061
间隔 A 相套管气室接头连接
处泄漏图（整体）

八、现场案例分析

1. 接头连接处泄漏

500kV 金城变电站 500kV 金合 1 号线 5061 间隔 A 相套管气室 SF$_6$ 密度和微水监测单元传感器接头连接处（见图 4-16 中 A 处）存在 SF$_6$ 气体少量泄漏。

检测现场的环境温度为 29℃，相对湿度为 27.4%，风速为 2.1m/s。泄漏部位的可见光照片和检测视频截图如图 4-17 所示。

根据拍摄的泄漏视频资料，对比图 4-17（a）所示的可见光照片，判断并定位 500kV 金合 1 号线 5061 间隔 A 相套管气室 SF$_6$ 密度和微水监测单元传感器接头连接处（B 处）有少量 SF$_6$ 气体泄漏。

该泄漏部位涉及气室为 500kV 金合 1 号线 5061 间隔 A 相套管气室，现场记录显示该气室 SF$_6$ 气体压力值仍在合格范围内（检测时压力为 0.42MPa，额定压力为 0.35MPa）。经查阅变电站相关记录资料，该气室近两年来无 SF$_6$ 气体压力低报警记录和补气记录。

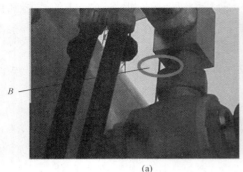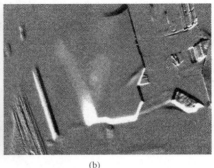

(a)　　　　　　　　　　(b)

图 4-17　泄漏部位图（一）

(a) 可见光模式；(b) 灰白模式（HSM）

结合现场勘察情况综合分析，该泄漏部位发生泄漏的可能原因：由于 SF$_6$ 密度和微水监测单元传感器接头安装工艺或是密封老化问题导致发生泄漏。

本泄漏部位漏气量轻微，短期内对 GIS 设备运行影响不大。由于泄漏部位所在气室压力值仍在合格范围内，且近两年内无补气记录，因此建议消缺前加强对该气室 SF$_6$ 气体压力值的监视，参照 Q/GDW 1168—2013 的规定缩短气体压力值巡检周期，可尝试对 SF$_6$ 密度和微水监测单元传感器接头处进行紧固或结合检修计划适时对其进行更换处理。进一步，考虑到该站存在泄漏异常的 SF$_6$ 气体密度和微水在线监测系统均由上海哈德电气技术有限公司制造（出厂日期为 2011 年 3 月，安装日期为同年 5 月），建议对该型号在线监测单元 SF$_6$ 气体泄漏情况进行重点监控，必要时联系厂家重新安装或更换处理。

2. 接头连接处

500kV 吉林东变电站 220kV Ⅰ Ⅱ 母联间隔 88121 隔离开关气室 B 相 SF$_6$ 管道接头连接处（见图 4-18 中 C 处）存在少量 SF$_6$ 气体泄漏。

检测现场的环境温度为 27℃，相对湿度为 45.2%，风速为 1.7m/s。泄漏部位的可见光照片和检测视频截图如图 4-19 所示。

由于泄漏部位的泄漏量轻微，检漏拍摄结合包扎法进行。

图 4-18　220kV Ⅰ Ⅱ 母联间隔 88121 隔离开关气室 B 相 SF$_6$ 管道接头连接处泄漏图（整体）

根据拍摄的泄漏视频资料，对比图 4-19 (a) 所示的可见光照片，判断并定位 220kV Ⅰ Ⅱ 母联间隔 88121 隔离开关气室 B 相 SF$_6$ 管道接头连接处（D 处）有少量 SF$_6$ 气体泄漏。

该泄漏部位涉及气室为 220kV Ⅰ Ⅱ 母联间隔 88121 隔离开关气室，现场记录显示该

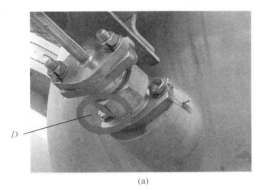
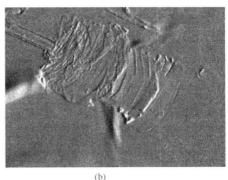

(a)   (b)

图 4-19　泄漏部位图（二）

(a) 可见光模式；(b) 灰白模式（HSM）

气室 SF₆ 气体压力值仍在合格范围内（检测时压力为 0.42MPa，额定压力为 0.35MPa）。经查阅变电站相关记录资料，该气室近两年来无 SF₆ 气体压力低报警记录和补气记录。

　　结合现场勘察情况综合分析，该泄漏部位发生泄漏的可能原因：由于管道接头安装工艺问题或密封垫损伤导致发生泄漏。

　　本泄漏部位漏气量轻微，短期内对 GIS 设备运行影响不大。由于泄漏部位所在气室压力值仍在合格范围内，且没有历史补气记录，因此建议消缺前加强对该气室 SF₆ 气体压力值的监视，参照 Q/GDW 1168—2013 的规定缩短气体压力值巡检周期，可尝试对管道接头处进行紧固或结合检修计划适时对 SF₆ 管道接头进行更换或处理。

　　3. 砂眼

　　330kV 朝阳变电站 330kV Ⅰ母线 1 号气室 SF₆ 压力表座下方（朝眉Ⅰ线 33522 隔离开关机构箱下方）检修孔本体砂眼处（见图 4-20 中 E 处）存在少量 SF₆ 气体泄漏。

图 4-20　330kV Ⅰ母线 1 号气室
SF₆ 压力表座下方检修孔本
体砂眼处泄漏图（整体）

　　检测现场的环境温度为 25℃，相对湿度为 30.0%，风速为 2.1m/s。泄漏部位的检测视频截图如图 4-21 所示。

　　根据拍摄的泄漏视频资料，对比图 4-21（a）所示的可见光照片，由 HSM 模式下不同色板［见图 4-21（b）灰白、图 4-21（c）铁红和图 4-21（d）彩虹］的显示分析，判断并定位Ⅰ母线 1 号气室 SF₆ 压力表座下方（朝眉Ⅰ线 33522 隔离开关机构箱下方）检修孔本体砂眼处有少量 SF₆ 气体泄漏。该泄漏部位涉及气室为 330kV Ⅰ母线 1 号气室，现场记录显示该气室 SF₆ 气体压力值仍在合格范围内（检测时压力为 0.54MPa，额定压力为 0.5MPa）。经查阅变电站相关记录资料，该气室自投运以来无 SF₆ 气体压力低报警记录和历史补气记录。结合现场勘察情况综合分析，该泄漏部位发生泄漏的可能原因：由于设备本身质量原因引起的砂眼导致发生泄漏。

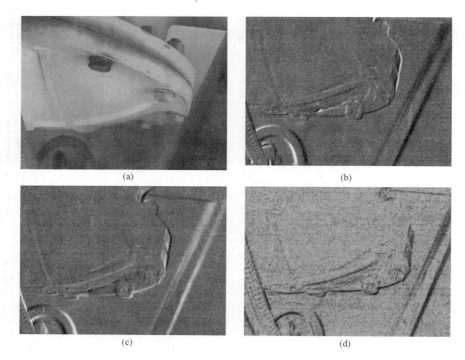

图 4-21　泄漏部位的检测视频截图

（a）异常时可见光模式；（b）异常时灰白（HSM 高灵敏度模式）；
（c）异常时铁红（HSM 高灵敏度模式）；（d）异常时彩虹（HSM 高灵敏度模式）

图 4-22　6605 乙隔离开关气室 B 相
机构密封面螺栓处泄漏图（整体）

本泄漏部位漏气量轻微，短期内对 GIS 设备运行影响不大。由于泄漏部位所在气室压力值仍在合格范围内，且没有历史补气记录，因此建议消缺前加强对该气室 SF$_6$ 气体压力值进行监视，参照 Q/GDW 1168—2013 的规定缩短气体压力值巡检周期。经过权衡风险，建议对检修孔本体砂眼采用"铆孔"或软金属填塞等带压封堵措施。

4. 密封面螺栓

220kV 海兰变电站 220kV 西海甲线间隔 6605 乙隔离开关气室 B 相机构密封面螺栓处（见图 4-22 中 F 处）存在少量 SF$_6$ 气体泄漏。

检测现场的环境温度为 25℃，相对湿度为 32.4%，风速为 2.1m/s。泄漏部位的可见光照片和检测视频截图如图 4-19 所示。

根据拍摄的泄漏视频资料，对比图 4-23（a）所示的可见光照片，判断并定位 220kV 西海甲线间隔 6605 乙隔离开关气室 B 相机构密封面螺栓处（G 处）有少量 SF$_6$ 气体泄漏。

该泄漏部位涉及气室为 220kV 西海甲线间隔 6605 乙隔离开关气室，现场记录显示该气室 SF$_6$ 气体压力值仍在合格范围内（检测时压力为 0.48MPa，额定压力为 0.40MPa）。

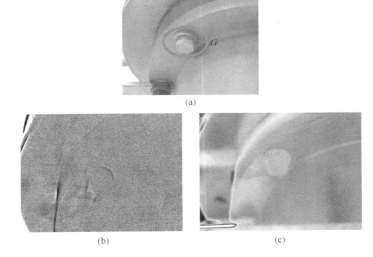

(a)

(b)   (c)

图 4-23　泄漏部位截图
(a) 可见光模式；(b) 灰白模式（HSM）；(c) 彩虹高对比模式

经查阅变电站相关记录资料，该气室近两年来无 SF₆ 气体压力低报警记录和补气记录。

结合现场勘察情况综合分析，该泄漏部位发生泄漏的可能原因：由于机构密封面螺栓安装工艺问题或是密封不严导致发生泄漏。

本泄漏部位漏气量轻微，短期内对 GIS 设备运行影响不大。由于泄漏部位所在气室压力值仍在合格范围内，且近两年内无补气记录，因此建议加强对该气室 SF₆ 气体压力值监视，参照 Q/GDW 1168—2013 的规定缩短气体压力值巡检周期，可尝试对机构密封面螺栓进行紧固或结合检修计划尽快对其进行更换处理。

5. 法兰密封面

500kV 彰德变电站 220kV 彰林线彰林 1A 相断路器顶部法兰密封面（见图 4-24 中 *H* 处）存在 SF₆ 气体间歇性少量泄漏。

图 4-24　220kV 彰林线彰林 1A 相断路器顶部法兰密封面泄漏图（整体）

检测现场的环境温度为 33℃，相对湿度为 21.5%，风速为 3.2m/s。泄漏部位的检测视频截图如图 4-25 所示。

根据拍摄的泄漏视频资料，对比图 4-25 (a) 所示的可见光照片，由 HSM 模式下不同色板 [见图 4-25 (b) 灰白、图 4-25 (c) 铁红和图 4-25 (d) 彩虹] 的显示分析，判断并定位彰林线彰林 1A 相断路器顶部法兰密封面螺栓处有 SF₆ 气体间歇性少量泄漏。该泄漏部位涉及气室为 220kV 彰林线彰林 1 断路器气室，现场记录显示该气室 SF₆ 气体压力值仍在合格范围内（检测时压力为 0.52MPa，额定压力为 0.5MPa）。经查阅变电站相关记

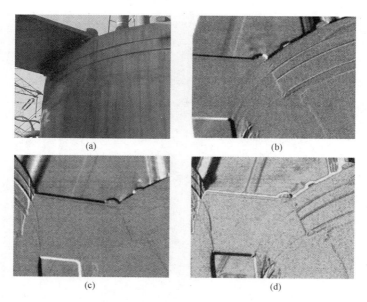

图 4-25　泄漏部位的检测视频截图
（a）异常时可见光模式；（b）异常时灰白（HSM 高灵敏度模式）；
（c）异常时铁红（HSM 高灵敏度模式）；（d）异常时彩虹（HSM 高灵敏度模式）

录资料，该气室自投运以来无 SF_6 气体压力低报警记录和历史补气记录。结合现场勘察情况综合分析，该泄漏部位发生泄漏的可能原因：法兰密封圈由于老化或自身缺陷导致发生泄漏。

本泄漏部位漏气量轻微且为间歇性，短期内对 GIS 设备运行影响不大。由于泄漏部位所在气室压力值仍在合格范围内，且没有历史补气记录，因此建议消缺前加强对该气室 SF_6 气体压力值进行监视，参照 Q/GDW 1168—2013 的规定缩短气体压力值巡检周期。考虑到更换法兰密封圈一般需要消耗大量的人力物力，需要气体回收、密封面处理、抽真空、充气、检漏、试验等复杂工序且回装后再漏气的风险依然存在。经过风险评估，权衡利弊，建议适时尝试紧固漏气部位的螺栓，如果发现力矩明显不足，可由此螺栓向两侧螺栓依次、少量多次进行紧固，直到漏气消失。

第六节　充气电气设备的故障诊断

一、概述

1. 适用范围

本节介绍了 SF_6 电气设备故障分析及处理，分析归纳了 SF_6 电气设备内部绝缘材料及其分解产物，SF_6 电气设备内部故障的类型、常见内部故障的可能部位及其诊断方法。

2. 引用标准

GB/T 8905—2012　六氟化硫电气设备中气体管理与检测导则

GB 50150—2006　电气装置安装工程电气设备交接试验标准

DL/T 595—1996　六氟化硫电气设备气体监督细则

DL/T 639—1997　六氟化硫电气设备运行、试验及检修人员安全防护细则

DL/T 1205—2013　六氟化硫电气设备分解产物试验方法

Q/GDW 1168—2013　输变电设备状态检修试验规程

Q/GDW 1799.1—2013　国家电网公司电力安全工作规程变电部分

Q/GDW 1896—2013　SF₆气体分解产物检测技术现场应用导则

Q/GDW 11059.1—2013　气体绝缘金属封闭开关设备局部放电带电测试技术现场应用导则　第 2 部分超声波法

Q/GDW 11059.2—2013　气体绝缘金属封闭开关设备局部放电带电测试技术现场应用导则　第 2 部分特高频法

Q/GDW 11096—2013　SF₆气体分解产物气相色谱分析方法

二、 故障诊断的基础知识

1. SF₆ 电气设备内部绝缘材料

SF₆电气设备内部绝缘材料，有 SF₆气体和固体绝缘材料两类。SF₆气体是所有 SF₆电气设备共有的，而固体绝缘材料则因不同设备和不同生产厂家有差异，主要有热固形环氧树脂、聚酯尼龙、聚四氟乙烯、聚酯乙烯、绝缘纸和绝缘漆等；在断路器中的固体绝缘材料有环氧树脂、聚酯尼龙和聚四氟乙烯，其他设备中除环氧树脂外，还有聚酯尼龙、聚酯乙烯、绝缘纸和绝缘漆。

（1）SF₆气体。SF₆气体在常温和大气压下非常稳定，不发生任何反应，只有当温度高于 500℃时才开始分解，高于 700℃后将明显裂解，主要产生 SO_2、SOF_2 和 HF，并与水分、氧气和金属蒸气等发生反应。SF₆在电弧作用下将快速裂解，当温度高达 2000℃以上时，电弧区域的 SF₆气体有一部分电离为硫和氟单原子；极少数 SF₆裂解产生硫化物、氟化物和碳化物。

（2）固体绝缘材料。

1）热固形环氧树脂。环氧树脂是多种大分子的混合物，有双酚型和酚醛型两类，由 C、H、O 和 N 等元素构成；具有很好的绝缘性能和化学稳定性，在 500℃以上时开始裂解，700℃后才会明显裂解，主要产生 SO_2、H_2S、CO、NO、NO_2 和少量低分子烃；主要用于 GIS 中的盆式绝缘子、支柱绝缘子和断路器、隔离开关及接地开关的绝缘拉杆。

2）聚酯尼龙。由多层聚酯乙烯和尼龙布制成，用作绝缘拉杆；主要由 C、H、O 等元素组成，当温度大于 130℃时聚酯材料开始裂解，250℃以上尼龙材料开始裂解，主要产生 CO、H_2和低分子烃。

3）聚四氟乙烯。其分子式为 nC_2F_4，由 C、F 等元素组成，具有很好的绝缘性能和化学稳定性，只有在高于 400℃时才开始产生少量 CF_4，500℃以上才会明显裂解；主要用作断路器中的灭弧罩和压缩气缸。

4）聚酯乙烯。其分子式为 $(O=R-C_2H_4)n$，由 C、H、O 等元素组成，当温度大于 130℃时开始裂解，主要产生 H_2、CO、CO_2和低分子烃；主要用于互感器、变压器匝绝缘和电容式套管的电容层材料。

5）绝缘纸。绝缘纸是碳水化合物，由 C、H、O 等元素组成，当温度大于 120℃时开始裂解，主要产生 CO、CO_2、H_2 和低分子烃；主要用于互感器、变压器匝绝缘和电容式套管的电容层材料。

6）绝缘漆。绝缘漆为碳氢化合物，由 C、H、O、N 等元素组成，当温度大于 120℃时开始裂解，主要产生 CO、CO_2 和 NO_2。其浸附着互感器、变压器铜线表面，作为匝层间绝缘。

2. 设备内部 SF_6 气体杂质

SF_6 电气设备中的 SF_6 气体中杂质来自于 SF_6 新气、安装、检修、运行和内部故障。

（1）SF_6 新气中的杂质。SF_6 气体在合成制备过程中残存的主要杂质有 CF_4 和水分，在压缩充装和运输过程中可能带入空气、水分和油等杂质。

（2）运行维护检修中的杂质。设备在充气和抽真空时也可能混入空气和水蒸气，水分还有可能从设备的内壁和固体绝缘材料中释放出来。处理时，真空泵和压缩机中的油也可能进入到 SF_6 气体。

（3）严重过热和绝缘缺陷产生的杂质。局部放电和严重过热时，SF_6 气体和固体绝缘材料发生分解，产生硫化物、氟化物和碳化物等杂质。这些杂质再与气体中存在的少量氧气和水发生反应，生成 HF，SO_2、SOF_2、SOF_4 和 SO_2F_2 等杂质。

（4）断路器中的杂质。在断路器分合闸时，高温电弧除引起 SF_6 分解外，还使灭弧室的聚四氟乙烯灼伤和触头合金的蒸发。另外，这些产物之间又会发生化学反应形成副产物。

（5）内部电弧产生的杂质。电弧放电故障虽然很少发生，但危害很大。电弧放电产生的分解物含量很高，分解物种类与故障区域的固体绝缘材料有关。另外，金属材料在高温下将汽化形成金属氟化物。

3. 绝缘材料分解产物

当 SF_6 电气设备内部气体中存在极性杂质或固体绝缘材料存在缺陷时，其绝缘性能将降低；当设备受到过电压冲击或严重过热时，故障区的绝缘材料在热和电的作用下将发生分解，绝缘性能显著下降甚至引起事故。SF_6 气体中的分解产物包括 SF_6 气体和固体绝缘材料的分解产物，而固体绝缘材料的分解，将严重威胁设备的安全运行。

SF_6 电气设备可分为在正常运行时有电弧产生的断路器和无电弧产生的互感器、变压器、避雷器、电容器、母线、套管、隔离开关和接地开关两大类。在断路器中的绝缘材料有 SF_6 气体和用热固型环树脂制成的绝缘子、拉杆及灭弧室中聚四氟乙烯；其他设备则除有 SF_6 气体和热固型环树脂外，还有用作匝层间绝缘和电容层的聚酯乙烯、纸和漆，隔离开关中用聚酯尼龙或环树脂制成的接地开关拉杆。对于正常运行的 SF_6 电气设备，不会发生绝缘材料和 SF_6 气体分解。

对正常运行的断路器在分/合闸时虽产生 2000℃以上的高温电弧，在电弧区域的 SF_6 气体电离为硫和氟原子及少量分解物，但因其分、合闸速度极快，又有高效的灭弧功能，硫和氟原子在瞬间又复合成 SF_6，其复合率达 99.9％以上；少量分解物又被放置其内部的吸附剂吸收，因此，在正常分合闸时，在分合闸一周后，气室中的 SO_2 和 HF 的含量一般不大于 $1.0\mu L/L$。

当设备内部存在局部放电和严重过热时，或断路器存在重燃时，将使故障区域的固体绝缘材料和 SF₆ 气体发生严重分解，产生大量的硫化物、氟化物和碳化物，最后生成稳定的 SO_2、H_2S、SOF_2、CF_4 和 CO。对这些分解产物进行检测，有利于判断内部故障的部位。

三、 应用分解物诊断 SF₆ 电气设备内部故障原理

当 SF₆ 电气设备内部存在故障时，故障区域的 SF₆ 气体和固体绝缘材料在热和电的作用下发生裂解，产生硫化物、氟化物和碳化物。

通过研究设备故障，并从各种绝缘材料的裂解机理、分解产物的特征和定量的故障实例中可得出下列结论：

（1）SO_2、SOF_2、HF 是 SF₆ 气体裂解的特征组分。

（2）H_2S 是热固型环氧树脂裂解的特征组分。

（3）CO 和 H_2 是聚酯乙烯和绝缘纸裂解的特征组分。

（4）CF_4 是聚四氟乙烯裂解的特征组分。

这些分解产物将缓慢地溶解、扩散到 SF₆ 气体中，采用流动法较准确地检测这些特征组分的种类和含量，便能快速、准确地诊断出设备内部故障。

四、 SF₆ 电气设备内部故障类型与分解物特征

1. 故障类型

（1）放电故障：分为电弧放电、火花放电、电晕放电或局部放电三种。

在正常操作条件下，断路器开断产生电弧放电，气室内发生短路故障也产生电弧放电。放电能量与电弧电流有关。

火花放电是一种气隙间极短时间的电容性放电，能量较低，产生的分解产物与电弧放电产生的分解产物有明显的差别。

电晕放电或局部放电是由于设备内某些部件具有悬浮电位或设备中存在金属杂质、气泡等引发的连续低能量放电。

（2）过热故障。过热分为低温、中温和高温过热。过热作用也会促使 SF₆ 气体分解，通过测定分解产物可判断设备内部过热状况。

2. 故障类型原因与分解产物特征

不同故障类型产生的原因及分解产物见表 4-19。

表 4-19　　　　　　　　　　　不同故障类型产生的原因及分解产物

故障类型	故障原因	放电特点	分解产物
电弧放电	断路器开断电流；气室内发生短路故障	电弧电流为 3~100kA，电弧持续时间为 5~150ms，释放能量为 10^5~10^7J	SOF_2、SO_2F_2、SOF_4、SF_4、HF、SO_2、S_2F_2、CF_4、AlF_3、FeF_3、H_2S、Air、H_2O、金属粉尘、微粒等
火花放电	低电流下的电容性放电，高压试验中出现闪络或隔离开关开断时产生	短时瞬变电流，火花放电能量持续时间为微秒级，释放能量为 0.1~100J	SOF_2、SO_2F_2、SOF_4、SF_4、HF、SO_2、SO_2F_2、S_2F_{10}、S_2F_{10}O、SiF_4、S_2F_2、CuF_2、WF_6 等

故障类型	故障原因	放电特点	分解产物
电晕放电或局部放电	场强太高时，处于悬浮电位部件、导电杂质引发	局部放电脉冲重复频率为 $100\sim10000Hz$，每个脉冲释放能量为 $0.001\sim0.01J$，放电量为 $10\sim1000pC$	SOF_2、SO_2F_2、SOF_4、SF_4、HF、SO_2、S_2F_2 等
过热故障	内部绝缘不良、接点不良、电触头接触不良等引起的过热		SOF_2、SO_2F_2、SO_2 等

五、 SF₆ 电气设备内部的常见故障及可能部位

1. 内部的常见故障

（1）导电金属对地放电。这类故障主要表现在 SF_6 气体中存在导电颗粒和绝缘子、拉杆绝缘老化、气泡和杂质等引起导电回路对地放电。这种放电性故障能量大，会产生大量的 SO_2、SOF_2、H_2S 和 HF 等。

（2）悬浮电位放电。这类故障通常表现在断路器动触头与绝缘拉杆间的连接插销松动、TA 二次引出线电容屏上部固定螺钉松动和避雷器电阻片固定螺钉松动引起两侧金属部件间悬浮电位放电。这种故障的能量不很大，一般情况下只有 SF_6 分解产物，主要生成 SO_2、HF。

（3）导电杆的连接接触不良。对于运行中设备，当热点温度超过 $250℃$ 时，SF_6 和周围固体绝缘材料开始热分解；当温度达 $700℃$ 以上时，将造成动、静触头或导电杆连接处梅花触头外的包箍蠕变断裂，最后引起触头熔化脱落，引起绝缘子和 SF_6 分解，其主要产物为 SO_2、HF 等。

（4）互感器、变压器匝层间和套管电容屏短路。当互感器、变压器内部故障时，将使故障区域的 SF_6 气体和固体绝缘材料裂解，产生 SO_2、SOF_2、H_2S、HF、CO、H_2 和低分子烃等。

（5）断路器重燃。断路器正常开断时，电弧一般在 $1\sim2$ 个周波内熄灭，但当灭弧性能不好或切断电流不过零时，电弧不能及时熄灭，将灭弧室和触头灼伤，此时 SF_6 气体和聚四氟乙烯分解，主要产生 SO_2、SOF_2、CF_4 和 HF。

（6）断路器断口并联电阻、电容内部短路。因断口的并联电阻、电容质量不佳引起短路，此时 SF_6 气体裂解主要产生 SO_2、SOF_2 和 HF。

2. 常见内部故障的可能部位

SF_6 气体中颗粒杂质引起带电部位对壳放电，这是所有 SF_6 电气设备都有可能出现的共性故障，各种设备可能出现故障的部位归纳如下：

（1）断路器。

1）绝缘拉杆悬浮电位放电，甚至引起拉杆断裂。

2）灭弧室及气缸灼伤甚至击穿。

3）电弧重燃，将触头和喷嘴灼伤。

4）动、静触头接触不良。

5）均压罩、导电杆对壳放电。

6）内部螺钉松动，引起悬浮电位放电。

7）断口并联电阻放电。

8）盆式绝缘子中杂质、气泡、裂纹和表面脏污，引起对壳放电。

（2）电流互感器。

1）绝缘支撑柱、绝缘子对壳放电。

2）二次引线电容屏及其固定螺母悬浮电位放电。

3）二次线圈内部放电。

4）铁芯局部过热和压钉悬浮电位放电。

5）盆式绝缘子中杂质、气泡、裂纹和表面脏污，引起对壳放电。

（3）电压互感器。

1）绝缘支撑柱、绝缘子对壳放电。

2）线圈内部放电。

3）铁芯局部过热和压钉悬浮电位放电。

4）盆式绝缘子中杂质、气泡、裂纹和表面脏污，引起对壳放电。

（4）隔离开关、接地开关。

1）绝缘拉杆局部放电。

2）动、静触头接触不良，严重过热乃至造成局部放电。

3）盆式缘子中杂质、气泡、裂纹和表面脏污，引起对壳放电。

（5）变压器。

1）匝层间局部放电。

2）绝缘垫块、支架和绝缘子局部放电。

3）导电引线相间和对地放电。

4）铁芯局部过热。

5）内部螺钉、铁芯压钉松动，引起悬浮电位放电。

（6）母线。

1）触头接触不良，引起严重过热乃至造成其附近绝缘子对壳放电。

2）绝缘台上母线固定卡扣与螺钉松动引起悬浮电位放电。

3）盆式绝缘子中杂质、气泡、裂纹和表面脏污，引起对壳放电。

（7）套管。

1）电容屏内部局部放电。

2）二次引出线电容屏固定螺母松动引起悬浮电位放电。

3）盆式绝缘子中杂质、气泡、裂纹和表面脏污，引起对壳放电。

（8）避雷器。

1）阀片质量不良引起局部过热和放电。

2）电阻片穿芯杆的金具和碟簧、垫片之间引起悬浮电位放电。

3）盆式绝缘子中杂质、气泡、裂纹和表面脏污，引起对壳放电。

六、 SF₆ 电气设备的内部故障诊断

SF₆电气设备内部有电回路和磁回路，当电回路和磁回路存在缺陷时，将产生局部

放电，并使缺陷周围的气体和固体绝缘材料发生分解，产生相应的分解产物。因此，通过局部放电和分解产物检测能检出内部缺陷。本节主要介绍应用分解产物诊断内部故障。

内部故障性质可分为放电性故障和过热性故障两大类；按故障的持续性，又可分为气体中杂质引起的"软故障"和固体绝缘材料受损的"硬故障"。"软故障"大部分为悬浮电位放电，一般情况下"软故障"故障能量较小，产生的气态分解物和极性颗粒杂质比较少，即极性颗粒杂质引起的对地放电，也因为颗粒杂质会沉降，放电条件暂时消失，因此，一般能重合闸成功；而"硬故障"的能量一般都较大，固体绝缘材料的绝缘受损是永久性的，因此，不能实现重合闸。

SF_6电气设备的内部故障是一个复杂的物理化学过程，在判断内部故障时不仅要看分解产物的组成和浓度大小，同时要结合设备的运行、结构、气室大小、充气压力、检修、湿度、纯度、电气试验、继电保护动作和故障录波情况等进行综合分析。

1. 故障判断方法

（1）一看。看分解产物的组分种类和浓度是否超过表4-2的正常值。

SO_2浓度不大于$1\mu L/L$，H_2S浓度不大于$1\mu L/L$。

（2）二比。根据SF_6电气设备中分解产物的检测周期（见表4-20）进行检测，试验数据可比性较强。

一与上次比较分解产物的组分种类和浓度是否有变化；二与相邻气室比较分解产物的组分种类和浓度。

表 4-20　运行设备中分解产物的检测周期

设　备	检测周期	备　注
35kV 及以下设备	（1）新设备投运半年内测一次。 （2）每2～3年测一次。 （3）必要时	必要时系指： （1）发生近区短路断路器跳闸时。 （2）受过电压严重冲击时。 （3）设备有异常声响、强烈电磁场时。 （4）局部放电检测异常时
110～220kV 设备	（1）新设备投运三个月内测一次。 （2）每1～2年测一次。 （3）必要时	
330～750kV 设备	（1）新设备设运一个月内测一次。 （2）每年测一次。 （3）必要时	

（3）三了解。一要了解设备的结构、气室大小、排气口至本体的距离；二要了解运行情况，如有否发生近区短路，有否受过电压严重冲击和设备是否有异常声响及强烈电磁场等；三要了解设备的检修、气体质量、电气试验、继电保护动作和故障录波情况；若是GIS设备，要了解其带电检测项目，如特高频局部放电检测、超声波局部放电检测等。

总之，内部故障诊断是一项技术，要求专业人员有较丰富的知识，具有综合分析判断能力，才能做出较准确的判断。

2. 故障类型的判断

故障类型的判断方法可参考表4-21。

表 4-21   故障类型的判断方法

故障类型	特征分解产物	SO₂F₂/SOF₂（比值）
电弧放电	SOF_2、SO_2F_2、SO_2、HF、CF_4、H_2S；当涉及固体绝缘材料分解时将产生较多 CO	0.43
火花放电	SOF_2、SO_2F_2、SO_2、HF、S_2F_{10}、$S_2F_{10}O$；当涉及固体绝缘材料分解时将产生较多 CO	0.05～0.14
电晕放电或局部放电	SOF_2、SO_2F_2、SO_2、HF 等；当涉及固体绝缘材料分解时将产生较多 CO	0.01～0.03
过热故障	SOF_2、SO_2F_2、SO_2 等；当涉及固体绝缘材料分解时将产生较多 CO	

七、 采取措施

（1）分解产物达到注意值，设备继续运行，缩短检测周期；达到警示值，应追踪检测，综合诊断。

（2）通过综合分析确诊为设备内部存在固体绝缘材料严重裂解故障时，应使用其他分解物检测方法和仪器进行比对，并结合局部放电进行综合分析，估计故障部位，建议应立即停电，解体处理。从电气设备中取出 SF₆ 气体，现场具备再生条件的，可现场再生回收，经分析气体质量合格，可以再利用。或交给气体回收公司，集中再生处理。

八、 典型故障案例分析

案例 1：绝缘拉杆、盆式绝缘子电弧严重烧伤故障。

2006 年 4 月 15 日，某电厂试运行 18 天后，500kV GIS 5032 断路器突然跳闸，从故障录波得知故障发生在 C 相，故障电流为 7.5kA，持续时间 40ms。为了尽快找出故障部位，使用 SF₆ 电气设备故障测试仪检测，发现 50321 气室 SO₂ 浓度为 48μL/L，H₂S 为 4.6μL/L，仪器诊断为"该气室内部存在火花放电或过热性故障，并涉及固体绝缘材料的分解。建议一周内复测并做综合分析。"随后对相关的其他气室进行检测，未见异常，表明故障未波及相邻的气室。次日对 50321C 相气室进行解体，发现在隔离开关的绝缘拉杆的中间段及其附近的盆式绝缘子和均压环被电弧严重烧伤，这与检测仪的诊断结论完全吻合，如图 4-21、图 4-22 所示。

图 4-26 50321 隔离开关绝缘拉杆中间段被电弧严重烧伤

图 4-27   与断路器相隔盆式绝缘子被电弧烧伤熏黑

案例 2：导电回路梅花触头接触不良引起严重过热引起支撑绝缘子老化故障。

某变电站 330kV GIS 的 I、II 段母线于 2006 年 12 月 25 日和 2007 年 2 月 9 日发生事故，现将有关情况简介如下：

1. 2006 年 12 月 25 日上午 I 段母线 3301 断路器跳闸事故

2006 年 12 月 25 日上午因线路绝缘子冰闪，引起该站 330kV I 段母线 3301 断路器跳闸。为尽快了解冰闪事故对设备的影响，12 月 26 日用 SF_6 电气设备故障检测仪现场检测，检测出 33012 气室和仍在运行的 GB1 气室的 SO_2 和 H_2S 浓度严重超标，仪器专家系统诊断认为气室内部存在高能放电并涉及固体绝缘材料的分解，检测数据见表 4-22。

表 4-22   故障气室的检测数据

序号	时　间	被检气室	SF_6 电气设备故障检测仪检测情况			
			SO_2 浓度（$\mu L/L$）	H_2S 浓度（$\mu L/L$）	诊断结果	备　注
1	2006.12.26	1 号主变压器 330kV I 母隔离开关	141.71	24.57	该气室存在高能放电，并涉及固体绝缘材料的分解，建议复测后做综合分析，应尽快停电检查	事故后检测
2	2006.12.26	GM24	81	10.7	该气室存在高能放电，并涉及固体绝缘材料的分解，建议复测后做综合分析，应尽快停电检查	运行中检测
3	2006.12.28	GB1	6.86	0.14	该气室存在局部放电，但未涉及固体绝缘材料的分解，建议复测后做综合分析，应加强监视，尽快开盖检查	运行中检测

2006 年 12 月 27 日上午对 1 号主变压器 330kV I 母隔离开关气室（33012）解体后发现盆式绝缘子严重烧伤。

27 日和 28 日上午又检出仍在运行 GB1 气室和 GM24A 相气室分解物含量异常，在元旦期间停电检查 GB1 气室 B 相梅花触头严重过热；GM24A 相气室分解物含量异常，在元旦期间开盖检查，发现触头严重过热引起母线环氧支撑台严重过热分解，使 SO_2 和 H_2S

浓度严重超标。设备解体的故障情况如图 4-28、图 4-29 所示。

图 4-28　GM24 气室母线环氧支撑台

图 4-29　GB1 气室 B 相母线连接梅花触头

这次排查共检测 58 台设备，检出 33012、GB1 和 GM24 存在故障并经检修验证外，还发现 GM14 分解物含量略偏高，进行跟踪分析，其他 54 个气室分解物含量均正常。

GM14 气室经两年多的跟踪，分解物含量有所增长；认为内部可能存在绝缘隐患，并计划 2009 年进行检修。某电科院为了对其做进一步分析，于 2009 年 7 月初邀请了分解物和局部放电仪器生产厂家进行 24h 跟踪检测，其检测值随气温的上升而增加。该设备于 2009 年 10 月底进行检修，发现绝缘台有放电痕迹。

2. 2007 年 2 月 9 日 GIS Ⅱ段母线闪络事故

2007 年 2 月 9 日又发生 GIS Ⅱ段母线闪络，故障录波图初步分析为Ⅱ段母线故障，用 SF₆电气设备故障检测仪对母线气室进行检测，结果见表 4-23。

表 4-23　　　　　　　　　　SF₆气室分解物检测结果

被检气室	检测值	
	SO₂（μL/L）	H₂S（μL/L）
GB2	21.29	0

根据检测结果判定 GB2 气室故障。解体检查 GB2 气室，母线 A 相有一个支持绝缘台闪络，其上部的母线导体连接梅花触头座烧损。各部件如图 4-30、图 4-31 所示。

图 4-30　GB2 支持绝缘台

图 4-31　GB2 母线梅花触头

GIS Ⅱ段母线闪络原因与Ⅰ段母线闪络原因相同，即梅花触头接触不良所致。

案例 3：导电金属对地放电。

这类故障主要表现在 SF_6 气体中存在导电颗粒和绝缘子缺陷引起导电杆对地放电。这种放电性故障能量大，产生大量的 SO_2、H_2S、HF 和金属氟化物等。如 1998 年 12 月 6 日某电厂法国阿尔斯通的 220kV GIS 因 22B 断路器室与 TA 室间的盆式绝缘子对地击穿，产生大量的 SO_2 和 H_2S，检修现场隔数天后，仍有很浓的 H_2S 臭味。如 2001 年 8 月 23 日某 220kV 变电站国产 220kV GIS 断路器室对地短路，通过 SO_2、H_2S 检测迅速找到了故障部位。再如 2003 年 7 月 17 日某电厂日本三菱生产的 220kV GIS 22B 断路器 B 相气室动触头拉杆外的绝缘筒表面因沾污引起的电弧放电，其表面严重烧伤，上下均压环多处放电，当晚对断路器进行检测，发现气室中 SO_2 大于 $200\mu L/L$，H_2S 为

图 4-32　500kV 隔离开关拉杆材质不良引起的对地放电

$122\mu L/L$，判断内部存在严重放电故障，从而迅速找到故障部位。再如 1999 年 3 月 25 日某 500kV 变电站在试运行两天后，突然断路器跳闸，500kV TA 内部一根绝缘支撑杆（俗称"牛腿"）因材质不良突然对地短路爆裂，粉碎成灰。经多种电气试验无法找到故障部位，后检测 SO_2 含量大于 $200\mu L/L$，从而迅速找到故障部位。图 4-32 所示为华北某电厂 500kV GIS 投入运行不久隔离开关对地短路放电故障图片。

案例 4：悬浮电位放电。

这类故障通常表现在断路器动触头与绝缘拉杆间的接触不良和 TA 二次引出线电容屏上部固定螺钉松动引起插销两侧金属或螺母与螺杆间悬浮电位放电。这种放电性故障能量不很大，一般情况下只有 SF_6 分解产物，主要生成 SO_2、HF、金属氟化物和 H_2S。如 2003 年 8 月 1 日某电厂 220kV 252 断路器 C 相，运行人员时有听到内部异常声响，经检测 SO_2、H_2S 含量均很高，判断内部存在放电性故障。当晚便停运，后运到制造厂进行解体，发现其动触头与拉杆连接的插销孔偏大，操作多次后造成插销孔变大，使拉杆产生悬浮电位放电。由于缺陷被及时检出，避免了事故的发生。图 4-33 所示为 2003 年 8 月 1 日运行中检出某水电厂 220kV 断路器 A 相拉杆连接插销悬浮电位放电事故图，图 4-34 为 2014 年 10 月 18 日某 500kV 变电站 II 母 BB2C 气室接触头底座悬浮放电事故图。

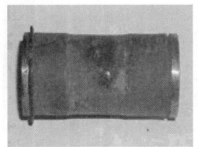

图 4-33　220kV 断路器 A 相拉杆连接插销悬浮电位放电

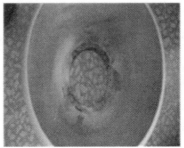

图 4-34　变 II 母 BB2C 气室接触头底座悬浮放电

案例 5：互感器、变压器匝层间和套管电容屏短路。

当互感器、变压器内部故障时，将使故障区域的 SF$_6$ 气体和固体绝缘材料裂解，产生 SO$_2$、SOF$_2$、H$_2$S、HF、CO、H$_2$ 和低分子烃等。

2008 年 6 月 14 日事故后检测某 500kV 变电站 500kV 一断路器跳闸后，检出一 TA 气室 SO$_2$、H$_2$S 均大于 146μL/L，仪器诊断内部存在高能放电性故障，解体发现其二次线烧断多股。

2008 年 8 月 10 日某 500kV 变电站 5022 断路器跳闸后，检出 50222B 相 TA 气室 SO$_2$ 和 H$_2$S 均大于 146μL/L，仪器诊断内部存在高能放电，解体发现绝缘杆对壳放电，如图 4-35 所示。

案例 6：断路器重燃。

断路器正常开断时，电弧一般在 1～2 个周波内熄灭，但当灭弧性能不好或切断电流不过零时，电弧不能及时熄灭，将灭弧室和触头灼伤，此时 SF$_6$ 气体和聚四氟乙烯分解，主要产生 SO$_2$、SOF$_2$、CF$_4$ 和 HF。如某 500kV 变电站 2008 年 4 月 26 日 5013 断路器对电抗器做投切试验时，因为 B、C 两相电流不过零，重燃电弧将灭弧室灼伤，在试验 36 天后检测 SF$_6$ 气体中 SO$_2$ 含量分别为 0.5μL/L 和 0.9μL/L，设备返回厂家解体发现 B、C 两相灭弧室均严重灼伤，如图 4-36 所示。

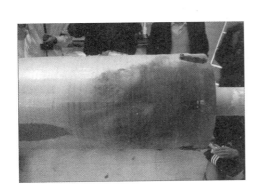

图 4-35　500kV TA 内部放电故障

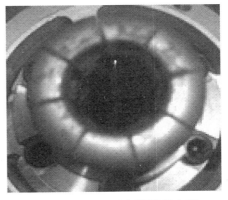

图 4-36　50131 C 相断路器电弧重燃将触头烧伤

案例 7：避雷器故障。

某 GIS500kV 罐式避雷器，在运行巡视时发现其内部有异常响声，2009 年 3 月 7 日凌晨沧东Ⅱ线断路器跳闸后，重合闸成功，故障录波仪记录 A 相故障电流达 10kA。经检测，发现 A 相 SO$_2$、H$_2$S 含量都很高，CO 少量，初步认为该气室存在严重放电性故障，建议尽快停电检查；对同批次 8 台检测，有 7 台 SO$_2$、H$_2$S 含量也很高，故障与 A 相相同；含量最小 1 台的 SO$_2$ 浓度为 8.2μL/L，H$_2$S 浓度为 2.5μL/L，CO 也少量，初步认为该气室存在悬浮电位局部放电，建议尽快复检，以策安全。

在对避雷器解体时发现：有大量灰白色粉末随拆开的避雷器底座泻出（见图 4-37）；避雷器均压屏蔽罩有烧蚀现象（见图 4-38）；罐体内腔对应均压屏蔽罩的烧蚀部位有明显的放电痕迹，内部电阻片表面、均压屏蔽罩表面、盆式绝缘子内表面、罐体底板及罐体内表面附着大量灰白色粉末（见图 4-39）。

图 4-37　避雷器底座泻出的灰白色粉末

图 4-38　避雷器均压屏蔽罩的烧蚀

　　然后对避雷器芯体进行解体发现：一柱电阻片芯体有松动现象（见图 4-40），电阻片穿芯杆的金具和碟簧、垫片之间有非常明显的电蚀现象，其中电阻片穿芯杆的金具和碟簧接触面之间已电蚀出缺口，碟簧和垫片已烧蚀变形和蚀损（见图 4-41、图 4-42）。

图 4-39　避雷器罐体内腔烧蚀部位放电痕迹

图 4-40　避雷器一柱电阻片芯体松动

图 4-41　避雷器电阻片穿芯杆的金具和
碟簧接触面的电蚀

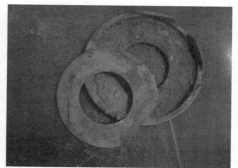

图 4-42　避雷器碟簧和垫
片烧蚀变形

　　为进一步查找和确认避雷器内部放电的原因，决定对东骅Ⅱ线 B 相避雷器进行现场解体检查，该避雷器内部也有异常响声，且 SF_6 气体检测超标。经解体检查发现：有灰白色粉末随拆开的避雷器底座泻出；内部电阻片表面、均压屏蔽罩表面、盆式绝缘子内表面、罐体底板及罐体内表面附着有灰白色粉末。然后对避雷器芯体进行解体发现：三柱电阻片芯体有松动现象，其中一柱电阻片穿芯杆的金具和碟簧、垫片之间有非常明显的电蚀现象，其中电阻片穿芯杆的金具和碟簧接触面之间已电蚀出缺口，碟簧和垫片已烧蚀变形和蚀损。

另外 6 台运回生产厂家解体，有 5 台与 B 相相同；SO_2 和 H_2S 较少的那台放电点不明显，无粉末。

从解体情况看，东骓Ⅱ线 A 相避雷器的内部放电现象是由于在装配避雷器芯体时电阻片穿芯杆的金具没有压紧，在运行中导致电阻片穿芯杆的金具和碟簧、垫片之间产生局部放电，并在 SF₆ 气体的作用下产生了大量灰白色粉末。该粉末漂浮在罐体内部，造成 SF₆ 气体的绝缘性能逐渐降低。在 3 月 7 日，该粉末漂浮到罐体内腔与均压屏蔽罩之间，产生了罐体内腔与均压屏蔽罩之间的放电，并形成短路现象，系统重合闸时，粉末沉降绝缘性能有所恢复，重合闸成功。在 3 月 7 日又重复发生此现象。

东骓Ⅱ线 B 相避雷器的内部放电现象也是由于在装配避雷器芯体时电阻片穿芯杆的金具没有压紧，在运行中导致电阻片穿芯杆的金具和碟簧、垫片之间产生局部放电，造成电阻片穿芯杆的金具和碟簧、垫片之间有非常明显的电蚀现象，并在 SF₆ 气体的作用下产生了灰白色粉末。

综合上述现象，经分析认为：产品的电阻片穿芯杆的金具没有压紧是导致此次放电现象的主要原因，而金具没有压紧是由于装配人员操作不当造成的。

案例 8：母线连接触头故障。

某 500kV 变电站运行值班人员对设备进行正常巡视过程中发现 500kV Ⅱ母 BB2C 气室有异常声响，声音类似于振动与疑似电弧放电声响，随即将异常情况上报，并缩短巡视周期，加强设备巡视，同时立即启动应急预案，制定紧急情况下的操作方案和设备隔离措施。

对气室进行气体组分检测，第一次试验发现故障气室 $SO_2 + SOF_2$ 含量为 $12.5\mu L/L$（无 H_2S，HF，CO 也很少），相邻气室及Ⅰ母气室气体含量正常。之后每 2h 检测 1 次，气体含量无增加，SF₆ 分解产物测试中发现 $SO_2 + SOF_2$ 的含量稳定保持在 $12.5\mu L/L$ 左右，不含 H_2S 气体，CO 也很少，因此可推测 GIS 内部有低能量的小电弧放电，使 SF₆ 气体分解，放电还未损伤到固体绝缘。

对站内 500kV GIS 气室，尤其是异常声响的气室开展特高频局部放电检测。检测发现故障气室局部放电异常，其余设备正常。故障气室图谱如图 4-43、图 4-44 所示。

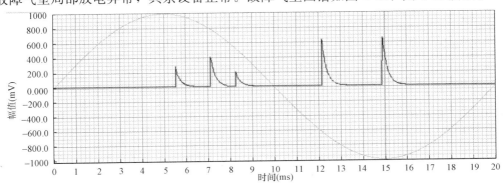

图 4-43　单个周期的局部放电波形

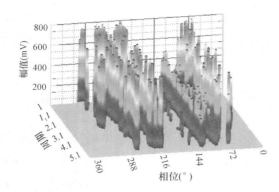

图 4-44 局部放电的三维图谱

从图谱可以看出，故障气室存在放电现象，放电具有明显的工频相关性，在相对固定的相位区域稳定出现。在正负半周均有放电产生，且放电幅值变化不大，放电时间间隔稳定，具有典型的悬浮放电特征。因此推测 GIS 存在明显的悬浮金属体放电。

根据带电检测情况对故障设备进行了解体，解体发现 500kV Ⅱ母 BB2C 气室盆式绝缘子均压罩触头松动导致悬浮电位放电，并在电动力作用下产生振动异响。现场检修情况如图 4-45、图 4-46 所示。

经解体发现故障部位位于直管与弯管连接部位的绝缘通盆处，其余位置未发现问题，解体情况如图 4-47~图 4-54 所示。

图 4-45 对弯管部分进行拆解

图 4-46 对直管部分进行拆解

图 4-47 故障气室位置示意图

图 4-48 故障盆式绝缘子表面

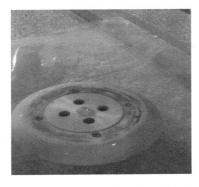

图 4-49 故障盆式绝缘子均压罩底座 1   图 4-50 故障盆式绝缘子均压罩底座 2

图 4-51 触头底座（与均压罩连接部位）   图 4-52 均压罩内部

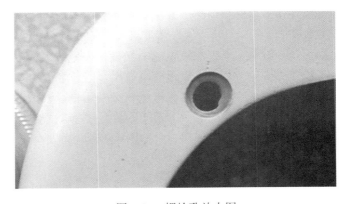

图 4-53 均压罩螺栓连接处磨损严重   图 4-54 螺栓孔放大图

设备解体前对故障气室进行了回路电阻测试，测试结果为 $432.1\mu\Omega$，该结果属于正常范围。

经对故障气室进行解体，发现故障点后，对故障气室的盆式绝缘子、触头进行更换，对故障气室全部进行清理后回装，测试回路电阻为 $436.6\mu\Omega$，试验数据为合格。

对修复后的气室进行抽真空、注入新气，对气室进行气体湿度、纯度、耐压、局部放电、气体泄漏等试验合格后，恢复停运的 500kV Ⅱ 母运行。

事故的原因分析如下：

（1）设备厂家在出厂、运输、安装过程中造成盆式绝缘子连接部位的触头均压罩与触头底座之间的内六角螺栓松动，导致在运行过程中振动，致使均压罩对触头底座产生悬浮电位放电，烧损均压罩及触头底座。

（2）变电站接线方式为两台主变压器分别连接于第 5 串、第 6 串，且 220kV 电压等级主要为电厂上网线路，异常因素导致流过故障气室的电流较大。经统计，最大电流达到 869.3A。在较大电流作用下，触头均压罩的正面和侧面分别将承受较大的电动力，在电动力的作用下，均压罩产生前后和上下的不规则运动，进一步加剧了悬浮电位放电，及振动声响。解体情况验证了以上推论，均压罩的内六角螺栓孔已经被严重磨损，成为椭圆形。

（3）此次故障原因是，因导体触头均压罩在生产、运输或安装过程中工艺不良导致均压罩与触头连接松动，运行过程中在电动力的作用下导致均压罩前后左右不规则运行产生振动声响及悬浮电位放电。

第七节　SF_6电气设备补气现场作业指导及应用

一、概述

1. 适用范围

本方法适用于 SF_6 电气设备现场补气操作。

2. 引用标准

GB/T 8905—2012　六氟化硫电气设备中气体管理与检测导则

GB/T 11023—89　高压开关设备 SF_6 气体密封试验方法

GB 50150—2006　电气装置安装工程电气设备交接试验标准

DL/T 506—2007　六氟化硫电气设备中绝缘气体湿度测量方法

DL/T 595—1996　六氟化硫电气设备气体监督细则

DL/T 639—1997　六氟化硫电气设备运行、试验及检修人员安全防护细则

Q/GDW 1168—2013　输变电设备状态检修试验规程

Q/GDW 1799.1—2013　国家电网公司电力安全工作规程变电部分

二、相关知识点

1. SF_6 气体的密度

SF_6 气体在 101.3kPa、20℃时的密度是 6.16g/L，具有优异的灭弧绝缘电气性能。保证一定密度的 SF_6 气体，才能保持良好的灭弧绝缘电气性能，而 SF_6 气体的密度与压力曲线关系是正比例函数关系，也就是说，保证一定的压力，才能保证一定的密度值。SF_6 电气设备的气体压力必须符合设计要求，才能确保设备正常运行。SF_6 密度继电器的压力指示有三个区间，即正常值、报警值和闭锁值，当断路器的气体压力降低到闭锁值，断路器不能动作。因此，当气体压力降低到报警值时，应及时补充气体至正常值，以确保设备安全。

2. 工作原理

用不锈钢管或聚四氟乙烯管把现场补气装置、SF_6 钢瓶和待补气设备连接起来，开启

钢瓶阀门和现场补气装置对设备进行补气。

首先对外接的管路及与钢瓶相连接的阀门进行抽真空处理，真空度要求小于133Pa，打开钢瓶针阀、管路调压阀、设备阀门，观察钢瓶的质量及管路上调压阀的压力，当调压阀的一级压力下降、质量小于20kg时，开启钢瓶加热系统，将钢瓶内部的气体加热汽化，完全彻底将气体补入指定的开关设备内。图4-50所示为六氟化硫充气装置原理图。

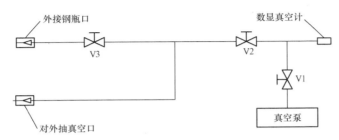

图 4-55　SF₆ 充气装置原理图

3. SF₆电气设备补气意义

对SF₆电气设备进行补气以保持其压力可靠稳定，有利于保证SF₆电气设备的安全运行。补入气体为合格的SF₆气体，可维持SF₆电气设备内气体密度不变，保证SF₆气体的灭弧及绝缘性能，维护SF₆电气设备的正常运行。

三、现场操作前的准备

1. 人员要求

（1）熟悉SF₆电气设备结构及SF₆气体相关知识，掌握SF₆气体泄漏后处理的知识、技能及应急措施。

（2）熟悉防护、安全用具使用的相关知识。

（3）能够熟练、正确无误地操作设备，并能够根据故障现象处理简单的设备故障。

2. 气象条件

环境温度：$-20℃\sim+40℃$；环境相对湿度：$15\%\sim90\%$；环境压力：大气压力$\times(1\pm10\%)$；风速：$\leqslant3.3m/s$。

3. 试验设备、设备配置、工器具及耗材

试验设备、设备配置、工器具及耗材见表4-24。

表 4-24　　　　　　　　试验设备、设备配置、工器具及耗材

序号	名　称	规格/编号	单位	数量	备　注
一	试验设备				
1	钢瓶加热抽真空装置	RF-S+	台	1	
2	SF₆气体便携检漏仪	XP-1A	台	1	
3	SF₆气体微水测试仪	RA-601FD 型	台	1	

续表

序号	名　称	规格/编号	单位	数量	备　注
二	设备配置				
1	补气管路		根	1	5m
2	钢瓶与装置连接管路		根	1	0.5m
3	SF$_6$设备转换接头		箱	1	
三	工器具及耗材				
1	绸布		块	3	
2	开口扳手		套	1	
3	万用表		个	1	
4	十字螺钉旋具		套	1	
5	记录本		本	1	
6	防毒面具		套	2	
7	SF$_6$新气	试验合格	瓶	2	
8	生胶带		卷	1	
9	绝缘梯	2m	个	1	

四、 现场作业程序及过程控制

(一) 操作步骤

1. 操作前准备

（1）查阅相关技术资料、设备操作规程，明确操作安全注意事项，编写作业指导书。

（2）检查补气装置、测试接头、连接管路清洁、干燥、密封良好。最好将减压阀和充气管用高纯氮气冲洗 10~15min 后，用干燥、洁净的塑料布包好，放在干净橱柜里。

（3）补充的 SF$_6$ 气体质量符合标准。出厂半年后的气体应现场测量其水分、纯度，新 SF$_6$ 气体水分含量不大于 $5\mu g/g$，纯度不小于 99.8%。

（4）查阅待补气设备的资料，记录现场环境温度、相对湿度，对待补气设备的气体压力等状况做详细记录。

（5）检查补气装置，使其保持清洁、干燥、不漏气，连接管道应密封良好、不漏气。

2. 现场操作（按图 4-55 所示 SF$_6$ 充气装置连接图进行现场操作）

（1）在运行的变电站进行现场设备补气工作，应开具第二种检修工作票，明确工作范围和工作时间以及安装工作区域。工作负责人及工作人员应明确安全责任。

（2）工作票许可后，工作班成员整齐列队，工作负责人宣读工作票，交待工作任务，合理分工，进行危险点告知，明确安全注意事项，签名确认，工作开始。

（3）按照图 4-50 将补气装置的充气管一端接 SF$_6$ 气瓶减压阀出气口，并使钢瓶倒置，确保密封、固定可靠。利用配套转换接头将补气装置和设备的充气阀连接，将充气管另一端接补气设备的排气口，若设备内有余气，在尚未将充气阀打开之前，打开 SF₆ 钢瓶出口阀门，调节减压阀，用少量 SF₆ 气体冲洗充气管，约 1min 后，达到去除空气的目的，并迅速锁紧螺母，确保密封、固定可靠。

在此过程中，要保证连接气路密封良好，并对整个补气系统检漏。

（4）对外接设备抽真空。若设备内没有余气，则需用充气装置的真空泵对设备进行抽真空。将管道各接口连接牢固并锁紧，合上真空泵开关，启动真空泵运行至稳定状态，然后依次打开阀门 V1、阀门 V2、阀门 V3，调节真空泵进口阀门 V1 开度，调节进气流量，同时，合上真空显示开关，点亮显示屏，查看真空度的变化情况。当真空度合格后，功能执行结束，应顺次关闭 V3 阀门、V2 阀门、关闭 V1 阀门，断开真空泵开关，停止运行，对补气装置、连接管道抽真空完成。

（5）SF₆ 气体补气。合上加热开关，打开 SF₆ 钢瓶 V3 阀门，启用钢瓶加热功能，将钢瓶内的 SF₆ 以液态形式进入补气装置的换热风扇，将液态 SF₆ 变为气态，执行由钢瓶气体向待补气设备装置直接补气操作，进入设备。合上称重显示开关，点亮称重显示器，即时查看称重显示器的变化情况，了解补入设备的气体重量。

（6）观察设备的密度继电器和压力表，达到设备铭牌规定的额定压力，停止补气。

（7）一次关闭设备充气阀、SF₆ 钢瓶阀门和现场补气装置。

（8）若一瓶 SF₆ 气体不够，需要更换 SF₆ 钢瓶，重复（4）～（7）步骤。

（9）装上设备密封盖，用 SF₆ 气体定性检漏仪对设备充气口进行检漏，应无渗漏。

（二）结束工作

补气结束后应进行如下工作：

（1）关闭装置，整理工具、仪器并放回原处，清理工作现场，确保现场无遗漏。

（2）工作终结，工作负责人全面检查，确定无遗漏后，撤离现场，结束工作票，并做好现场补气记录。

（3）整理工具、仪器，放回原处，清理工作现场，确保现场无遗漏。

（三）试验报告编写

现场补气报告应包括以下内容：被测设备名称、型号、出厂编号，抽真空装置名称、型号，补气日期，环境温度，相对湿度，环境风速，天气状况，补气前压力值，补气后压力值，设备补气周期，设备状态等。

现场补气报告见表 4-25。

表 4-25　　　　　　　　　现场补气报告表

变电站名称：					
环境温度		环境湿度		操作人员	
序号	待补气设备编号	使用 RF-S＋钢瓶加热抽真空装置			
		补气前压力值（MPa）	补气后压力值（MPa）	设备补气周期（天）	设备状态	补气日期
1						
2						

五、 危险点分析及预控措施

（1）工作负责人应在值班人员的带领下看清工作地点及任务、安全措施是否齐全，并向班组人员交待清楚工作地点、工作内容、现场安全措施、邻近带电部位和安全注意事项。

（2）在不停电工作票许可时，应先与运行人员沟通，因紧急情况需要操作设备时通知现场工作人员及时撤离工作区。

（3）不准在设备防爆泄压装置附近逗留，防止装置突然爆炸。

（4）当 SF_6 设备测试接口或逆止阀发生突发性失控泄漏时，应先用测量接头堵住测试接口，并立即关闭测量接头阀门，疏散工作人员，汇报运行人员。

（5）防止高空坠落。高度超过 1.5m 时应设专人扶梯；使用前检查梯子是否坚固、可靠，安全带是否在有效期内；登高作业时必须把安全带系于牢固的地方。

（6） SF_6 气体分解产物会对呼吸道造成伤害，必要时使用专用的防护用品，操作人员要洗澡。

（7）气体管路应采取不锈钢或聚四氟乙烯管。

（8）整个补气系统如压力表、真空计、管道等都必须进行检漏。

（9）对储气钢瓶加热时，应控制其加热温度不得超过 80℃。

（10）充气速度要缓慢，防止过大压力充气，易造成密度继电器指示有浮压。

（11）应做好防雨、防湿措施。

（12）应配有必要的防毒措施。

六、 设备维护保养与校验

（一）设备维护保养

（1）系统中各功能部件安装固定可靠，防止螺栓松动。

（2）防止连接管道固定管卡松动、脱落，禁止管道振动。

（3）设备管道系统要求气密性良好。

（4）各操作阀门密封良好，应操作灵活可靠。

（5）设备的动力接线、信号接线不得松动，无接触不良现象。

（6）设备表面干净、整洁，无油污、灰尘等。

（7）设备称重传感器固定可靠，钢瓶支承板不得有松动、回转现象。

（8）仪表读数正常、精度准确，数字式仪表信号传输良好，如发现仪表误差超限，应重新标定。

（9）设备长期停用时，应放净其真空泵中润滑油，予以吹洗，注入新油，密封进、排气口。

（二）数显真空计校验

（1）数显真空计采用的电阻规管测量方式：当电阻规管使用一段时间或受系统污染影响测量精度时需校准。由于电阻规管制造时材料、工艺、装配等方面的因素，不同电阻规管的性能有差异。因此，在使用新的电阻规管时，需对该电阻规管的性能连同仪器进行零点和满度的校准，以减少测量误差。其方法如下。首先，校准零点。对被测真空系统抽真空，确定被测真空度高于 1.0×10^{-1}，（如 9.0×10^{-2}）此时仪器应显示 1.0×10^{-1}，若不为此值，调节仪器前面板（或后面板）零点电位器，使其显示 1.0×10^{-1}，这样零点即调整完毕。其次，校准满度。在零点调整完毕后，按被测系统的工艺要求，对系统放大气，确保电阻所测位置为大气状态，此时，仪器显示应为 1.0×10^{-5}；若不为此值，则调节仪器前面板（或后面板）对应的满度电位器，使其显示 1.0×10^{-5}。按此重复 1 或 2 次，仪器与电阻规管的零点、满度即调整完毕。以后的测量过程不必再调整，即可进行测量。

在仪器与电阻规管使用一段时间后，若零点、满度有变化，应按上述步骤调整。特别说明：在仪器测量大气状态时，有一定的变化或漂移，一般显示 $1.0 \times 10^{4} \sim 1.0 \times 10^{5}$ 均为正常，不必再调节满度电位器。

（2）校验周期：建议一年校准一次。

七、 设备故障与排除

（1）合上电源开关，电源指示灯不亮，应检查电源是否有电，或电源指示灯有无故障情况。

（2）系统抽真空时，真空显示表读数无变化，应检查真空显示表头与真空传感器的信号接线情况是否正常。

（3）系统抽真空时，真空度达不到要求，检查系统气密性是否合格，各功能管路连接处有无泄漏情况。

（4）系统抽真空时，抽真空速度太慢，检查真空泵进、出气口过滤器有无脏堵，出气口连接软管是否管径太小。

（5）抽真空合格后，真空计反弹过快，应检查连接管路气密性。

（6）阀门开合转动不灵活，检查阀芯是否生锈，阀杆有无脱落情况。

（7）真空泵油箱有气泡，首先打开气镇阀进行排气，其次查看机油是否已被污染，再次检查进、出气管道连接是否正确，空气是否过于潮湿等。

（8）称重显示开关闭合，显示器不显示，应检查接线是否正确。

（9）称重显示器有测量偏差，应按"仪表校准"中方法对仪表校准。

（10）称重显示器读数经常跳动，应检查信号接线有无屏蔽，及周围有无干扰源、振动等。

（11）称重显示不能正常复位，应检查仪表设置，或安装接线是否正确。

（12）闭合真空显示开关，显示器不亮，应检查接线是否正确。

（13）真空显示器显示无变化，应检查通信线接口是否正确，或规管是否损坏。

（14）真空计控制接触点输出状态不准确，应对其重新调校。

第八节　SF$_6$气体回收、净化及充装现场作业指导及应用

一、 概述

1. 适用范围

本方法适用于 SF$_6$ 电气设备现场进行 SF$_6$ 气体回收、净化处理及充装作业。

2. 引用标准

GB/T 8905—2012　六氟化硫电气设备中气体管理与检测导则

GB/T 11023—89　高压开关设备 SF_6 气体密封试验方法

GB/T 12022—2014　工业六氟化硫

GB 50150—2006　电气装置安装工程电气设备交接试验标准

DL/T 506—2007　六氟化硫电气设备中绝缘气体湿度测量方法

DL/T 595—1996　六氟化硫电气设备气体监督细则

DL/T 662—2009　六氟化硫气体回收装置技术条件

DL/T 639—1997　六氟化硫电气设备运行、试验及检修人员安全防护细则

DL/T 1366—2014　电力设备用六氟化硫气体

Q/GDW 1168—2013　输变电设备状态检修试验规程

Q/GDW 1799.1—2013　国家电网公司电力安全工作规程变电部分

Q/GDW 11096—2013　SF_6 气体分解产物气相色谱分析方法

二、相关知识点

(一) SF_6 气体现场回收、净化及充装作业

1. 用途及必要性

SF_6 气体回收、净化处理、充装作业是指对新设备安装调试时进行抽真空处理、向设备内充 SF_6 新气、在 SF_6 电气设备检修或故障处理时回收运行设备中的气体、净化处理回收气体和 SF_6 气体的回充设备内部。

GB/T 8905—2012 提出，气体再生、回收及再利用，必须严格执行有关导则、规程，气体质量和排放才能可控，从而减少对环境和生态的影响。

2. SF_6 气体现场回收、净化及充装作业简介

DL/T 639—1997 第 4.4.1 条："对欲回收利用的 SF_6 气体，需进行净化处理，达到国家新气标准后方可使用。对排放的废气，事前需作净化处理（如采用碱吸收的方法），达到国家环保规定标准后，方可排放。"和 GB/T 8905—2012 第 7.2.1 条："在充装作业时，为防止引入外来杂质，充气前所有管路、连接部件均需根据其可能残存的污物和材质情况用稀盐酸或稀碱清洗，冲净后加热干燥备用。连接管路时操作人员应佩戴清洁、干燥的手套。接口处擦净吹干，管内用 SF_6 新气缓缓冲洗即可正式充气。"

(二) SF_6 气体现场回收、净化及充装作业系统原理

1. 原理说明

SF_6 气体回收净化装置各功能单元通过管线、阀门、仪表的连接组合将各单元设备连接成为一个有机整体，使用上位机 PLC 自动控制，配以人工辅助操作完成其对气体的回收及净化处理操作。

系统抽真空：由高性能油封旋片式真空泵对系统管道、功能单元及提纯罐内的残余气体进行抽送和排出，以达到相对较高的负压（即真空度）。

气体回收净化处理：通过分子筛以及精密过滤器处理后的气体经由回收压缩机进气口自动吸气，气缸活塞对气体压缩做功，由出气口输出——压缩至提纯罐。当气源气体回收至负压状态时，本装置的工控机自动启动真空压缩机、启用旁路回收路径，将回

收操作切换到残余气体的负压回收功能状态。负压回收时，由真空压缩机负压吸气、压缩、压力排气，将残留气体输送给 SF₆气体回收压缩机，将气源气体彻底回收干净、完全。

气体循环净化处理：回收至提纯罐中的 SF₆气体品质较差，杂质多，分解物超标或水分含量大时，应该执行循环净化处理。气体循环净化时，通过分子筛及精密过滤器的多次吸附处理，并经过特有的液化驱动系统处理后，使气体品质得到改善。

气体提纯：回收的气体经过设备的吸附处理后仍不能到达国家新气质量标准要求时，应执行气体提纯处理。气体提纯时，提纯罐内的气体在提纯装置内进行净化处理，将非 SF₆气体与纯净的 SF₆气体分离，分离后的非 SF₆气体储于提纯装置的顶部，纯净 SF₆气体以液态保存于提纯罐底部。在特定条件下执行排空操作，自动排放提纯装置顶部非 SF₆气体至尾气无毒排放装置。

直接充气：将提纯罐内回收处理的气体直接输出至外接钢瓶或者 SF₆电气设备内。气体直充是利用压力差的原理，气体由压力高的一端向压力低的方向流动，不需要动力输送。SF₆气体回收装置提纯罐对 SF₆电气设备进行充气：首先启动 SF₆气体回收装置内的真空泵，对需要充气的 SF₆电气设备连接管路进行抽真空处理，完成抽真空工作时，打开提纯罐阀门并调节 SF₆气体回收装置内的压力调压阀，并经过 SF₆气体回收装置汽化器将 SF₆气体以气态的形式充入 SF₆电气设备内；当达到 SF₆电气设备所需压力时停止回充，并将管路退出 SF₆电气设备，充气完毕。

压力充气：将提纯罐回收处理的气体压充输入外接钢瓶。压充输出时启动增压机，使气体由提纯罐以液态的形式流出，然后被加压输送至外接储气罐或储气钢瓶中。

2. 系统流程图

SF₆气体现场回收、净化及充装作业装置系统流程图如图 4-56 所示。

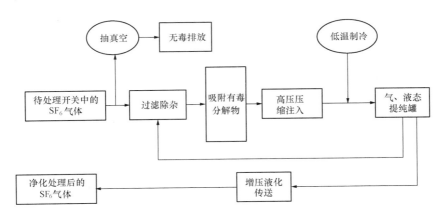

图 4-56　SF₆气体现场回收、净化及充装作业装置系统流程图

3. 模块功能简介

本装置为多功能模块化、集成化一体设备，使用触摸屏显示、操作，PLC 工控机执行其自动运行，工作人员需监视、查看工作流程及仪表信号，并辅以必要的操作进行调节，即可完成相应功能。可执行的模块功能如下：

（1）抽真空功能，其中包括：回收口抽真空、回充口抽真空、对外接设备抽真空、分子筛抽真空、提纯罐抽真空、本体的系统抽真空。

（2）气体回收处理功能，其中包括：回收至提纯罐、回收至外接储罐或钢瓶（回收过程：包括正常工况状态下气体回收净化处理和负压状态下残余气体的回收净化处理）。

（3）循环净化处理功能，将回收至提纯罐内的气体进行循环净化处理。

（4）气体提纯功能，对回收至提纯罐内的气体进行净化提纯。

（5）气体输出回充功能，其中包括：提纯罐内的气体对外直接充气输出（直充钢瓶和断路器）、启动增压机的压力模式下充气输出（压充钢瓶）。

（三）SF_6 气体现场回收、净化、充装作业的意义

近年来，电力行业对 SF_6 气体状态监测，泄漏监测，更换、储存和回收等方面进行了积极探索，并取得了显著效果。SF_6 气体的回收，净化充装再利用，不仅在节能减排、保护环境等方面具有突出的现实意义，从资源利用的角度看，还蕴藏着降低经营成本及经济效益最大化的潜力。SF_6 气体生产供应、使用等方面的可持续利用对减少温室效应气体的排放，保护环境起到积极的作用。

三、现场操作前的准备

1. 人员要求

（1）熟悉 SF_6 电气设备结构及 SF_6 气体相关知识，掌握 SF_6 气体泄漏后处理的知识和技能及应急措施。

（2）熟悉防护、安全用具使用的相关知识。

（3）能够熟练、正确无误地操作装置及试验仪器，并能够根据故障现象处理简单的设备故障。

2. 气象条件

环境温度：$-20\sim+40$℃；环境相对湿度：$15\sim90\%$RH；环境压力：大气压力×$(1\pm10\%)$；风速：$\leqslant3.3m/s$。

3. 试验仪器、设备配置、工器具及耗材

试验仪器、设备配置、工器具及耗材见表 4-26。

表 4-26　　　　试验仪器、设备配置、工器具及耗材

序号	名称	规格/编号	单位	数量	备注
一	试验设备				
1	SF_6 回收净化装置	RF-300	台	1	
2	SF_6 气体定性检漏仪	XP-1A	台	1	
3	SF_6 气体综合分析仪	RA-903F	台	1	
4	SF_6 气体色谱分析仪	RA-600GC	台	1	及配套实验设备
二	设备配置				
1	气体试验转换接头		套	1	
2	带自封气、液态输送管	DN13，3m	根	1	

序号	名称	规格/编号	单位	数量	备注
3	带自封回收管	DN19，5m	根	1	
4	气瓶加热称重装置		台	1	
5	SF₆充气接头		套	1	
6	电源盘		台	1	
7	温、湿度风向仪		台	1	
三	工器具及耗材				
1	SF₆新气		瓶	1	
2	活动扳手		套	1	
3	呆扳手		套		
4	螺钉旋具		套	1	
5	钢丝钳		把	1	
6	防毒面具		套	4	
7	电工刀		把	1	
8	生胶带		卷	1	
9	绝缘梯	2m	个	1	由位置确定

四、 现场作业程序及过程控制

(一) 操作步骤

1. 操作前准备

(1) 查阅相关技术资料、操作规程，明确操作安全注意事项，编写作业指导书。

(2) 检查 SF₆ 气体检漏仪、SF₆ 气体综合测试仪、SF₆ 气体色谱分析仪、SF₆ 回收净化装置，应良好，且工作稳定、正常。

(3) 测试接头、连接管路清洁、干燥。防止测试工器具受潮或污染。

(4) 对被补气设备的资料、环境温度、相对湿度做详细记录。

(5) 工作负责人向运行人员了解设备运行状况。

2. 作业步骤

(1) 进入变电站，正确办理第二种工作票。

(2) 工作票许可后，工作班成员整齐列队，工作负责人宣读工作票，交待工作任务，合理分工，进行危险点告知，明确安全注意事项，签名确认，工作开始。

(3) 开启电源。按仪器要求进行电源连接，检查相序是否连接正确。

(4) 连接设备。

1) 卸下 SF₆ 断路器充气口的密封盖或密度继电器。

2) 用清洁干燥的 DN19 管子连接电气设备和 SF₆ 气体回收净化装置，并检查气路连接是否良好，防止管路渗漏。

(5) 回收前抽真空。点击触摸屏"抽真空"功能键，进入后点击"系统抽真空"；对 RF-300 系统抽真空，避免所回收气体被污染。

（6）气体回收。

1）待真空度小于 133Pa0.5h 后，点击"停止"键，停止抽真空操作，进行气体回收。

2）点击"回收"键，进入后选择"提纯罐回收"，回收 SF_6 设备内的 SF_6 气体，并输入回收停止压力为 0.03MPa。注意分子筛的气体压力不得高于 0.25MPa。

（7）提纯净化。

1）回收至设定压力后，装置自动停止。

2）点击"提纯"键，进行提纯净化，至 $-5℃$ 时，装置自动停止。净化达到 SF_6 气体质量标准。

3）气体品质检测。连接检测仪器，使用 SF_6 色谱分析仪检测 SF_6 分解物；使用 SF_6 气体综合测试仪检测 SF_6 湿度、纯度。

（8）气体充装。

1）管路连接。气体检测完毕合格后，用 DN13 管子连接 SF_6 断路器至回收装置出气口。

2）对 SF_6 断路器及 SF_6 回充管路进行抽真空。开启真空泵，对外接管道与 SF_6 电气设备进行抽真空处理。观察 SF_6 气体回收装置内的真空计读数，达到 133Pa 时停止抽真空。

（9）充气。将钢瓶与 SF_6 气体回收装置出口相连，启动真空泵对外接钢瓶进行抽真空处理，当钢瓶完成抽真空工作时，打开 SF_6 回收装置提纯罐阀门及充气流程；执行对钢瓶充气工作，当达到 SF_6 气体回收装置显示屏的压力、重量不发生变化时，启动压缩机，执行压力灌装流程，当压缩机灌装至 45kg 压力时停止灌装工作，灌装流程结束。

（10）作业结束。

1）充装结束后，对 SF_6 气体回收装置回充管路进行回收，降低回充管压力。

2）关闭电源，拆除 DN19 回充管，装上开关密封盖或压力表。

3）用 SF_6 气体定性检漏仪对开关充放气接头进行检漏，应无渗漏。

（二）计算及判断

1. 对 SF_6 气体回收、净化及充装作业的规程要求

（1）符合电力行业标准 DL/T 662—2009 对回收处理装置的要求。

（2）遵照 GB/T 8905—2012 中"7.2 六氟化硫气体的充装"、"7.4 设备解体时的安全管理"、"7.6 六氟化硫容器的安全管理"进行。

（3）作业人员按照 DL/T 639—1997 中"4.4 设备解体时的安全保护"进行人身防护。

2. 气体质量试验标准

（1）SF_6 气体定性检漏判断标准：检漏仪在 10^{-8} 灵敏度以下检测，仪器没反应，说明 SF_6 开关无渗漏。

（2）新 SF_6 气体水分含量判断标准：湿度不大于 $5\mu g/g$，露点不大于 $-49.7℃$。

（3）新 SF_6 气体纯度标准：不小于 99.9%，且无其他杂质成分。

（4）新 SF_6 气体分解物标准：空气（Air）质量分数（$\times 10^{-6}$），$\leqslant 300$；四氟化碳（CF_4）质量分数（$\times 10^{-6}$）$\leqslant 100$；六氟乙烷（C_2F_6）质量分数（$\times 10^{-6}$）$\leqslant 200$；八氟

丙烷（C$_3$F$_8$）质量分数（×10^{-6}）≤50；十氟一氧化二硫（S$_2$OF$_{10}$）质量分数（×10^{-6}）≤5；SO$_2$F$_2$、SOF$_2$ 和 SO$_2$ 未检出；酸度（以 HF 计）质量分数（×10^{-6}）≤0.2；可水解氟化物（以 HF 计）质量分数（×10^{-6}）≤1；矿物油质量分数（×10^{-6}）≤4；毒性，生物试验无毒。

（三）结束工作

充气结束后应进行如下工作：

（1）关闭装置，整理工具、仪器并放回原处，清理工作现场，确保现场无遗漏。

（2）工作终结：工作负责人全面检查，确定无遗漏后，撤离现场，结束工作票，并做好现场气体处理记录。

（四）试验报告编写

现场 SF$_6$ 回收净化及充装报告应包括以下内容：被测设备名称、型号、出厂编号，SF$_6$ 回收净化装置名称、型号，补气日期，环境温度，相对湿度，环境风速，天气状况，回收前气体品质，回收后气体品质，净化提纯后气体品质，充装后气体品质，回收气体重量，充装气体重量等。现场试验报告见表 4-27。

表 4-27　　　　　　　　　　现场试验报告编写

变电站名称：						
环境温度		环境相对湿度			操作人员	
序号	设备名称（待检修）	使用 SF$_6$ 回收净化装置 RF-300				
		回收前气体品质	回收后气体品质	净化提纯后气体品质	充装后气体品质	回收气体重量	充装气体重量
1						
2						
3						

五、 危险点分析及预控措施

（1）工作负责人应在值班人员的带领下看清工作地点及任务、安全措施是否齐全，并向班组人员交待清楚工作地点、工作内容、现场安全措施、邻近带电部位和安全注意事项。

（2）在工作票许可时，应先与运行人员沟通，因紧急情况需要操作设备时通知现场工作人员及时撤离工作。

（3）不准在设备防爆泄压装置附近逗留，防止装置突然爆炸。

（4）当 SF$_6$ 设备测试接口或逆止阀发生突发性失控泄漏时，应先用测量接头堵住测试接口，并立即关闭测量接头阀门，疏散工作人员，汇报运行人员。

（5）防止高空坠落。高度超过 1.5m 时应设专人扶梯；使用前检查梯子是否坚固、可靠，安全带是否在有效期内；登高作业时必须把安全带系于牢固的地方。

（6）SF$_6$ 设备上的气体检漏、微水测量、充放气作业应正确佩戴防护用品；站在上风头作业，室内工作要开启排风设施，使室内 SF$_6$ 浓度小于 1000μL/L，以防中毒。工作后，工作人员做好自身清洁工作，洗澡并更换工作服。

（7）检测试验的气体管路应采取不锈钢或聚四氟乙烯管。

（8）整个回收装置电气部分都应具备良好的接地。

（9）对储气钢瓶加热时，应控制其加热温度不得超过 80℃。

（10）充气速度要缓慢，防止过大压力充气，易造成密度继电器指示有浮压。

（11）应做好防雨、防湿措施。

（12）安全防护用品应存放在清洁、干燥、阴凉的专用柜中，设专人保管并定期检查，保证其随时处于备用状态。

（13）工作结束后，使用过的防护用具应清洗干净。

六、 装置维护保养

（1）装置外接管路连接的气密性必须良好。

（2）装置在运输过程或工作过程中防止碰撞挤压及剧烈振动。

（3）装置运行时注意常开阀应处于开启状态。

（4）抽真空时注意被抽真空部位压力是否为常压。

（5）循环净化过程中注意控制流量，不要过高。

（6）充装时注意流量调节，避免压力过高及液态 SF_6 进入电气设备中。

（7）充装完成后，装置出气口必须进行泄压处理，起到保护作用。

七、 装置故障分析与排除

SF_6 回收净化装置的故障分析与排除方法见表 4-28。

表 4-28　　　　　　　　　　　　装置故障分析与排除

故障现象	原因分析	排除方法	备注
相序保护指示灯不亮	相序接错	观察外接电源接线	
	相序保护器功率过低	查看相序保护器最大功率	
压缩机停止工作	压缩机后级压力过大	观察压缩机后级压力表	
	储存罐达到额定储气值	观察储存罐各项数据指标	
设备不能启动	某个电气设备短路	通过万用表查找排除	专业人士

第九节　SF_6 电气设备运行和检修安全防护管理

SF_6 电气设备内部存在故障和断路器动作时，SF_6 气体和固体绝缘材料将发生裂解，产生有毒的腐蚀性气体和固体分解物，不仅影响电气设备的性能，而且危及运行检修人员的人身安全，污染环境。因此，GB/T 8905—2012 中提出在设备检修时必须采取有效的安全防护措施，避免工作人员中毒，尽量减少环境污染。

一、 运行中的安全防护措施

SF_6 电气设备依其安装地点，分为室内和室外两类，其安全防护分别如下：

1. 室内 SF_6 电气设备的防护措施

（1）主控制室与 SF_6 设备配电装置室之间应采取气密隔离措施。所谓气密隔离，就是在 SF_6 设备配电装置室的门与主控通道的间隔处，为防止 SF_6 与空气的混合气体在正常情况下向主控室扩散，将其用特殊结构的门密闭隔离，以确保工作人员的健康。同时 SF_6 配电装置室与其下方电缆层、电缆隧道相通的孔洞都应封堵；SF_6 配电装置室及下方电缆层隧道的门上应设置"注意通风"的标志。

（2）安装室应安装 SF_6 和氧气含量在线监测装置。空气中 SF_6 浓度不应超过 $1000 \times 10^{-6} \mu L/L$，氧含量应大于 18%，含量异常时立即发出警报，并启动通风系统。

（3）具有良好的通风系统。SF_6 设备配电装置室和气体实验室应有强力通风设备，抽风机 15min 的抽风量，应达 3～5 倍的室内体积。抽风口应设在底部，这样 SF_6 气体如有泄漏，该气体将沉积在低位处，便于 SF_6 气体及其分解气体快速排出；排风口不应朝向居民住宅或行人。

（4）运行维护人员进入室内前，应先通风 15min。

（5）当设备故障造成大量 SF_6 外逸时，工作人员应立即撤离现场。若发生在户内安装场所，应开启室内通风装置，事故发生后 4h 内，任何人进入室内必须穿防护服、戴手套、护目镜和氧气呼吸器。在事故后清扫故障气室内固态分解物时，工作人员也应采取同样的防护措施。清扫工作结束后，工作人员必须先洗净手、臂、脸部及颈部或洗澡后再穿衣服。被大量 SF_6 气体侵袭的工作人员，应彻底清洗全身并送医院诊治。

（6）定期检测设备内的分解物、纯度和水分含量，如发现其含量超过正常值时，应尽快查明原因，采取有效措施。

（7）SF_6 配电装置室、电缆层（隧道）的排风机电源开关应设置在门外（室外入口处）。

2. 户外 SF_6 电气设备的防护措施

（1）定期检测设备内的分解物、纯度和水分含量，发现异常时，应尽快查明原因，并采取有效措施。

（2）当设备故障造成大量 SF_6 气体泄漏时，工作人员应立即撤离现场。事故发生后 4h 内，进入人员必须穿防护服、戴手套、护目镜和氧气呼吸器。在设备处理和现场清扫结束后，工作人员必须先洗净手、臂、脸部及颈部或洗澡后再穿衣服。被大量 SF_6 气体侵袭的工作人员，应彻底清洗全身并送医院诊治。

（3）工作人员不准在 SF_6 设备防爆膜附近停留；若在巡视中发现异常情况应立即报告，查明原因并采取有效措施后进行处理。

二、 检测运行设备中 SF_6 气体分解产物时的安全防护措施

（1）检测时，应认真检查气体管路、检测仪器与设备的连接，防止气体泄漏，必要时检测人员应佩戴安全防护用具。

（2）检测人员和检测仪器应避开设备取气阀门开口方向，防止发生意外。

（3）在检测过程中，应严格遵守操作规程，防止气体压力突变造成气体管路和检测仪器损坏，须监控设备内的压力变化，避免因 SF_6 气体分解产物检测造成设备压力的剧烈变化。

（4）设备解体时，应按照 GB/T 8905—2012 中 7.4 的规定进行安全防护。

（5）检测仪器的尾部排气应回收处理。

三、 设备解体时的安全防护管理

（1）事故设备解体后，检修人员应立即离开作业现场，到下风侧空气新鲜的地方。工作现场要加强通风，以排除残余气体，通风 30～60min 后再进行工作。

（2）检修人员与故障气体和粉尘接触时，应该穿耐酸原料的衣裤相连的工作服，戴塑料式软胶手套，戴专用的防毒呼吸器，工作结束后，应彻底清洗全身。

（3）解体时使用过的吸尘器的过滤纸袋、抹布，防毒面具中的吸附剂，回收装置中换下的分子筛，设备中取出的吸附剂和严重污染的工作服等，应装入双层塑料袋中，再放入金属桶内密封埋入地下，或用苏打粉与废物混合后再注水，放置 48h 后（容器敞开口），才可作普通垃圾处理。

（4）防毒面具、塑料手套、橡皮靴及其他防护用品必须用肥皂洗涤，并用大量清水冲洗后，晾干备用。

（5）在事故发生 30min 至 4h 之内，工作人员进入事故现场时，一定要穿防护服，戴防毒面罩，4h 以后方能脱掉。进入 GIS 设备内部清理时仍要穿防护服、戴防毒面罩。

四、 安全防护用品的管理与使用

（1）设备运行检修人员使用的安全防护用品应有工作手套、工作鞋、密闭式工作服、防毒面具、氧气呼吸器等。

（2）安全防护用品应设专人保管并负责监督检查，保证其随时处于备于状态。防护用品应存放在清洁、干燥、阴凉的专用柜中。

（3）工作人员佩戴防毒面具或氧气呼吸器进行工作时，要有专门监护人员在现场进行监护，以防出现意外事故。

（4）设备运行及检修人员要进行专业安全防护教育及安全防护用品使用训练。使用防毒面具和氧气呼吸器的人员应进行体格检查，心肺功能不正常者不能使用。

五、 SF_6 断路器报废时对气体和分解物的处理措施

SF_6 断路器报废时，应使用专用的 SF_6 气体回收装置，将断路器内的 SF_6 气体进行过滤、净化、干燥处理，达到新气标准后，可以重新使用。这样既节省资金，又减少环境污染。

对于从断路器中清出的吸附剂和粉末状固体分解物等，可以放入酸或碱溶液中处理至中性后，进行深埋处理。深埋深度应大于 0.8m，地点应选择在野外边缘地区、下水处。所有废物都是活性的，很快就会分解和消失，不会对环境产生长期影响。

第十节　断路器故障综合分析判断

一、 概述

1. 适用范围

本方法通过对断路器结构和故障特征描述，对断路器各种试验项目、试验方法及测试

数据进行分析判断，介绍了断路器故障分析判断的方法。

2. 引用标准

GB 1984—2014　高压交流断路器

GB/T 8905—2012　六氟化硫电气设备中气体管理与检测导则

GB/T 11605—2005　湿度测量方法

GB 50150—2006　电气装置安装工程电气设备交接试验标准

DL/T 506—2007　六氟化硫电气设备中绝缘气体湿度测量方法

DL/T 595—1996　六氟化硫电气设备气体监督细则

DL/T 639—1997　六氟化硫电气设备运行、试验及检修人员安全防护细则

DL/T 1205—2013　六氟化硫电气设备分解产物试验方法

Q/GDW 172—2008　六氟化硫高压断路器状态检修导则

Q/GDW 1168—2013　输变电设备状态检修试验规程

Q/GDW 1799.1—2013　国家电网公司电力安全工作规程变电部分

Q/GDW 1896—2013　SF₆气体分解产物检测技术现场应用导则

二、作业程序及过程控制

（一）SF₆气体泄漏

1. 故障（缺陷）现象

某断路器气室的 SF₆气体密度继电器显示压力值降低、低气压保护动作等。

2. 处理方法

（1）泄漏点检测定位方法。首先定期巡视 SF₆密度继电器表，发现有压力降低现象时，进行检漏试验，确定泄漏点。

（2）解决措施。先行补气，然后确定泄漏点，制定相应的检修策略，更换相应部件。

（3）现场急救办法。如果怀疑发生中毒现象，应采取以下措施：

1）组织人员立即撤离现场，开启通风系统，保持空气流通。

2）观察中毒者，如有呕吐应使其侧位，避免呕吐物吸入，造成窒息。

3）皮肤污染，应立即用清水冲洗，换衣服。

4）眼部伤害或污染，用清水冲洗并摇晃头部。

5）应弄清毒物性质，并保留呕吐物待查。

6）现场应配备必要的药品。

（二）SF₆气体中的含水量超标

1. 故障（缺陷）产生的原因

（1）产品质量不良。由于产品质量不良导致含水量超标时有发生。

（2）产品结构设计不合理。

1）SF₆气体存放方法不当，出厂时带有水分，应妥善保管。

2）断路器内壁和固体绝缘材料析出水分。

3）工艺不当，充气时气瓶未倒立，管路、接口未干燥，装配时暴露时间过长，充气、补气时接口管路带入水分。应在使用前用 0.5MPa 的高纯氮气冲管路及接口 1~2min，并冲洗断路器内部 3 次。

（3）零部件吸附的水分向 SF_6 气体扩散。设备在装配时，由于各零部件的烘烤时间不足，装配后使其中的水分向 SF_6 气体中扩散，导致 SF_6 气体中的含水量增加，甚至超标。

（4）密封不严，引起渗漏。SF_6 断路器运行多年后，密封垫老化，瓷套与法兰的胶合部位可能会有渗漏，使大气中的水分通过这些微孔向 SF_6 气腔内扩散，导致 SF_6 气体中含水量超标。

（5）环境温度高，空气湿度大。

（6）人为因素。工艺掌握不熟练，责任心不强，对微水超标的危害性认识不清。应加强敬业爱岗教育和讲解微水超标对设备、人身的危害，以杜绝人为失误。

2. 处理方法

（1）SF_6 气体微水含量检测。

1）SF_6 气体含水量的限值。SF_6 气体含水量的限值如下：

交接及大修后，灭弧室 SF_6 气体含水量：$\leq150\mu L/L$，非灭弧隔室 SF_6 气体含水量：$\leq250\mu L/L$。

运行中设备，灭弧室 SF_6 气体含水量：$\leq300\mu L/L$，非灭弧隔室 SF_6 气体含水量：$\leq500\mu L/L$。

2）检测周期

一般情况下，新装设备 3 个月检测一次，微水含量稳定后应每年检测一次。

如发现设备发生 SF_6 气体泄漏，则应在漏气处理前，检测设备微水含量。

（2）微水含量超标处理。

1）更换气室内分子筛，或加大分子筛用量。

2）在使用前使用合格的高纯氮气冲洗管路及接口，确保充气回路中水分不超标。

注：在处理时一定要回收微水含量超标气体，不能随意排放到大气中污染环境。

（三）断路器拒分拒合

1. 故障现象

开关电器大部分的故障集中在操动机构，主要的故障是动作不良。动作不良的故障：包括拒合、缺相合闸、拒分、缺相分闸、分合不佳等多种故障形式。

（1）拒合。这往往是操作回路中的线圈断线或烧坏、控制回路接线端子松动、辅助触点接触不良等引起的。

（2）拒分。这往往是脱扣机构的锁扣部分磨损变形、生锈、分闸弹簧变形、折断、传动机构变形、连接销生锈、损坏及操作回路故障等引起的。

（3）分合不佳。这往往是因为脱扣机构的锁扣部分不能稳定扣住或合闸时振动使扣入部分滑脱，传动机构因生锈而不灵活或因多次的动作而变形、磨损，合闸电磁铁的动铁芯动作卡滞，油缓冲器衬垫间隙增大或材料失去弹性等。

2. 故障原因

（1）拒合故障原因。

1）操动机构控制回路由于熔断器熔体熔断而无直流电源，使操动机构合不上闸，应检查并排除故障后更换同规格熔体。

2）合闸线圈由于操作频繁，温度过高，甚至烧坏，应尽量减少操作次数。当合闸线圈温度超过 65℃ 时，应停止操作，待线圈温度降低到 65℃ 以下时再进行操作。

3）直流电压低于合闸线圈的额定电压，导致合闸时虽然机构动作，但不能合闸，应调高直流电压，满足合闸线圈使用电压。

4）合闸线圈内的套筒安装不当或变形，影响合闸线圈铁芯的冲击行程时，应重新安装，手动操作试验，并观察铁芯的冲击行程且进行调整。

5）合闸线圈铁芯顶杆太短，定位螺钉松动，使铁芯顶杆松动变位引起操动机构合不上闸，可调整滚轮与支架间的间隙，并紧固螺钉。

6）辅助开关触点接触不良，使操动机构合不上闸，应调整辅助开关拐臂与连杆的角度，以及拉杆与拉杆的长度或更换触点。

7）操动机构安装不当，使机构卡住不能复位，应检查各轴及连板有无卡住，并进行相应处理。

（2）拒分故障原因。

1）分闸线圈无直流电压或电压过低，应检查调整直流电源电压，达到分闸线圈的使用电压。

2）辅助触点接触不良或触点未切换，应调整辅助开关或更换触点。

3）分闸铁芯被剩磁吸住，可将铁杆换成黄铜杆，而黄铜杆必须与铁芯用销子紧固。

4）分闸线圈烧坏，应找出原因更换线圈。

5）因分闸线圈内部铜套不圆，不光滑，铁芯有毛刺而卡住，应对铜套进行修整，去除铁芯毛刺。

6）连板轴磨损，销孔太大，使转动机构变位，应检查连板孔的公差是否符合要求，回转时必须更换。

7）轴销窜出，连杆断裂或开焊，可用手动打回冲击电磁铁芯使开关分闸。再检查连杆、轴销的衔接部分，进行更换或焊接。

8）定位螺钉松动变位，使转动机构卡住，应将受双连板击打螺钉调换方向或加设锁紧螺母，以免螺钉松动变位。如果由于操作回路中发生故障不能分闸，应与检查合闸不动作采用相同的方法。

3. 采取措施

针对上述原因，逐一排查各可能存在的隐患处，找到损坏部件后进行更换。

（四）案例

1. 故障的发生

2009 年 10 月 24 日，在对某变电站 220kV 断路器进行模拟故障分合试验中，当操作主控室的"远方/就地"切换开关至"就地"位置时，出现了 A、B 两项合闸失败，拐臂旋转了约 20°左右的现象。该断路器为 ABB 生产的 LTB245E1 型弹簧操动机构断路器。

用户与 ABB 公司就断路器出现合闸失败的现象进行了持续的沟通，一致认为有必要对断路器进行再次检查。双方于 2009 年 10 月 27 日再次检查过程中，经现场测试，该断路器满足 GB/T 1984—2014 操作顺序（O-0.3s-CO-3min-CO），其合分闸时间、分合闸速度、操作行程等机械特性与出厂试验无差异，满足 ABB 断路器技术要求。其控制回路未发现有寄生回路，分控箱内端子排绝缘电阻也正常，且在几十次的动作中故障现象均未再现，故障现象自然消失。

当进行模拟故障跳闸试验时，断路器进行了正常的分闸操作；在模拟故障量没有消除的情况下操作主控室的切换开关至"合闸"位置时，故障再次出现。

2. 故障原因分析

通过对断路器的数据测量和原因分析，认为断路器是在储能的初期进行了非正常的二次合闸操作，重点检查断路器的储能回路、合闸回路和主控室的相关设备、操作顺序等。

在没有储满能的情况下 K13 继电器的接点应该是断开的，为检查 K13 是否正常工作，对 K13 的 22、24 接点在断路器 C-O 操作时的信号进行了测量。试验结果表明，该断路器储能继电器在开关动作约 80ms 期间内发生短时粘连，出现最大脉宽约 20ms 的闭合信号，如图 4-57 中 2a 所示。

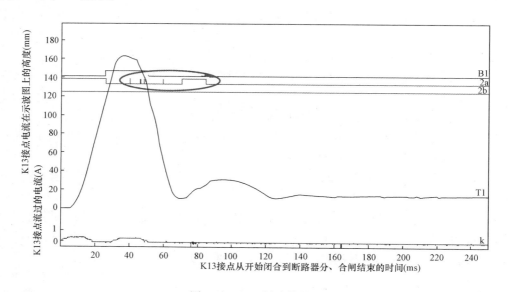

图 4-57 K13 抖动信号图

另外，为检验主控室防跳回路是否正常工作，检修人员将储能继电器 K13 的两个端子 22、24（见图 4-58）短接后进行模拟故障分合试验，操作主控室的"远方/就地"切换开关至"就地"位置时，故障现象再次出现。

说明当模拟故障持续存在的情况下，手动合闸时防跳保护未起作用，断路器实际执行了 C-O-C 操作（手动合闸－模拟故障分闸－手动开关未归零继续合闸），两次合闸命令之间没有足够的时间间隔，出现了断路器在分闸后储能不充分下的合闸操作，导致了合闸失败。

经检查主控设备（FCX-12HP 分相操作箱），发现防跳继电器的动作电流与断路器合闸线圈电流不匹配，导致防跳继电器功能丧失。

根据上述现象，经过技术人员和厂家的分析，认为故障发生的原因是由于主控室的 FCX-12HP 分相操作箱的防跳继电器的动作电流与断路器合闸线圈电流不匹配，导致防跳继电器功能丧失；同时电机储能继电器 K13 接点发生瞬时抖动的情况下（该抖动发生在开关合闸后 80ms 内），使得在模拟故障跳闸命令持续存在的情况下，手动合闸时断路器在储能过程中出现二次合闸。由于储能未完成，断路器慢合拒动保护启动，出现断路器合闸到 20°左右即停止的现象。

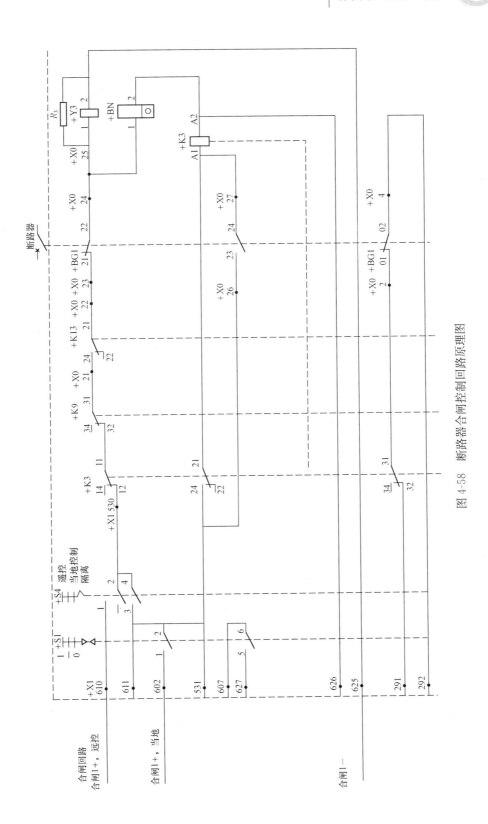

图 4-58 断路器合闸控制回路原理图

3. 事故处理

对主控室的 FCX-12HP 分相操作箱中防跳继电器进行了维修，解决了不匹配问题。经维修后，进行多次手动分合模拟故障操作，未出现该事故现象。

针对上述原因，对避免该类事故的再次发生提出建议：ABB 公司应尽量解决储能继电器在断路器动作时的短时粘连问题，如改用其他型号的继电器，增加其他保护逻辑等，一旦出现主控室防跳失败，断路器的回路能够起到一定的防范作用；对主控室的防跳回路进行进一步改进，避免该类事故的发生。

（五）其他常见故障及处理方法

（1）运行一段时间后部分 SF_6 断路器发生频繁补气情况，当某一相（柱）的 SF_6 断路器发出频繁报警或闭锁信号时（一般 10 天左右一次），预示着该 SF_6 断路器年漏气率远远超过 0.5%。检修中为了缩短停电时间，一般采用合格的备品相（柱）替代运行中漏气相（柱），随后再对漏气相（柱）进行处理。

（2）500kV 断路器的合闸电阻投切机构失灵，不能有效地提高投入的原因是投切机构可靠性不高。

（3）操动机构超时打压（从储压筒预压力不超过 3~5min）时，要检查高压放油阀是否关紧，安全阀是否动作，机构是否有内漏和外漏现象，油面是否过低，吸油管有无变形，油泵低压侧有无气体等，以保证有针对性地进行处理。

（4）操动机构频繁打压（或油泵频繁启动），应检查机构有无外漏和内漏。内漏主要反映在阀门系统内部是否有明显泄漏，其处理方法是可将油压升到额定压力后，切断油泵电源，将箱中油放尽，打开油箱盖，仔细观察何处泄漏。在查明原因后，将油压释放到零，并有针对性地解体检查。另外，对液压油阀需要进行过滤处理，以减少杂质影响。

（5）在断路器调试过程中，分、合闸时间及周期性不满足要求时，主要是通过调节分、合闸电磁铁间隙及供排油阀来解决。

（6）蓄能器中氮气压力低或进油时，运维人员在巡视过程中比较直观地看到的是油压过低或过高现象。处理方法是将蓄能筒内部气体放尽后，卸下活塞内部密封圈，仔细检查密封圈的唇口和筒体内壁；对损坏的密封圈应予以更换，对筒壁有少许拉毛的，可用砂条进行少许圆周向修磨，直到宏观上看不出沿轴向有拉毛痕迹为止，对严重拉毛的需要更换。

（7）操动机构高压接头外部泄漏时，特别是卡套式接头有泄漏时，应将油压降至零压后，用扳手小心检查、拧紧，看是否因操作振动而松动；若不是，则应拆下卡套仔细检查，必要时加以更换。操作 SF_6 断路器时，禁止检修人员在其外壳上工作。

第十一节　GIS 故障综合分析判断

一、概述

1. 适用范围

本方法通过对 GIS 结构和故障特征的描述，对 GIS 各种试验项目、试验方法及测试数据进行分析判断，介绍了 GIS 故障分析判断的方法。

2. 引用标准

GB/T 8905—2012　六氟化硫电气设备中气体管理与检测导则

GB/T 11605—2005　湿度测量方法

GB 50150—2006　电气装置安装工程电气设备交接试验标准

DL/T 506—2007　六氟化硫电气设备中绝缘气体湿度测量方法

DL/T 595—1996　六氟化硫电气设备气体监督细则

DL/T 639—1997　六氟化硫电气设备运行、试验及检修人员安全防护细则

DL/T 1205—2013　六氟化硫电气设备分解产物试验方法

Q/GDW 1168—2013　输变电设备状态检修试验规程

Q/GDW 1799.1—2013　国家电网公司电力安全工作规程变电部分

Q/GDW 1896—2013　SF₆气体分解产物检测技术现场应用导则

Q/GDW 11059.1—2013　气体绝缘金属封闭开关设备局部放电带电测试技术现场应用导则　第 1 部分　超声波法

Q/GDW 11059.2—2013　气体绝缘金属封闭开关设备局部放电带电测试技术现场应用导则　第 2 部分　特高频法

二、 作业程序及过程控制

气体绝缘金属封闭组合电器（Gas-Insulated metal-enclosed Switchgear，GIS）采用 SF₆ 气体作为绝缘介质，将断路器、隔离开关、接地开关、电流互感器、避雷器、电压互感器、套管以及母线等部件密封在接地的金属腔体内。

GIS 设备常见的故障主要包括：SF₆ 气体泄漏、SF₆ 气体含水量超标、操动机构拒动或误动、异常局部放电、击穿闪络等。

(一) SF₆ 气体泄漏

1. 故障（缺陷）现象

某气室的 SF₆ 气体密度继电器显示压力值降低、低气压保护动作、GIS 室内 SF₆ 气体浓度高报警等。

2. GIS 室发生 SF₆ 泄漏的危害

GIS 室内空间较封闭，一旦发生 SF₆ 气体泄漏，流通极其缓慢，毒性分解物在室内沉积，不易排出，从而对进入 GIS 室的工作人员有极大的危险。而且 SF₆ 气体的密度较氧气大，当发生 SF₆ 气体泄漏时 SF₆ 气体将在低层空间积聚，造成局部缺氧，使人窒息。另一方面 SF₆ 气体本身无色无味，发生泄漏后不易让人察觉，这就增加了对进入泄漏现场工作人员的潜在危险性。

3. 故障（缺陷）原因

(1) 部件加工工艺控制不严。GIS 在生产环节，由于对部件加工工艺控制不严，导致部件材料性能、部件尺寸等不能满足设计要求，如 GIS 腔体制造过程中产生砂眼未及时发现导致设备运行后发生漏气，盆式绝缘子尺寸偏差导致在运行中由于应力产生裂纹而产生漏气，连通管焊接工艺控制不严产生裂纹导致漏气，密封圈质量差导致密封失效而产生漏气等。

(2) 设备安装工艺控制不严。GIS 设备在安装时，工艺控制不严，导致 SF₆ 气体泄

漏，如密封圈未完全放入密封圈槽导致漏气，密封胶未打饱满导致雨水渗入发生壳体锈蚀最终产生漏气等。

4. 处理方法

（1）泄漏点检测定位方法。首先定期巡视 SF_6 密度继电器表，发现有压力降低现象时，进行检漏试验，确定泄漏点。

（2）解决措施。先行补气，然后确定泄漏点，制定相应的检修策略，更换相应部件。

（3）SF_6 气体泄漏防护方法。

1）减少 SF_6 气体的排放量，提高气体的回收率。设备内的 SF_6 气体不得向大气排放，应采用净化装置回收，经处理合格后方准使用。

2）SF_6 电气设备安装与主控制室隔离，防止泄漏气体进入主控室。设备安装室内应有良好的排风系统，通风孔应设在室内下部，底部应设 SF_6 气体泄漏报警器和氧量仪。

3）工作人员不得单独或随意进入 GIS 室，因工作需要必须进入时应先排风 15min，不准在设备防爆膜附近停留。工作人员在进入电缆沟或低位区前，必须测量氧气含量，如氧气含量低于 18% 时，不得进行工作。气体采样及处理渗漏时，工作人员要穿戴防护用品，并在通风条件下进行。

4）发生紧急事故时，应立即开启全部通风系统进行通风，发生设备防爆膜破裂事故时，应停电处理，并用汽油或丙酮擦拭干净。

（4）现场急救办法。如果怀疑发生中毒现象，应采取以下措施：

1）组织人员立即撤离现场，开启通风系统，保持空气流通。

2）观察中毒者，如有呕吐应使其侧位，避免呕吐物吸入，造成窒息。

3）皮肤污染，应立即用清水冲洗，换衣服。

4）眼部伤害或污染，用清水冲洗并摇晃头部。

5）应弄清毒物性质，并保留呕吐物待查。

6）现场应配备必要的药品。

（二）SF_6 气体中的含水量超标

GIS 设备中的 SF_6 气体含水量过高，不仅会使 SF_6 气体放电或产生热分离，而且有可能与 SF_6 气体中低氟化物反应产生氢氟酸，影响设备的绝缘和灭弧能力。同时在气温降到 0℃ 左右时，SF_6 气体中的水蒸气分压超过此温度的饱和蒸汽压，则会变成凝结水，附在绝缘物表面，使绝缘物表面绝缘能力下降，从而导致内部沿面闪络造成事故。

1. 故障（缺陷）产生的原因

（1）产品质量不良。由于产品质量不良导致含水量超标时有发生。

（2）产品结构设计不合理。

1）SF_6 气体存放方法不当。出厂时带有水分，应妥善保管。

2）GIS 内壁和固体绝缘材料析出水分，应在工作缸上法兰盘处加装一套分子筛和更新三连箱内分子筛，新分子筛放在 450℃ 恒温箱干燥合格后回装，以随时吸收析出的水分。

3）工艺不当。充气时气瓶未倒立，管路、接口未干燥，装配时暴露时间过长，充气、补气时接口管路带入水分。应在使用前用 0.5MPa 的高纯氮气冲管路及接口 1~2min，并冲洗设备内部 3 次。

（3）零部件吸附的水分向 SF_6 气体扩散。设备在装配时，由于各零部件的烘烤时间不足，装配后其中的水分向 SF_6 气体中扩散，导致 SF_6 气体中的含水量增加，甚至超标。

（4）密封不严，引起渗漏。GIS 设备运行多年后，密封垫老化，瓷套与法兰的胶合部位可能会有渗漏，使大气中的水分通过这些微孔向 SF_6 气腔内扩散，导致 SF_6 气体中含水量超标。

（5）环境温度高，空气湿度大。

（6）人为因素。工艺掌握不熟练，责任心不强，对微水超标的危害性认识不清。应加强敬业爱岗教育和讲解微水超标对设备、人身的危害，以杜绝人为失误。

2. 处理方法

（1） SF_6 气体微水含量检测。

1）检测方法。使用露点法、阻容法微水测试仪，对 SF_6 气室进行检测。 SF_6 气体含水量的限值如下：

交接及大修后，灭弧室 SF_6 气体含水量：$\leqslant 150\mu L/L$；非灭弧隔室 SF_6 气体含水量：$\leqslant 250\mu L/L$。

运行中设备，灭弧室 SF_6 气体含水量：$\leqslant 300\mu L/L$；非灭弧隔室 SF_6 气体含水量：$\leqslant 500\mu L/L$。

2）检测周期。一般情况下，新装设备 3 个月检测一次，微水含量稳定后应每年检测一次。

如发现设备发生 SF_6 气体泄漏，则应在漏气处理前，检测设备微水含量。

（2）微水含量超标处理。

1）更换气室内分子筛，或加大分子筛用量。

2）在使用前使用合格的高纯氮气冲洗管路及接口，确保充气回路中水分未超标。

注：在处理时一定要回收微水含量超标气体，不能随意排放到大气中污染环境。

（三）断路器拒分拒合

略，详见本章第十一节内容。

（四）局部放电

由于制造、安装等方面的原因，实际 GIS 内部仍不可避免存在绝缘缺陷。大部分 GIS 都需要在现场进行组装，由于受现场安装条件的限制，环境温度、湿度和空气的洁净度、安装工器具的精度、安装工艺水平都很难得到有效地控制，对 GIS 的安全稳定运行造成了一定影响。现场安装时未能清理干净的灰尘和金属微粒、导体因碰撞刮擦而留下的毛刺、安装或运行中机械振动导致的导体接触不良、绝缘子制造或安装过程中产生的缺陷等都会在运行电压下导致 GIS 内部电场发生畸变，导致局部电场过强，进而引发 GIS 内部绝缘的局部击穿，产生局部放电。

长期的局部放电使绝缘劣化并逐步扩大，甚至造成整个绝缘击穿或沿面闪络，从而对设备的安全运行造成威胁，导致设备在运行时出现故障，以至引起系统停电。局部放电是 GIS 早期绝缘缺陷的最初表现形式，因此，局部放电检测对 GIS 的安全稳定运行有着至关重要的意义。

1. 绝缘缺陷主要原因及类型

GIS 具有很高的可靠性，但在其制造、运输、组装过程中，仍可能会引入多种缺陷，对 GIS 绝缘造成潜在威胁。GIS 中可能出现的主要绝缘缺陷如图 4-59 所示，可以总结为以下几个方面：

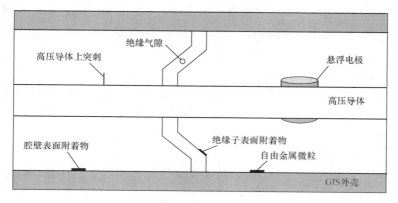

图 4-59　GIS 中几种绝缘缺陷的示意图

（1）自由金属微粒。自由金属微粒是 GIS 中最常见的缺陷，它是导致 GIS 绝缘故障的主要原因。这些微粒可能是制造或装配过程中产生的遗留物，也可能是机械装置动作时金属摩擦而产生的金属粉末。这些金属颗粒能在交流电场的作用下获得电荷并发生移动，在很大程度上运动与放电的可能性是随机的。当金属微粒接近而未接触到高压导体时，局部放电最有可能发生。自由金属微粒的另一影响是，当其附着于绝缘子表面时，将可能引发绝缘子沿面闪络，造成击穿。

（2）金属尖刺。金属突起缺陷包括高压导体上的尖刺和筒壁内表面的突起。金属尖刺通常是在制造不良和安装损坏擦划时造成的，导致毛刺且较尖。针状突起物将使其周围的电场强度得到极大的加强，对绝缘产生不利影响。在稳定的工频状态下不引起击穿，但在快速电压如冲击、快速暂态过电压（VFTO）条件下则很危险，有可能会导致 GIS 的击穿。

（3）悬浮电极。GIS 中分布着若干改善部件局部场强分布的屏蔽电极。在正常状态下，这些屏蔽电极与高压导体或接地外壳接触良好，但随着开关操作产生的机械振动和长期使用带来的老化，可能使一些静电屏蔽体接触不良，从而形成悬浮电极。悬浮电极所形成的等效电容在充放电过程中会产生局部放电，放电会形成腐蚀性物质和微粒，从而加速恶化，污染附近绝缘表面直至造成绝缘故障。

（4）绝缘子缺陷。绝缘子缺陷包括在制造时造成的绝缘子内部空隙和试验闪络引起的表面痕迹，还包括因电极的表面粗糙或是来自制造时嵌入的金属微粒。此外，因环氧树脂与金属电极的收缩系数不同，也会形成气泡和空隙。绝缘子缺陷在高压场强发生局部放电，导致局部绝缘恶化并发展成电树枝，最终使得绝缘子发生闪络，造成击穿。

（5）其他因素的影响。例如，GIS 设备的器件体积大、质量大，在运输过程中，因机械振动、组件的相互碰撞等外力作用，常使紧固件松动、元件变形和损伤。另外，GIS 设备装配工作是一个复杂的过程，组件连接和密封工艺要求很高，稍有不慎就可能造成绝缘损伤、电极错位等严重后果，给今后 GIS 的运行带来了后患。

这些 GIS 的绝缘缺陷极有可能会在 GIS 中产生局部放电现象，在绝缘体中的局部放电甚至会腐蚀绝缘材料，进一步发展成电树枝，并最后导致绝缘击穿。因此，进行 GIS

局部放电检测，预防绝缘事故的发生，对维护设备安全和电力系统稳定运行有着十分重要的意义。

据统计，引发 GIS 故障的内部缺陷所占比例如图 4-60 所示。

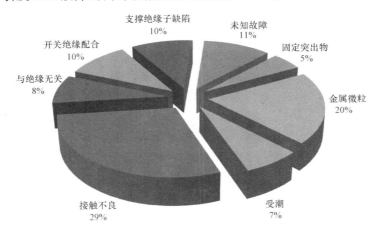

图 4-60　引起 GIS 故障的内部各种缺陷所占比例

2. 检测方法

（1）超声波检测法。局部放电是一种快速的电荷释放或迁移过程，当 GIS 内部发生局部放电时，放电点周围的电场应力、机械应力与粒子力失去平衡状态而产生振荡变化，机械应力与粒子力的快速振荡，导致放电点周围介质的振动，从而产生声波信号。放电产生的声波频谱很宽，可以从几十 Hz 到几 MHz，放电强度的大小决定了电场应力、机械应力和粒子力的振荡幅度，直接决定了振动的程度和声波的相度。声能与放电释放的能量成比例，虽然在实际中各种因素的影响会使这个比例不确定，但从统计角度看，二者之间的比例关系是确定的。从局部放电的机理可知，局部放电初期是微弱的辉光放电，释放的能量很小，后期出现强烈的电弧放电，此时释放的能量很大。局部放电的发展过程中释放的能量是从小到大变化的，所以声能也从小到大变化。根据球面波的声能量式可知，在不考虑空气密度和声速的变化时，声能量与声压的平方成正比。根据放电释放的能量与声能之间的关系，用超声波信号声压的变化代表局部放电所释放能量的变化，通过测量超声波信号的声压，就可以推测出放电的强弱。超声传感器的工作原理是基于压电晶片的逆压电效应，超声波作用于传感器的压电晶片，由压电晶片将其转换成电信号，再经信号处理电路，以其他形式表现出来。基于超声波的局部放电检测受电气环境干扰小，可实现远距离无线测量，相对于传统的电脉冲等检测方法，有明显的优点，尤其是在大容量电容器的局部放电检测方面，其灵敏度甚至高于电脉冲法。

（2）特高频检测法。特高频检测法是通过检测 GIS 内部局部放电的超高频电磁波信号来获得局部放电的信息的。在 GIS 局部放电测量时，现场干扰的频谱范围一般小于 300MHz，且在传播过程中衰减很大，若检测局部放电产生的数百 MHz 以上的电磁波信号，则可有效避开电晕等干扰，大大提高信噪比。正是由于超高频法的特点以及 GIS 同轴体利于超高频信号传播的特点使得其抗干扰技术优于目前传统的局部放电检测方法，利于局部放电的在线监测。

（3）SF₆气体分解产物检测法。GIS内部放电性故障有多种，根据放电能量的差异大致可分为局部放电、电晕与火花放电，根据放电部位的不同还有空气中电弧放电分解（断路的开断电弧）、涉及材料的电弧放电分解等。GIS内部放电性故障的原因很多，大部分是设备的制造缺陷。此外，设备振动造成固定件松动、GIS内部过热性故障的发展最终也会造成放电性故障。因此，对GIS内部放电性故障的研究实际上包含了GIS内部故障的所有内容，对GIS内部放电性故障及诊断的研究，不仅是故障原因分析、故障部位定位等已发生故障的研究，更重要的是对发展中异常的分析判断，通过各种手段发现设备异常并在异常发展为故障前予以阻止，以减少设备损失。

在正常情况下，SF₆化学性质十分稳定，不易分解。但在放电或过热作用下，SF₆会发生分解，生成SF₅、SF₄、SF₂和S₂F₁₀等多种低氟硫化物。对于纯净的SF₆气体，上述分解物将随着放电故障的消除或温度的降低很快复合还原为SF₆气体。而实际的GIS设备在制造、运输、安装、检修过程中可能接触到水分，SF₆新气本身也会含有一定的水分、空气、CF₄等杂质（目前我国生产的SF₆气体杂质含量均能达到我国技术条件要求和IEC标准）。因此当GIS设备发生绝缘故障时，上述分解生成的各种低氟硫化物，会与GIS气室内的微量氧气、水分和其他杂质发生反应，生成CF_4、HF、SOF_2、SO_2F_2、SO_2、SO_2F_{10}等多种稳定组分。SF₆气体在放电能量作用下分解机理如图4-61所示。

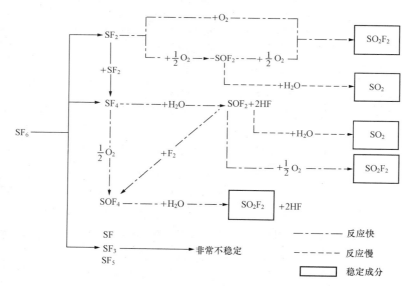

图4-61 SF₆气体分解原理图

正常：HF、SO₂（或SO₂＋SOF₂）、H₂S含量0.5~1μL/L。

注意：HF、SO₂（或SO₂＋SOF₂）、H₂S含量1~5μL/L（有含碳固体材料的气室CF₄、C₂F₆、C₃F₈、CO、CO₂含量开始变化）。

异常：HF、SO₂（或SO₂＋SOF₂）、H₂S含量大于5μL/L（有含碳固体材料的气室CF₄、C₂F₆、C₃F₈、CO、CO₂含量显著增加）。

由于设备气室体积差异较大，同样数量的特征气体分解物在不同大小的气室中的浓度会相差很大，因此在实际分析中不仅要关注特征气体分解物的浓度，更要关注特征气体分解物的绝对量。

（五）案例

SF₆电气设备内部故障是一个复杂的物理化学过程，实践证明通过局部放电和分解产物可以及时检出设备内部缺陷，为设备的状态检修提供科学依据。

案例1：断路器本体故障。

2012年5月25日，某检修公司对750kV某变电站11台断路器进行带电测试隐患排查时，发现7541开关B、C相SO₂异常，随后更换仪器进行复测，发现该变电站7541断路器B、C相H₂S成分异常，其他设备测试数据未见异常，异常数据详见表4-29。

表 4-29　　　　　　7541 断路器 SF₆ 分解物异常数据

运行编号	型号	试验日期	试验性质	SO₂	H₂S	CO	HF
7541 断路器 A 相	LW56-800	2012.05.25	检查	0	0	26.5	0
7541 断路器 B 相	LW56-800	2012.05.25	检查	1.8	0	20.4	0
7541 断路器 C 相	LW56-800	2012.05.25	检查	5.8	0	19.4	0
7541 断路器 A 相	LW56-800	2012.05.26	复测	0	0	0	0
7541 断路器 B 相	LW56-800	2012.05.26	复测	0.1	3.8	0	0
7541 断路器 C 相	LW56-800	2012.05.26	复测	0.1	6.2	0.3	0

（分解产物 μL/L）

从测试数据初步分析，7541开关B、C相SF₆分解产物试验数据不合格，内部可能存在火花放电或高于600℃过热。

案例2：断路器灭弧室故障。

某500kV变电站敞开式断路器，220kV辽首乙线、辽佟1号线、辽刘1号线断路器均是瑞典ABB公司1999年生产的HPL245B1型产品，其中辽首乙线2000年7月投运，辽佟1号线2002年4月投运，辽刘1号线2002年9月投运。

辽佟1号线自投运以来共经历4次线路故障，A、B相各跳闸一次，C相跳闸2次，最大短路电流为C相21.3kA。辽首乙线未发生过跳闸故障。

在对断路器进行例行试验时发现SF₆分解物含量异常，异常试验数据见表4-30。

表 4-30　　　500kV 变电站敞开式断路器 SF₆分解物含量异常试验数据

运行编号	型号	试验日期	试验性质	SO₂	H₂S	CO	HF	微水(μL/L)	纯度(%)
辽首乙线 A 相	HPL245B1	2012.5.14	检查	106.6	0.0	34	0	28	99.57
辽佟 1 号线 B 相	HPL245B1	2012.5.14	检查	31.8	0.0	25	0	43	99.88
辽佟 1 号线 C 相	HPL245B1	2012.5.14	检查	117	29.8	46	0	46	99.63
辽首乙线 A 相	HPL245B1	2012.5.16	复测	95	0.0	22.7	0	—	—
辽佟 1 号线 B 相	HPL245B1	2012.5.16	复测	37.2	0.0	35.2	0	—	—
辽佟 1 号线 C 相	HPL245B1	2012.5.16	复测	117	40	46	0	—	—

（分解产物 μL/L）

续表

运行编号	型号	试验日期	试验性质	分解产物（μL/L）				微水（μL/L）	纯度（%）
				SO₂	H₂S	CO	HF		
辽刘1号线A相	HPL245B1	2012.5.16	检查	29	0.0	33	0	—	—
辽刘1号线B相	HPL245B1	2012.5.16	检查	17	0.0	34	0	—	—
辽首乙线A相	HPL245B1	2012.5.28	复测	116.9	0.0	28	0	44	99.44
辽佟1号线B相	HPL245B1	2012.5.28	复测	0.0	0.0	6.2	0		
辽佟1号线C相	HPL245B1	2012.5.28	复测	0.0	0.0	5.9	0		
辽刘1号线A相	HPL245B1	2012.5.28	复测	27	0.0	30	0	46	99.46
辽刘1号线B相	HPL245B1	2012.5.28	复测	18	0.0	38	0	51	98.96
辽首乙线A相	HPL245B1	2012.6.18	复测	119	0.0	38	0	—	—
辽佟1号线B相	HPL245B1	2012.6.18	复测	0.0	0.0	8.2	0		
辽佟1号线C相	HPL245B1	2012.6.18	复测	0.0	0.0	6.9	0		
辽刘1号线A相	HPL245B1	2012.6.18	复测	30	0.0	32	0		
辽刘1号线B相	HPL245B1	2012.6.18	复测	19	0.0	39	0		
辽首乙线A相	HPL245B1	2012.7.13	复测	109	0.0	39	0	—	—
辽佟1号线B相	HPL245B1	2012.7.13	复测	109	0.0	7.7	0		
辽佟1号线C相	HPL245B1	2012.7.13	复测	109	0.0	6.6	0		
辽刘1号线A相	HPL245B1	2012.7.13	复测	28	0.0	32	0		
辽刘1号线B相	HPL245B1	2012.7.13	复测	17	0.0	37	0		

图 4-62　动弧触头烧蚀情况

异常分析及解体处理：2012 年 6 月 5 日，辽佟 1 号线断路器在北京 ABB 公司生产车间进行解体检查，对 3 相断路器本体解体检查发现，B、C 相绝缘喷口表面有开断大电流电弧通过痕迹（见图 4-62），聚四氟乙烯引弧罩表面有大量黑色粉末依附（见图 4-63），且动弧触头有轻微烧损痕迹（见图 4-64）。对灭弧室绝缘拉杆销钉处进行检查，销钉连接部分内、外表面无任何放电痕迹（见图 4-65）。

辽佟 1 号线通过解体发现，断路器内部并无绝缘拉杆过热分解或销钉松动导致悬浮电极放电现象存在。辽首乙线 A 相和辽刘 1 号线 A、B 相断路器经过持续监测后发现 SF₆ 分解物数据并无增大现象，数据较稳定，建议停电更换吸附剂和 SF₆ 气体。

图 4-63　引弧罩情况

图 4-64　绝缘喷口情况

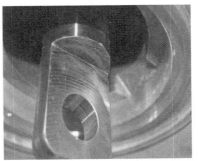
图 4-65　绝缘拉杆销钉连接部位检查

案例 3：应用超高频法、超声波法和 SF₆ 气体分解物判断绝缘子缺陷。

试验人员使用特高频法、超声波法和 SF₆ 气体成分分解产物检测等设备，在对某变电站 220kV GIS 进行局部放电带电检测时，发现某间隔 B 相分支母线一绝缘子处存在较大的局部放电特高频信号，其位置如图 4-66 所示的测量位置 D 处，而在另外 A、C 两相上并没有检测到局部放电信号。同时，超声波仪器未检测到任何可疑信号，气体成分检测仪也未检测到任何 SF₆ 分解物。

该设备采用 ZF6A-252/Y-CB 型组合电器，2009 年 9 月 21 日投运。其绝缘子采用金属法兰结构，仅能通过长约 5cm、宽约 2cm 的浇筑孔检测局部放电的特高频信号。检测时，打开浇筑孔上的盖板，将特高频传感器紧贴在浇筑孔上进行检测。该间隔 B 相分支母线示意图如图 4-66 所示。

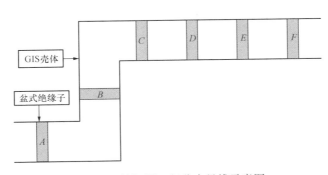
图 4-66　某间隔 B 相分支母线示意图

1. 缺陷定位和缺陷特征识别

使用两种方法对局部放电源进行定位，即基于信号能量衰减法和到达时间差法，对缺陷进行定位，定位结果如下。

(1) 信号能量衰减法。特高频信号在 GIS 腔体内传播时，由于盆式绝缘子和 T、L 型结构的衰减，会形成以局部放电源为信号最大点两侧逐渐衰减的趋势，可通过检测信号最大处来达到定位局部放电源的目的。

使用超高频局部放电检测仪分别在图 4-66 所示的 A、B、C、D、E、F 等六处对绝缘子进行测量。结果表明，C、D、E 处的信号较强，B、F 处信号较弱，A 处几乎检测不到有效信号，各处检测到的信号 PRPD 谱图，如图 4-67 所示。

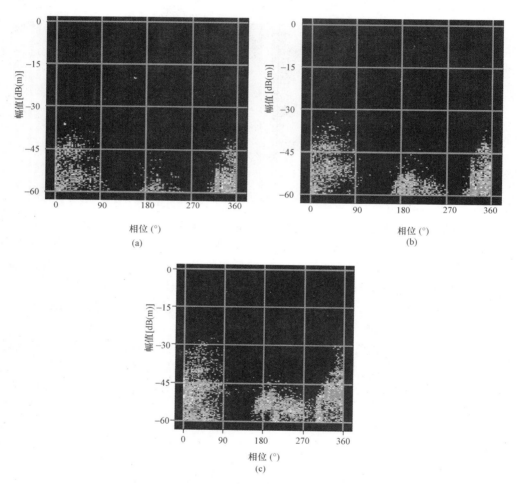

图 4-67　各处检测到的信号 PRPD 谱图
(a) B 处信号；(b) F 处信号；(c) C、D、E 处信号

特高频信号在通过盆式绝缘子和 L 型结构时会发生反射效应，并且绝缘子本身的衰减作用比较大，因此经过 L 型结构的衰减后，B 处信号幅值几乎是 C、D、E 处信号的一半，A 处几乎检测不到信号。而 F 处由于仅有绝缘子的衰减，因此信号幅值比 B 处大。由此可判断局部放电源介于 C、E 两个盆式绝缘子之间。

假设 C 处绝缘子存在缺陷，经过 D 处绝缘子的衰减，E 处信号应该小于 D 处信号；同理，如果缺陷在 D 处绝缘子，C 处信号应该小于 D 处信号。因此采用排除法判断缺陷在 D 处绝缘子上。

（2）到达时间差法。来自同一局部放电源的信号存在一定的相关性，并且背景噪声信号与局部放电信号是不相关的，因此可以通过计算不同传感器接收到的信号之间的相干系数和相关函数，就可以估计出信号到达时延。

在图 4-66 所示的位置 D 处和位置 E 处放置特高频传感器，检测到的特高频信号如图 4-68 所示。

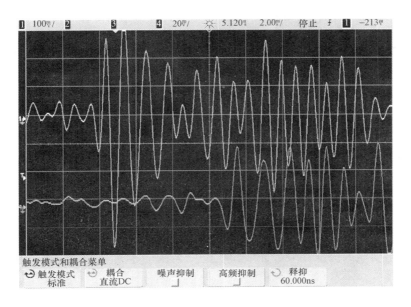

图 4-68 位置 D、E 处的特高频信号

其中位置 E 处传感器为红色信号，位置 D 处传感器为黄色信号，位置 D 处信号明显领先位置 E 处信号，计算两信号时差为 7ns，即位置 D 处信号比位置 E 处信号超前 2.1m 左右，与 D、E 间距离基本相当，说明信号来自位置 D 方向。

在图 4-66 所示的位置 C 和位置 E 放置特高频传感器，测试得两处信号相差约 1ns，说明缺陷源在 C、E 中间偏 E 方向 15~25cm，由于 CD 段比 DE 段多出约 30cm，因此缺陷位置在位置 D 所示绝缘子附近。

2. 缺陷类型识别

研究表明，由于不同的激发原理，导致不同缺陷产生的局部放电信息会在 PRPD 谱图上呈现不同的特征，如绝缘子内部气隙缺陷的放电谱图呈现"兔耳"现象。

检测时，仅特高频法测量到了局部放电信号，而超声波法和气体分解产物分析均未发现，由于超声波法和气体分解产物分析法对绝缘子内部和表面缺陷不灵敏，由此可初步判断为绝缘子相关缺陷。

同时，可通过放电信号特征法进一步分析缺陷的类型。经过移相处理，可将 D 处检测到的信号处理成如图 4-69 所示的效果。

该图呈现出明显的典型绝缘子内部气隙缺陷特征——"兔耳"现象，如图中红线所

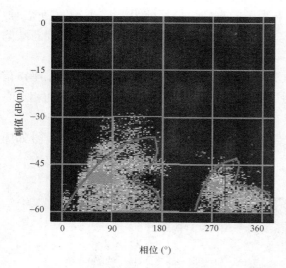

图 4-69　移相后的 PRPD 谱图

示。这是由于在施加电压过零点附近气隙外加电场极性的反转，与气隙内部对偶极子场强同一方向，两个场强叠加导致气隙内部场强剧增，而使得放电剧烈，所以出现"兔耳"这样特征较强的谱图。

由此可判断其 D 处绝缘子内部存在内部气隙缺陷。

3. 解体分析

发现该缺陷后，随即在 C、D、E 处安装 3 个特高频传感器进行在线监测。经过 2 个月后，信号幅值明显变大，放电重复率突然增大，说明缺陷发展较快，鉴于这一情况，决定进行解体检查。

将 C、D、E 三处的盆式绝缘子拆下，按照处理质量要求，对其进行了表面处理、清洁，标识后放进烘干箱内进行了 24h 烘干。然后进行 X 光探伤，在 D 处盆式绝缘子的浇口下部发现一条长约 150mm、直径约 2mm 的气泡，如图 4-70 中方框所示。

模拟现场运行情况将 C、D、E 三处盆式绝缘子装在罐体上进行工频、局部放电实验。

试验结果表明 C、E 两处绝缘子工频耐压和局部放电实验通过，D 处绝缘子工频耐压通过，局部放电值超标，在运行相电压 146kV 下，局部放电视在放电量达 2.37nC。局部放电谱图呈现出明显的内部气隙特征，如放电发生在过零点附近，出现"兔耳"现象等，如图 4-71 所示。

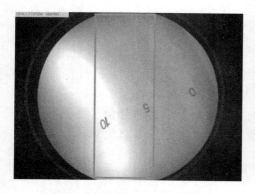

图 4-70　绝缘子 X 光探伤图

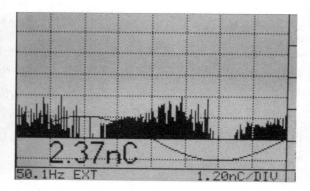

图 4-71　局部放电谱图

为进一步查看缺陷情况，将 D 处盆式绝缘子进行了剖切，可清晰看见有直径约 2mm、长约 150mm 的气泡，如图 4-72 所示。

综上所述，实验结果验证了带电检测的结果，即 D 处盆式绝缘子确实存在内部气隙缺陷。

4. 结论

对运行中的 GIS 进行带电检测，可发现其内部的绝缘缺陷，避免重大事故的发生。

通过该缺陷的发现和分析，可得到以下结论：

（1）特高频法、超声波法和 SF₆ 气体分解物成分分析法对不同的缺陷有不同的灵敏度和有效性，一种方法并不能发现所有缺陷。如特高频法对绝缘子内部和表面缺陷比较灵敏和有效，而超声波法则对微粒型缺陷较灵敏。只有将多种方法联合使用，优势互补，才能达到检测的目的；

（2）采用金属法兰结构绝缘子的组合电器仍然可以使用外置式特高频传感器进行局部放电检测，但应和生产厂家进行沟通，在充分了解其内部结构的前提下拆开盖板进行试验；

（3）使用特高频信号进行定位时，可根据信号在通过绝缘子、L 和 T 型结构时产生能量衰减和两路信号到达时延进行精确定位；

（4）运行中的盆式绝缘子内部出现气隙缺陷时产生的信号特征较明显，呈现"兔耳"现象，与实验室模拟结果相似，进一步验证了实验室模拟的正确性。

建议组合电器生产厂家能在各个环节加强质量监管力度，避免存在缺陷的设备进入电网。同时，供电公司应加强对组合电器的带电检测工作，组建一支技术过硬、经验丰富、设备先进的检测队伍，可避免重大事故的发生。

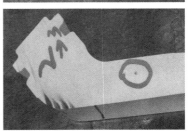

图 4-72 绝缘子解剖图

第十二节 密度继电器校验现场作业指导及应用

一、概述

1. 适用范围

本方法适用于 SF₆ 电气设备的 SF₆ 气体密度继电器现场检验，以检查 SF₆ 气体密度继电器状态是否良好。

2. 引用标准

GB/T 22065—2008 压力式六氟化硫气体密度控制器国家标准

GB 50150—2006 电气装置安装工程电气设备交接试验标准

DL/T 595—1996 六氟化硫电气设备气体监督细则

DL/T 639—1997 六氟化硫电气设备运行、试验及检修人员安全防护细则

JJG 1073—2011 压力式六氟化硫气体密度控制器检定规程

JB/T 10549—2006 SF₆ 气体密度继电器和密度表通用技术条件

Q/GDW 1168—2013 输变电设备状态检修试验规程

Q/GDW 1799.1—2013 国家电网公司电力安全工作规程 变电部分

二、 相关知识点

1. 密度继电器概述

密度继电器是通过测量密闭设备内 SF_6 气体的压力来对 SF_6 气体密度进行监控。密度继电器的工作原理和基本结构是在电接点压力表的基础上增加了温度补偿功能，其工作原理为内部弹簧管在压力作用下产生弹性变形，引起管端位移，通过传动机构进行放大，经温度补偿后，传递给指示装置，由指针在分度盘上指示出被测压力值。当压力下降至报警压力或闭锁压力时，密度继电器通过接点的通断发出报警或闭锁信号；带有超压报警功能的密度继电器，当压力超过超压报警压力时，密度继电器通过接点的通断发出报警或控制信号。

2. 校验原理

密度继电器校验仪的试验原理为模拟 SF_6 开关故障时密度继电器的动作机理，采用先进的微机测控技术，通过实时采集压力信号并准确计算出压力值，以达到检测设定的点压力值。

密闭容器中的气体压力随温度的变化而变化，为了便于统计和比较，通常把 20℃时的 SF_6 的相对压力值作为标准值。在现场校验时，一定环境温度下测量到的 SF_6 压力值均要换算为其对应 20℃时的等效压力值，从而判断密度继电器的性能。

3. 校验意义

SF_6 断路器是电力系统广泛使用的高压电器，其运行的可靠性至关重要。SF_6 气体密度继电器是用来监测运行中 SF_6 开关本体中 SF_6 气体密度变化的重要元件，其性能的好坏直接影响到 SF_6 开关的运行安全。由于现场运行的 SF_6 气体密度继电器因不经常动作，使得使用一段时期后常出现动作不灵活、触点接触不良等现象，有的还会导致密度继电器温度补偿性能变差，当环境温度突变时常导致 SF_6 密度继电器误动作。

按照行业标准的要求，SF_6 气体密度继电器的校验项目除了报警值、闭锁值、回复报警值和回复闭锁值外，还要测试绝缘电阻和各触点的接触电阻值，这样才能全面评价其性能，对现场运行中的 SF_6 密度继电器、压力表进行定期校验防患于未然，是保障电力设备安全可靠运行的必要手段之一。

三、 现场操作前的准备

1. 人员要求

（1）熟悉 SF_6 气体相关知识，掌握 SF_6 气体泄漏后处理的知识及技能和应急措施。

（2）熟悉防护、安全用具使用的相关知识。

（3）能够熟练、正确无误地操作设备，并能够根据故障现象处理简单的设备故障。

（4）现场试验时必须有 2 人以上，熟悉并严格遵守电力生产和工作现场的相关安全管理规定。

2. 气象条件

（1）环境温度：$-20 \sim +40$℃；环境相对湿度：$0\% \sim 85\%$；大气压力：$10 \sim 80$kPa；风速：$\leqslant 5$m/s。

（2）密度继电器校验应在良好天气下进行。

（3）遇雷电（听见雷声、看见闪电）、雪雹、雨雾不得进行作业。

（4）环境温度波动较大、风力大于 6 级时，一般不宜进行作业。

3. 试验仪器、工器具及耗材

试验仪器、工器具及耗材见表 4-31。

表 4-31　　　　　　　　　　　　试验仪器、工器具及耗材

序号	名　　称	规格/编号	单位	数量	备　　注
一	试验仪器				
1	密度继电器校验仪	JD12/JHMD-2	台	1	含配套部件
2	便携式检漏仪		台	1	
3	红外测温仪		台	1	
二	工器具				
1	密度继电器转换接头		套	1	密度继电器与校验仪连接用
2	专用工具箱		套	1	
3	活扳手		套	1	
4	螺钉旋具	一字	把	1	
5	螺钉旋具	十字	把	1	
6	尖嘴钳		把	1	
7	万用表		块	1	
8	呆扳手		套	1	
9	绝缘梯	2m	个	1	
三	耗材				
1	洁净绸布				适量
2	SF₆气体		kg	0.5	纯度不小于 99.9%
3	O 形密封圈		个	6	
4	手套		双	4	

四、 现场作业程序及过程控制

（一）操作步骤

1. 仪器准备

（1）通电预热后，检查装置显示屏是否正常。

（2）检查装置按键，功能正确。

（3）气瓶是否有气。

2. 操作步骤

（1）进入变电站，正确办理第一种工作票。

（2）工作票许可后，工作班成员整齐列队，工作负责人宣读工作票，交待工作任务，合理分工，进行危险点告知，明确安全注意事项，签名确认，工作开始。

（3）将被测设备的密度继电器气路与设备本体气路切断。

（4）将被测设备的密度继电器控制回路电源切断。

（5）气路连接。选择匹配合适的转换接头，用专用测量管将密度继电器校验仪测量口通过设备充气口与被测密度继电器相连接；SF_6 气体钢瓶与密度继电器校验仪进气口相连，打开钢瓶阀门。将专用排气管插到设备的放气口，另一端放在室外或下风口处。

（6）信号回路连接。将信号线与密度继电器的信号插座对接连好，另一端接校验仪信号线接口。

（7）设备开机，接通电源，仪器进行自检。

（8）在初始界面按"密度继电器校验"键，系统将进入密度继电器校验屏幕。

（9）校验次数设置，可设置 1～3 次，用上下键设置，完成后按"确认"键即可。

（10）温度设置：温度采集方式有系统采集和手动采集两种，我们选择手动采集，用上下键输入红外线测温仪测到的密度继电器玻璃窗内部的温度，完成后，按"确认"键即可。

（11）闭锁接点设置：在闭锁接点选择菜单中，按"设置"键进入闭锁接点选择菜单，用上下键进行单闭锁和双闭锁接点选择。输入好后按"确认"键即可。

（12）全部设定好后，按"确认"键进入测试屏幕。

（13）进入测试屏幕后，按"开始"键进行测试，所有测试操作将由系统按照操作员输入的测试次数自动进行，不需要人工干预。

（14）校验结束。

a. 自动测试结束后，在状态栏显示"测试结束"字样，可将光标移到"打印"，打印试验结果。

b. 如需保存可按"保存"键，并可随时到"历史数据浏览"屏幕查询和打印。

c. 将光标移动到"回收"，按确认键，系统自动对测试 SF_6 气体回收至 0.08MPa 后，状态栏显示"回收完成"。

d. 结束后，按"退出"键，系统返回初始屏幕。

e. 关闭 SF_6 钢瓶上所有阀门。

f. 按密度继电器校验仪面板上的放气按钮，放净管路中的残余气体。

g. 关闭电源，拆卸气路系统，拔掉信号线和电源线。

（15）试验结束。

a. 工作完毕，配合检修班装好设备充气口封帽，并用检漏仪检查无泄漏。

b. 配合保护班将拆开的报警信号线和闭锁信号线恢复完好。

c. 收拾好校验设备，清理现场，保证现场的卫生整洁。

（16）工作终结。工作负责人全面检查，确定无遗漏后，撤离现场，结束工作票，并做好校验记录。

（二）计算及判断

1. 密度继电器设定点动作值计算及判断

（1）依据 JJG 1073—2011 的相关规定，报警点和闭锁点的设定点偏差及切换差应符合表 4-32 的规定。

表 4-32 报警点和闭锁点的设定点偏差及切换差允许值

准确度等级	升压设定点偏差允许值（按量程的百分数计算,%）	降压设定点偏差允许值（按量程的百分数计算,%）	切换差允许值（按量程的百分数计算,%）
1.0	±1.6	±1.0	≤3.0
1.6	±2.5	±1.6	≤3.0
2.5	±4.0	±2.5	≤4.0

（2）依据 JJG 1073—2011 的相关规定，超压报警点的设定点偏差及切换差应符合表 4-33 的规定。

表 4-33 超压报警点的设定点偏差及切换差允许值

准确度等级	升压设定点偏差允许值（按量程的百分数计算,%）	降压设定点偏差允许值（按量程的百分数计算,%）	切换差允许值（按量程的百分数计算,%）
1.0	±1.0	±1.6	≤3.0
1.6	±1.6	±2.5	≤3.0
2.5	±2.5	±4.0	≤4.0

2. 密度继电器示值计算及判断

依据 JJG 1073—2011 的相关规定，示值最大允许误差、零位最大允许误差及额定压力值最大允许误差应符合表 4-34 的规定。

表 4-34 示值最大允许误差、零位最大允许误差及额定压力值最大允许误差

准确度等级	最大允许误差（以量程的百分数表示,%）
1.0	±1.0
1.6	±1.6
2.5	±2.5

3. 外观检查依据

依据 JJG 1073—2011 的相关规定，外观结构应符合以下要求。

（1）仪表应装配牢固、无松动现象；螺纹接头应无毛刺和损伤；充装硅油的仪表在垂直放置时，液面应位于仪表分度盘高度的 70%～75% 之间且无漏油现象。

（2）仪表上应有如下标志：计量单位、型号、出厂编号、测量范围、准确度等级、制造厂商、额定压力值、报警值、闭锁值、超压报警值。

报警值、闭锁值在仪表分度盘上应有明显不同的颜色以便于区别。

（3）仪表玻璃应无色透明，不得有妨碍读数的缺陷或损伤；仪表分度盘应平整光洁，各数字及标志应清晰可辨；指针指示端应能覆盖最短分度线长度的 1/3～2/3。

（三）校验报告编写

（1）试验报告编写应符合 JJG 1073—2011《压力式六氟化硫气体密度控制器检定规程》的相关规定。

（2）报告格式。SF₆气体密度控制器检定记录格式如下。

记录编号：

送检单位：

测量范围：_____MPa　　　制 造 厂：_____　　　出厂编号：_____

准确度等级：_____级　　　检定温度：_____℃　　　相对湿度：_____%

标准器名称：_____　　　准确度等级：_____　　　测量范围：_____MPa

1. 外观检查：_____　　2. 零位误差：_____　　3. 密封性检查：_____

4. 绝缘电阻：_____　　5. 介电强度：_____　　6. 指针偏转平稳性：_____

7. 示值误差　　　　　　　　　　　　　　　　　　　　　　　　　　　　　　　　　　　　MPa

标准器的 压力值	轻敲后被检仪表示值		轻敲位移		最大示 值误差	最大回 程误差
	升压	降压	升压	降压		

8. 额定压力值误差　　　　　　　　　　　　　　　　　　　　　　　　　　　　　　　　　MPa

标准器示值	仪表示值		额定压力值误差		检定结果
	升压	降压	升压	降压	

9. 设定点偏差、切换差　　　　　　　　　　　　　　　　　　　　　　　　　　　　　　　MPa

设定值	报警值		设定点偏差		切换差	检定结果
	升压	降压	升压	降压		

五、 危险点分析及预控措施

（1）工作负责人应在值班人员的带领下看清工作地点及任务、安全措施是否齐全，并向班组人员交待清楚工作地点、工作内容、现场安全措施、邻近带电部位和安全注意事项。

（2）在没有放气的情况下严禁拔下进气口快插接头及测量口快插接头；快插接头锁紧的情况下，严禁不解锁将气管直接拔出。避免快插接头进出伤人或损坏仪器。

（3）测试时请用快换插头自带的锁紧装置将面板上的进气口与测量口气管锁紧，以防止气管接头进出伤人。

（4）对使用中的密度继电器进行校验时，相应的电气设备必须停止运行，并切断与密度继电器相连接的控制电源。避免操作人员误操作触电或损坏设备。

（5）在连接信号线到被测密度继电器引出线时，必须确认引出线上不带电或无较强静电。

（6）若需登高作业应防止高空坠落。高度超过 1.5m 时应设专人扶梯；使用前检查梯子是否坚固、可靠，安全带是否在有效期内；登高作业时必须把安全带系于牢固的地方。

（7）被检测的密度继电器不能平躺放置，要立放，否则会造成检测不准确。

（8）端子排上对应的报警信号线、闭锁信号线要从端子排上断开，以防其二次回路和其中信号线构成回路，影响测试。

（9）拆除密度继电器信号线，应按顺序拆除，并有标记，以防接错和碰坏接线，引起信号误报或不报现象。

（10）密度继电器的校验可以在现场校验，也可把密度继电器拆下来校验。但建议最好现场校验。

（11）在现场校验的密度继电器，校验前应该首先断开密度继电器与设备主体的气路联系。没有断开可能有联系的设备无法在现场校验。

（12）校验时应注意触点的连接。应该根据继电保护图，选择适当的连接位置。避开动合或动断的位置。

（13）注意密度继电器与设备本体的连接方式，防止漏气。

六、 仪器维护保养及校验

（一）仪器维护保养

（1）校验仪属于精密电子产品，存放保管时应注意环境温度和相对湿度，放在干燥通风的地方为宜，要防尘、防潮、防振、防酸碱及腐蚀性气体。严禁在高温、潮湿，有结露可能的场所及光直射下长时间放置。

（2）校验仪使用完毕后，要将其所有配件分类放入其附件箱相对应位置，方便下次取用。

（3）校验仪附件需定期检查是否有损坏，避免造成现场无法使用。

（4）校验仪长时间不用时，需要每 3 个月对设备内电池进行充放电，保证电池活性。每次充电时间不少于 3h。

（5）校验仪操作面板定期清理擦拭，保证其清洁。

（二）仪器校验

（1）校验周期。密度继电器校验仪必须定期校验，每年至少经有资格的计量单位校验一次。

（2）校验后应认真填写校验记录和校验合格证并粘贴校验合格标识。

（3）已经超过校检期限的校验仪应停止使用。

（4）正常运行过程中，如果发现仪器显示压力值不正常或有其他可疑迹象，应立即检验校正。

七、 试验数据超极限值原因及处理

测试数据超极限值的原因及处理方法，见表 4-35。

表 4-35　　　　　　　　密度继电器校验数据超极限值的原因及处理方法

警戒极限	原因解释	采取措施
测试数据偏小或偏大约 0.1MPa	密度继电器校验参数中相对压力、绝对压力设置错误	正确设置参数后重新校验
测试数据偏差	温度采集不准确，影响测试精度	正确采集温度后重新校验
	相对压力不准确，密度继电器校验时未打开继电器上通大气端口	打开继电器上通大气端口重新校验
	密度继电器校验时未竖直放置或振动	继电器竖直放置平稳，重新校验
	校验仪采集压力不准确	设备停止使用，送校验机构检验或返回设备厂家检修

第五章　油的净化及真空注油作业

第一节　压板式滤油机的使用现场作业指导及应用

一、概述

1. 适用范围

本方法适用于电力变压器、电抗器、互感器、充油套管等充油电气设备使用的不加或加有抗氧化添加剂的矿物绝缘油净化处理工作。

2. 引用标准

GB/T 507—2002　绝缘油击穿电压测定法

GB 2536—2011 电工流体 变压器和开关用的未使用过的矿物绝缘油

GB/T 5654—2007　液体绝缘油材料工频相对介电常数、介质损耗因数和体积电阻率测量方法

GB/T 7595—2008　运行中变压器油质量标准

GB/T 7597—2007　电力用油（变压器油、汽轮机油）取样方法

GB/T 7600—2014　运行中变压器油和汽轮机油水分含量测定法（库仑法）

GB/T 14542—2005　运行变压器油维护管理导则

GB 50150—2006　电气装置安装工程电气设备交接试验标准

DL/T 573—2010　电力变压器检修导则

DL/T 703—2015　绝缘油中含气量的气相色谱测定法

Q/GDW 1168—2013　输变电设备状态检修试验规程

Q/GDW 1799.1—2013　国家电网公司电力安全工作规程　变电部分

二、相关知识点

1. 压板式滤油机的作用与结构

压板式滤油机的作用：仅用物理方法的分离过程，使油中的水分、油泥、游离碳和固体颗粒等降低到符合油的有关指标的要求。压板式滤油机结构是由方形的滤板和滤框交替排列组成。在滤板与滤框之间加有滤纸，然后用丝杠将滤板、滤纸与滤框压紧。滤油机配备齿轮泵、粗滤器、压力表、进出油道、打孔器等附件。

2. 压板式滤油机工作原理

压板式滤油机利用油泵压力将油通过具有吸附及过滤作用的介质（滤纸或其他滤料，如致密的毛织物、钛板或树脂微孔滤膜等），除去油中水分、油泥、游离碳、纤维等其他机械杂质，使油得以净化，改善油的性能。

工作原理：用手动螺旋杆的压力将滤板和滤框及过滤介质压紧在机箱上固定的止推板

和可移动的压紧板之间，利用滤板、滤框及过滤介质的预留通道形成一个单独的过滤室，油料在机械压力的作用下通过滤框的通道从过滤介质渗透到滤板的通道输出，利用过滤介质的毛细管来吸收油品中的水分和阻流油品中的杂质。

3. 测试意义

压板式滤油机可有效过滤含水分和杂质较少的变压器油。但它不能有效地除去溶解的或胶态的杂质，也不能脱除气体。

三、 作业前准备

1. 人员要求

施工项目负责人1名，油务专业负责人1名，油务作业人员3人。

2. 气象条件

在无尘土飞扬及其他污染的晴天进行；无雨雪、无大风、无雾，空气相对湿度小于65%；且现场采取防尘、防潮、防火措施。

3. 试验设备、工器具及耗材

试验设备、工器具及耗材见表5-1。

表 5-1　　　　　　　　　　　　　　试验设备、工器具及耗材

序号	名称	规格/编号	单位	数量	备　注
一	试验设备				
1	压板式滤油机	(LY-50\100\120\150)	台	1	
2	储油罐	20、5t	个	各1	因实际情况可增加
二	工器具				
1	注油用管道	专用			若干
2	干燥硅胶灌		个	1	
3	管接头		把	1	仪器配备
4	管卡				若干
5	接油盘		个	2	
6	管子钳		个	2	
7	活口扳手		把	8	
8	一字螺钉旋具		把	2	
9	十字螺钉旋具		把	2	
10	万用表		个	1	
11	虎口钳		把	2	
12	尖嘴钳		把	2	
13	绝缘梯		个	1	
三	耗材				
1	滤油纸	250mm×250mm	张		若干
2	滤油纸	300mm×300mm	张		若干
3	甲级棉纱		kg		若干
4	生料带		卷	4	

四、作业程序及过程控制

(一)操作步骤

1. 操作前准备

(1) 变压器油的处理工作一般是在变压器安装、更换、大修时进行。工程开工前进行各种准备工作,并有专业的工程资料。制订各种措施方案,包括"四措一案":四措包括组织措施、技术措施、安全措施、环保措施;施工方案包括主体施工方案、安全风险管理与作业风险管控方案、专项应急预案等。变压器油处理工作都涵盖其中。

(2) 工作前应先勘察变电站现场,了解电源的电压、容量及位置,确定滤油机、储油罐等设备的定制图并编制检修方案,根据变压器的滤油要求,确定变压器现场滤油所需的设备及工器具,根据变压器结构及滤油要求,确定滤油管道连接方式及滤油工艺过程。

(3) 连接好有关各进出油管路,并与油桶或变压器油箱连接好。

(4) 检查电动机的电源线路和开关、接地线是否良好,如破损或没有则禁止启动。

(5) 检查各部件的螺钉是否拧紧。

(6) 检查各有关阀门的状态,并打开除滤油机进口以外的其他有关阀门。

2. 仪器准备

(1) 滤纸在使用前应进行干燥。先将滤纸放在温度为 80℃±5℃ 的烘箱内烘干 24h 后,自然冷却。

(2) 操作前将冲好孔的滤纸,仔细地夹在每个滤板、滤框之间,每层滤纸的数量一般为 2～3 张,在夹放滤纸时,必须使滤纸上的两个通油孔和滤板、滤框上的孔对应,不能偏移,否则造成泄漏,影响过滤效果。

(3) 使用已用过的滤纸时,滤纸必须经过烘干,并应无任何破损。

(4) 当过滤压力较高,发现滤纸有冲破现象时,可以在靠滤板的一面衬以滤布,以增加滤纸的强度。

(5) 放好滤纸后,转动手轮将滤板压紧,压滤板时,只许一人操作,并且不能加长压紧手柄进行压紧,以免损坏机器。

3. 试验步骤

(1) 进行滤油管道连接,当将变压器内的油通过板式滤油机抽入储油罐时,板式滤油机的进油阀接变压器的放油阀,出油阀接储油罐;当将储油罐内的油通过板式滤油机抽入变压器时,板式滤油机的进油阀接储油罐,出油阀接变压器放油阀。

(2) 在滤油管路中串入干燥硅胶罐用以吸附油中的酸性氧化物及树脂、纤维杂质等,用过的硅胶经筛选后在 400℃ 的干燥炉中加热,烘干后可恢复其性能重复使用。

(3) 启动板式滤油机,先打开出油阀再打开油泵,然后慢慢打开进油阀,使压力升到 $19.6～29.4N/cm^2$。

(4) 当装有加热器时,应先启动滤油机当油流通过后,再投入加热器,停止时操作顺序相反。

(5) 通过板式滤油机将变压器内的变压器油抽入储油罐中,完成一次滤油。将储油罐中的油注入变压器前在板式滤油机出口取油样进行油质试验,如油质试验的结果符合验收标准,则将储油罐中的油注入变压器;如油质试验的结果不符合验收标准,则将储油罐中的油注入变压器后再次进行滤油，直至油品试验合格为止。

（6）滤油过程中不断检查滤油机各部件的运行情况，发现异常和漏油及时处理，并不断清除滤网内的杂物。

（7）根据油质不同，决定更换滤纸的次数。换出滤纸，将滤纸清洁后放入烘箱干燥后使用。

（8）滤油结束。在滤油过程中，从油罐的取样阀门处取样，若油质符合表 5-1 标准，滤油结束。停机时先关闭进油阀再停机，最后关闭出油阀。

（二）验收及判断

（1）变压器现场滤油后应取油样进行油品试验，变压器油的性能应符合出厂技术资料及相关技术标准，但不低于表 5-2 的要求。

表 5-2　　　　　　　　　　　　变压器油性能要求

电压等级 （kV）	击穿电压 （2.5mm，kV）	含水量 （mg/L）	$\tan\delta$ （90℃）	油中含气量 （%）
35	≥35	≤20	≤0.01	—
66	≥40	≤20	≤0.01	—
110	≥40	≤20	≤0.01	—
220	≥40	≤15	≤0.01	—
330	≥50	≤10	≤0.01	≤1
500	≥60	≤10	≤0.007	≤1

（2）所取油样应具代表性。油质试验结果达到表 5-1 标准则可注入变压器或放入储油罐密封保存待用，否则，连续滤油直至油质试验合格为止。

（三）结束工作

（1）清洗滤油机。

1）过滤完毕，松开压紧装置，逐片取出滤纸，清洗框板和油箱内的滤渣，更换滤纸，重新夹好、压紧，盖上滤油机盖。

2）清洗粗滤器，清洗后重新盖好，拧紧螺栓，待下次再用。

（2）清理工器具及场地。

（四）试验报告编写

（1）填写油务处理记录，见表 5-3。

表 5-3　　　　　　　　　　　　油务处理记录

工作内容	检查项目	检查处理情况	操作人	检查人
油处理	牌号			
	制造厂或供应商			
	处理前主要指标			
	处理方法			
	处理后主要指标			
	混油试验			
	待用存放形式			

（2）质量记录。可附加变压器油试验记录及油质试验报告。

五、　危险点分析及预控措施

（1）电气设备绝缘不良而带电。要求外露的可接地的部件及变压器外壳和滤油设备都应可靠接地。

（2）电源设备损坏或接线不规范，有可能导致低压触电。根据滤油机的电源功率选择合适的电源、接线盘和电源线，检查电源设备应良好，接线应根据设备使用说明书进行复核。

（3）吊臂回转引起起吊重心偏移和回转。确认吊车撑脚撑实。

（4）起重作业引起设备损坏或人员伤亡。起重工作规范并使用工况良好的起重设备。

（5）吊臂回转时，因相邻设备带电，并与吊臂距离过近，易引起放电。吊车进入检修现场后，合理布局其位置，注意吊臂与带电设备保持足够的安全距离：500kV 电压等级不小于 8.5m，220kV 电压等级不小于 6m，110kV 电压等级不小于 5m，35kV 电压等级不小于 4m。

（6）压板式滤油机净化变压器油的效率与油温度、滤纸干燥程度、滤纸厚度、环境相对湿度等因素密切相关，在使用中要注意以下事项：

1）检查注油设备、注油管路是否清洁干净，新使用的油管应先冲洗干净。

2）检查清洁油罐、油桶、管路、滤油机、油泵等，应保持清洁干净，无灰尘杂质和水分，清洁完毕应做好密封措施。

3）雨雪天或雾天不宜进行现场滤油工作。

4）滤油过程中会损失少许变压器油，如需补充不同牌号的变压器油，应先做混油试验，合格后方可使用。

5）施工现场应整齐、无杂物，使用的棉纱等材料应集中存放。施工现场严禁烟火，同时配备灭火器，防止出现火灾。

（7）防止滤油机漏油、喷油。

1）要有专人监护。

2）管道接口处应牢固。

3）注意压力表的压力指示不超过设备规定。

4）板和框不能左右放反。

5）电机不能反转。

6）使用的管子应事先检查，不应有堵塞和漏油、漏气现象。

六、　仪器维护保养及校验

（一）仪器维护保养

（1）在使用滤油机时，应将电动机外壳用专用接地线，防止电动机绝缘不良发生事故。

（2）齿轮油泵安全阀工作压力设备出厂时压力已整定，一般情况下不需要重新整定。

（3）每次净化油品后，都应清除进油过滤器内阻隔的机械杂质。

（4）每次净化油品后，都应取出板框，清除板框底部沉积的杂物。

（5）连续运行150h以上，应检查各紧固部件有无松动，并及时加以紧固。

（6）滤油机每次使用前都应重新更换滤纸，滤纸需充分烘干。过滤温度控制在40～50℃。

（7）运行中，应注意观察滤油机的运行压力，压力异常，应查明原因并及时采取措施。

（8）要经常保持机器的整洁。

（9）如果发现滤油量不足，应及时检查原因并处理。

（10）检查进油管和粗滤器网是否堵塞，每月至少清洗一次。

（二）仪器校验

一般情况下，压力表每年应校验一次，由专业计量中心进行校验。

七、压板式滤油机常见故障及解决方法

压板式滤油机油净化工作相对单一。其常见故障现象、出现原因及解决方法见表5-4。

表5-4 压板式滤油机常见故障及解决方法

序号	故障现象	出现原因	解决方法
1	进油量太小	进油阀门已经损坏，不能完全打开	更换进油阀门
		粗过滤芯已经堵塞	清洗或更换粗过滤芯
		油位控制系统电磁阀已损坏	更换电磁阀
		电压不稳定或控制柜里线接头松动	仔细检查电源接头
		出油口处过滤器滤芯堵塞，造成油泵的负荷加大	清洗或者更换精密过滤芯
2	滤油机自动停机	压力表损坏，压力指示不准确，错误发出信号，关闭总电源	更换压力表
		压力开关损坏，实际压力没到警戒压力，压力开关发出错误信号导致停机	更换压力开关
		电源电压不稳定，电源缺相，空气开关自动断电	检查电源电路
3	压力表逐渐升高	油内污染物过多，已填满滤纸空隙	更换新滤纸

第二节 真空滤油机的使用现场作业指导及应用

一、概述

1. 适用范围

本方法适用于电力变压器、电抗器、互感器、充油套管等充油电气设备使用的不加或加有抗氧化添加剂的矿物绝缘油净化处理工作。

2. 引用标准

GB/T 507—2002 绝缘油击穿电压测定法

GB 2536—2011 电工流体 变压器和开关用的未使用过的矿物绝缘油

GB/T 5654—2007 液体绝缘油材料工频相对介电常数、介质损耗因数和体积电阻率测量方法

GB/T 7595—2008 运行中变压器油质量标准

GB/T 7597—2007 电力用油（变压器油、汽轮机油）取样方法

GB/T 7600—2014 运行中变压器油和汽轮机油水分含量测定法（库仑法）

GB/T 14542—2005 运行变压器油维护管理导则

GB 50150—2006 电气装置安装工程电气设备交接试验标准

DL/T 573—2010 电力变压器检修导则

DL/T 703—2015 绝缘油中含气量的气相色谱测定法

Q/GDW 1168—2013 输变电设备状态检修试验规程

Q/GDW 1799.1—2013 国家电网公司电力安全工作规程 变电部分

二、 相关知识点

1. 真空滤油机的作用与结构

真空滤油机是采用物理方法的分离技术，使油中的气体、水分和固体颗粒降低到符合油的有关指标要求。油在高真空和不太高的温度下雾化，油中水分和气体便在真空状态下因蒸发而被负压抽出，而油滴落下回到油室。真空滤油机可以满足高压电气设备对变压器油的质量要求，适用于变压器油的脱气、脱水和精密过滤。油中水分汽化和气体的脱除效果，取决于真空度和油温，真空度越高，水的汽化温度越低，脱水脱气效果越好。

真空滤油机：由进油泵（有些真空滤油机设计靠负压吸油而不配备进油泵）、加热器、过滤器、真空脱气罐、排油泵、冷凝器、真空泵、电气控制柜、测控仪表及管路系统、净油器等部件组成。

2. 工作原理

待处理的油经进油泵送入（或靠负压吸入）真空净油系统，经加热器加热后，进入脱气罐，在一定的温度和真空条件下，使油中所含的水分蒸发，所含气体逸出，被真空泵抽出经冷凝器冷凝后排入收集器内，未凝结的水汽和气体经真空泵排出。脱气脱水后的油送入再生器或直接通过高精密过滤器，滤除颗粒杂质等后排入储油罐内，从而达到对油品净化处理的目的。该设备的系统工作流程如图 5-1 所示。

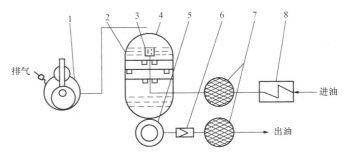

图 5-1 真空滤油机系统工作流程示意图

1—真空泵；2—环网盘；3—喷油头；4—真空罐；5—潜油泵；
6—逆止网；7—过滤器；8—电热器

3. 测试意义

真空滤油是油干燥、提高质量的较理想方法。它在提供高品质的净化油品，保障高电压、大容量的主变压器及其他电气设备的安全运行方面起到重要的作用。真空滤油机主要滤除油中的水分及气体，但它不能有效地除去油中的杂质。

三、 作业前准备

1. 人员要求

施工项目负责人 1 名，油务专业负责人 1 名，油务作业人员 3 人。

2. 气象条件

在无尘土飞扬及其他污染的晴天进行；无雨雪、无大风、无雾，空气相对湿度小于 65%；且现场采取防尘、防潮、防火措施。

3. 试验设备、工器具及耗材

试验设备、工器具及耗材见表 5-5。

表 5-5　　　　　　　　　试验设备、工器具及耗材

序号	名称	规格/编号	单位	数量	备注
一	试验设备				
1	真空滤油机	MAS6000 型	台	1	定期维护
2	储油罐	20、5t	个	各1	因实际情况可增加
3	真空泵	真空度小于10Pa	套	1	
4	油位计		付	1	真空注油用
5	真空表		块	2	
6	转动式压缩真空计		个	1	麦氏真空计
7	电阻真空计		个	1	皮拉尼真空计
8	湿度表		块	2	
9	干燥空气发生器		台	1	或用高纯氮气代替
二	工器具				
1	注油用管道及阀门		套	1	
2	抽真空用管道及阀门		套	1	
3	干燥硅胶灌		个	1	
4	管接头		把	1	仪器配备
5	废油收集容器		个	1	2~5m³
6	管卡				若干
7	接油盘		个	2	
8	管子钳		个	2	
9	活口扳手		把	8	
10	一字螺钉旋具		把	2	
11	十字螺钉旋具		把	2	
12	万用表		个	1	
13	虎口钳		把	2	
14	尖嘴钳		把	2	
15	绝缘梯		个	1	
16	内六方扳手		套	1	
17	套筒		套	1	
三	耗材				
1	绝缘胶带		盘	2	
2	电缆线		m		依实际情况定
3	甲级棉纱		kg		依实际情况定
4	生料带		卷	4	

四、作业程序及过程控制

(一)操作步骤

1. 操作前准备

(1) 变压器油的处理工作一般是在变压器安装、更换、大修时进行。工程开工前要进行各种准备工作,并有专业的工程资料。制订各种措施方案,包括"四措一案":四措包括组织措施、技术措施、安全措施、环保措施;施工方案包括主体施工方案、安全风险管理与作业风险管控方案、专项应急预案等。变压器油处理工作都涵盖其中。

(2) 工作前应先勘察变电站现场,了解电源的电压、容量及位置,确定滤油机、储油罐等设备的定制图并编制检修方案,根据变压器的滤油要求,确定变压器现场滤油所需的设备及工器具,根据变压器结构及滤油要求,确定滤油管道连接方式及滤油工艺过程。

(3) 连接电源,检查电源电压值与设备电气图上要求相符;检查电源线路和开关、接地线是否良好,如破损或没有则禁止启动。

(4) 真空滤油机必须通过软管与变压器相连。特别注意检查入口软管,以免在进油泵开始工作时出现问题。

(5) 检查真空泵的油位。

(6) 检查电动机的旋转方向。

(7) 检查真空滤油机各阀门是否处于正确位置(严格按照设备使用说明书要求)。

(8) 检查出油泵的运行情况是否正常。

2. 操作步骤

(1) 在变压器储油柜的放气管上接干燥空气或氮气(露点不大于$-40℃$)。

(2) 进行滤油管道连接,当将变压器内的油通过真空滤油机抽入储油罐时,真空滤油机的进油阀接变压器的放油阀,出油阀接储油罐;当将储油罐内的油通过真空滤油机抽入变压器时,真空滤油机的进油阀接储油罐,出油阀接变压器放油阀。

(3) 通过真空滤油机从变压器的放油阀将变压器油抽出储存在储油罐中,在变压器排油时注入干燥空气或氮气并保持油箱中 $0.005\sim0.01MPa$ 的正压。

(4) 启动真空滤油机。

1) 合上总电源。

2) 整机启动。

3) 启动真空泵,打开进油阀。待真空度达到 $0.08MPa$,启动罗茨泵;观察真空表,待真空度达到$-0.1MPa$以后,打开进油阀。

4) 打开出油阀。观察油位,待真空罐镜液位在中线附近时,可认为真空罐油位正常。

5) 打开排油泵。继续观察真空罐镜液位,调节进油阀(油位低,调大进油阀;油位高,调小进油阀),使进出油平衡。

6) 打开加热器。真空罐油位正常后,打开加热器。

(5) 通过真空滤油机将变压器内的油抽入储油罐中,完成一次滤油。

(6) 将储油罐中的油注入变压器前在真空滤油机出口取油样进行油质试验,如油质试验的结果符合验收标准,对变压器进行真空油注;如油试验的结果不符合验收标准,则将储油罐中的油注入变压器后再次进行滤油,直至油质试验合格才能进行真空注油。

（7）如变压器的电压等级为 35kV 及以下，直接通过真空滤油机将储油罐中的油从变压器的注油阀注入变压器中。

（8）变压器真空滤油结束，先关闭加热器。为了冷却加热器，应使油继续循环 15min，真空泵继续运行 30min 后，关闭真空滤油机。具体步骤如下：

1）关闭加热器。

2）关闭进油阀。

3）关闭排油泵。

4）关闭罗茨泵。

5）关闭真空泵。

6）关闭出油阀。

7）关闭整机。

8）关闭总电源，拆除电源线。

（9）将设备的油污及灰尘擦拭干净，放置在通风干燥处。

（二）验收及判断

（1）变压器现场滤油后应取油样进行油质试验，变压器油的性能应符合出厂技术资料及相关技术标准，但不低于表 5-2 的要求。

（2）所取油样应具代表性。油质试验结果达到表 5-2 质量标准后，可注入变压器或放入储油罐密封保存待用，否则，连续滤油直至油质试验合格为止。

（三）结束工作

（1）关闭总电源开关。将进线处的空气开关断开。

（2）拆电源线。将电源线拆除。

（3）清洁。将设备的油污及灰尘擦干净，必要时用汽油擦净设备油污，现场禁止有明火，防止设备起火。

（4）放置。将设备放置在通风干燥处。

（5）清理工器具及场地。

（四）试验报告编写

（1）填写油务处理记录，见表 5-3。

（2）质量记录。可附加变压器油试验记录及油质试验报告。

五、危险点分析及预控措施

（1）电气设备绝缘不良而带电。要求外露的可接地的部件及变压器外壳和滤油设备都应可靠接地。

（2）电源设备损坏或接线不规范，有可能导致低压触电。根据滤油机的电源功率选择合适的电源、接线盘和电源线，检查电源设备应良好，接线应根据设备使用说明书进行复核。

（3）吊臂回转引起起吊重心偏移和回转。确认吊车撑脚撑实。

（4）起重作业引起设备损坏或人员伤亡。起重工作规范并使用工况良好的起重设备。

（5）吊臂回转时，因相邻设备带电，并与吊臂距离过近，易引起放电。吊车进入检修现场后，合理布局其位置，注意吊臂与带电设备保持足够的安全距离：500kV 电压等级不小于 8.5m，220kV 电压等级不小于 6m，110kV 电压等级不小于 5m，35kV 电压等级不小于 4m。

（6）在现场使用时，真空滤油机应尽量靠近变压器油箱，缩短吸油管路，尽量减少管路阻力，保证进油量。

（7）检查清洁油罐、油桶、管路、滤油机、油泵等，应保持清洁干净，无灰尘杂质和水分，清洁完毕应做好密封措施。

（8）严格按照真空滤油机制造厂家规定的操作程序操作。

（9）待净化油品中如含有大量机械杂质及游离水分，需先用其他过滤设备充分过滤，以免影响真空滤油机的净化效果或堵塞过滤元件。

（10）在冬季户外作业温度过低时，管路、真空罐等部件应采取保温措施，避免油黏度增大而导致油泵吸入量不足。

（11）真空滤油机的净化效率主要取决于真空与油温，因此必须保证有足够的真空和合适的温度。油温一般控制在 60℃，最高不超过 90℃，以防止油质氧化或油中抗氧化剂的挥发损耗。

（12）雨雪天或雾天不宜进行现场滤油工作。

（13）滤油过程中会损失少许变压器，如需补充不同牌号的变压器油时，应先做混油试验，合格后方可使用。

（14）施工现场应整齐、无杂物，使用的棉纱等材料应集中存放。施工现场严禁烟火，做好防火、防爆措施。

（15）对超高压设备的用油进行深度脱水和脱气时，采用二级真空滤油机，真空度应保持在 133Pa 以下。

（16）电源容量不足。电源连接必须保证机器运行的最大电流，至少用 100A 的空气开关。

（17）防止真空滤油机漏油、喷油。

1）要有专人监护。

2）管道接口处应牢固。

3）真空表、压力表的指示符和设备规定。

4）电机不能反转。

5）被使用的管子应事先检查，不应有堵塞和漏油漏气现象。

（18）注油速度一般控制在 3～5t/h。

六、　仪器维护保养及校验

（一）仪器维护保养

（1）真空滤油机齿轮输油泵的安全阀在制造厂出厂时已整定好安全压力，一般情况不需要重新调整。

（2）更换滤芯时应选用规格型号、尺寸相同的滤芯更换。

（3）要定期检查真空泵油位，油位应保持在油标中线处；真空泵油呈浑浊时，应及时更换清洁真空泵油。

（4）真空滤油机每次使用后，如真空泵冷凝系统的油收集器内冷凝器存油，应及时将油排空。

（5）真空滤油机连续运行 150h 以上时，应仔细检查真空系统各部件有无松动，并及时加以紧固。

（6）带有光电控制系统的真空滤油机应将保持真空脱气罐监视孔玻璃洁净，以免导致光电控制失控。

（7）在运转的真空滤油机需要中断时，应在断开加热电源至少 5min 后才能停止油泵运转，以防油路中局部油品受热分解产生烃类气体。

（8）室外低温环境工作结束后，必须将真空泵至冷凝器中的存水放干净，以防低温结冰损坏设备。

（9）滤油机停置不用时，应将真空泵内的污油放尽并注入新油。

（10）真空滤油机的冷凝器、加热器应定期清洁，否则会影响效率，缩短寿命。

（二）仪器校验

麦氏真空计、皮拉尼真空计、真空表、湿度表应按照说明书要求定期校验。

七、真空滤油机常见故障及解决方法

真空滤油机油净化工作较为复杂，需要控制的环节较多。其常见故障现象、出现原因及解决方法见表 5-6。

表 5-6　　　　　　　　　真空滤油机常见故障及解决方法

序号	故障现象	出现原因	解决方法
1	开始时油流量持续不稳定	油路空气没有完全排尽；进油泵的油路有渗漏	检查入口管是否连接好；检查进油泵是否连接好
2	开始运行，储气罐就产生泡沫	进油泵的油路有渗漏	检查进油泵是否连接好
3	储气罐中油位太高	出油泵没有运行或没有达到设定值	启动出油泵，如果已运行，可调整阀门减少流量
4	储油罐中产生泡沫太多	正在处理的油含水太多	将流量减半微调，增加真空度，消失后恢复
5	安全阀充满油	泡沫由真空泵进入安全阀	立即停止真空泵的工作并排尽安全阀中油
6	储油罐中真空度偏低	被处理油品含气量太高，处理温度太高	减小油流量，降低滤油温度
7	储油罐中真空度偏高	有空气进入真空管道	检查该处阀门是否处于关闭状态
8	油流量不合适	过滤筛被堵塞	更换过滤筛
9	油由安全阀溢出	阀门损害，进油泵的进油压力太高	更换阀门，降低进油泵入口压力
10	安全指示灯亮	加热装置使油温过高，自动调温器损坏	等待冷却后检查调温器设置是否恰当

第三节   真空机组的使用现场作业指导及应用

一、   概述

1. 适用范围

本方法适用于电力变压器、电抗器抽真空、真空注油和真空干燥处理工作。

2. 引用标准

GB 1094.1—2013   电力变压器

GB/T 14542—2005   运行变压器油维护管理导则

GB 50150—2006   电气装置安装工程电气设备交接试验标准

DL/T 310—2010   1000kV 油浸式变压器、并联电抗器检修导则

DL/T 573—2010   电力变压器检修导则

Q/GDW 1168—2013   输变电设备状态检修试验规程

Q/GDW 1799.1—2013   国家电网公司电力安全工作规程   变电部分

二、   相关知识点

1. 真空机组的作用与结构

真空机组用于电力变压器抽真空、真空注油和真空干燥处理,主要去除变压器器身绝缘材料中所含水分。

为了满足各种变压器真空处理的工艺要求和使用方便,有时将各种真空泵按其性能要求组合起来,以真空机组形式应用。由于变压器真空处理工艺所涉及的工作压力范围很宽,因此任何一种类型的真空泵都不可能完全适用于所用的工作压力范围,只能根据不同的工作压力范围和不同的工作要求,使用不同类型的真空泵。

真空机组一般采用罗茨真空机组。罗茨真空机组是以罗茨真空泵为主泵,油封机械真空泵为前级泵的真空抽气装置。整套机组安装在一个机架上,配以管道、阀门和电器操作控制箱,配有冷却水管系统,机组结构紧凑,使用方便。根据前级泵的不同,机组有罗茨-旋片泵机组、罗茨-滑阀泵机组、罗茨-水环泵机组以及双罗茨泵机组等几种形式。变压器真空处理系统常用的罗茨真空机组主要为罗茨-旋片泵机组、罗茨-滑阀泵机组。

2. 工作原理

真空机组用于电力变压器抽真空、真空注油和真空干燥处理时所组成的典型真空系统,如图 5-2 所示。前级泵(真空泵)直接与变压器本体油箱相连通,先启动前级泵预先对变压器本体油箱抽真空,

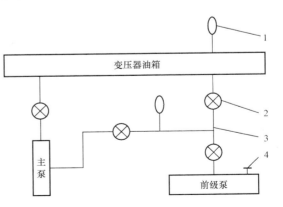

图 5-2   电力变压器抽真空、真空注油和
真空干燥的典型真空系统

1—真空计;2—阀门;3—管道;4—放气阀

当系统压力达到主泵（罗茨泵）可以工作的条件；再启动主泵对变压器本体油箱进行抽气，此时两级（也可多级）泵联合抽真空，从而获得最高的真空度直至达到工艺所需压力（有些种类的主泵不能直接在大气压力下开始抽气或不能将气体直接排往大气压力环境）。根据变压器容量、不同电压等级、制造厂家的实际要求保持规定的真空度至规定的时间。前级泵可作为预抽泵使用。

3. 测试意义

水的沸点随着气压而变化，气压越低，水的沸点也就越低。当对变压器抽真空时，变压器绝缘系统中吸附的部分水分由于气压的降低而汽化，汽化的水蒸气被真空泵抽离变压器外，从而达到对变压器绝缘系统干燥的目的。

真空机组是电力变压器（特别是高电压等级变压器）抽真空、真空注油和真空干燥处理必不可少的设备，可以有效去除变压器器身绝缘材料中所含水分。

三、作业前准备

1. 人员要求

施工项目负责人 1 名，检修专业负责人 1 名，检修及油务作业人员 3 人。

2. 气象条件

在无尘土飞扬及其他污染的晴天进行；无雨雪、无大风、无雾，空气相对湿度小于65％；且现场采取防尘、防潮、防火措施。

3. 试验设备、工器具及耗材

试验设备、工器具及耗材见表 5-7。

表 5-7　　　　　　　　　　试验设备、工器具及耗材

序号	名称	规格/编号	单位	数量	备注
一	试验设备				
1	真空机组	VG2000	台	1	
2	仪表控制器（皮拉尼）	TIC	台	1	
3	冷凝器				
4	缓冲罐				
5	回收罐				
6	循环水				
7	膨胀节				
二	工器具				
1	真空管道		套	2	
2	阀门（多种）		个	多个	
3	管接头		个	多个	
4	管卡		个	多个	
5	干湿度表		块	2	
6	管子钳		个	2	
7	活口扳手		把	8	

序号	名 称	规格/编号	单位	数量	备　注
8	一字螺钉旋具		把	2	
9	十字螺钉旋具		把	2	
10	万用表		个	1	
11	虎口钳		把	2	
12	尖嘴钳		把	2	
13	绝缘梯		个	1	
14	内六方扳手		套	2	
15	套筒扳手		套	2	
三	耗材				
1	电缆	4×6	m	50	
2	润滑油	真空泵用	桶	2	依实际需要定
3	润滑油	罗茨泵用	桶	2	依实际需要定
4	甲级棉纱		kg		若干
5	生料带		卷	4	

四、 作业程序及过程控制

(一) 操作步骤

1. 操作前准备

(1) 变压器抽真空、真空注油和真空干燥工作一般是在变压器安装、更换、大修时进行。工程开工前进行各种准备工作，并有专业的工程资料。制订各种措施方案，包括"四措一案"：四措包括组织措施、技术措施、安全措施、环保措施；施工方案包括主体施工方案、安全风险管理与作业风险管控方案、专项应急预案等。变压器抽真空、真空注油和真空干燥工作都涵盖其中。

(2) 工作前应先勘察变电站现场，了解电源的电压、容量及位置，确定真空机组等设备的定制图并编制检修方案。根据变压器抽真空、真空注油和真空干燥要求，确定所需的设备及工器具；根据变压变压器容量和不同电压等级的实际要求，确定管道连接方式、工艺过程。

(3) 检查设备现场卫生，清理周围杂物。

(4) 连接好有关各进出管路，并与变压器油箱连接好。

(5) 外接 3×380V、50Hz 电源，按真空机组机总电源容量选择电源电缆，接好地线；检查相序是否吻合；控制屏上电压表指示电压应为 380V。

(6) 检查真空泵、罗茨泵上的油位位置和油乳化情况，是否处于视察窗中央位置，不足时应添加到视察窗中央位置。

(7) 检查各有关阀门的状态，使有关阀门处于正确位置。

2. 设备准备

(1) TIC 仪表控制器（BOC Edwards）的使用。TIC 是一种紧凑型的分子泵及仪表控制器，它具有清晰的大屏幕清晰图形显示器和便于使用的控制界面（通过触感式键盘）。使用 Windows TM 的 PC 软件，通过串行通信口，可由 PC 实施远程控制并有进行数据监控的 RS232/485 接口以及用于同关联系统硬件连接的逻辑接口。与仪表控制器可以一起使用的兼容仪器多达 3 个有源压力表，包括有源皮拉尼压力表（APG）、有源线性皮拉尼压力表（APGX）、宽范围压力表（WGR）。

在安装和操作 BOC Edwards 仪表控制器之前，请阅读使用手册。TIC 仪表控制器安装严格按照使用手册要求进行。TIC 仪表控制器使用操作步骤严格按照使用手册要求进行。TIC 仪表控制器维护严格按照使用手册要求进行。仪器的储存、废弃与备件、附件严格按照使用手册要求准备。

（2）附属设备简介。

1）冷凝器：被抽气体在其中凝聚成液体。

2）缓冲罐：可避免泵的启动冲击。

3）回收罐：对被抽可凝性气体凝聚成的液体进行回收。

4）循环水：泵启动时用于减少罗茨泵润滑油急剧升温，避免油位过高，真空度达不到最大功率，齿轮磨损，减少使用寿命。

5）膨胀节：可避免振动引起的管道法兰泄漏。

3. 试验步骤

若变压器的储油柜不是全真空设计的，可对变压器本体油箱进行抽真空；若变压器的储油柜是全真空设计的，可将储油柜和变压器油箱一起进行抽真空。

（1）关闭变压器的压力释放阀。

（2）打开散热器蝶阀。

（3）拆除气体继电器，在气体继电器下部连接板处用堵板封住。

（4）气路连接。连接好真空机组抽气口和变压器本体导气管阀门。

（5）检查高真空系统设备是否严格密封。

（6）连接电缆。

（7）旋转电源主开关到（ON）。如相序不正确，相序红色报警灯亮，扬声器响。调整电源电缆任意两个接点。

（8）按下真空泵启动按钮，前级真空泵运行。

（9）当达到一定真空度时，一级罗茨泵自动开始运行。转动 5min 后再自动开启二级罗茨泵。

（10）使用皮拉尼仪器控制器，在真空计监视真空度正常后，加热器开始升温，温度调到 260℃。

（11）釜内温度在 160℃左右开始出现馏分，保证真空度正常，釜内温度到 230℃停止加热。

（12）加热器停止后关闭缓冲罐阀门。

（13）按下真空泵停止按钮，真空泵停止运行，罗茨泵自动停止运行。

（14）旋转电源主开关到 OFF，结束运行。

（15）高真空机组停止后，向釜内充氮气置换泄压。泄压在受槽内放空，切记要缓慢放空。

（16）当缓冲罐的冷凝液使浮球动作，液位开关红色按钮亮，扬声器响；按下液位开关按钮，浮球开关不再作用。

（二）验收及判断

（1）110（66）kV 及以上变压器必须进行真空注油，并先进行抽真空，做到真空干燥。真空度按照相应标准执行；抽真空和真空注油应遵守制造厂规定。

（2）抽真空达到真空度 133Pa 并保持 2h（不同电压等级的变压器保持时间要求有所不同，一般抽真空时间为 1/3～1/2 暴露空气时间）。以均匀的速度抽真空，在抽真空过程中应检查油箱的强度，一般局部弹性变形不应超过箱壁厚度的 2 倍，并检查变压器各法兰接口及真空系统的密封性。

（3）以 3～5t/h 的速度将油注入变压器距顶 200～300mm 时停止注油，并继续抽真空保持 4h 以上。

（三）结束工作

（1）关闭排气管路上的阀门。

（2）关闭冷却水总进水阀门。

（3）清理工器具及场地。

（四）试验报告编写

（1）填写变压器真空处理记录，见表 5-8。

表 5-8　　　　　　　　　　　　　真空处理记录

工作内容	检查项目	检查处理情况	操作人	检查人
抽真空 真空注油	天气温度			
	管路密封性检查			
	本体真空度			
	预抽真空时间			
	注油温度和速度			
	后维持真空时间			
	注油后检查			

（2）质量记录。可附加变压器油试验记录及油质试验报告。

五、危险点分析及预控措施

（1）电气设备绝缘不良而带电。要求外露的可接地的部件及变压器外壳和滤油设备都应可靠接地。

（2）电源设备损坏或接线不规范，有可能导致低压触电。根据滤油机的电源功率选择合适的电源、接线盘和电源线，检查电源设备应良好，接线应根据设备使用说明书进行复核。

（3）吊臂回转引起起吊重心偏移和回转。确认吊车撑脚撑实。

（4）起重作业引起设备损坏或人员伤亡。起重工作规范并使用工况良好的起重设备。

（5）吊臂回转时，因相邻设备带电，并与吊臂距离过近，易引起放电。吊车进入检修现场后，合理布局其位置，注意吊臂与带电设备保持足够的安全距离：500kV 电压等级不小于 8.5m，220kV 电压等级不小于 6m，110kV 电压等级不小于 5m，35kV 电压等级不小于 4m。

（6）真空机组在使用中的注意事项：

1）雨雪天或雾天不宜进行现场真空处理工作。

2）开、停机操作必须有专业操作人员在场。

3）开机前把放空口排气阀打开，以免因气阻过大烧坏电机。

4）定期排放储水罐内水，以消除泵内积水，维持气流畅通。

5）注意检查确保泵内合适的油位，不得过少或过多，加油及换油必须做好记录。

6）对水冷凝器半年进行一次除污垢清洗，确保泵表面温度小于 100℃。泵表面温度可能会达 90℃，因此在机组运行时，在高温下不得用手触摸泵体，以免烫伤。

7）经常巡回检查，及时解决各类故障。及时解决油封处漏油问题。定时检查各级泵供水情况。

8）若遇紧急情况，按下"紧急停止"按钮。

9）设备检修时必须切断电源，并挂牌，使真空度降为零，并切断气体进出管路阀门。

10）前级泵在启动过程中，后级泵在气流作用下是否转动，是否有异声和异常振动，如发现有异常响声和振动，应立即停机。

11）施工现场应整齐、无杂物，使用的棉纱等材料应集中存放。施工现场严禁烟火，同时配备灭火器，防止出现火灾。

（7）变压器储油柜内的隔膜胶囊与储油柜内部之间大多装有连接管与平衡阀，抽真空时应打开平衡阀，使两者间的大气压力保持一致，防止隔膜胶囊损坏。

（8）当达到要求的真空度不大于 50Pa 后，真空泵应持续运转，保持此真空度不少于 24h。

抽真空过程中注意检查油箱变形，局部弹性变形不应超过箱壁厚度的两倍。

（9）管路密封情况（听到有"嗞嗞"进空气声音，说明管路不密封，应停机检查）。

（10）一般地，每小时记录一次真空度。

六、仪器维护保养及校验

（一）仪器维护保养

（1）润滑油维护（包括真空泵和罗茨泵）。

1）检查油位：每天检查泵在运行时的油位（泵在运行温度下，在低真空时）。

2）换油：当油发生乳化或经过 5 次干燥循环运行后，必须更换真空泵、罗茨泵油。

3）真空泵、罗茨泵油型号根据真空泵、罗茨泵使用说明书确定。

（2）真空机组作业 2000h 后应进行检修，查看橡胶密封件老化程度，查看排气阀片是否开裂，整理沉积在阀片及排气阀座上的污物。清除整个泵腔内的零件，通常用汽油消除，并烘干；对橡胶件类消除后用干布擦干即可。拆、装过程中应轻拿轻放，当心碰伤。

（3）重新安装后应进行试运行，一般真空作业 2h 换油 2 次，以除去在泵中残留的挥发物。

（4）查看管路及连接处有无松动，手动检查泵体是否转动灵活。

（5）运转中经常检查泵各部位的温度，冷却水出口温度超过规定时要及时调节水量。

（6）泵在运转中有局部过热或电流突然增加现象时，应立即停泵检查。

（7）维护保养应根据真空泵、罗茨泵使用说明书进行。

（二）仪器校验

压力计须用另一个高精度的压力计参照校准，由有资质的计量单位进行校准。

七、真空机组常见故障及解决方法

其常见故障现象、出现原因及解决方法见表 5-9。

表 5-9　　　　　　　　　　　真空机组常见故障及解决方法

序号	故障现象	出现原因	解决方法
1	真空泵电动机不启动，无声音或有嗡嗡声	两根电源线断裂	检查接线
		一根电源线断，电机转子独转	检查接线，必要时排空清洁泵，修正叶轮间隙
		叶轮故障	更换叶轮
		电机轴承故障	更换轴承
2	电动机开动时，电流断路器跳闸	绕组短路	检查电动机绕组
		电动机过载	降低工作液流量
		排气压力过高	降低排气压力
		工作液过多	减少工作液
3	消耗功率过高	产生沉淀	清洁、除掉沉淀
4	真空度太低	泵功率太小	更换大功率泵
		工作液流量太小	加大工作液流量
		工作液温度过高	冷却或加大工作液流量
		磨损腐蚀	更换零件
		系统轻度泄漏	检查密封，修复泄漏处
5	罗茨泵漏油	O 形圈等橡胶密封圈老化、变形损坏	更换密封圈
6	罗茨泵噪声大	轴承磨损	更换轴承
		齿轮磨损	更换齿轮
		联轴器梅花垫磨损	更换梅花垫
		转子与转子、转子与泵体、转子与端盖发生摩擦	调整相关间隙
		转子有异物卡住	清除杂物
7	泵体温度高	冷却水不通畅或流速过低	检查冷却水
		夹套过多水垢	拆除清理夹套
		冷凝器冷却效果不佳	检查冷凝器
8	泵内有杂音或者泵体振动严重	泵联轴器同轴度未达到要求	调整泵联轴器同轴度
		泵基础不稳定	稳定泵体基础
		泵过载	检查过载原因
		泵内有硬质杂质	清洗泵腔，清除杂物
		泵轴承磨损	更换轴承及易损件

续表

序号	故障现象	出现原因	解决方法
9	指示灯亮、报警，并且过载自动停车	过载、过流	疏通气路，减少漏气；按"警铃解除"按钮，然后使热断路器动作或过流器复位，重新启动该泵。当出现未过载而自动停机，则应检查电气系统，排除电气故障
10	指示灯亮、报警，并且该故障泵及所有前级泵自动停机	超温	首先检查温度是否超温，超温则降低泵的电动机负荷，降低该泵出口气体温度。按"警铃解除"按钮，使该机组所有泵停机，然后重新启动该系统。如温度正常，则检查电气仪表，排除故障

第四节　真空滤油机组的使用现场作业指导及应用

一、概述

1. 适用范围

本方法适用于电力变压器、电抗器、互感器、充油套管等充油电气设备使用的不加或加有抗氧化添加剂的矿物绝缘油净化处理及变压器抽真空、真空注油工作。

2. 引用标准

GB/T 507—2002　绝缘油击穿电压测定法

GB 2536—2011　电工流体 变压器和开关用的未使用过的矿物绝缘油

GB/T 5654—2007　液体绝缘油材料工频相对介电常数、介质损耗因数和体积电阻率测量方法

GB/T 7595—2008　运行中变压器油质量标准

GB/T 7597—2007　电力用油（变压器油、汽轮机油）取样方法

GB/T 7600—2014　运行中变压器油和汽轮机油水分含量测定法（库仑法）

GB/T 14542—2005　运行变压器油维护管理导则

GB 50150—2006　电气装置安装工程电气设备交接试验标准

DL/T 573—2010　电力变压器检修导则

DL/T 703—2015　绝缘油中含气量的气相色谱测定法

Q/GDW 1168—2013　输变电设备状态检修试验规程

Q/GDW 1799.1—2013　国家电网公司电力安全工作规程　变电部分

二、相关知识点

1. 真空滤油机组的作用与结构

真空滤油机组是将净油和对设备抽真空结合在一起的设备。真空滤油是采用物理方法

的分离技术，使油中的气体、水分和固体颗粒降低到符合油的有关指标要求。油在高真空和不太高的温度下雾化，油中水分和气体便在真空状态下因蒸发而被负压抽出，而油滴落下回到油室。真空滤油机组可以满足高压电气设备对变压器油的质量要求和对变压器设备抽真空的要求，适用于变压器油的脱气、脱水、精密过滤及对变压器本体抽真空。

真空滤油机组由齿轮泵、罗茨泵、真空泵、屏蔽泵、真空计、分离器、油加热器、安全温控器、温度调节阀、粗过滤器、精过滤器、脱气缸、液位控制器、进油阀、出油阀、取样阀、放气阀、截止阀、逆止阀、排气阀、旁路阀、排放阀、控制柜等部件组成。

2. 工作原理

待处理的油经进油泵（齿轮泵）送入（或靠负压吸入）真空净油系统，经加热器加热后，进入脱气罐，在一定的温度和真空条件下，使油中所含的水分蒸发，所含气体逸出，被真空泵抽出经冷凝器冷凝后排入收集器内，未凝结的水汽和气体经真空泵排出。脱气脱水后的油送入再生器或直接通过高精密过滤器，滤除颗粒杂质等后排入储油罐内，从而达到净化油品的目的。

真空滤油机组除了对油品过滤外，还对变压器本体抽真空。连接好真空滤油机组的抽气口和变压器本体（储油柜）导气管阀门，打开抽气口处的控制阀门，对变压器本体抽真空。若只对变压器油净化处理，抽气口处的控制阀门处于关闭状态即可。

3. 测试意义

真空滤油机组是在高真空度下进行脱水、脱气、过滤的油处理，是提高油品质量的较理想方法，在电力变压器抽真空、真空注油工作中不可缺少。它在提供高品质的净化油品，保障高电压、大容量的主变压器及其他电气设备的安全运行方面起到重要的作用。以二级真空滤油机组为例介绍其工作流程。二级真空滤油机组流程如图 5-3 所示，图中主要符号名称及功能见表 5-10。

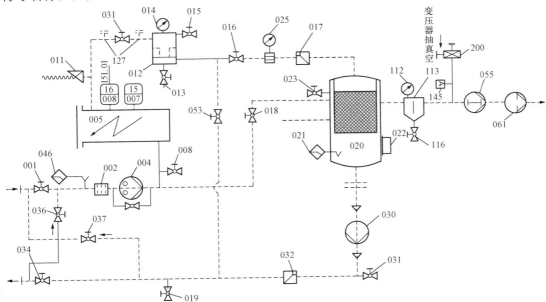

图 5-3　VH060RS 型二级真空滤油机组流程图

表 5-10　　　　　　　VH060RS 型二级真空滤油机组流程图主要符号名称及功能

组件	项号	功　　能
进油阀	001	设备入口处的关闭阀
粗过滤器	002	保护齿轮泵 004，阻止粗的颗粒
齿轮泵	004	装有油和真空轴封，由 V 带传动，驱动油循环
油加热器	006	将油加热至所需温度，是由温度调节器控制护管内的加热管完成
安全温控器	007	用于防止油温过高
取样阀	008	用于取出油样
温度调节阀	009	根据要求自动打开和关闭加热器来调节所选择的油温
安全阀	011	防止加热器压力升高
精过滤器	012	油流经一个逐级加密的滤芯，粗的杂质保留于进口处，较细的杂质进入略深层，确保消除最小颗粒的杂质，延长运行时间间隔
取样阀	013	用于取出油样
放气阀	015	用于过滤器 012 放气
截止阀	016	通断油流，改变油流通道
逆止阀	017	当齿轮泵关闭时，可以防止油进滤油机
排气阀	018、019	配合放气阀 015，可将加热器中的油排放至脱气缸中
脱气缸	020	通过与脱气缸相连的真空泵将脱气缸中的水和气体抽出。油首先均匀流过整个断面，随后穿过拉希格环层
液位控制器	021	一个光电发送器安装在脱气缸中，通过打开和关闭齿轮泵，可以防止泡沫或油位升高，同时控制了油的流量
放气阀	023	排放脱气缸 020 中的气体
屏蔽泵	030	用于排放脱气缸 020 处理过的油
取样阀	031	用于取出油样
逆止阀	032	当排油泵关闭时，可以防止油倒流入滤油机
旁路阀	033	跨过脱气缸 020（用于热油循环干燥）通道
出油阀	034	设备出口处的关闭阀
截止阀	131	用于关闭过滤器 012
截止阀	036、037	用于实现进出口转换
罗茨泵	055	用于对脱气缸抽真空。为使空气冷却，当真空泵 061 开启后，才能打开此泵
真空泵	061	本泵装一个气镇装置，用于防止泵内蒸汽冷凝。泵采用直联式空气冷却
真空计	112	用于测量脱气缸内的真空度
分离器	113	用于油处理过程中对汽化的油的预冷凝
排放阀	116	排放分离器 113 中的冷凝水
控制柜	151	包括控制变压器、接触器、安全装置、电气元件、滤油机说明书

三、 作业前准备

1. 人员要求

施工项目负责人1名，油务专业负责人1名，油务作业人员3人。

2. 气象条件

应选择在无尘土飞扬及其他污染的晴天进行；无雨雪、无大风、无雾，空气相对湿度小于65％；且现场采取防尘、防潮、防火措施。

3. 试验设备、工器具及耗材

试验设备、工器具及耗材见表5-11。

表 5-11　　　　　　　　　试验设备、工器具及耗材

序号	名称	规格/编号	单位	数量	备　注
一	试验设备				
1	二级真空滤油机组	VH060RS型	台	1	定期维护
2	储油罐	20、5t	个	各1	因实际情况可增加
3	真空泵	真空度小于10Pa	套	1	
4	罗茨泵		套	1	
5	油位计		付	1	真空注油用
6	真空表		块	2	
7	转动式压缩真空计		个	1	麦氏真空计
8	电阻真空计		个	1	皮拉尼真空计
9	湿度表		块	2	
10	干燥空气发生器		台	1	或用高纯氮气代替
二	工器具				
1	注油用管道及阀门		套	1	专用
2	抽真空用管道及阀门		套	1	专用
3	干燥硅胶罐		个	1	
4	管接头		把	1	仪器配备
5	废油收集容器		个	1	2~5m³
6	管卡		个		若干
7	接油盘		个	2	
8	管子钳		个	2	
9	活口扳手		把	8	
10	一字螺钉旋具		把	2	
11	十字螺钉旋具		把	2	
12	万用表		个	1	
13	虎口钳		把	2	
14	尖嘴钳		把	2	
15	绝缘梯		个	1	
16	内六角扳手		套	1	
17	套筒		套	1	
三	耗材				
1	绝缘胶带		盘	2	
2	电缆线		m		依实际情况定
3	甲级棉纱		kg		依实际情况定
4	生料带		卷	4	

四、作业程序及过程控制

（一）操作步骤

1. 启动前的准备工作

（1）变压器油的处理工作及变压器抽真空、真空注油工作一般是在变压器安装、更换、大修时进行。工程开工前进行各种准备工作，并有专业的工程资料。制订各种措施方案，包括"四措一案"：四措包括组织措施、技术措施、安全措施、环保措施；施工方案包括主体施工方案、安全风险管理与作业风险管控方案、专项应急预案等。变压器油处理工作及变压器抽真空、真空注油工作都涵盖其中。

（2）工作前应先勘察变电站现场，了解电源的电压、容量及位置，确定滤油机组、储油罐等设备的定制图并编制检修方案。根据变压器的滤油要求，确定变压器现场滤油所需的设备及工器具；根据变压器结构及滤油要求，确定滤油管道连接方式及滤油工艺过程。

（3）根据现场的场地布置情况，本着以最短、最直接的方式连接输油管路的原则，使滤油机组同变压器、油罐之间尽量靠近；同时使吸入管路短些，如果在不得已的情况下，吸入管路长或管道阻力大时，应加大吸入管直径；同时滤油机应放置平稳，搭设防雨值班棚。

（4）外接 $3\times380V$、$50Hz$ 电源，按滤油机总的电源容量选择电源电缆，接好地线；检查控制屏上电压表指示电压，应为 380V。

（5）检查真空泵、罗茨泵上的油位位置和油乳化情况，是否处于视察窗中央位置，不足时应添加到视察窗中央位置。

（6）检查油汽分离器 113 内有没有油，用排放阀 116 将油汽分离器里的残油放尽。

（7）设置调整温控器 009，使温度为 50℃。

（8）通过启动脉冲，检查齿轮泵 004 的旋转方向（电动机的风扇如箭头所示方向旋转）。

（9）油管路及油罐应清洗干净，在真空状态下不应变形，并有良好的密封性，检查进出口连管是否连接可靠。

（10）熟悉各阀门启闭位置和监控器的位置，按照各阀门的操作程序检查各阀门的启闭状态，并将所有阀门关闭。

2. 启动及内部循环

（1）合上控制屏上主开关。

（2）打开真空泵 061。

（3）真空泵 061 运行 30min 后，打开罗茨泵 055。

（4）抽真空到真空泵温度 60℃左右，真空度小于 100Pa 时，打开球阀 016、018、131，进油阀。

（5）打开液位断流保护开关 046 和液位控制开关 021。

（6）打开齿轮泵（进油泵）004，等到从视察窗看到脱气缸底部有油时，关闭球阀 018。

（7）当液位增长到液位控制器 021 时，打开屏蔽泵 030，同时关闭进油阀，打开内循环阀。

（8）启动加热器006，进行内部循环几十分钟，当脱气缸020内部真空度达到133Pa、油温为50℃时为止。

3. 连续脱水脱气

当内部循环结束后，滤油机即进入连续脱气、脱水阶段。

（1）开启排油阀。

（2）关闭内循环阀。

（3）依下列流程循环处理变压器油：

$$→齿轮泵（进油泵）004→加热器006→精过滤器012→脱气缸020→$$
$$粗过滤器002←油罐（变压器）←屏蔽泵030←$$

4. 关机及排空

（1）关闭加热器006，10min后排空进口软管，有条件时在加热器关闭后，再外部循环10～30min。

（2）关闭齿轮泵004，关闭进油阀。

（3）关闭球阀016，打开球阀015、018。

（4）把加热器中的油排放到脱气缸中，当脱气缸压力升高时关闭球阀018。

（5）把精过滤器012中油排放到脱气缸中，当脱气缸020压力升高时关闭球阀018和015。

（6）把脱气缸020排空后，关闭屏蔽泵（排油泵）030。

（7）在气镇阀打开的情况下，让罗茨泵055和真空泵061继续运行30～60min，让真空泵油里水分得以蒸发。

（8）关闭罗茨泵055、真空泵061，破真空，放尽油气分离器里的油。

（9）用球阀031排空屏蔽泵（排油泵）030和逆止阀032之间管路内的油。

（10）关闭液位断流开关及液位控制开关。

（11）关闭电源开关。

（12）拆除进出口软管。

（二）验收及判断

（1）变压器现场滤油后应取油样进行油质试验，变压器油的性能应符合出厂技术资料及相关技术标准，但不低于表5-2的要求。

（2）所取油样应具代表性。油质试验结果达到表5-2标准则可注入变压器或放入储油罐密封保存待用；否则，连续滤油直至油质试验合格为止。

（三）结束工作

（1）关闭排气管路上的阀门。

（2）关闭冷却水总进水阀门。

（3）清理工器具及场地。

（四）试验报告编写

（1）填写油务处理记录，见表5-3。

（2）质量记录。可附加变压器油试验记录及油质试验报告。

五、危险点分析及预控措施

（1）电气设备绝缘不良而带电。要求外露的可接地的部件及变压器外壳和滤油设备都应可靠接地。

（2）电源设备损坏或接线不规范，有可能导致低压触电。根据滤油机的电源功率选择合适的电源、接线盘和电源线，检查电源设备应良好，接线应根据设备使用说明书进行复核。

（3）吊臂回转引起起吊重心偏移和回转。确认吊车撑脚撑实。

（4）起重作业引起设备损坏或人员伤亡。起重工作规范并使用工况良好的起重设备。

（5）吊臂回转时，因相邻设备带电，并与吊臂距离过近，易引起放电。吊车进入检修现场后，合理布局其位置，注意吊臂与带电设备保持足够的安全距离：500kV电压等级不小于8.5m，220kV电压等级不小于6m，110kV电压等级不小于5m，35kV电压等级不小于4m。

（6）检查清洁油罐、油桶、管路、滤油机、油泵等，应保持清洁干净，无灰尘杂质和水分，清洁完毕应做好密封措施。

（7）严格按照真空滤油机组使用说明书操作。

（8）待净化油品中如含有大量机械杂质及游离水分，需先用其他过滤设备充分过滤，以免影响真空滤油机的净化效果或堵塞过滤元件。

（9）在冬季户外作业温度过低时，管路、真空罐等部件应采取保温措施，避免油黏度增大而导致油泵吸入量不足。

（10）真空滤油机组的净化效率主要取决于真空度与油温，因此必须保证有足够的真空度和合适的温度。油温一般控制在60℃，最高不超过90℃，以防止油质氧化或油中抗氧化剂的挥发损耗。

（11）对超高压设备的用油进行深度脱水和脱气时，采用二级真空滤油机组，真空度应保持在133Pa以下。

（12）变压器储油柜内的隔膜胶囊与储油柜内部之间大多数都装有连接管与平衡阀，抽真空时应打开平衡阀，使两者间的大气压力保持一致，防止隔膜胶囊损坏。

（13）当达到要求的真空度不大于50Pa后，真空泵应持续运转保持此真空度不少于24h。

抽真空过程中注意检查油箱变形，局部弹性变形不应超过箱壁厚度的两倍。

（14）管路密封情况（听到有"嗞嗞"进空气声音，说明管路不密封，应停机检查）。

（15）一般地，每小时记录一次真空度。

（16）防止真空滤油机漏油、喷油。

1）要有专人监护。

2）管道接口处应牢固。

3）真空表、压力表的指示符合设备规定。

4）电动机不能反转。

5）要使用的管子应事先检查，不应有堵塞和漏油漏气现象。

（17）注油速度一般控制在3～5t/h。

（18）滤油过程中会损失少许变压器，如需补充不同牌号的变压器油，应先做混油试验，合格后方可使用。

（19）在现场使用时，真空滤油机应尽量靠近变压器油箱，缩短吸油管路，尽量减少管路阻力，保证进油量。

（20）检查清洁油罐、油桶、管路、滤油机、油泵等，应保持清洁干净，无灰尘杂质和水分，清洁完毕应做好密封措施。

（21）施工现场应整齐、无杂物，使用的棉纱等材料应集中存放。施工现场严禁烟火，做好防火、防爆措施。

六、仪器维护保养与校验

（一）仪器维护保养

（1）现场运行时油罐或变压器应尽量靠近滤油机，如两者相距过远应加粗吸油管路（油罐与滤油机之间输油管长度小于 15m）；设备各接地点及油管路应可靠接地。

（2）油罐和连接管路一定要清洁，不能有金属颗粒、锈蚀污物、油泥等杂质；现场焊接管路时，必须将铁锈、锈迹、焊渣等脱落物清除干净。

（3）在湿度比较高的环境下运行时，油罐的呼吸孔应关闭或尽量开得小一些。

（4）使用滤油机前，必须根据厂家提供的说明书进行仔细检查，并进行必要的日常维护保养工作。

（5）滤油机开启后应立即检查各输油管路的密封性，若有渗漏部位，必须马上关闭滤油机并更换输油管或密封件。

（6）启动滤油机后，待真空度不大于 50kPa 时，再启动罗茨泵。

（7）开始运行时应先进行内部循环，目的在于为系统升温，以利于正常外部循环。

（8）定期更换真空泵、罗茨泵的油，真空泵的过滤器和滤油机精过滤滤芯及粗过滤器滤网。

（9）当分离器 113 中液位达到或超出视察窗，则必须通过阀门 116 排空分离器 113（注意：只有当滤油机关闭和脱气缸 020 已通过阀门 023 排空时，才能排放分离器 113）。滤油机运行期间，用于过滤器上的放气阀 045 不允许打开，此阀仅是为更换滤芯时排空设备而设置的。

（10）真空泵在正常运行时表面温度很高，有些部位温度超过 80℃，属于正常现象，人体及易燃品应避免接触。

（11）滤油机长时间不使用和滤油机排气时，放气阀必须处于开启状态。

（12）齿轮泵溢流阀、液位断流开关、安全温控器出厂前已经调节好，不必变动。

（13）精过滤器上压力表 014 上显示压力超过 0.3MPa 时，应检查更换精过滤器滤芯。

（14）设备停运后，须对设备进行必要地整理和擦拭工作，认真做好设备的维护保养工作。

（15）在搬运中，只能使用厂家规定的起吊点。起吊前，应检查所使用的吊绳的承载能力，滤油机和吊绳之间夹角应不小于 45°，必须水平起吊。

（16）滤油机应存放在干燥、清洁的场所，若受现场限制，应用防水布包裹。

（二）仪器校验

麦氏真空计、皮拉尼真空计、真空表、湿度表应按照说明书要求定期送有资质的计量单位校验。

七、 真空滤油机组常见故障及解决方法

真空滤油机组油净化和变压器抽真空工作较为复杂，需要控制的环节较多。其常见故障现象、出现原因及解决方法见表 5-8。

表 5-12　　　　　　　　　　　真空滤油机常见故障及解决方法

序号	故障现象	出现原因	解决方法
1	无足够的油流供给（齿轮泵 004 有空转噪声）	（1）粗过滤器有污染。 （2）脱气灌中有大量泡沫产生	（1）清洗粗过滤器 002 的滤网。 （2）缓慢打开阀门 023
2	脱气缸 020 内产生大量泡沫，进油中含水和气体	（1）吸油管存在泄漏点。 （2）返回至变压器的进油口位置不合适	（1）检查油管的密封性。 （2）检查返回变压器油的油位，将返回变压器油的安装线路设置低于油位
3	油从脱气缸入口或出油管进入脱气缸	单向阀 017、032 的阀瓣失效或脏了	安装新的单向阀，或清洗阀瓣
4	罗茨泵 055 和真空泵 061 注满变压器油	脱气缸 020 内部油强烈蒸发，致使罗茨泵 055 和真空泵 061 里产生冷凝变压器油	（1）排放真空泵的油且注入新的真空泵油。 （2）检查温度调节器 009 上显示温度，将温度调节器 009 的设定油温调到较低温度。 （3）检查油水分离器 113 的液位，排放分离器 113
5	安全阀 011 动作	（1）温度调节器 009 温度设置得太高。 （2）温度调节器 009 损坏	（1）检查温度调节器，设置温度调节器 009 到较低温度。 （2）更换温度调节器
6	流量偏小	（1）吸油管放置不正确。 （2）齿轮泵 004 的溢油阀脏了。 （3）粗过滤器脏了	（1）检查高度差和吸油管的长度，正确放置吸油管。 （2）清洗齿轮泵 004 的溢油阀。 （3）清洗粗过滤器

第五节　大型变压器本体抽真空和真空注油及储油柜补油现场作业指导及应用

一、 概述

1. 适用范围

本方法适用于大型电力变压器、电抗器真空滤油、真空注油及储油柜补油工作，介绍了变压器真空处理的过程控制与真空注油工艺要求。

2. 引用标准

GB/T 507—2002　绝缘油击穿电压测定法

GB 2536—2011　电工流体 变压器和开关用的未使用过的矿物绝缘油

GB/T 5654—2007　液体绝缘油材料工频相对介电常数、介质损耗因数和体积电阻率测量方法

GB/T 7595—2008　运行中变压器油质量标准

GB/T 7597—2007　电力用油（变压器油、汽轮机油）取样方法

GB/T 7600—2014　运行中变压器油和汽轮机油水分含量测定法（库仑法）

GB/T 14542—2005　运行变压器油维护管理导则

GB 50150—2006　电气装置安装工程电气设备交接试验标准

DL/T 573—2010　电力变压器检修导则

DL/T 703—2015　绝缘油中含气量的气相色谱测定法

DL/T 572—2010　电力变压器运行规程

DL/T 574—2010　变压器分接开关运行维护导则

DL/T 722—2014　变压器油中溶解气体分析和判断导则

Q/GDW 1168—2013　输变电设备状态检修试验规程

Q/GDW 1799.1—2013　国家电网公司电力安全工作规程　变电部分

二、　相关知识点

1. 现场油净化、补油简介

220kV 及以上的设备在安装时，现场油质净化技术比较复杂，而且要求也比较高，从目前主设备新安装和检修相关规程来看，其他工作都没有强制性规定，而对油质净化处理工作却提出了明确的质量指标。因为主设备最终能否安全投运，与现场油质净化处理的好坏密切相关。

2. 变压器真空注油工艺流程

大型油浸式电力变压器在安装、器身检修或接触空气后，必须进行真空注油。变压器在持续抽真空的情况下，把已经处理合格的变压器油通过真空滤油机（组）从注油口注入变压器。一般来说，220kV 及以上的变压器还需要进行热油循环，以进一步除去变压器器身上的水分和气体。

变压器真空注油现场作业包括管路连接及泄漏检测、变压器真空处理、变压器注油和补油、热油循环、排气、静置、验收等过程。

3. 目的意义

油务作业是大型电力变压器现场安装、检修作业的重要组成部分，变压器油的处理工艺水平直接关系到变压器的安装、检修质量和运行可靠性。

三、　作业前准备

1. 人员要求

施工项目负责人 1 名，检修专业负责人 1 名，检修（油务）作业人员 3 人。

2. 气象条件

应选择在无尘土飞扬及其他污染的晴天进行；无雨雪、无大风、无雾天气，空气相对湿度小于 65%；且现场采取防尘、防潮、防火措施。

3. 试验设备、工器具及耗材

试验设备、工器具及耗材见表 5-13。

表 5-13　试验设备、工器具及耗材

序号	名称	规格/编号	单位	数量	备　注
一	试验设备				
1	真空滤油机（组）	MAS6000 型	台	1	定期维护
2	真空机组	VG2000	台	1	定期维护
3	储油罐	20、5t	个	各 1	因实际情况可增加
4	真空泵	真空度小于 10Pa	套	1	
5	油位计		付	1	真空注油用
6	真空表		块	2	
7	转动式压缩真空计		个	1	麦氏真空计
8	电阻真空计		个	1	尼拉皮真空计
9	湿度表		块	2	
10	干燥空气发生器		台	1	或用高纯氮气代替
二	工器具				
1	注油用管道及阀门		套	1	
2	抽真空用管道及阀门		套	1	
3	连通管				本体与有载调压之间
4	干燥硅胶罐		个	1	
5	管接头		把	1	仪器配备
6	废油收集容器		个	1	$2\sim5m^3$
7	管卡				若干
8	接油盘		个	2	
9	管子钳		个	2	
10	活口扳手		把	8	
11	一字钉旋具		把	2	
12	十字螺钉旋具		把	2	
13	万用表		个	1	
14	虎口钳		把	2	
15	尖嘴钳		把	2	
16	绝缘梯		个	1	
17	内六角扳手		套	1	
18	套筒		套	2	

序号	名称	规格/编号	单位	数量	备　注
三	耗材				
1	绝缘胶带		盘	2	
2	电缆线		m		依实际情况定
3	甲级棉纱		kg		依实际需要定
4	生料带		卷	4	
5	白布		m	20	
6	白毛巾		条	40	

四、 作业程序及过程控制

(一) 操作步骤

1. 操作前准备

(1) 变压器真空注油用补油工作一般是在变压器安装、更换、大修时进行。工程开工前进行各种准备工作，并有专业的工程资料。制订各种措施方案，包括"四措一案"：四措包括组织措施、技术措施、安全措施、环保措施；施工方案包括主体施工方案、安全风险管理与作业风险管控方案、专项应急预案等。变压器真空滤油、注油及补油工作都涵盖其中。

(2) 工作前应先勘察变电站现场，了解电源的电压、容量及位置，确定滤油机（组）、真空机组及储油罐等设备的定制图并编制检修方案。根据变压器的实际情况，确定变压器真空注油及补油所需的设备及工器具；根据变压器安装使用说明书的要求，确定变压器极限真空和维持时间；根据变压器结构，确定真空注油方式。

(3) 检查真空滤油机组。

(4) 检查真空泵、罗茨泵内的油位。真空泵、罗茨泵内的油中应没有液态水。

2. 操作步骤

(1) 关闭变压器的压力释放阀。变压器开始注油前，首先应关闭压力释放阀，然后启动真空滤油机的真空泵，待净油机真空罐及管道内气体完全排出后，再开启变压器注油阀注油。

(2) 管路连接及管路泄漏检查。

1) 使用可抽真空储油柜时，抽真空管路安装时应打开储油柜本体内部和胶囊呼吸管道间的隔离阀以保持负压平衡（应参照该储油柜使用说明书进行），连接图如图 5-4 所示。

2) 储油柜不具备抽真空条件时，可在油箱顶部蝶阀处或在气体继电器联管法兰处，安装抽真空管路和真空表计，接至抽真空设备，连接图如图 5-5 所示。

3) 有载调压变压器，应抽出分接开关油室内变压器油单独存放，用连通管或连通阀将有载开关油室与变压器油箱连通，使有载开关与变压器本体同时抽真空。

4) 检查抽真空设备管路不得漏气，注油用管路必须接在油箱底部的注油阀上，通过滤油机（组）接至油罐。

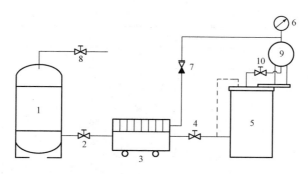

图 5-4　带储油柜进行真空注油连接示意图

1—油罐；2、4、8、10—阀门；3—真空滤油机；5—变压器；6—真空计；7—逆止阀；9—储油柜

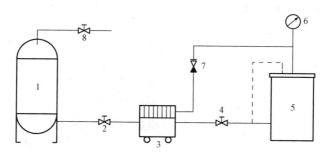

图 5-5　不带储油柜进行真空注油连接示意图

1—油罐；2、4、8—阀门；3—真空滤油机；5—变压器；6—真空计；7—逆止阀

图中虚线表示真空注油宜从油箱顶部管道注入

5）启动真空计并当真空计开始读数时，检修人员应在变压器本体上、下巡视所有法兰密封位置，巡视过程中可以用耳朵靠近听或用手掌贴近方式检查密封位置是否有漏气情况。

6）巡视检查情况正常后，可均匀提高真空度到 0.067MPa，关闭抽真空管路，在30min 内油箱内真空度下降不超过 670Pa，可视为密封良好，否则应检查所有法兰密封位置。

实际工作中，有的单位采用一些土办法进行管路泄漏检查。关闭抽真空管路上的阀门，在变压器顶部、法兰及阀门处听声音检查，听到有"嗞嗞"的气流声音，说明此处漏气量较大。

若观察到真空度下降，却又无法直观地找到漏气点时，可用点燃香烟或其他能冒烟的物品，依次在法兰及阀门处检查，若观察到烟气被吸进去，则说明此处有泄漏。

（3）变压器真空处理。

1）密封检查合格后，再打开抽真空管路阀门，启动真空机组开始工作，并根据变压器制造厂规定的真空值抽真空。抽真空时，应监视并记录油箱的变形情况，油箱应无渗漏或永久可见的变形，发现异常立即停止抽真空。

2）当变压器的真空度达到规定要求后，关闭真空泵和变压器本体间阀门并停止抽真空，进行真空泄漏检验：真空泄漏 $V \leqslant 15000 \mathrm{L} \cdot \mathrm{Pa/min}$。

$$V = (p_1 - p_2)/30V_1 \tag{5-1}$$

式中　V——真空泄漏量，$L \cdot Pa/min$；

　　　p_1——停止抽真空后 5min 时的真空度，Pa；

　　　p_2——停止抽真空后 35min 时的真空度，Pa；

　　　V_1——变压器本体油的体积，L。

3）真空泄漏检验合格后继续抽真空，抽真空维持时间按原出厂技术资料要求进行，一般情况下真空维持时间 220kV 电压等级不少于 12h，500kV 电压等级不少于 24h。

（4）变压器真空注油。

1）真空滤油机（组）在真空状态下注入合格的、加热到 50～60℃ 的变压器油，注油速度应小于 5t/h，注油时应继续抽真空。

2）注油开始时，工作人员应仔细检查注油用透明管是否有气泡等异常情况，如有应立即停止注油，并检查注油管道系统各接口的密封情况。

3）在注油过程中，工作人员应每小时检查注油管道系统各接口的密封情况及有无异常现象。

4）通过储油柜抽真空进行注油时，无有载开关的变压器可一次将油注到储油柜离底部 1/3 刻度处；带有载开关的变压器注油至箱盖 100～200mm 时停止注油，保持真空维持时间可按原出厂技术资料要求，一般情况下 220kV 电压等级不少于 4h，500kV 电压等级不少于 8h。拆除有载开关与本体间的连通管或连通阀。

5）未通过储油柜抽真空进行注油时，注油至箱盖 100～200mm 时停止注油，保持真空维持时间可按原出厂技术资料要求，一般情况下 220kV 电压等级不少于 4h，500kV 电压等级不少于 8h。

注入变压器内油的性能应符合出厂技术资料要求及相关技术标准，但不低于表 5-2 的要求。

（5）变压器的补油。

1）变压器经真空注油后，补油时，需经储油柜注油管注入（若停止抽真空，利用变压器内部的低真空从本体注放油阀适当补入一定量的油品，必须要和变压器厂家协商好），严禁从下部注油阀注入，注油时应使油流缓慢注入变压器至规定的油面为止。

2）变压器补油时，应先打开散热器或冷却器、集油联管、储油柜的蝶阀及储油柜的放气管。

3）为保证变压器本体油面不会下降过快致使器身暴露，开始注油时，先打开散热器或冷却器上部位置蝶阀，待储油柜油位计显示，观察到油位上升后，再打开散热器或冷却器的下部位置蝶阀。

4）按油面上升高度逐步打开升高座导油管、冷却器（散热器）等最高位置放气塞进行排气，出油后即旋紧放气塞。

（6）热油循环。

1）变压器注完油之后，一般应进行热油循环。220kV 变压器可根据变压器受潮情况或绝缘电阻不合格时选择进行热油循环。对于 330kV 及以上的变压器，需要进行热油循环。

2）关闭冷却装置与变压器本体之间的阀门，然后接通热油循环系统的管路，通过真空滤油机（组）进行热油循环，使热油从专用滤油阀或油箱顶盖上的蝶阀进入油箱，从油箱下部的活门流回真空滤油机。

3）在循环过程中，滤油机的出口油温控制在 65℃±5℃ 范围内。当环境温度低于 15℃（全天平均温度）时，应在油箱外表面采取保温措施。

4）热油循环的时间要同时满足下面两条规定：不少于 48h；不小于 3 倍的变压器总油重除以通过滤油机的每小时油量，连续循环不少于三个循环周期。

（7）变压器排气。

1）胶囊式储油柜充油、排气。由储油柜注油管将油注满储油柜，直至放气管或放油塞出油，再关闭注油管和放气管或放油塞，管式油位计上部呼吸塞处应该用密封垫密封，以防止管式油位计中的油溢出。从变压器储油柜注油管排油，此时空气经吸湿器自然进入储油柜胶囊内部，至油位计指示规定油位为止。

2）胶囊式储油柜充气、排气。加油至油位计指示规定油位，用干燥空气或氮气连接吸湿器法兰进行缓慢充气，充气压力控制在 0.025～0.03MPa，直至放气管或放油塞出油，再关闭注油管和放气管或放油塞。解除干燥空气或氮气与吸湿器的连接，此时空气经吸湿器处排出，至油位计指示规定油位为止。

3）外油式金属波纹式储油柜充油、排气。

a. 常压下注油、补油及排气。

（a）常压下注油、排气。

a）启动油泵，注油。

b）随时关闭已溢油的放气塞。

c）当油从放气塞中流出时要继续注油，使储油柜内部的气体排净，当排气管流出的油已能充满排气管管壁并呈连续圆柱状流出时，方可关闭注油阀、排气阀和油泵，停止注油。

d）安装排气阀盖板使其密封可靠。

e）打开呼吸阀，使波纹管内腔与大气相通，并保持常开状态。

（b）常压下补油、排气。

补油时要在储油柜注油 2h 后进行。先关闭呼吸阀，再打开排气阀，其他操作项目与常压下注油相同。补油后应将油位（油温）指示调整到略低于现场变压器平均油温值（其绝对值不超过 5℃），不许高于现场变压器油温值，以防高温时变压器喷油。

b. 真空注油。

（a）先按常压注油程序进行，当油从排气阀流出时，停止注油，不关闭排气阀。

（b）在排气阀开通的状态下，将波纹管抽真空，此时波纹管缩短，储油柜油面下降，腾出空间便于抽空储油柜，防止变压器油抽进真空泵。

（c）在维持波纹管内腔真空度的状态下，从排气阀将储油柜抽空，对变压器油进行脱气处理。

（d）在脱气处理结束时，必须先关闭排气阀门（真空阀），然后打开呼吸阀，解除波纹管真空，此时油位指针逆时针旋转，如旋转至当前油温线的位置时旋转停止，则停止注油；如指针位置低于当前油温线，则应继续注油，使指针顺时针旋转至当前油温线，再结束注油。

特别注意：无论哪种注油方法，在结束注油时，均必须打开呼吸阀，确保波纹管内腔与大气相通。

4）内油式金属波纹式储油柜充油、排气。

储油柜注油方法有两种，即排气注油法和真空注油法。优先推荐真空注油法。

a. 真空注油法。

（a）打开储油柜与变压器连接的阀门。

（b）关闭注放油管阀门。

（c）打开排气管阀门，连接好真空设备，在排气管处与变压器一同抽真空注油（推荐选用滤油机的流速为 50L/min），当油面高度达到气体继电器以上时，停止抽真空，同时关闭排气管阀门。

（d）对照储油柜油位与变压器油平均温度曲线，注油至油温和油位相对应的位置，注油完成。

b. 排气注油法。

（a）打开排气管阀门，打开储油柜与变压器连接的阀门。

（b）打开注放油管阀门，从注放油管注油，也可以从变压器管路注油（推荐选滤油机的流速为 50L/min）。

（c）当排气管内有稳定油流流出时关闭排气管阀门（注油过程中应时刻注意油位指针的位置，当指针达到 50% 刻度附近时应降低注油速度）。

（d）对照储油柜油位与变压器油平均温度曲线，通过从注放油管放油或补油，调整储油柜的油位到对应的位置，关闭注放油管阀门，注油完成。

（8）变压器静置。真空注油后变压器静置时间按变压器出厂技术资料要求进行，按不同电压等级要求不少于 12h（220kV 变压器至少静置 48h，500kV 变压器静置 72h），在静置期间，应每隔 12h 进行放气。

（二）验收及判断

（1）经真空滤油机（组）净化后，准备注入变压器的油应取油样进行油试验，变压器油的性能应符合出厂技术资料及相关技术标准，但不低于表 5-2 的要求。

（2）校验油位。用透明塑料软管一头连接气体继电器放气塞，另一头拉至油位计或示油管处，打开气体继电器放气塞，检查油位计或示油管液面与透明塑料软管液面是否一致。如不一致，调整油位计齿轮或示油管液面使得油位计指针或示油管液面与透明塑料软管液面处于同一高度，恢复气体继电器放气塞。

（3）密封性能试验。从储油柜顶部加气压 Δp（MPa），气压值按式（5-2）规定计算

$$\Delta p = 0.045 - h\rho \times 10^{-2} \tag{5-2}$$

式中　Δp——储油柜顶部所加的气压值，MPa；

　　　h——储油柜中油面至压力释放阀法兰的距离，m；

　　　ρ——变压器油密度，取 0.85g/cm³。

加气压维持时间 24h，应无渗漏和损伤。

或者根据 Q/GDW 1168—2013 中 5.1.2.10 规定：采用储油柜油面加压法，在 0.03MPa 压力下持续 24h，应无油渗漏。

（4）注油 24h 后，应从变压器底部放油阀（塞）采取油样进行油质试验与色谱分析。

（5）66kV 及以上变压器和电抗器，应在升压或冲击合闸前及额定电压下运行 24h 后，取油样各进行一次油中溶解气体分析。要求氢气含量不大于 30μL/L（220kV 及以下）及不大于 10μL/L（330kV 及以上）；乙炔含量小于 0.1μL/L；要求总烃含量不大于 20μL/L（220kV 及以下）及不大于 10μL/L（330kV 及以上），否则应分析原因，进行脱气处理。

（三）结束工作

（1）检查变压器本体及附件，确保无异常。

（2）检查所有设备及配件处于完好状态。

（3）关闭排气管路、冷却水路上的阀门。

（4）清点现场使用的所有工器具，缺一不可。

（5）清理场地杂物，保持干净、整洁。

（四）试验报告编写

（1）填写油务处理记录，见表 5-14。

表 5-14   油务处理记录

序号	工作内容	检查项目	检查处理情况	操作人	检查人
1	添加油及处理	牌号			
		制造厂或供应商			
		处理前主要指标			
		处理方法			
		处理后主要指标			
		混油试验			
		待用存放形式			
2	放油及处理	牌号			
		来源			
		放油前主要指标			
		处理方法			
		处理后主要指标			
		待用存放形式			
3	注油	天气和温度			
		本体真空度			
		预抽真空时间			
		注油温度和速度			
		后维持真空时间			
		注油后主要指标			
4	增补项目				

（2）质量记录。可附加变压器油试验记录及油质试验报告（见本节附表一、附表二）。

五、 危险点分析及预控措施

（1）电气设备绝缘不良而带电。要求外露的可接地的部件及变压器外壳和滤油设备都应可靠接地。

（2）电源设备损坏或接线不规范，有可能导致低压触电。根据滤油机的电源功率选择合适的电源、接线盘和电源线，检查电源设备应良好，接线应根据设备使用说明书进行复核。

（3）吊臂回转引起起吊重心偏移和回转。确认吊车撑脚撑实。

（4）起重作业引起设备损坏或人员伤亡。起重工作规范并使用工况良好的起重设备。

（5）吊臂回转时，因相邻设备带电，并与吊臂距离过近，易引起放电。吊车进入检修现场后，合理布局其位置，注意吊臂与带电设备保持足够的安全距离：500kV 电压等级不小于 8.5m，220kV 电压等级不小于 6m，110kV 电压等级不小于 5m，35kV 电压等级不小于 4m。

（6）检查注油设备、注油管路是否干净，新使用的油管应先冲洗干净。检查清洁油罐、油桶、管路、滤油机、油泵等，应保持清洁干燥，无灰尘杂质和水分，清洁完毕应做好密封措施。变压器抽真空时，防止真空泵电源失电，真空泵油被吸入变压器油箱，污染变压器绝缘。

（7）变压器的抽真空应按制造厂图纸要求并遵守制造厂规定，防止胶囊袋破裂或不能承受全真空变压器油箱、附件（储油柜、散热器）在抽真空时的过度变形。抽真空前应关闭不能抽真空的附件阀门，如储油柜、有载开关储油柜阀门，其他阀门应处于开启位置。

（8）补充不同牌号的变压器油时，应先做混油试验，合格后方可使用。

（9）在冬季户外作业温度过低时，管路、真空罐等部件应采取保温措施，避免油黏度增大而导致油泵吸入量不足。

（10）真空滤油机组的净化效率主要取决于真空度与油温，因此必须保证有足够的真空度和合适的温度。油温一般控制在 60℃，最高不超过 90℃，以防止油质氧化或油中抗氧化剂的挥发损耗。

（11）变压器储油柜内的隔膜胶囊与储油柜内部之间大多数都装有连接管与平衡阀，抽真空时应打开平衡阀，使两者间的大气压力保持一致，防止隔膜胶囊损坏。

（12）当达到要求的真空度不大于50Pa后，真空泵应持续运转保持此真空度不少于24h。

抽真空过程中注意检查油箱变形：局部弹性变形不应超过箱壁厚度的两倍。

（13）管路密封情况（听到有"嗞嗞"进空气声音，说明管路不密封，应停机检查）。

（14）一般地，每1~2h记录一次真空度。

（15）防止真空滤油机组漏油、喷油。

1）要有专人监护。

2）管道接口处应牢固。

3）真空表、压力表的指示符合设备规定。

4）电动机不能反转。

5）被使用的管子应事先检查，不应有堵塞和漏油、漏气现象。

（16）在现场使用时，真空滤油机应尽量靠近变压器油箱，缩短吸油管路，尽量减少管路阻力，保证进油量。

（17）检查清洁油罐、油桶、管路、滤油机、油泵等，应保持清洁干净，无灰尘杂质和水分，清洁完毕应做好密封措施。

（18）雨雪天或雾天不易进行检修工作和真空注油工作。

（19）施工现场应整齐、无杂物，使用的棉纱等材料应集中存放。施工现场严禁烟火，做好防火、防爆措施。

六、附表

附表一   变压器油质试验记录

序号	取样容器名称	击穿电压（kV）	$\tan\delta$（90℃）	含水量（mg/L）	含气量（%）

测量仪器：

试验测定方法：

注油系统清洁度的检查方法及负责人：

结论：

审核：   试验人员：   年 月 日

附表二   油气相色谱分析报告

油样名称   产品序号

取样日期   分析日期

单位：$\mu L/L$

序号	气体组分及含量							
	油样名称	H_2	CO	CO_2	CH_4	C_2H_2	C_2H_4	C_2H_6	总烃
分析意见								

审核：   试验人员：

第六章 矿物绝缘油色谱分析及故障诊断

第一节 充油电气设备故障诊断步骤及有无故障的判断

一、概述

1. 适用范围

本方法适用于充有矿物绝缘油的电气设备。但用该法诊断和识别内部状况时，还要根据设备的不同特点，区别对待。变压器、电抗器结构和运行条件相仿，可按同样的原则考虑；互感器油量小，运行热负荷小，油中气体含量情况与变压器不同；充油套管是高场强结构，由于受电场的作用溶解气体情况有不同的表现。本方法所叙述内容原则上对充油设备均适用，必要时，对不同的设备单独做出规定。

2. 引用标准

GB/T 7252—2001 变压器油中溶解气体分析和判断导则

GB/T 17623—1998 绝缘油中溶解气体组分含量的气相色谱判定法

DL/T 722—2014 变压器油中溶解气体分析和判断导则

二、相关知识点

1. 概念

色谱分析法是从预防性维修制度形成以来，电力运行部门通过对运行中的变压器或其他用油设备定期分析其溶解于油中的气体组分、含量及产气速率，总结出的能够及早发现变压器内部的潜伏性故障、判断其是否会危及安全运行的方法。它将变压器油取回实验室中用气相色谱仪进行分析，不受现场复杂的电磁场干扰，可以发现用油设备中一些用介质损耗和局部放电法所不能发现的局部性过热、放电等缺陷。

当怀疑有内部缺陷（如听到异常声响）、气体继电器有信号、经历了过负荷运行以及发生了出口或近区短路故障时，应进行额外的取样分析。

2. 色谱分析原理

（1）分离原理。色谱法是利用样品中各组分在流动相和固定相中被吸附和溶解度的不同，即分配系数不同进行分离的。当两相做相对运动时，样品各组分在两相间进行反复多次分配，不同分配系数的组分在色谱柱中运动速度不同，滞留时间也就不一样。分配系数小的组分会较快地流出色谱柱；分配系数越大的组分就越易滞留在固定相内，流过色谱柱的速度越慢。这样，当流经一定柱长后，样品中各组分得到了分离。当分离后的各组分流出色谱柱进入检测器时，记录仪就记录出各组分的色谱峰。由于色谱柱中存在着分子扩散和传质阻力等原因，所记录的色谱峰并不以一条矩形的谱带出现，而是一条接近高斯分布的曲线。

不同组分性质上的微小差别是色谱分离的根本，即必要条件；而性质上微小差别的组分能得到分离是因为它们在两相之间进行了上千次甚至上百万次的质量交换，这是色谱分离的充分条件。因此，色谱分离原理就是两相分配原理。

（2）色谱分析原理。变压器在发生突发性事故之前，绝缘的劣化及潜伏性故障在运行电压下将产生光、电、声、热、化学变化等一系列效应及信息。对大型电力变压器，目前几乎是用油来绝缘和散热，变压器油与油中的固体有机绝缘材料（纸和纸板等）在运行电压下因电、热、氧化和局部电弧等多种因素作用会逐渐变质，裂解成低分子烃类气体和一氧化碳及二氧化碳气体，并大部分溶解于油中；如变压器内部存在的潜伏性过热或放电故障又会加快产气的速率，同时绝缘油随着故障点温度的升高依次裂解产生烷烃、烯烃和炔烃。随着故障的缓慢发展，裂解出来的气体形成气泡在油中经过对流、扩散，就会不断地溶解在油中直至饱和甚至析出。因此，当变压器内部发生过热和放电故障时，变压器油和其他绝缘材料就会发生化学分解，产生特定的烃类气体和 H_2、碳氧化物等，一般随着温度的升高，产气量最大的烃类气体依次为 CH_4、C_2H_6、C_2H_4、C_2H_2 等。出口短路会引起绕组的匝（饼）间短路，系瞬间高能量的工频续流放电，有时涉及固体绝缘，因此 C_2H_2 含量的变化往往较大。若经受短路破坏的时间较长，CO、CO_2 的含量也会明显增加。一旦 C_2H_2 急剧上升，说明绕组可能烧坏或烧断，线包绝缘遭到破坏。同一类性质的故障，其产生气体的组分和含量在一定程度上反映出变压器绝缘老化或故障的类型及发展程度，可作为反映电气设备各异常的特征量。因此通过测量特征气体的成分和含量、分析变压器内部发热或放电点的温度，就可确定变压器经受出口短路等故障后是否遭到破坏。

同样，故障气体的产气速率在反映故障的存在、严重程度及其发展趋势方面更加直接和明显，可以进一步确定故障的有无及性质，也是诊断故障的存在与发展的另一个依据。

3. 测试意义

色谱分析能够发现设备早期的潜伏性故障，是电力系统电气设备绝缘监督的重要技术手段，是保障电气设备安全经济运行的重要工作。

三、 作业程序及过程控制

（一）充油电气设备故障诊断步骤

1. 概述

通过油中溶解气体的色谱分析诊断变压器等充油电气设备内部潜伏性故障的理论依据如下。

（1）故障下产气的累积性。充油电气设备的潜伏性故障所产生的可燃性气体大部分会溶解于油。随着故障的持续发展，这些气体在油中不断积累，直至饱和甚至析出气泡。因此，油中故障气体的含量即其累积程度是诊断故障的存在与发展情况的一个依据。

（2）故障下产气的加速性（即产气速率）。正常情况下充油电气设备在热和电场的作用下也会老化分解出少量的可燃性气体，但产气速率很缓慢。当设备内部存在故障时，就会加快这些气体的产生速率。因此，故障气体的产生速率，是诊断故障的存在与发展程度的另一依据。

（3）故障下产气的特征性。变压器内部存在的故障不同，其产气特征也不同。如火花放电时主要产生 C_2H_2 和 H_2；电弧放电时，除了产生 H_2、C_2H_2 外，总烃量也较突出；局部放电时主要是 H_2 和 CH_4；过热性故障主要是烷烃和烯烃，氢气也较高；高温过热时也会有 C_2H_2 出现。因此，故障下产气的特征性是诊断故障类型的又一依据。

（4）气体的溶解与扩散性。故障产生的气体大部分都会溶解在油中，随着油循环流动和时间推移，气体均匀地分布在油体中（电弧放电产气较快，来不及溶解与扩散，大部分会进入气体继电器中），这样使得取样具有均匀性、一致性和代表性，也是溶解气体分析用于诊断故障的重要依据。

2. 充油电气设备故障诊断步骤

对于一个有效的分析结果，应按以下步骤进行诊断：

（1）判定有无故障。

（2）判断故障类型。

（3）诊断故障的状况：如热点温度、故障功率、严重程度、发展趋势以及油中气体的饱和水平和达到气体继电器报警所需的时间等。

（4）提出相应的处理措施：如能否继续运行，继续运行期间的技术安全措施和监视手段（如确定跟踪周期等），或是否需要内部检查修理等。

（二）故障诊断程序

当已经分析得出油中溶解气体含量数据之后，建议按图 6-1 所示的步骤进行设备内部故障的诊断。

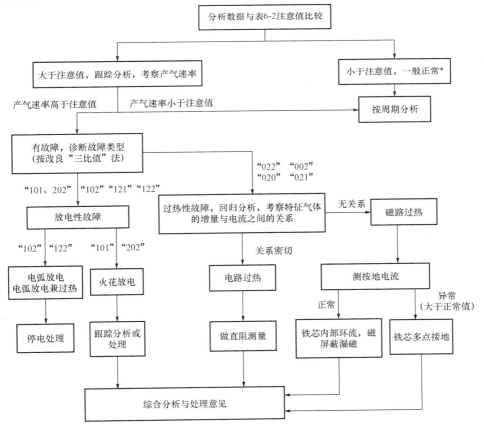

图 6-1　故障诊断程序

＊　对新投入运行的设备或重新注油的设备，短期内各气体含量迅速增长，虽未超过注意值，但通过与产气速率注意值做比较，也可判定为内部有异常。三比值编码为 121 时，虽然故障类型是电弧放电兼过热，但由于 $1 \leqslant C_2H_4/C_2H_6$（体积比）$<3$，暂时不必立即停电处理，应加强跟踪或处理。

（三）有无故障的诊断

1. 有无故障的诊断要求

DL/T 722—2014《变压器油中溶解气体分析和判断导则》，以下简称《导则》规定，对出厂和新投运的变压器和电抗器要求为：出厂试验前后的两次分析结果，以及投运前后的两次分析结果不应有明显区别，气体含量应符合表 6-1 的要求；运行中设备油中溶解气体的注意值，见表 6-2。这些规定是我们判定正常设备和怀疑有故障设备的主要法定标准。

大修后的设备也应符合表 6-1 的要求。这是因为大修后的设备应达到新设备同样的水平，因此大修后设备的油中气体含量也应与新出厂设备有同样的要求。但大修后的设备用的一般是原来的旧油（添加少量新油），油中的含气量可能比较高，因此要对油进行严格脱气，并且注意投运前、后的检测，以备作为运行中连续检测的基数。

表 6-1 　　　　　　　　　　新设备投运前油中溶解气体含量要求 　　　　　　　　μL/L

设备	气体组分	含量	
		330kV 及以上	220kV 及以下
变压器和电抗器	氢气	<10	<30
	乙炔	<0.1	<0.1
	总烃	<10	<20
互感器	氢气	<50	<100
	乙炔	<0.1	<0.1
	总烃	<10	<10
套管	氢气	<50	<150
	乙炔	<0.1	<0.1
	总烃	<10	<10

运行中设备油中溶解气体含量超过表 6-2 所列数值时，应引起注意。

表 6-2 　　　　　　　　　　运行中设备油中溶解气体含量注意值 　　　　　　　　μL/L

设备	气体组分	含量	
		330kV 及以上	220kV 及以下
变压器和电抗器	氢气	150	150
	乙炔	1	5
	总烃	150	150
	一氧化碳	（见《导则》10.2.3.1）	（见《导则》10.2.3.1）
	二氧化碳	（见《导则》10.2.3.1）	（见《导则》10.2.3.1）
电流互感器	氢气	150	300
	乙炔	1	2
	总烃	100	100
电压互感器	氢气	150	150
	乙炔	2	3
	总烃	100	100

设备	气体组分	含量	
		330kV 及以上	220kV 及以下
套管	氢气	500	500
	乙炔	1	2
	总烃	150	150

注　1. 该表所列数值不适用于从气体继电器放气嘴取出的气样。

　　2. 对于 CO 和 CO_2 的判断，《导则》有专门论述。

在识别设备是否存在故障时，不仅要考虑油中溶解气体含量的绝对值，还应注意：

（1）注意值不是划分设备有无故障的唯一标准。当气体浓度达到注意值时，应进行追踪分析，查明原因。

（2）对于新投入运行或者重新注油的变压器，短期内气体增长迅速虽未超过气体含量注意值，但通过对比气体增长率注意值，也可以判定内部有异常。

（3）对 330kV 及以上的电抗器，当出现痕量（小于 $1\mu L/L$）乙炔时也应引起注意；若气体分析虽已出现异常，但判断不至于危及铁芯和绕组安全时，可在超过注意值较大的情况下运行。

（4）影响电流互感器和电容式套管油中氢气含量的因素较多，有的氢气含量虽然低于注意值，但有增长趋势，也应引起注意；有的只是氢气含量超过注意值，若无明显增长趋势，也可判断为正常。

（5）注意区别非故障情况下的气体来源，进行综合分析。

1）在某些情况下，有些气体可能不是设备故障造成的。如油中含有水，可以与铁作用生成氢；过热的铁芯层间油膜裂解也可生成氢；新的不锈钢中也可能在加工过程中或焊接时吸附氢而又慢慢释放至油中。特别是在温度较高、油中有溶解氧时，设备中某些油漆（醇醛树脂）在某些不锈钢的催化下，甚至可能产生大量的氢气；某些改型聚酰亚胺型的绝缘材料也可生成某些气体溶解于油中。油在阳光照射下也可以生成某些气体。设备检修时，暴露在空气中的油可吸收空气中的 CO_2 等。有些油初期会产生氢气（在允许范围），以后逐步下降。因此应根据不同的气体性质分别予以处理。

2）当油色谱数据超注意值时还应注意：排除有载调压变压器中切换开关油室的油向变压器本体油箱渗漏，或选择开关在某个位置动作时，悬浮电位放电的影响；设备曾经有过故障，而故障排除后绝缘油未经彻底脱气，部分残余气体仍留在油中；设备带油补焊；原注入的油中就含有某些气体等可能性。

2. 有无故障的诊断方法

（1）对比分析结果的绝对值（如总烃、C_2H_2、H_2、CH_4 等）某一项指标超过表 6-1 和表 6-2 的注意值，且产气速率超过表 6-7 的注意值，判定为存在故障。

案例 1： 220kV 主变压器内部磁路过热故障。某主变压器自 2004 年 7 月 26 日投运以来，进行了例行的高压试验和油化验，高压试验数据符合投运要求，而油色谱分析却出现乙炔及总烃升高情况，故对其加强了跟踪分析。

表 6-3　　　　　　　　　　色谱分析数据　　　　　　　　　　　μL/L

分析日期	CH_4	C_2H_4	C_2H_6	C_2H_2	H_2	CO	CO_2	总烃	备注
2004.7.26	0.69	0	0	0	0	3.34	10.33	0.69	局部放电前
2004.7.27	1.02	0.15	0.28	0	4.66	20.46	275.98	1.45	投运第1天
2004.7.31	17.76	32.92	3.52	2.12	21.95	29.68	278.06	56.32	投运第4天

分析步骤：根据以上的色谱分析数据做如下判断：

（1）总烃 56.32μL/L 大于表 6-1 的规定（<20μL/L），C_2H_2 2.12μL/L 大于表 6-1 的规定（0.1μL/L）。

（2）绝对产气速率

$$\gamma_a = [(C_{i2} - C_{i1}) / \Delta t] \times (m/\rho)$$
$$= [(56.32 - 1.45)/4] \times (46/0.89)$$
$$= 709 \text{mL/d}$$

绝对产气速率远大于表 6-7 中的规定 12mL/d，可见，气体上升速度很快。

由以上两点可认为设备有异常，须缩短跟踪周期进行跟踪分析。

图 6-2　一个面有明显放电痕迹
的 M20 镀锌螺母

经最终停电检查，一个 "M20 镀锌螺母" 夹在 10kV 低压侧 B、C 两相之间下部的铁芯夹件与铁芯之间，其中六个侧面的一个面有明显放电痕迹；当该螺母取出后，测量主变压器铁芯绝缘电阻为 5000MΩ，主变压器铁芯多点接地故障已消除。

（3）看总烃、C_2H_2、H_2、CH_4 中是否有任何一种超过表 6-2 中的注意值，若有，则应进行追踪分析。同时考查产气速率，一般至少计算二次产气速率，且二次均超标，并有递增的趋势，可判定为设备存在故障。

案例 2：某台 SFZ7-25000/110 型的主变压器，第一年投入运行交接和连年预防性试验（包括油色谱、常规试验）结果均正常，第二年预试取油样色谱分析中发现油中特征气体较上次有异常，立即进行跟踪试验，几次取样数据见表 6-4，对数据进行分析，并得出变压器故障的结论。

表 6-4　　　　　　　　第二年变压器主要色谱分析结果　　　　　　　　μL/L

试验日期	H_2	CH_4	C_2H_6	C_2H_4	C_2H_2	总烃	CO	CO_2
3月1日	9.0	5.0	0	33.0	0	38.0	57.0	2900
6月1日	9.5	0	0	47.0	0	47.0	178.0	2460
9月16日	12.0	23.0	9.0	98.0	0	130.0	54.0	2375
10月1日	14.0	29.0	18.0	174.0	0	221.0	75.0	3040

分析步骤：用故障产气速率分析

取 6 月和 9 月的数据计算：

$$C_{i1} = 47;\ C_{i2} = 130;\ \Delta t = 3.5\ \text{月}$$

相对产气率为

$$\gamma_r = \frac{C_{i2} - C_{i1}}{C_{i1}} \times \frac{1}{\Delta t} \times 100\%$$

$$= \frac{130 - 47}{47} \times \frac{1}{3.5} \times 100\%$$

$$= 50.5\% / \text{月} > 10\% / \text{月}$$

可见，故障特征气体增速较快，且相对产气速率大于 $10\%/$ 月，可认为设备有异常，但根据《导则》要求"总烃含量低的设备不宜采用相对产气率进行判断"。因此需要跟踪，比较 10 月与 9 月的数据：

$$\gamma_r = (C_{i2} - C_{i1})/C_{i1} \times 1/\Delta t \times 100\%$$

$$= (221 - 130)/130 \times 1/0.5 \times 100\%$$

$$= 182\% / \text{月} > 10\% / \text{月}$$

因此，可判定该变压器有异常。

3. 绝缘纸吸附残油中故障气体的判断方法

(1) 溶解气体的解析，也叫回溶现象，是指固体材料及固体绝缘材料所吸附的某些气体在固相与液相中的一种分配与平衡的过程，如在某些设备处理工艺过程中，不锈钢部件吸附较高浓度的 H_2，注油后 H_2 由高浓度（不锈钢件）向低浓度（油）介质中扩散的过程。发生严重故障导致油中烃类气体的含量很高的变压器，即使在对油进行真空脱气处理后，固体材料所吸附的特征组分由于解析需要一定的时间和过程，真空滤油很难将其处理掉，当设备重新投运后，油温升高使其固相的吸附指数降低，从而由高浓度的固体材料向很低浓度的油中进行扩散分配，逐渐达到平衡。其最大回溶量一般不超过其原来最大值的 $10\% \sim 13\%$，这和绝缘材料的用量、材料性质及密度有一定的关系。这也是处理后重新投运的变压器不易进行产气速率考核的原因。解析（回溶）达到平衡的时间一般为 $1 \sim 3$ 个月，且和油温高低有关，油温高时解析就快些，油温低时解析达到平衡的时间就会长些。

对于故障处理后的变压器，投运前也要进行一次色谱分析，以建立起基准数据，即处理后的残留量。投运一定时间后，若故障特征组分的量低于残留量与最大解析量之和，则表明故障已排除，反之则说明故障仍存在。

其计算方式为：设某组分 i 处理前的最大浓度为 C_{iL}，处理后的残存浓度为 C'_{iL}，那么运行后无故障时允许的 i 组分最高含量要小于 $[C'_{iL} + (10\% \sim 13\%)C_{iL}]$。在进行故障诊断时，为了不致造成误判，要充分考虑气体的解析问题。

案例 1： 某台 240MVA/220kV 主变压器，因内部发生了电弧放电故障，故障处理前 C_2H_2 最大为 $300\mu\text{L}/\text{L}$，经故障处理并对油进行真空脱气后 C_2H_2 为 $0.2\mu\text{L}/\text{L}$，重新投入运行，运行一周后分析油中 C_2H_2 达 $7\mu\text{L}/\text{L}$，半个月后 C_2H_2 增至 $13\mu\text{L}/\text{L}$。其他特征气体虽然也有所增长，但均远低于注意值。继续跟踪分析、监视。该主变压器运行 2 个月后，油中 C_2H_2 达 $23\mu\text{L}/\text{L}$，其后不再增长。

$$[C'_{iL} + (10\% \sim 13\%)C_{iL}] = [0.2 + (10\% \sim 13\%) \times 300] = 3.2 \sim 39.2 > 23$$

此案例印证了溶解气体的解析现象。

(2) 若特征气体增长速率比正常设备快些，可对设备内部纤维材料中的残油抽溶解的残气进行估算。其估算步骤及公式推导如下。

1）绝缘纸中浸渍的油量 V_1（L）为

$$V_1 = V_P\left(1 - \frac{d_1}{d}\right) \tag{6-1}$$

2）绝缘纸板中浸渍的油量 V_2（L）为

$$V_2 = V_B\left(1 - \frac{d_2}{d}\right) \tag{6-2}$$

式中　d_1——绝缘纸的密度，取 0.8；

　　　d_2——纸板的密度，取 1.3；

　　　d——纤维素的密度，取 1.5；

　　　V_P——设备中绝缘纸的体积，L；

　　　V_B——设备中绝缘纸板的体积［V_P、V_B 可由制造厂家提供，如果万一不能及时获得制造厂提供的数据，则建议暂时按油∶纸/板＝（4～7）∶1(质量)和纸板∶纸＝6∶4(体积)来进行近似估算，以便及时评估变压器内部的状态］。

3）设备内部绝缘纸和纸板中浸渍的总油量为

$$V = V_1 + V_2 \tag{6-3}$$

4）设备修理前油中组分 i 的浓度已知，即为 C_i（μL/L），则纸和纸板中残油所残存的组分 i 气体总量为：

$$G_i = VC_i \times 10^{-6} \tag{6-4}$$

5）当设备装油量为 V_0（L）时，则修复并运行一段时间之后，上述残气 G_i 再均匀扩散至体积为 V_0 的油中，其浓度为

$$C'_i = \frac{G_i}{V_0} \times 10^6 = \frac{VC_i}{V_0} \tag{6-5}$$

6）将式（6-1）和式（6-2）代入式（6-5）即得

$$C'_i = \frac{G_i}{V_0}\left[V_P\left(1 - \frac{d_1}{d}\right) + V_B\left(1 - \frac{d_2}{d}\right)\right] \tag{6-6}$$

因此当故障修复后，油处理后经气体分析所得的各组分浓度应分别减去 C'_i 值，才是设备修复后油中气体的真实浓度。

案例 2：某台 240MVA/220kV 主变压器，因内部发生了电弧放电故障，油中 C_2H_2 达 230μL/L，经事故抢修和对油进行真空脱气后，重新投入运行，运行一周后分析油中 C_2H_2 达 7μL/L，半个月后 C_2H_2 增至 13μL/L。其他特征气体虽然也有所增长，但均远低于注意值。根据式（6-6）计算认为，该变压器油中残存的 C_2H_2 极限值可达 27μL/L，建议继续跟踪分析、监视。该主变压器运行 2 个月后，油中 C_2H_2 达 23μL/L，其后不再增长。实践证明，只要制造厂能够提供准确的 V_P 和 V_B 数据，利用式（6-6）估算事故后残气的含量是比较准确的。

也可根据经验，变压器大修之后绝缘纸中吸附气体扩散到油中的回溶率一般为 10%～13%，电弧放电故障后油中 C_2H_2 达 230μL/L，按 10%～13% 的回溶率计算，油中 C_2H_2 在大修后 1～3 月内残气为 23～29.9μL/L 属于正常，其后不再增长，可判断为残气回溶。

（四）色谱分析及数据处理技术要点

1. 色谱分析技术要点

色谱分析取样各环节不能出现任何失误，否则可能导致误判、漏判。下面对一些注意要点进行说明：

（1）取样用注射器一定要清洗烘干，避免因高浓度残油（如有载调压开关室油、严重故障设备残油等）引起的某些组分分析数据偏高而对设备状态的误判，包括取样用软管也要反复用油清洗干净。

（2）取样用注射器密封完好，避免因漏气与外界进行气体交换。若运输途中有些样品中进入空气，此气泡一定不能排出，这是因为油中各组分已初步在油气两相中进行分配，若排出气泡将导致测出数据偏低，影响分析结果的准确性，可能会导致漏判，引起不必要的设备损坏。

（3）取样时死油排放要充分，排油量是4倍以上的阀路死体积。而对于某些老式变压器在一根很长且管径很粗的油管上安装取样阀的，不宜在此处取样，因为管的死体积一般都有几升油，若排放4倍，排油量过大，不满4倍死体积则有死油残存，影响测试结果。

（4）用油量和加入平衡气的量要适当，加气用的小注射器在加气前应反复用空气清洗6次以上，然后用载气清洗一次，确保排除其他残样影响。

（5）取平衡气的小注射器也应反复清洗多次，避免残样的引入造成分析结果的偏差。

（6）进样器每次进样前应反复抽洗6次以上，然后用样气清洗一次后再进样。

（7）进样时滞空时间要短，进样要迅速，退针要快，防止样品气逸散和失真。

（8）数据处理时要观察每个峰的定性、定量是否正确和准确，必要时启用手动积分与识峰功能。

（9）若遇分析数据较高时，要查阅历史数据并比较，若有明显增长，要计算产气速率是否超标。若产气速率超标，应制定后续的跟踪分析周期。

2. 数据处理技术要点

（1）色谱峰的处理（定性、定量）准确与否是获得准确分析结果的重要环节。峰的定性识别要准确，峰的积分起止点也要准确，才不会造成漏判和误判。

（2）数据分析是诊断设备有无故障、故障性质及严重程度必不可少的环节。先要检查各项数据是否超出规定的注意值，再分析数据结构的合理性。对于数据结构不合理、不符合故障特征的数据要查清楚，必要时应取样复检。

下面举例说明数据结构在诊断故障时的应用。如某台220kV变压器220kV套管油中溶解气体的色谱分析数据见表6-5。

表6-5　　　　　　　　220kV套管中油样的色谱分析数据　　　　　　　　μL/L

H_2	CH_4	C_2H_4	C_2H_6	C_2H_2	总烃
5	10	116	18	1.9	145.9

该变压器本体油色谱分析正常，而对套管油色谱分析注意值的规定：$H_2 \leq 500\mu L/L$，总烃$\leq 150\mu L/L$，$C_2H_2 \leq 2\mu L/L$。从表中数据看，均未超出注意值，但从数据结构看应属于过热故障，由于有C_2H_2出现，属高温过热故障，根据套管构造判断为导杆与引线接头处过热，又根据本体油色谱分析正常，可排除变压器内导杆与引线接头处过热，从而判

断出必为导杆上部与引出线接头松动引起的上部过热，传导至套管内使其套管油裂变所致。经红外测温证实了该推断的正确性。

第二节　故障严重程度诊断

一、　概述

1. 适用范围

本方法适用于充有矿物绝缘油的电气设备故障严重程度诊断。

2. 引用标准

GB/T 7252—2001　变压器油中溶解气体分析和判断导则

GB/T 17623—1998　绝缘油中溶解气体组分含量的气相色谱判定法

DL/T 722—2014　变压器油中溶解气体分析和判断导则

二、　相关知识点

1. 概述

计算气体增长速率是《导则》的重要内容。仅仅根据分析结果的绝对值很难对故障的严重性做出正确判断。因为故障常常以低能量的潜伏性故障开始，若不及时采取相应的措施，可能会发展成较严重的高能量的故障。因此，必须考虑故障的发展趋势，也就是故障点的产气速率，故气体增长率是最终判断故障严重程度的依据。

2. 产气速率分析原理

产气速率与故障消耗的能量大小、故障部位和故障点的温度等情况有直接关系的。因此，计算故障产气速率，既可以进一步明确设备内部有无故障，又可以对故障的严重性做出初步估计。

3. 测试意义

根据一次油中溶解气体分析结果的绝对值，难以判断设备是否有潜伏性故障，更难以判断其严重程度。因此，必须对设备进行跟踪分析，考察故障的发展趋势，计算产气速率。

三、　作业程序及过程控制

产气速率有绝对产气速率和相对产气速率之分。

DL/T 722—2014 和 GB/T 7252—2001 推荐下列两种方式来表示产气速率。

1. 绝对产气速率

即每运行日产生某种气体的平均值，按下式计算

$$\gamma_a = \frac{C_{i2} - C_{i1}}{\Delta t} \times \frac{m}{\rho} \qquad (6-7)$$

式中　γ_a——绝对产气速率，mL/d；

C_{i2}——第二次取样测得油中组分 i 气体的浓度，μL/L；

C_{i1}——第一次取样测得油中组分 i 气体的浓度，μL/L；

Δt——二次取样时间间隔中的实际运行时间，d;

m——设备总油量，t;

ρ——油的密度，t/m^3。

案例1：由表6-6计算绝对产气速率。

表6-6　　　　　　　　　　变压器色谱分析数据　　　　　　　　　　μL/L

日期	CH_4	C_2H_4	C_2H_6	C_2H_2	H_2	CO	CO_2	C_1+C_2	备注
2003.4.24	1.58	0	0	0	0	19	198	1.58	大修后
2003.4.29	0.83	0	0	0	0	34	261	0.83	下部油
2003.5.8	103.2	224.6	31.9	1.99	49	40	337	361.7	下部油
2003.5.9	164	315.6	56.5	2.7	77.6	41	368	538.8	下部油
2003.5.17	170.7	326.6	67.6	0.93	86	56	465	565.8	下部油

绝对产气速率为

$$\gamma_a = [(C_{i2}-C_{i1})/\Delta t] \times (m/\rho)$$
$$= [(565.5-361.7)/216] \times (46/0.89)$$
$$= 48.8 mL/d$$

2. 相对产气速率

即每运行月（或折算到月）某种气体含量增加原有值的百分数的平均值。按下式计算

$$\gamma_r = \frac{C_{i2}-C_{i1}}{C_{i1}} \times \frac{1}{\Delta t} \times 100\% \tag{6-8}$$

式中　γ_r——相对产气速率，%/月;

C_{i2}——第二次取样测得油中组分i气体含量，μL/L;

C_{i1}——第一次取样测得油中组分i气体含量，μL/L;

Δt——二次取样时间间隔内的实际运行时间，月。

案例2：由表6-6计算相对产气速率。

$$\gamma_r = \frac{C_{i2}-C_{i1}}{C_{i1}} \times \frac{1}{\Delta t} \times 100\%$$
$$= \{[(565.8-538.8)/538.8]/0.27\} \times 100\%$$
$$= 18.56\%/月 \geq 10\%/月$$

相对产气速率也可以用来判断设备内部状况。总烃的相对产气速率大于10%/月时应引起注意。相对产气速率对于新投运的设备、变压器经脱气处理、油中气体含量很低的设备及少油设备不适用。

表6-7　　　　　运行中设备油中溶解气体绝对产气速率注意值　　　　　mL/d

气体组分	密封式	开放式
氢气	10	5
乙炔	0.2	0.1
总烃	12	6

续表

气 体 组 分	密 封 式	开 放 式
一氧化碳	100	50
二氧化碳	200	100

注 1. 对 $C_2H_2 < 0.1\mu L/L$ 且总烃小于新设备投运要求时，总烃的绝对产气速率可不作分析（判断）。

　　　2. 新设备投运初期，一氧化碳和二氧化碳的产气速率可能会超过表中的注意值。

　　　3. 当检测周期已缩短时，本表中注意值仅供参考，周期较短时，不适用。

　　　4. 当产气速率达到注意值时，应缩短检测周期，进行追踪分析。

　　3. 两种产气速率的比较

　　绝对产气速率表示法能直接反映出故障性质和发展程度，包括故障源的功率、温度和面积等。不同设备的绝对产气速率具有可比性，不同性质故障的绝对产气速率也有其独特性，其计算方法也较简单。因此，考察绝对产气速率已在国内得到了广泛应用。相对产气速率表示法计算更简便，对同一设备油中产气速率前后对比，能看出故障的发展趋势。但是，不同设备由于容量与油量的不同，缺乏可比性，不能直接反映故障源的有关参数。

　　4. 考察产气速率时的注意事项

　　《导则》中虽然根据变压器的结构特点，分别提出了开放式和密封式绝对产气速率的注意值，但《导则》中规定的产气速率的注意值也不是判断设备有无故障的绝对标准。产气速率在很大程度上依赖于设备类型、负荷情况、故障类型和所用绝缘材料的体积及其老化程度。应结合这些情况进行综合分析。判断设备状况时，还应考虑到呼吸系统对气体的逸散作用。

　　对于发现气体含量有缓慢增长趋势的设备，应适当缩短检测周期，考察产气速率，便于监视故障发展趋势。考察产气速率时必须注意：

　　（1）追踪分析时间间隔应适中，一般采用先密后疏的原则，且必须采用同一方法进行气体分析。

　　（2）产气速率与测试误差有一定的关系。如果两次测试结果的测试误差不小于10％，增长也在同样的数量级，则以这样的测试结果来考察产气速率是没有意义的，计算出的绝对产气速率也不可能反映出真实的故障情况。只有当气体含量增长的量超过测试误差1倍以上时，才能认为"增长"是可信的。因此在追踪分析和计算产气速率时，更应注意减少测试误差，提高整个操作过程的试验系统的重复性，必要时应重复取样分析，取平均值来减少误差。这样求得的产气速率才是有意义的。

　　（3）由于在产气速率的计算中没有考虑气体损失，而这种损失又与设备的温度、负荷大小及变化的幅度、变压器的结构形式等因素有关，因此在考察产气速率期间，负荷应尽可能保持稳定。如欲考察产气速率与负荷的互相关系，则可以有计划地改变负荷，同时取样进行分析。

　　（4）考察绝对产气速率时，追踪的时间间隔应适中。时间间隔太长，计算值为这一长时间内的平均值，如该故障是在发展中，则该平均值会比实际的最大值偏低；反之，时间间隔太短，增长量就不明显，计算值受测试误差的影响较大。另外，故障发展往往并不是均匀的，而多为加速的。考察产气速率的时间间隔应根据所观察到的故障发展趋势而定。经验证明，起初以1～3个月的时间间隔为宜；当故障逐渐加剧时，就要缩短测试周期；当故障平稳或消失时，可逐渐减少取样次数或转入正常定期监测。

（5）对于油中气体浓度很高的开放式变压器，由于随着油中气体浓度的增加，油与油面上空间的气体组分分压差越来越大，气体的损失也越来越大，这时产气速率会有降低的趋势，或明显出现越来越低的现象。因此对于气体浓度很高的变压器，为可靠地判断其产气状况，可将油进行脱气处理。但要注意，由于残油及油浸纤维材料所吸附的故障特征气体会逐渐向已脱气的油中释放，在脱气后的投运初期，特征气体增长明显不一定是故障的象征。应待这种释放达到平衡后（有时可能长达两三个月），才能考察出真正的产气速率。

（6）若确定为电弧放电故障，建议立即停电检查。并立即取样做试验，追踪周期定为1天或1天以内，此时如果产气速率增加缓慢，再逐渐增加周期的间隔时间。

若故障性质为高温过热，且总烃高，并有 C_2H_2 出现，此时如果负荷允许，建议停电检查。若条件不允许，追踪周期一般定为3天至1周。如果产气速率较快，再缩短间隔时间；产气速率较慢时，追踪周期可再延长。

若故障性质为火花放电，追踪周期一般定为1～2周。

若故障性质为中温过热、低温过热，追踪周期一般定为15天至1个月。

（7）考察产气速率时，如果变压器脱气处理，或设备运行时间不长以及油中气体含量很低，采用相对产气速率判据会带来较大误差，这时不宜采用此判据。

5. 实际工作中的处理原则

实际工作中，与判断有无故障一样，通常把气体浓度绝对值和产气速率结合起来，诊断故障的严重程度。当浓度值超过表6-2注意值的5倍左右，且绝对产气速率超过表6-7注意值的2倍左右时，可以判为较严重的故障。

第三节　故障类型诊断

一、概述

1. 适用范围

本方法适用于充有矿物绝缘油的电气设备故障类型诊断。

2. 引用标准

GB/T 7252—2001　变压器油中溶解气体分析和判断导则

GB/T 17623—1998　绝缘油中溶解气体组分含量的气相色谱判定法

DL/T 722—2014　变压器油中溶解气体分析和判断导则

二、相关知识点

1. 概念及不同故障类型的产气特征

（1）过热故障。若变压器中的某个部位发热量高于设计预期值或散热量低于预期值，即发热和散热达不到平衡状态，则该部位的温度就会继续升高而产生过热现象。

1）过热故障的类型。过热性故障的分类方法有很多。若按故障发生的部位，可分为内部过热和外部过热；若按过热性故障的性质，可分为发热异常型过热和散热异常型过热。电力部门一般按故障源温度的高低，将过热性故障分为4种类型。

a. 轻微过热：故障源温度低于150℃；

b. 低温过热：故障源温度在 150～300℃ 之间；

c. 中温过热：故障源温度在 300～700℃ 之间；

d. 高温过热：故障源温度大于 700℃。

2）产生故障的原因。对内部过热性故障，按其发生的部位，通常将其归纳为 3 类：

a. 接点接触不良。如引线连接不好，分接开关接触不良，导体接头焊接有问题等。

b. 导体故障。如线圈不同电压比并列运行引起循环电流发热、导体超负荷过电流发热、导体绝缘膨胀堵塞油道而引起的散热不良等。

c. 磁路故障。如铁芯两点或多点接地、铁芯短路引起涡流发热、铁芯与穿芯螺钉短路、漏磁引起的夹件（压环）等局部过热。

3）故障的产气特征。过热性故障产生的部位不同、能量不同，其产气特征也不相同。

a. 裸金属过热性故障。对于不涉及固体绝缘的裸金属过热性故障，其气体的来源是变压器油的高温裂解。变压器油裂解产生的气体，主要是低分子烃类，其中甲烷、乙烯为主，一般二者之和占总烃的 80% 以上。

当故障点温度较低时，甲烷占的比例大；随着热点温度的升高，乙烯、氢气组分含量急剧增加，比例增大；当发生严重过热，故障点温度达 800℃ 以上时，也会产生少量乙炔气体。

b. 涉及固体绝缘材料的过热性故障。该类过热性故障除了引起变压器油的裂解，产生低分子烃类气体外，由于固体绝缘材料的裂解，还产生较多的一氧化碳和二氧化碳气体，且随着温度的升高，CO/CO_2（含量）的比值逐渐增大。

对于只局限于局部油道堵塞或散热不良的过热性故障，由于过热温度较低，且过热面积较大，对绝缘油的热解作用不大，因此产生的低分子烃类气体也不多。

总之，一氧化碳和二氧化碳含量的高低是反映过热性故障是否涉及绝缘及故障能量高低的重要指标。

（2）放电故障。变压器在运行过程中，由于受到水分、杂质、短路冲击、雷击及其他因素的影响，使局部场强过高或场强发生畸变，超出了该部位绝缘所能承受的正常水平，就会导致绝缘击穿而发生放电性故障。

在分析放电性故障时，一般按放电故障能量的高低，将其分为高能放电、低能放电和局部放电 3 类。

1）高能量放电。高能量放电也称电弧放电。在变压器、套管、互感器内均会发生。引起电弧放电故障的原因，通常是线圈匝间绝缘击穿，过电压引起内部闪络，引线断裂引起电弧，分接开关飞弧和电容屏击穿等。

这类故障产气剧烈，产气量大，故障气体往往来不及溶解于油中而迅速进入气体继电器内部，引发气体继电器动作。这类故障多是突发性的，从故障的产生到酿成事故的时间较短、预兆不明显，难以分析预测。

在目前情况下，多是在故障发生后，对油中的气体和气体继电器中的气体进行分析，以判断故障的性质和严重程度。

电弧放电会导致 H_2 和 C_2H_2 含量突出，总烃含量较高，C_2H_2 占总烃含量的 10%～50%，一般不高于 30%，也有个别高的，像这种情况最终导致设备损坏的是电弧。而在此之前，应有一个较强的持续火花放电的过程，才导致 C_2H_2 占总烃比例相对较高，而电弧放电时，C_2H_2 的绝对量要比火花放电时高很多。

若高能量放电故障涉及固体绝缘材料，则气体继电器中气体和油的溶解气体中，除乙炔特征气体含量较高外，一氧化碳的含量也很大。

2）低能量放电。一般指火花放电，它是一种间歇性放电故障。如铁芯钢片之间、铁芯接地不良造成的悬浮电位放电；分接开关拨叉悬浮电位放电；电流互感器内部引线对外壳放电；一次线圈支持螺母松动，造成线圈屏蔽铝箔悬浮电位放电等。

油中火花放电会导致 C_2H_2 和 H_2 含量突出，而总烃含量不高，C_2H_2 占总烃含量的 $30\%\sim70\%$，但 C_2H_2 一般不高于 $100\mu L/L$。

3）局部放电。局部放电是指液体和固体绝缘材料内部形成桥路的一种放电现象。一般可分为气隙性和气泡性两类局部放电。在电流互感器和电容套管故障中，这类放电比例较大。设备受潮、制造工艺不良和安装维护质量差都会造成局部放电隐患。

局部放电常发生在油浸纸绝缘中的气体空穴或悬浮带电体的空间内。它是一种电晕放电，并且是附着气泡被击穿时的放电，对设备的危害性不大，一般不产生 C_2H_2，主要产生 H_2 和 CH_4，总烃含量也不太高，CH_4 含量一般占总烃的 $60\%\sim90\%$，且 H_2 量是 CH_4 量的 $10\sim40$ 倍，尤其 $20\sim30$ 倍最为典型，并且 H_2 量和 CH_4 量对应增长，其余组分增长不明显。

在故障检查分析时，若在绝缘纸表面看到有明显可见的蜡状物或放电痕迹，通常都认为是局部放电引起的。

无论哪种放电，只要涉及固体绝缘材料，都会使油中的一氧化碳和二氧化碳的含量明显增加。

（3）受潮。单值 H_2 超标严重且其他组分基本不增长时，受潮的可能性较大，有时是固体材料特别是不锈钢部件吸附 H_2 的解析，若 $2\sim3$ 个月以后 H_2 不再继续增加或增加缓慢，则为固体材料吸附 H_2 的解析，若是受潮则会继续增加。若是设备中的少量水分和裸露的铁（锌）部件发生电化学反应生成 H_2，这种状况一般 H_2 量呈上升趋势，而油中含水量略呈下降趋势。

另外，变压器油的组成对产气故障特征也有一定的影响。如在同样的电场作用下，含芳香烃较少的油容易析出氢气和甲烷；而芳香烃含量相对较高的油中，则产生的氢气和甲烷量相对较少。

2. 测试意义

应用最广且准确有效的两种方法：改良"三比值"法和故障特征气体数据结构法。改良"三比值"法是对"三比值"法的改进和发展，准确率在 $85\%\sim95\%$ 之间，除了和人员的技术水平差异、经验丰富程度有很大关系外，和其他电气性试验数据也有关。而应用特征气体增量、数据结构及比例关系进行判断，对于有丰富经验的技术人员来说，其准确率很高，几乎可以达到百分之百，这是基于不同的故障有不同的产气特征。

三、作业程序及过程控制

（一）特征气体法

根据油纸分解的基本原理和一些模拟试验结果，提出了以油中气体组分，即特征气体为焦点的判断设备故障的各种方法，简称为特征气体法。由此可推断设备的故障类型。表

6-8为不同的故障类型产生的主要特征气体和次要特征气体。

表 6-8　　　　　　　　　　　不同故障类型产生的气体

故障类型	主要特征气体	次要特征气体
油过热	CH_4、C_2H_4	H_2、C_2H_6
油和纸过热	CH_4、C_2H_4、CO	H_2、C_2H_6、CO_2
油纸绝缘中局部放电	H_2、CH_4、CO	C_2H_4、C_2H_6、C_2H_2
油中火花放电	H_2、C_2H_2	
油中电弧	H_2、C_2H_2、C_2H_4	CH_4、C_2H_6
油和纸中电弧	H_2、C_2H_2、C_2H_4、CO	CH_4、C_2H_6、CO_2

注　1. 油过热：至少分为两种情况，即中低温过热（低于 700℃）和高温（高于 700℃）以上过热。如温度较低（低于 300℃），烃类气体组分中 CH_4、C_2H_6 含量较多，C_2H_4 较 C_2H_6 少甚至没有；随着温度增高，C_2H_4 含量增加明显。

　　2. 油和纸过热：固体绝缘材料过热会产生大量的 CO、CO_2，过热部位达到一定温度，纤维素逐渐碳化并使过热部位油温升高，才使 CH_4、C_2H_6 和 C_2H_4 等气体增加。因此，涉及固体绝缘材料的低温过热在初期烃类气体组分的增加并不明显。

　　3. 油纸绝缘中局部放电：主要产生 H_2、CH_4。当涉及固体绝缘时产生 CO，并与油中原有 CO、CO_2 含量有关，以没有或极少产生 C_2H_4 为主要特征。

　　4. 油中火花放电：一般是间歇性的，以 C_2H_2 含量的增长相对其他组分较快，而总烃量不高为明显特征。

　　5. 电弧放电：高能量放电，产生大量的 H_2 和 C_2H_2 以及相当数量的 CH_4 和 C_2H_4。涉及固体绝缘时，CO 量显著增加，纸和油可能被炭化。

　　实际诊断故障类型时，为了更直观起见，可把表 6-8 进行改进，总结为改进的特征气体法，见表 6-9。

表 6-9　　　　　　　　　　　改进的特征气体法

故障类型	序号	故障性质	特征气体的特点
热性故障	1	过热（低于 500℃）	总烃较高，$CH_4 > C_2H_4$，C_2H_2 占总烃的 2% 以下
	2	严重过热（高于 500℃）	总烃高，$C_2H_4 > CH_4$，C_2H_2 占总烃的 6% 以下，H_2 一般占氢烃总量的 27% 以下
	3	过热故障在电路和磁路的判断方法	1. 一般总烃较高，有几百 μL/L，乙炔在 1μL/L 以下，占 2% 总烃以下，乙炔增加慢，总烃增加的快，C_2H_4/C_2H_6 比值较小，一般 C_2H_4 的产气速率往往低于 CH_4 的产气速率，绝大多数情况下该比值为 6 以下，一般故障在磁路。CH_4/H_2 的比值一般接近 1。 2. 一般总烃较高，有几百 μL/L 甚至更多，乙炔一般 $>4μL/L$，接近 2% 总烃，乙炔和总烃增加都快，C_2H_4/C_2H_6 比值也较高，一般 C_2H_4 的产气速率往往高于 CH_4 的产气速率。一般故障在电路或外围附件（一般为潜油泵电路有问题）。CH_4/H_2 的比值要大（一般大于 3）
电性故障	4	局部放电	总烃不高，$H_2 > 100μL/L$，并占氢烃总量的 90% 以上，CH_4 占总烃的 75% 以上。H_2/CH_4 的比值 >10 甚至超过 20，在跟踪分析时，二者同比增加
	5	火花放电	总烃不高，$C_2H_2 > 10μL/L$，并且 C_2H_2 一般占总烃的 25% 以上，H_2 一般占氢烃总量的 27% 以上，C_2H_4 占总烃的 18% 以下
	6	电弧放电	总烃较高，$C_2H_2/$总烃为 10~30%，H_2 占氢烃总量的 27% 以上；乙炔/总烃超过 50%，即使是电弧放电，但前奏肯定是火花放电
过热兼放电故障	7	过热兼电弧放电	总烃较高，C_2H_2 占总烃的 6%~18%，H_2 占氢烃总量的 27% 以下

案例 1：南荆高抗 A 相 1000kV 故障，见表 6-10。

表 6-10　　　　　　　南阳 1000kV 特高压变电站南荆 I 线高压电抗器 A 相

取样时间	气体成分含量（μL/L）							
	甲烷 CH₄	乙烯 C₂H₄	乙烷 C₂H₆	乙炔 C₂H₂	氢气 H₂	一氧化碳 CO	二氧化碳 CO₂	总烃
2008.12.9　15：00	0.37	0.01	0.02	0.02	5.2	12.9	150.5	0.42
2008.12.10　15：00	0.45	0.02	0.06	0.09	7.0	17.8	59.8	0.62
2008.12.11　18：00	0.50	0.03	0.09	0.12	11.7	19.2	62.0	0.74
2008.12.12　06：00	1.19	0.03	0.08	0.21	9.1	18.7	143.2	1.51
2008.12.12　09：00	1.09	0.05	0.01	0.25	7.3	17.1	63.2	1.40
2008.12.12　12：00	1.12	0.05	0.07	0.33	12.7	20.5	67.7	1.57
2008.12.12　15：00	0.94	0.10	0.12	0.43	12.8	19.9	86.7	1.59
2008.12.12　18：00	0.91	0.15	0.11	0.48	11.3	20.3	66.2	1.65

故障分析：

根据表 6-9 火花放电的特征气体法：总烃不高，$C_2H_2 > 10\mu L/L$，并且 C_2H_2 一般占总烃的 25% 以上，H_2 一般占氢烃总量的 27% 以上，C_2H_4 占总烃的 18% 以下。

以 2008.12.12 18：00 数据来分析：

(1) $\dfrac{C_2H_2}{总烃} = \dfrac{0.48}{1.65} \times 100\% = 29\% > 25\%$

(2) 氢烃总量：氢气（H_2）＋总烃＝11.3＋1.65＝12.95

$\dfrac{H_2}{氢烃} = \dfrac{11.3}{12.95} \times 100\% = 87.3\% > 27\%$

(3) $\dfrac{C_2H_4}{总烃} = \dfrac{0.15}{1.65} \times 100\% = 9\% < 18\%$

(4) 因在试运行期间，C_2H_2 含量少，故此条 $C_2H_2 > 10\mu L/L$ 不用考虑。

因 C_2H_2 和总烃都比较小，所以判断故障类型为：小火花放电。

故障的确切部位为磁屏蔽接地引线螺母松动（分段式，靠上部），如图 6-3、图 6-4 所示。

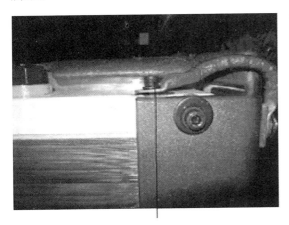

图 6-3　磁屏蔽接地螺栓

图 6-4　磁屏蔽接地螺栓位置外壳烧黑处

案例 2：某 1 号主变压器 SFPSZ9-120000/220 过热故障。

该 1 号主变压器在 4 月大修后，进行了例行的高压试验和油化验，高压试验数据符合投运要求，而油色谱分析却出现总烃升高情况，故对其加强了跟踪分析。

表 6-11　　　　　　　　　　　变压器色谱分析数据　　　　　　　　　μL/L

日期	CH_4	C_2H_4	C_2H_6	C_2H_2	H_2	CO	CO_2	C_1+C_2	备注
2003.4.24	1.58	0	0	0	0	19	198	1.58	大修后
2003.4.29	0.83	0	0	0	0	34	261	0.83	下部油
2003.5.8	103.2	224.6	31.9	1.99	49	40	337	361.7	下部油
2003.5.9	164	315.6	56.5	2.7	77.6	41	368	538.8	下部油
2003.5.17	170.7	326.6	67.6	0.93	86	56	465	565.8	下部油

故障分析：

（1）根据表 6-9 高温过热故障的特征气体法：严重过热（高于 500℃）为，总烃高，$C_2H_4>CH_4$，C_2H_2 占总烃的 6% 以下，H_2 一般占氢烃总量的 27% 以下。

以 2003.5.17 数据来分析：

1）总烃高，为 565.8μL/L。

2）$C_2H_4>CH_4=326.6μL/L>170.7μL/L$

3）$\dfrac{C_2H_2}{总烃}=\dfrac{0.93}{565.8}\times100\%=0.16\%<6\%$

4）氢烃总量：氢气（H_2）+总烃 = 86+565.8 = 651.8

$\dfrac{H_2}{氢烃}=\dfrac{86}{651.8}\times100\%=13.2\%<27\%$

故障性质为高于 500℃ 高温范围的过热故障。

（2）过热故障在电路和磁路的判断方法（表 6-9）。

1）一般总烃较高，有几百 μL/L，乙炔在 1μL/L 以下，乙炔增加慢，总烃增加的快，C_2H_4/C_2H_6 比值较小，绝大多数情况下该比值为 6 以下，一般故障在磁路。

2）一般总烃高，有几百 μL/L 甚至更多，乙炔一般 >4μL/L，接近 2% 总烃，乙炔和总烃增加都快，C_2H_4/C_2H_6 比值也较高，并且 C_2H_4 的产气速率往往高于 CH_4 的产气速率。一般故障在电路或外围附件（一般为潜油泵电路有问题）。

还以 2003.5.17 数据来分析：

a. 总烃 565.8μL/L。

b. $C_2H_2<1μL/L$。

c. 从表 7-11 中的数据可知，C_2H_2 由 0 增至 0.93μL/L，总烃由 1.58 增至 565.8μL/L，显然乙炔增加慢，总烃增加得快。

d. $C_2H_4/C_2H_6=326.6/67.6=4.8<6$。

e. 故障部位估计：根据以上分析，该主变压器过热故障应在磁路。经返厂解体，解体后在该变压器高压侧 A 相绕组底板下油道内发现一直径 8mm 的金属熔球。处理后，一切试验正常。

案例 3：某 SSPL-120000/220 型的主变压器金属性过热故障。

某 220kV 主变压器，某年运行中取油样色谱分析，发现总烃超标，立即进行跟踪分析，试验数据见表 6-12。

表 6-12 变压器色谱分析结果 μL/L

日期	H_2	CH_4	C_2H_6	C_2H_4	C_2H_2	CO	CO_2	总烃
3月20日	156	240	54	399	0.98	1070	15 559	694
3月25日	136	279	59	492	2.95	1174	16 772	832
3月30日	136	362	125	826	3.74	1374	17 535	1318
4月5日	118	419	152	1046	4.77	1133	16 208	1629

故障分析：

（1）根据表 6-9 高温过热故障的特征气体法：严重过热（高于 500℃），总烃高，$C_2H_4 > CH_4$，C_2H_2 占总烃的 6% 以下，H_2 一般占氢烃总量的 27% 以下。

以 4 月 5 日数据来分析：

1）总烃高，为 1629μL/L。

2）$C_2H_4 > CH_4 = 326.6μL/L > 170.7μL/L$

3）$\dfrac{C_2H_2}{总烃} = \dfrac{4.77}{1629} \times 100\% = 0.29\% < 6\%$

4）氢烃总量：氢气（H_2）＋总烃＝118＋1629＝1747

$$\frac{H_2}{氢烃} = \frac{118}{1747} \times 100\% = 6.8\% < 27\%$$

故障性质为"高于 500℃高温范围的过热故障"。

（2）过热故障在电路和磁路的判断方法（见表 6-9）。

1）一般总烃较高，有几百 μL/L，乙炔在 1μL/L 以下，乙炔增加慢，总烃增加的快，C_2H_4/C_2H_6 比值较小，绝大多数情况下该比值为 6 以下，一般故障在磁路。

2）一般总烃高，有几百 μL/L 甚至更多，乙炔一般 >4μL/L，有时高达 2% 总烃，乙炔和总烃增加都快，C_2H_4/C_2H_6 比值也较高，并且 C_2H_4 的产气速率往往高于 CH_4 的产气速率。一般故障在电路或外围附件（一般为潜油泵电路有问题）。

还以 4 月 5 日数据来分析：

a. 总烃 1629μL/L。

b. $C_2H_2 > 4μL/L$，$C_2H_2/总烃 = 4.77/1629 = 0.29\%$。

c. 从表 4-12 中的数据可知，C_2H_2 由 0.98 增至 4.77μL/L，增加 4 倍多；总烃由 694 增至 1629μL/L，增加近 3 倍，显然乙炔和总烃增加都快。

d. $C_2H_4/C_2H_6 = 1046/152 = 6.9 > 6$。

e. 故障部位估计：根据以上分析，该主变压器过热故障应在电路。该主变压器属于无载调压变压器，分接开关和变压器本体是一体的，其过热点在 C 相分接开关，属金属性过热。

（二）三比值法

1. 三比值编码规则、故障类型诊断及应用

根据充油设备内油、绝缘纸在故障下裂解产生气体组分含量的相对浓度与温度的依赖关系，从 5 种特征气体中选用两种溶解度和扩散系数相近的气体组分组成三对比值，以不

同的编码表示；根据表 6-13 的编码规则和表 6-14 的故障类型判断方法作为诊断故障性质的依据。这种方法消除了油的体积效应影响，是判断充油电气设备故障类型的主要方法，并可以得出对故障状态较为可靠的诊断，据资料统计，判断准确率可达 97.1%。

表 6-13   三比值法编码规则（DL/T 722—2014）

气体比值范围	比值范围编码		
	$\dfrac{C_2H_2}{C_2H_4}$	$\dfrac{CH_4}{H_2}$	$\dfrac{C_2H_4}{C_2H_6}$
<0.1	0	1	0
[0.1, 1)	1	0	0
[1, 3)	1	2	1
≥3	2	2	2

表 6-14   故障类型判断方法

编码组合			故障类型判断	故障实例（参考）
C_2H_2/C_2H_4	CH_4/H_2	C_2H_4/C_2H_6		
0	0	0	低温过热（低于 150℃）	纸包绝缘导线过热，注意 CO 和 CO_2 的增量和 CO_2/CO 值
	2	0	低温过热（150～300℃）	分接开关接触不良；引线连接不良；导线接头焊接不良，股间短路引起过热；铁芯多点接地，矽钢片间局部短路等
	2	1	中温过热（300～700℃）	
	0、1、2	2	高温过热（高于 700℃）	
2	1	0	局部放电	高湿、气隙、毛刺、漆瘤、杂质等引起的低能量密度的放电
	0、1	0、1、2	低能放电	不同电位之间的火花放电，引线与穿缆套管（或引线屏蔽管）之间的环流
	2	0、1、2	低能放电兼过热	
1	0、1	0、1、2	电弧放电	绕组匝间、层间放电，相间闪络；分接引线间油隙闪络、选择开关拉弧；引线对箱壳或其他接地体放电
	2	0、1、2	电弧放电兼过热	

案例 1：500kV 电抗器 A 相火花放电性故障的诊断。

2002 年 6 月 19 日，在对某 500kV 电抗器进行周期性色谱分析时，该设备 A 相正常，到 2002 年 9 月 19 日，周期性色谱分析时发现该设备 A 相 C_2H_2 超标，总烃和 H_2 都有显著增长，随后对该设备进行色谱跟踪分析，其分析数据见表 6-15。

表 6-15   色谱分析数据   μL/L

日期	CH_4	C_2H_4	C_2H_6	C_2H_2	H_2	CO	CO_2	C_1+C_2	备注
2002.6.19	19.3	5.8	4.4	0.7	55	421	767	30.2	周期
2002.9.19	34.4	25.2	8.9	4.7	69	602	622	73.2	周期
2002.9.20	42.1	38.3	13.2	6.2	122	615	1080	99.8	追踪分析
2002.9.23	41	42.5	15.2	5.9	128	689	1464	104.6	追踪分析
2002.9.29	43.8	45.3	15.5	6.4	151	625	1850	111	停运处理
2002.10.23	1.2	2.8	3.3	0	0	42	90	7.3	大修后运行 24h

用三比值法进行故障类型诊断：

（1）以 2002.9.29 数据分析。

$C_2H_2/C_2H_4 = 6.4/45.3 \approx 0.14$，编码在 $\geq 0.1 \sim < 1$ 范围，编码取 1；

$CH_4/H_2 = 43.8/151 \approx 0.29$，编码在 $\geq 0.1 \sim < 1$ 范围，编码取 0；

$C_2H_4/C_2H_6 = 45.3/15.5 \approx 2.92$，编码在 $\geq 1 \sim < 3$ 范围，编码取 2。

上述比值范围编码组合为 102，查表 6-14 可知，故障性质为"电弧放电故障类型"。

（2）该设备停运后经检查，故障是由于中性点套管均压罩松动所引起的放电性故障。

案例 2：某 110kV 主变压器中温过热故障。

2003 年 3 月某变电站 1 号主变压器改造过程中，在对该主变压器投运后的色谱分析试验中发现变压器本体油色谱数据异常，通过跟踪分析，油中总烃、乙炔、氢气含量持续增长快，于是在 2004 年 4 月进行了吊罩检查，色谱数据见表 6-16。

表 6-16　　　　　　　　　　　　　　　　色谱分析数据　　　　　　　　　　　　　　μL/L

日期	CH_4	C_2H_4	C_2H_6	C_2H_2	H_2	CO	CO_2	C_1+C_2	备注
2003.3.20	6.7	8.13	1.34	3.77	11.73	32.64	241.89	19.94	投运前
2003.3.22	10.91	13.49	2.4	3.43	12.21	24.65	188.83	30.23	投运一天
2003.4.4	68.54	81.47	17.63	5.69	49.07	70.07	366.09	173.33	追踪分析
2003.4.7	11.94	23.13	6.22	1.77	18.39	20.52	448.02	43.06	缺陷处理滤油投运后一天
2003.8.11	112.7	114.11	44.96	1.26	48.27	202.91	491.59	273.04	追踪分析
2003.10.24	183.11	177.93	77.45	1.35	67.9	244.02	505.27	439.84	追踪分析

（1）用三比值法进行故障类型诊断。以 2003.10.24 数据分析：

$C_2H_2/C_2H_4 = 1.35/177.93 \approx 0.007$，编码在 < 0.1 范围，编码取 0；

$CH_4/H_2 = 183.11/67.9 \approx 2.69$，编码在 $\geq 1 \sim < 3$ 范围，编码取 2；

$C_2H_4/C_2H_6 = 177.93/77.45 \approx 2.29$，编码在 $\geq 1 \sim < 3$ 范围，编码取 1。

上述比值范围编码组合为 021，查表 6-14 可知，故障性质为"中温过热（300～700℃）故障类型"。

（2）该设备于 2004 年 4 月 15 日进行了吊罩检修，发现造成主变压器中温过热的直接原因是由于厂家制造工艺的缺陷使该主变压器铁芯外引接地插片过长且强度不够，趴倒在铁芯上，造成运行中铁芯硅钢片间局部短接，由于部分磁通通过被短接的铁芯片间，泄漏电流增大，附加的介质损耗增加，造成运行中铁芯发热。

从检查情况看，发热比较严重，铁芯外引接地插片已被熔化掉一个角，形成了明显的故障点（I 处），如图 6-5 所示。吊罩检修的结果验证了色谱分析判断的准确性。

2. 应用三比值法的三项原则

（1）只有根据气体各组分含量的注意

图 6-5　故障点位置直观图

值或气体增长率的注意值有理由判断设备可能存在故障时，气体比值才是有效的，并应予计算。对气体含量正常，且无增长趋势的设备，比值没有意义。

（2）假如气体的比值和以前的不同，可能有新的故障重叠在老故障或正常老化上。为了得到仅仅相应于新故障的气体比值，要从最后一次的分析结果中减去上一次的分析数据，并重新计算比值（尤其是在 CO 和 CO_2 含量较大的情况下）。在进行比较时要注意在相同的负荷和温度等情况下并在相同的位置取样。

（3）由于溶解气体分析本身存在的试验误差，导致气体比值也存在某些不确定性。例如，按 GB/T 17623 要求分析油中溶解气体结果的重复性和再现性。对气体浓度高于 $10\mu L/L$ 的气体，两次的测试误差不应大于平均值的 10%，而在计算气体比值时，误差将达到 20%；当气体浓度低于 $10\mu L/L$ 时，误差会更大，使比值的精确度迅速降低。因此在使用比值法判断设备故障性质时，应注意各种可能降低精确度的因素。尤其是对正常值普遍较低的电压互感器、电流互感器和套管，更要注意这种情况。

（三）回归分析

许多故障，特别是过热性故障，产气速率与设备负荷之间呈线性回归或倍增回归关系。如果这个关系明显，说明产气速率过程依赖于欧姆发热，可用产气速率与负荷电流关系的回归线斜率作为故障发展过程的监视手段。

变压器过热性故障时的产气速率与设备负荷电流呈现一定的关系，即故障发展与负荷电流的关系。$r_r = AI^2 + \Delta$；$r_r = AU^2 + \Delta$；A、Δ 为综合常数。即：导电回路的过热故障产气速率正比于负荷电流的平方，而磁路的过热故障产气速率正比于负荷电压的平方。将每一跟踪间隔内绝对产气速率分别与负荷电流的平方或负荷电压的平方进行比较，便可判断故障是在磁路还是在导电回路。

对于过热性故障，为了准确判断故障点在电路还是磁路，可利用故障特征气体产气增量与负荷电流之间关系判断。在变压器空载运行情况下，在相同的间隔时间内取样，进行色谱分析，操作条件一致，考察其产气速率，若产气速率继续增长，说明故障产气速率与负荷电流无相关性，则可判断故障部位在磁路。连续监视产气速率与负荷电流的关系，还可以获悉故障发展的趋势，以便及早采取对策。

一般在实际工作中，可采用空载运行查看产气速率的增长情况判断故障是在电路还是磁路，空载运行时二次侧断路，二次侧电流为零，一次侧在额定电压下运行，主磁通和负载运行相同，一次侧空载电流很小。若空载运行时故障气体不增加或增加很少，说明产气速率与电流关系大，电流小时气体增量就少，故障应在电路；空载运行时故障气体增加很快，说明产气速率过程与磁路关系较大，故障应在磁路。

案例 1：磁路故障。

某 220kV 主变压器产品型号为 SFSZ10-150000/220，额定容量为 150 000kVA，冷却方式为 ONAN/ONAF60%～100%，油重 44.2t，联结组标号 YNyn0d11。该主变压器 2005 年 11 月投运至 2007 年 11 月，定期电气试验正常，油质试验及油色谱分析试验数据符合《导则》标准。2007 年 11 月 25 日例行试验发现色谱总烃超标，达到 566.2μL/L，追踪分析，根据产气特征及三比值分析呈现高温过热故障特征，并初步判断属磁路过热故障。利用回归分析法，在变压器空载运行情况下，考察产气速率，准确判定故障出现在磁路。主变压器吊开罩后，开始进行逐项检查。当在油箱内部打开所有磁屏蔽表面绝缘纸板露出磁屏蔽板后，发现中低压侧箱壁上靠近中压 C 相套管升高座下部的最右边一块磁屏蔽板表面有两处明显过热痕迹。

空载运行主变压器色谱分析结果见表 6-17。

表 6-17　　　　　　　　空载运行主变压器色谱分析结果　　　　　　　　$\mu L/L$

日期	CH_4	C_2H_4	C_2H_6	C_2H_2	H_2	CO	CO_2	总烃	备注
2007.12.01	251.3	311.5	99.8	0.35	167.6	487.6	2482	662.9	下部
2007.12.02	254.6	317.7	101.7	0.36	169.4	463.2	2492	674.2	下部
2007.12.03	257.6	327.5	103	0.34	173.7	480.7	2557	682.4	下部
2007.12.05	282.6	342.9	110.2	0.34	182.9	475	2361	735.4	下部
2007.12.06	293.3	350.5	112.6	0.33	181.5	471.6	2334	756.7	下部

分析：空载运行时故障气体增加很快，5 天时间总烃由 $662.9\mu L/L$ 增至 $756.7\mu L/L$，说明产气速率过程与磁路关系较大，故障应在磁路。主变压器解体检查结果和色谱回归分析相一致。

案例 2：电路故障。

空载运行 220kV 淮 1 号变压器色谱数据见表 6-18。

表 6-18　　　　　　　空载运行 220kV 淮 1 号变压器色谱数据　　　　　　　$\mu L/L$

日期	CH_4	C_2H_4	C_2H_6	C_2H_2	H2	CO	CO_2	总烃
2007.05.07	72	161	35.3	4.31	53.6	163	1588	272.61
2007.05.18	73.4	165	42.4	3.94	53.6	189	1547	284.74
2007.05.19	71.7	176	36.4	4.03	57.9	182	1602	288.13
2007.05.20	71.2	171	36.4	4.25	56.7	181	1473	282.85
2007.05.21	75.1	172	40.5	4.22	54.7	176	1483	291.82
2007.05.22	72.4	171	38.8	4.2	56.6	182	1594	286.4

分析：空载运行时故障气体增加很少，5 天时间总烃由 $272.61\mu L/L$ 增 $286.4\mu L/L$ 说明产气速率与电流关系较大，电流小时气体增量就少，故障应在电路。主变压器解体检查结果是 10kV B 相绕组断股，和色谱回归分析相一致。

（四）溶解气体解释表

利用三比值法不能得出确切诊断时，《导则》还推荐了另一种利用三比值诊断故障类型的方法，即溶解气体解释表，见表 6-19 所列。表 6-19 将所有故障类型分为六种情况，这六种情况适合于所有类型的电气设备，气体比值的极限依赖于设备的具体类型可稍有不同。表 6-19 还显示了 D1 和 D2 之间的某些重叠，而又有区别，这说明放电的能量有所不同，因而必须对设备采取不同的措施。

表 6-19　　　　　　　　　　溶解气体分析解释

情况	特 征 故 障	C_2H_2/C_2H_4	CH_4/H_2	C_2H_4/C_2H_6
PD	局部放电（见注 3 和 4）	NS[①]	<0.1	<0.2
D1	低能量放电	>1	0.1～0.5	>1
D2	高能量放电	0.6～0.25	0.1～1	>2
T1	热故障（$t<300℃$）	NS*	>1 但 NS*	1

情况	特 征 故 障	C_2H_2/C_2H_4	CH_4/H_2	C_2H_4/C_2H_6
T2	热故障（300℃＜t＜700℃）	＜0.1	＞1	1～4
T3	热故障（t＞700℃）	＜0.2＊＊	＞1	＞4

注　1. 在某些国家，使用比值 C_2H_2/C_2H_6 而不是 CH_4/H_2。而其他一些国家，使用的比值极限值会有所不同。

2. 以上比值在至少有一种特征气体超过正常值并超过正常增长速率时计算才有意义。

3. 在互感器中 CH_4/H_2＜0.2 为局部放电；在套管中，CH_4/H_2＜0.7 时为局部放电。

4. 有报告称，过热的铁芯叠片中的薄油膜在 140℃ 及以上发生分解产生气体的组分类似于局部放电所产生的气体。

＊　NS 表示数值不重要。

＊＊　C_2H_2含量的增加，表明热点温度超过了 1000℃。

（五）气体比值的图示法

利用三比值法和溶解气体解释表仍不能提供确切的诊断，《导则》建议可以使用立体图示法或大卫三角形法予以判定。它们是利用气体的三对比值，在立体坐标图上建立图 6-6 所示的立体图示法，可方便地直观不同类型故障的发展趋势。利用 CH_4、C_2H_2、C_2H_4 的相对含量，在图 6-7 所示的三角形坐标图上判断故障类型的方法也可辅助这种判断。

图示法更适合利用计算机软件显示，可要求厂家在工作站体现出来。

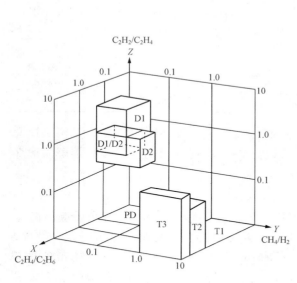

图 6-6　立体图示法

PD—局部放电；D1—低能放电；D2—高能放电；
T1—热故障，t＜300℃；T2—热故障，
300℃＜t＜700℃；T3—热故障，t＞700℃

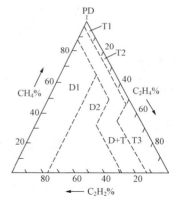

$$\%C_2H_2=\frac{100X}{X+Y+Z}, \quad X=[C_2H_2]\text{单位：}\mu L/L$$

$$\%C_2H_4=\frac{100Y}{X+Y+Z}, \quad X=[C_2H_4]\text{单位：}\mu L/L$$

$$\%CH_4=\frac{100Z}{X+Y+Z}, \quad X=[CH_4]\text{单位：}\mu L/L$$

PD—局部放电；D1—低能放电；D2—高能放电；
T1—热故障，t＜300℃；T2—热故障，300℃＜t
＜700℃；
T3—热故障，t＞700℃

区域极限：

PD	98%CH_4			
D1	23%C_2H_4	13%C_2H_2		
D2	23%C_2H_4	13%C_2H_2	38%C_2H_4	29%C_2H_2
T1	4%C_2H_2	10%C_2H_4		
T2	4%C_2H_2	10%C_2H_4	50%C_2H_4	
T3	15%C_2H_2	50%C_2H_4		

图 6-7　大卫三角形法

（六）与三比值法配合诊断故障的其他方法

《导则》推荐了其他几种辅助方法。

（1）比值 CO_2/CO。当故障涉及固体绝缘时，会引起 CO 和 CO_2 含量的明显增长。根据现有的统计资料，固体绝缘的正常老化过程与故障情况下的劣化分解，表现在油中 CO 和 CO_2 的含量上，一般没有严格的界限，规律也不明显。这主要是由于从空气中吸收 CO_2、固体绝缘老化及油的长期氧化形成 CO 和 CO_2 的基值过高造成的。

当故障涉及固体绝缘材料时（高于 200℃），一般 $CO_2/CO<3$，必要时，最好用 CO_2 和 CO 的增量进行计算，以确定故障是否涉及固体绝缘。当固体绝缘材料老化时，一般 $CO_2/CO>7$（国内有的经验数值为 13）。

对运行中的设备，随着油和固体绝缘的老化，CO 和 CO_2 会呈现有规律的增长。当这一增长趋势发生突变时，应与其他气体（CH_4、C_2H_2 及总烃）的变化情况进行综合分析，判断故障是否涉及固体绝缘。

当怀疑纸或纸板过度老化时，应参照 DL/T 984 进行判断。可适当地测试油中糠醛含量，或在可能的情况下测试纸样的聚合度。

（2）比值 O_2/N_2。一般在油中都溶解有 O_2 和 N_2，这是油在开放式设备的储油罐中与空气作用的结果，或密封设备泄漏的结果。在设备里，考虑到 O_2 和 N_2 的相对溶解度，油中的 O_2/N_2 的比值反映空气的组成，接近 0.5。运行中由于油的氧化或纸的老化，这个比值可能降低，因为 O_2 的消耗比扩散更迅速。负荷和保护系统也可影响这个比值。对开放式设备，当 $O_2/N_2<0.3$ 时（国内有经验认为 $O_2/N_2<0.1$），一般认为是出现了氧气被过度消耗的情况，应引起注意。对密封良好的设备，由于氧气的消耗，O_2/N_2 的比值在正常情况下可能会低于 0.05。

（3）比值 C_2H_2/H_2。有载分接开关切换时产生的气体与低能量放电时的情况相似，假如某些油或气体在有载分接开关油箱与主油箱之间相同，或各自的储油柜间相通，这些气体可能污染主油箱的油，并导致误判断。

当特征气体超过注意值时，若 C_2H_2/H_2 大于 2（最好用增量进行计算），特别是变压器本体油中 C_2H_2 单值较高，而其他烃类组分较低或无增长时，认为是有载分接开关油（气）污染造成的。这种情况可利用比较主油箱和切换开关油室的油中溶解气体含量来确定。气体比值和 C_2H_2 含量决定于有载分接开关的切换次数和产生污染的方式（通过油或气），因此 C_2H_2/H_2 不一定大于 2。

有载开关渗漏的现场检查，可用干燥空气或氮气在有载开关小储油器上部施加一定的压力（如 0.02MPa），然后关闭气源，保持一定时间，观察压力下降情况。另外，也可采用干燥的 SF_6 或 He（氦）气，这样除可以观察压力的下降情况外，还可以用色谱法检测变压器本体油中的 SF_6 或 He 含量来判断有载开关油箱有无渗漏。

（4）比值 CH_4/H_2。有助于判断高温过热故障是涉及导磁回路还是导电回路。大量数据表明，如果高温过热故障涉及导电回路，如分接开关接触不良、引线接触不良、导线接头焊接不良或断股以及多股导线中股间短路等，所产生的 CH_4 量比涉及导磁回路时产生的量要多，也就是 CH_4/H_2 的比值要大（一般大于 3）。如果高温过热故障只涉及导磁回路，此比值一般接近 1。值得注意的是，潜油泵磨损引起的绝缘油过热所产生的气体与导磁回路过热时产生的气体非常相似。

第四节 故障状况诊断

一、 概述

1. 适用范围
本方法适用于充有矿物绝缘油的电气设备故障状况诊断。

2. 引用标准
GB/T 7252—2001 变压器油中溶解气体分析和判断导则
DL/T 722—2014 变压器油中溶解气体分析和判断导则

二、 相关知识点

1. 概述
故障状况诊断是向设备维护管理者提供故障严重程度和发展趋势的信息，作为编制合理的维护措施的重要依据，以便从安全和经济性考虑，既可防止事故，又不致盲目停电检查修理，造成人力物力的浪费。根据产气速率可以初步了解故障的严重程度，进一步诊断可估算故障热源温度、故障源功率、故障点面积以及油中溶解气体饱和程度等。

2. 测试意义
油中溶解气体分析的目的是了解设备的现状，了解发生异常的原因，预测设备未来的状态。根据测试数据，就可以将设备维修方式由传统的定期预防性维修改变为针对设备状态的有目的的检修。因此在判断出有故障之后，进一步的工作是对设备状况进行判断，提供故障严重程度和发展趋势的信息。

三、 作业程序及过程控制

（一）热点温度估算
变压器油裂解后的产物与温度有关，温度不同，产生的特征气体也不同；反之，如已知故障情况下油中产生的有关各种气体的浓度，可以估算出故障源的温度。如对于变压器油过热，且当热点温度高于 400℃ 时，可根据日本月冈淑郎等人推荐的经验公式来估算，即

$$T = 322\lg\left(\frac{C_2H_4}{C_2H_6}\right) + 525 \tag{6-9}$$

但是必须注意，这一公式不适用于涉及纤维绝缘的导线过热故障。

IEC 标准指出，若 CO_2/CO 的比值低于 3 或高于 11，则认为可能存在纤维素分解故障。当涉及固体绝缘裂解时（如导线过热）绝缘纸热点的温度经验公式如下：

300℃ 以下时：

$$T = -241\lg\left(\frac{CO_2}{CO}\right) + 373 \tag{6-10}$$

300℃ 以上时：

$$T = -1196\lg\left(\frac{CO_2}{CO}\right) + 660 \tag{6-11}$$

（二）故障源功率的估算

绝缘油热裂解需要的平均活化能约为 210kJ/mol，即油热解产生 1mol 体积（标准状态下为 22.4L）的气体需要吸收热能为 210kJ/mol，则每升热解气体所需能量的理论值为

$$Q_{th} = 210/22.4 = 9.38(\text{kJ/L}) \tag{6-12}$$

由于温度不同，油裂解实际消耗的热量一般大于理论值。若热裂解时需要吸收的理论热量为 Q_{th}，实际需要吸收的热量为 Q_r，则热解效率系数 ε 为

$$\varepsilon = \frac{Q_{th}}{Q_r} \tag{6-13}$$

式中　Q_{th}——理论热值，kJ/L；

　　　　Q_r——实际热值，kJ/L。

如果已知单位故障时间内的产气量，则可导出故障功率估算公式

$$P = \frac{Q_{th}\gamma}{\varepsilon H}(\text{kW}) \tag{6-14}$$

式中　Q_{th}——理论热值，9.38kJ/L；

　　　　γ——故障时间内的产气量，L；

　　　　ε——热解效率系数；

　　　　H——故障持续时间，s。

ε 值可查热解效率系数与温度的关系的曲线（见图 6-8）。或可根据该曲线推出如下近似公式

局部放电

$$\varepsilon = 1.27 \times 10^{-3} \tag{6-15}$$

铁芯局部过热

$$\varepsilon = 10^{0.00988T-9.7} \tag{6-16}$$

线圈层间间短路

$$\varepsilon = 10^{0.00686T-5.83} \tag{6-17}$$

式中　T——热点温度，℃。

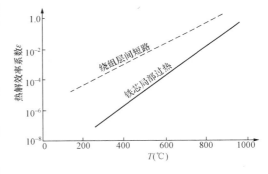

图 6-8　热解效率系数 ε 与温度 T 的关系

此外，由于气体逸散损失和气体分析精度的影响，实际故障产气速率计算的误差可能较大（一般偏低），故障能量估算一般也可能偏低。因此，计算故障产气量时应对气体扩散损失加以修正。

（三）油中气体达到饱和状态所需时间的估算

一般情况下，气体溶于油中并不妨碍变压器正常运行。但是，如果溶解气体在油中达到饱和，就会有某些游离气体以气泡形态释放出来。这是危险的，特别是在超高压设备中，可能在气泡中发生局部放电，甚至导致绝缘闪络。因此，即使对故障较轻而正在产气的变压器，为了监测油中不发生气体饱和释放，应根据油中气体分析结果，估算溶解气体饱和水平，以便预测气体继电器可能动作的时间。

当油中全部溶解气体（包括 O_2、N_2）的分压力总和与外部气体压力相当时，气体将达到饱和状态。一般饱和压力相当于 1 个标准大气压，即 101.3kPa。据此可在理论上估算气体进入气体继电器所需的时间。

当设备外部压力为 101.3kPa 时，油中溶解气体的饱和值为

$$S_{at}\% = 10^{-4} \sum \frac{C_i}{K_i} \tag{6-18}$$

式中 C_i——气体组分 i（包括 O_2、N_2）的浓度，$\mu L/L$；

K_i——气体组分 i 的奥斯特瓦尔德常数。

可用式（6-19）来估算溶解气体达到饱和所需要的时间

$$t = \frac{1 - \sum \frac{C_{i2}}{K_i} \times 10^{-6}}{\sum \frac{C_{i2} - C_{i1}}{K_i \Delta t} \times 10^{-6}} \tag{6-19}$$

式中 C_{i1}——i 组分（包括 O_2、N_2）第一次分析值，$\mu L/L$；

C_{i2}——i 组分（包括 O_2、N_2）第二次分析值，$\mu L/L$；

Δt——两次分析间隔的时间，月；

K_i——i 组分的奥斯特瓦尔德常数。

准确测定油中 O_2、N_2 浓度代入式（6-19）就能准确估算油中气体饱和水平和达到饱和的时间。若没有测 N_2 的含量，则可取 N_2 的饱和分压为 81.06kPa。这时对故障设备来说，O_2 往往被消耗完，其分压接近 0 值。

再根据气液平衡状态下，油面气体分压力的公式

$$P_{i1} = \frac{C_{i1}}{K_i} \times 10^{-6} \tag{6-20}$$

即 N_2 的分压力 $p = \frac{C_{N_2 1}}{K_{N_2}} \times 10^{-6} = 81.06kPa$

把式（6-20）代入式（6-19）就可得出溶解气体达到饱和所需要的时间公式（不需计算 O_2、N_2 的浓度）

$$t = \frac{0.2 - \sum \frac{C_{i2}}{K_i} \times 10^{-6}}{\sum \frac{C_{i2} - C_{i1}}{K_i \Delta t} \times 10^{-6}} \tag{6-21}$$

严格地讲，上述关系仅适用于静态平衡状态。由于运行中铁芯振动和油泵运转等影响，变压器多数出现动态平衡状态。因此，油中气体释放往往出现在溶解气体总分压略低于 101.3kPa（一般在 91.17～99.3kPa）的情况下。

实际中应注意，由于故障发展往往是非等速的，因此在加速产气的情况下，估算出的时间可能比实际油中气体达到饱和的时间长，在追踪分析期间，应随时根据最大产气速率进行估算，并修正报警。必须注意，报警时间要尽可能提前。

（四）故障源面积估算

日本月冈淑郎等人根据试验得出 600℃ 以内单位面积油裂解产气速率与温度的关系（见图 6-9），相应的经验公式为

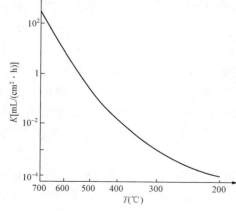

图 6-9 油裂解产气速率与温度的关系（一）

$$T = 200 \sim 300℃, \lg K = 1 \times 20 - \frac{2460}{T'} \tag{6-22}$$

$$T = 400 \sim 500℃, \lg K = 5 \times 50 - \frac{4930}{T'} \tag{6-23}$$

$$T = 500 \sim 600℃, \lg K = 14 \times 40 - \frac{11\,800}{T'} \tag{6-24}$$

式中　K——单位面积油裂解产气速率，$mL/(cm^2 \cdot h)$；

T'——绝对温度，℃；

T——故障点估算温度，℃。

在 800℃ 以上过热时，单位面积产气速率与温度的关系如图 6-10 所示。可根据式(6-25)估算故障源的面积 S

$$S = \frac{\gamma}{K} \tag{6-25}$$

式中　γ——单位时间产气量，mL/min；

K——单位面积产气速率，$mL/(mm^2 \cdot min)$。

估算故障源面积时，单位时间的产气量可按油中气体追踪分析数据得到，并根据故障点的温度估算结果。在图 6-9 或图 6-10 中查出单位面积的产气速率 K，从而求出故障面积 S。例如，某变压器三年内产气 500L，1 年 $= 5.256 \times 10^5$ min，过热点温度估算为 850℃，由图 6-10 查得 $K = 0.10 mL/(mm^2 \cdot min)$。

则 $S = \dfrac{(500 \times 1000)\ /5.256 \times 10^5}{0.10} \approx 10$（$mm^2$），对该变压器内部进行检查，实际过热面积约为（$3 \times 3$）$mm^2$，基本相符。

另外，若考察产气量时没有计入气体损失率，则有可能求得的单位时间的产气量偏低，因此，估算出的故障面积也可能偏小。

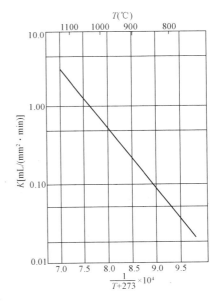

图 6-10　油裂解产气速率与温度的关系（二）

（五）故障部位估算

油中溶解气体色谱分析对于判断故障点部位比较困难。从色谱数据本身不能够准确判断故障点准确部位，只能根据经验与产气特征上的差异并结合其他电气试验结果综合分析。不同的故障部位在数据结构上体现出某些差异：

（1）电路中的热故障和磁路中的热故障其产气特征有所差异，通常绕组内部因断股或焊接不良及内部碰股（两股间接短接）形成的铜涡流发热往往涉及固体绝缘的老化，即 CO 和 CO_2 增长明显。如果中低温过热，尤其是电路低于 150℃ 以下，因散热不良，油道堵塞长期在低温过热状态下运行的低压绕组，总烃浓度可能不太高，增长也不太明显，但因长期的过热加速了固体绝缘的劣化，会产生大量的 CO_2，CO_2 增长比 CO 显著，CO_2/CO 比值远大于 10，CO_2 绝对量也很高，其产气速率超标倍数也比较高；而电路中的高、中压绕组的热性故障一般总烃浓度较高，增长也比较明显，热点温度一般比较高；电路中裸接头发热，一般 CO 和 CO_2 增长不明显，且因温度高往往会有 C_2H_2 产生，尤其是电路中的高温过热，C_2H_2 增长比较明显。

磁路过热一般不产生 C_2H_2，即使产生 C_2H_2 其浓度一般在 $4\mu L/L$ 以下，占总烃含量的 $0.5\%\sim1\%$，且增长不明显。而电路中高温过热故障时 C_2H_2 含量略高，一般在 $5\mu L/L$ 以上，占总烃量的 $1\%\sim2\%$，有时可达到 6% 左右，其增长比磁路的明显。这也是从数据结构上区分过热在电路还是磁路的主要特征。此外，对于区分热故障是在电路中还是磁路中也可采用回归分析，考核故障特征气体增量与电流（负载）之间的关系从逻辑上进行判断。

（2）对于外围附件（如潜油泵）过热，如果是潜油泵磨损而发热，在故障发展期间从声音辨别以及从出口端取样分析比较，若不能从各泵出口端取样，可采取交叉分组比较；否则比较各潜油泵的输入电流，异常者存在故障。不论是潜油泵金属研磨还是其电气部分故障，其产气特征一般都是高温过热特征，且数据结构上与电路高温过热相似。如果变压器带一定负荷特征组分且不再增加，并且特征与电路相同，很可能是潜油泵电气部分已损坏，且故障已消失，证明故障既不在电路，也不在磁路，只在附件。若特征气体不继续增长，而数据特征与磁路过热相同，很有可能是磁路中导电异物随油流运动造成的不稳定的接地引起。以上这些经验不一定完全正确和全面，仅供参考。

有时可借助其他分析或试验数据进行综合分析和判断，如油中金属离子检测，根据金属离子含量及元素的不同，以及变压器故障性质，可判断出所含金属离子是属什么部件、在什么部位，以及故障类型等。

对于属电路中的热性故障可进一步进行直流电阻的测试，根据测试结果分析是某相的问题，并比较历史结果，若某相明显高于其他两相阻值，则此相可能焊接不良或有断股，若阻值与以前结果比较没什么变化，且三相阻值基本一致，很可能某相存在股间短接而形成铜涡流。一般电路中的过热多是因分接开关触头接触电阻大而引起。

案例 1：FPSZ9-150000/220 主变压器内部故障诊断实例。

该主变压器出厂日期为 2003 年 3 月 16 日，2004 年 7 月 26 日投运，并进行了例行的高压试验和油化验，高压试验数据符合投运要求，而油色谱分析却出现乙炔及总烃升高情况（见表 6-20），故对其加强了跟踪分析。

表 6-20				色谱分析数据				$\mu L/L$
分析日期	CH_4	C_2H_4	C_2H_6	C_2H_2	H_2	CO	CO_2	总烃	备注
2004.7.26	0.69	0	0	0	0	3.34	10.33	0.69	局放前
2004.7.27	1.02	0.15	0.28	0	4.66	20.46	275.98	1.45	运行
2004.7.31	17.76	32.92	3.52	2.12	21.95	29.68	278.06	56.32	运行

经过四天的色谱跟踪分析，发现主变压器本体变压器油中乙炔及总烃升高现象，为此进行了相关的色谱分析：

（1）故障严重程度诊断。因为总烃含量不高，不适合用相对产气速率进行判断，所以应计算其绝对产气速率 γ_a。

$$\gamma_a = [(C_{i2} - C_{i1})/\Delta t] \times (m/\rho)$$
$$= [(56.32 - 1.45)/4] \times (46/0.89)$$
$$= 709(mL/d)$$

国家标准规定绝对产气速率不大于 $12mL/d$，可见，气体上升速度很快，可认为设备有异常，须追踪分析。

故障源功率估算［按式（6-14）计算］

$$P = \frac{Q_{th}\gamma}{\varepsilon H}$$

其中：Q_{th}＝理论热值，$9.38kJ/L$；$\gamma = \sum C_{i2} - \sum C_{i1}$，单位换算为 L；因运行中发现铁芯接地电流比正常值大的多，初步判断为铁芯多点接地故障，所以 ε 按式（6-16）计算，$\varepsilon = 10^{0.00988T-9.7}$，$T = 837.64℃$；$H = 4$ 天 $= 4 \times 24 \times 60 \times 60$（s）。

$$P = \frac{9.33 \times [(56.32 + 21.95 + 29.68 + 278.06) - (1.45 + 4.66 + 20.46 + 275.98)]}{10^{0.00988 \times 837.64 - 9.7} \times 4 \times 24 \times 60 \times 60}$$

$P = 0.0598$（kW）

系一般的局部过热故障。

（2）故障类型诊断（用三比值法）。

$C_2H_2/C_2H_4 = 2.12/32.92 \approx 0.06$

$CH_4/H_2 = 17.76/21.95 \approx 0.81$

$C_2H_4/C_2H_6 = 32.92/3.52 \approx 9.35$

上述比值范围编码组合为（0、0、2），由此推断，故障性质为高于 $700℃$ 高温范围的过热故障。

（3）热点温度估算［按经验式（6-9）计算］。

$T = 322\lg(C_2H_4/C_2H_6) + 525$

$T = 322\lg(32.92/3.52) + 525 = 837.64$（℃）

其估算温度与三比值法分析相符。

（4）油中溶解气体达到饱和所需要的时间估算［按式（6-21）计算］。

$$t = \frac{0.2 - \sum\dfrac{C_{i2}}{K_i} \times 10^{-6}}{\sum\dfrac{C_{i2} - C_{i1}}{K_i \Delta t} \times 10^{-6}}$$

对故障设备而言，O_2 往往被消耗，，其分压接近 0 值，即 O_2 在油中的溶解度为 0。由于没有测定 N_2，可按式（6-21）进行计算。其中可代入 7 月 27 日和 7 月 31 日的数据，$\Delta t = 4/30$（月），K_i 可查表 6-21。

表 6-21 　　　　　　　　各种气体在矿物绝缘油中的奥斯特瓦尔德系数

气体组分	K_i		
	IEC-60599—1999 *		GB/T 17623—1998 * *
	20℃	50℃	50℃
H_2	0.05	0.05	0.06
O_2	0.17	0.17	0.17
N_2	0.09	0.09	0.09
CO	0.12	0.12	0.12
CO_2	1.08	1.00	0.92

续表

气体组分	K_i		
	IEC-60599—1999 *		GB/T 17623—1998 * *
	20℃	50℃	50℃
CH_4	0.43	0.40	0.39
C_2H_4	1.70	1.40	1.46
C_2H_6	2.40	1.80	2.30
C_2H_2	1.20	0.9	1.02

   * 这是从国际上几种最常用的牌号的变压器油得到的一些数据的平均值。实际数据与表中的这些数据会有些不同，然而可以使用上面给出的数据，而不影响计算结果得出的结论。

* * 国产油测试的平均值。

则

$$t=\frac{0.2-\Sigma\left(\frac{17.76}{0.39}+\frac{32.92}{1.46}+\frac{3.52}{2.30}+\frac{2.12}{1.02}+\frac{21.95}{0.06}+\frac{29.68}{0.12}+\frac{278.06}{0.92}\right)\times10^{-6}}{\Sigma\left(\frac{17.76-1.02}{0.39}+\frac{32.92-0.15}{1.46}+\frac{3.24}{2.30}+\frac{2.12}{1.02}+\frac{17.29}{0.06}+\frac{9.22}{0.12}+\frac{2.08}{0.92}\right)\times\frac{10^{-6}}{4/30}}$$

$$=60.84（月）$$

如果 t 值比较小，且此时不能检修，则必须立即对油进行脱气处理。

（5）故障点面积估算［按式（6-25）计算故障源的面积 S］。

$$S=\frac{\gamma}{K}=\frac{83.46\times10^{-3}}{0.10}=0.83（mm^2）$$

其中：由 $T=837.64$，查图 6-10 得 $K=0.10mL/mm^2$

$\gamma=(\Sigma C_{i2}-\Sigma C_{i1})/(4\times24\times60)=83.46\times10^{-3}（mL/min）$

对该变压器内部进行检查，是一个 M20 的螺母卡在铁芯之间，实际故障面积很小，和计算结果基本相符。

由上述分析可知，故障发展得非常迅速，且故障点温度很高，建议停电检查。

（6）故障点部位估计。前面介绍过，对于磁路故障一般无 C_2H_2，即使有，一般只占氢烃总量的 2%以下，根据此变压器的色谱分析结果知，C_2H_2 占氢烃总量的 0.15%，初步判断故障在磁路。

经检查是一个 M20 镀锌螺母夹在 10kV 低压侧 B、C 两相之间下部的铁芯夹件与铁芯之间。

案例 2：50MVA/220kV 变压器内部故障诊断。

该变压器油体积 40m³，其中气体组分分析结果见表 6-22。

表 6-22   50MVA/220kV 变压器油气体组分分析结果   μL/L

日期	CH_4	C_2H_4	C_2H_6	C_2H_2	H_2	CO	CO_2	总烃
2 月 20 日	550	2300	320	18	110	30	730	3190
3 月 27 日	920	3180	410	15	190	70	1600	4470

由表 6-22 可知，无论是根据气体各组分浓度绝对值还是产气速率来判断，该变压器

都已存在严重故障。其三比值编码组合为 022，属高于 700℃ 的局部过热故障。但是，该故障未涉及固体绝缘。

（1）故障点温度估算：由式（6-9）经验公式得故障源温度 $T=810℃$。

（2）故障点功率估算：根据 $T=810℃$ 查图 6-8 可知，热裂解效率系数 $\varepsilon=3\times10^{-2}$；运行 37 天产气量为 52L，则产气速率为 58mL/h 或 0.97mL/min，据式（6-14）估算，故障功率 $P\approx5W$。

（3）故障源面积估算：由故障源温度 810℃，查图 6-10 得知单位面积产气速率 $K=0.1mL/(mm^2\cdot min)$，应用式（6-25）求得故障源面积 $S=10mm^2$。

（4）油中溶解气体达到饱和释放所需时间的估算：由式（6-21）近似计算，如果该故障发展是等速的，则该变压器油中溶解气体达到饱和释放，即气体继电器报警约需 52 个月。这表明，如无其他特殊情况发生，该变压器还可以有足够的时间允许继续运行，进行追踪分析。

（5）内部检查：主管部门为确保变压器运行安全，决定进行内部检查。查实变压器中 B 相分接开关局部被烧伤。

案例 3：120MVA/110kV 变压器内部故障状况诊断。

该变压器油体积为 42m³，其油中气体组分分析结果见表 6-23。

表 6-23　　120MVA/110kV 变压器油气体组分分析结果　　μL/L

日期	CH$_4$	C$_2$H$_4$	C$_2$H$_6$	C$_2$H$_2$	H$_2$	CO	CO$_2$	总烃
投运前	7	31	5	3	8	36	30	46
运行 18 天后	1460	2400	210	230	1700	110	4200	4300

由表 6-23 可知，该变压器运行时间不长，但油中氢烃类气体浓度绝对值很高，产气速率很快，其三比值编码组合为 002，属高温过热故障。油中 CO$_2$ 比投运前增大较多，但 CO 并未突增，分析认为油中 CO$_2$ 增大可能是投运前没有真空脱气和真空注油，器身中残留所致。因此判断该故障尚未涉及固体绝缘。

（1）故障点温度估算：由式（6-9）经验公式得故障源温度 $T=850℃$。

（2）故障点功率估算：根据 $T=850℃$ 查图 6-8 可知热裂解效率系数 $\varepsilon=5\times10^{-2}$；根据该变压器油量 42m³ 和表 6-23 所示的氢烃类产气增量计算得，在运行 18 天（$t=1.56\times10^6s$）内，该变压器油中总产气量为 250L。据式（6-14）计算故障点功率 $P\approx30W$。

（3）故障源面积估算：由故障点温度 850℃，查图 6-10 得知单位面积产气速率 $K=0.1mL/(mm^2\cdot min)$，根据表 6-23 可知实际产气速率每天为 13.9L，即产气速率 $\gamma=9.7mL/min$，则由式（6-25）求得故障源面积 $S=97mm^2$。

（4）油中溶解气体达到饱和释放所需时间的估算：由式（6-21）近似计算，按表 6-23 气体增长的速率，该变压器油中溶解气体达到溶解饱和释放最多只需 2 个月，因此应尽快停止运行，进行内部故障检查，消除故障。

（5）故障检查：检查发现铁芯多点接地，系定位钉未翻转，定位钉上有明显烧伤痕迹。

第五节　变压器故障色谱综合分析诊断

一、概述

1. 适用范围

本方法适用于充有矿物绝缘油的电气设备故障综合分析诊断。

2. 引用标准

GB/T 7252—2001　变压器油中溶解气体分析和判断导则

GB/T 17623—1998　绝缘油中溶解气体组分含量的气相色谱判定法

DL/T 722—2014　变压器油中溶解气体分析和判断导则

二、相关知识点

1. 色谱综合分析概述及原理

《导则》所规定的原则是带有指导性的一般规律，因此不能机械地照搬照用。通常设备内部故障的形式和发展总是比较复杂的，往往与多种因素有关，这就需要全面地进行分析。

首先要根据历史情况和设备的特点以及环境等因素，确定所分析的气体究竟是来自外部或是内部。所谓外部原因，包括冷却系统潜油泵故障，油箱带油补焊，油流继电器触点火花，注入油本身未脱净气等。如果排除了外部的可能性，在分析内部故障时，要进行综合分析。例如绝缘预防性试验结果和检修的历史档案，设备当时的运行情况（温升、过负荷、过励磁、过电压等），设备的结构特点，制造厂同类产品有无故障先例，设计和工艺有无缺点等。

根据油中溶解气体分析结果对设备进行诊断时，还应从安全和经济两方面考虑。对于某些热故障，一般不应盲目地建议吊罩、吊芯，进行内部检查修理，而应首先考虑这种故障是否可以采取其他措施，如通过改善冷却条件、限制负荷等来缓和或控制其发展。事实上，有些热故障即使吊罩、吊芯也难以找到故障源。对于这一类设备，应采取临时对策来限制故障的发展，只要油中热解气体未达到饱和，即使不吊罩、吊芯修理，也有可能安全运行一段时间，以便考虑进一步的处理方案。这样，既能避免热性损坏，又避免了人力物力的浪费。

关于脱气处理的必要性，要分几种情况区别对待：当油中气体接近饱和时，应进行脱气处理，避免气体继电器动作或油中析出气泡，发生局部放电；当油中含气量较高而不便于监视其产气率时，也可以考虑进行脱气处理，脱气处理后，从起始值开始进行监测。但是需要注意的是，油的脱气处理并不是处理故障的手段，少量的可燃气在油中并不危及设备的安全运行。因此在监视故障的过程中，过分频繁的脱气处理是不必要的。

在分析故障时，应广泛采用新的测试技术，例如电气或超声波法的局部放电测量和定位，铁芯多点接地，油及固体绝缘材料中的微量水分测定，油中糠醛含量的测定，以及油中金属含量的测定等，以利于寻找故障的线索。

2. 测试意义

根据色谱综合分析，准确判断出用油设备是否存在内部故障，并根据故障的类型、严重程度、故障特征气体增长情况、发展趋势，故障部位，给出明确、准确、科学合理的指导性分析意见，既能确保设备的安全经济运行，又便于领导的管理决策。

三、 作业程序及过程控制

案例 1：220kV 主变压器综合诊断实例分析。

1. 概述

某 220kV 主变压器产品型号为 SFSZ10-150000/220，额定容量为 150 000kVA，冷却方式为 ONAN/ONAF60%～100%，油重 44.2t，联结组标号 YNyn0d11。该主变压器 2007 年 3 月投运至 2009 年 3 月，定期电气试验正常，油质试验及油色谱分析试验数据符合导则标准。2009 年 3 月 20 日例行试验发现色谱总烃超标，达到 $567.2\mu L/L$，跟踪分析，根据色谱经验分析诊断为高温过热故障，并初步判断是磁路过热故障。利用回归分析法，在变压器空载运行情况下，考察产气速率，准确判定故障出现在磁路。主变压器吊开罩后，进行逐项检查。当在油箱内部打开所有磁屏蔽表面绝缘纸板露出磁屏蔽后，发现中低压侧箱壁上靠近中压 C 相套管升高座下部的最右边一块磁屏蔽板表面有四处明显灼热痕迹。

2. 色谱经验分析法

2009 年 3 月 20 日例行试验发现色谱总烃超标，达到 $567.2\mu L/L$，立即取样复查，试验数据与上次分析吻合，追踪分析，并考察其产气速率。从表 6-24 中色谱分析数据可看出主变压器总烃含量远超过注意值，且持续增长较快。然后进行了相关的色谱分析：

表 6-24 主变压器色谱分析数据 $\mu L/L$

日期	油中溶解气体含量（$\mu L/L$）								备 注
	H_2	CH_4	C_2H_4	C_2H_6	C_2H_2	CO	CO_2	总烃	
2009.3.20	179.1	216.8	267.5	82.5	0.37	460.1	2714	567.2	下部
2009.3.21	179.3	217.1	270.6	83.4	0.38	469	2787	571.5	复查
2009.3.23	158.5	229	292.3	90.1	0.36	447.2	2357	611.8	下部
2009.3.25	165.5	246.9	328.2	93.5	0.37	487.4	2534	669	下部

（1）故障严重程度诊断。

用总烃的绝对产气速率分析。绝对产气速率 γ_a 为

$$\gamma_a=[(C_{i2}-C_{i1})/\Delta t]\times(m/\rho)=[(669-567.2)/5]\times(44.2/0.89)=1011(mL/d)$$

γ_a 远大于国标（国标规定绝对产气速率不大于 12mL/d），且总烃 $>150\mu L/L$，气体上升很快，可认为设备有异常。

（2）故障类型诊断。

1）用三比值法进行故障类型诊断（以 3.25 日数据分析）。

$C_2H_2/C_2H_4=0.37/328.2=0.001$ 编码在 <0.1 范围 编码取 0

$CH_4/H_2=246.9/165.5=1.49$ 编码在 $1\sim3$ 编码取 2

$C_2H_4/C_2H_6=328.2/93.5=3.5$ 编码在 $\geqslant3$ 范围 编码取 2

三比值编码组合为 022，故障性质为高温过热（高于 700℃）。每次主变测试数据的三比值均为 022，说明故障类型没有改变，也没有新的故障产生。

2）以 CO、CO_2 为特征量诊断故障。

$CO_2/CO=2534/487.4=5.2>2$，并且 CO 无明显增长，所以不涉及绝缘纸分解故障，故障为磁路或裸金属过热。

（3）故障状况诊断。

1）热点温度估算。

$$T = 322\lg\left(\frac{C_2H_4}{C_2H_6}\right)+525 = 322\lg\left(\frac{328.2}{93.5}\right)+525 = 701℃$$

其估算温度与三比值结论相符。

2）故障源功率估算。

$$P=\frac{Q_i\gamma}{\varepsilon H}$$

式中　Q_i——理论热值，取 9.38kJ/L；

　　　γ——故障时间内氢烃类的产气量，L；

　　　ε——热解效率系数；

　　　H——故障持续时间，s。

根据经验判断故障初步为磁路故障，所以 ε 值按铁芯局部过热计算：

铁芯局部过热　$\varepsilon=10^{0.00988T-9.7}=10^{0.00988\times701-9.7}=0.0016822$

式中　T——热点温度，取 701℃。

故障时间从 2009.3.20 至 2009.3.25，油重 44.2t，由此可知：

$H=5$ 天$=5\times24\times60\times60=432\,000(s)$

$\gamma=(669+165.5-567.2-179.1)\times44.2\times1000/10^6=3.9(L)$

$$P=\frac{Q_i\gamma}{\varepsilon H}=\frac{9.38\times3.9}{0.0016822\times432\,000}=0.05(kW)$$

故障点功率不是很大，可跟踪分析。

3）油中溶解气体达到饱和所需要的时间估算。

$$t=\frac{0.2-\sum\dfrac{C_{i2}}{K_i}\times10^{-6}}{\sum\dfrac{C_{i2}-C_{i1}}{K_i\Delta t}\times10^{-6}}（月）$$

计算时可按最大产气速率随时调整，$\Delta t=5/30$（月），K_i 查各种气体在矿物绝缘油中的奥斯特瓦尔德系数表中（见 GB/T 17623—1998）数据可知：$K_{CH_4}=0.39$，$K_{C_2H_4}=1.46$，$K_{C_2H_6}=2.30$，$K_{C_2H_2}=1.02$，$K_{H_2}=0.06$，$K_{CO}=0.12$，$K_{CO_2}=0.92$。

$$t=\frac{0.2-\sum\left(\dfrac{246.9}{0.39}+\dfrac{328.2}{1.46}+\dfrac{93.5}{2.30}+\dfrac{0.37}{1.02}+\dfrac{165.5}{0.06}+\dfrac{487.4}{0.12}+\dfrac{2534}{0.92}\right)\times10^{-6}}{\sum\left(\dfrac{246.9-216.8}{0.39}+\dfrac{328.2-267.5}{1.46}+\dfrac{93.5-82.5}{2.30}+\dfrac{0.37-0.37}{1.02}+\dfrac{165.5-179.1}{0.06}+\dfrac{487.4-460.1}{0.12}+\dfrac{2534-2714}{0.92}\right)\times\dfrac{10^{-6}}{5/30}}$$

$=216$（月）

如果该故障是等速的，则该变压器油中溶解气体达到饱和释放约需要 216 个月。如无其他情况发生，该变压器还可以有足够的时间继续运行，进行跟踪分析。但有关部门为了度夏安全考虑，还是决定停电检查。

如果 t 值比较小，此时若不能检修，则必须立即对油进行脱气处理。

4）故障点面积估算。

$$S = \frac{\gamma}{K} = \frac{0.541\ 6}{3.8} = 0.142\ 5(cm)^2 = 14.25(mm^2)$$

式中　γ——实测单位时间氢烃产气量，mL/min；

K——单位面积产气速率，mL/(cm^2 · h)。

由 $T = 701℃$，查图 6-9 得 $K = 2.28 \times 10^2 mL/(cm^2 · h)$，即 $K = 2.28 \times 10^2/60 mL/(cm^2 · min) = 3.8 mL/(cm^2 · min)$

从 2009 年 3 月 20 日至 2009 年 3 月 25 日，5 天内产生的氢烃类气体为 $(669 + 165.5 - 567.2 - 179.1) \times 44.2 \times 1000/106 = 3.9$（L）

$$\gamma = 3.9 \times 103/(5 \times 24 \times 60) = 0.5416(mL/min)$$

对该变压器进行内部检查，在磁屏蔽上有四个故障点，面积共约 15mm^2，和计算结果基本相符。

（4）故障部位估计。按 2009 年 3 月 25 日数据计算：

1）$CH_4/H_2 = 246.9/165.5 = 1.49$，根据经验判断，其比值接近 1 可诊断为磁路故障，比值大于 3 可诊断为电路故障，故初步诊断该变压器为磁路故障。

2）$C_2H_4/C_2H_6 = 328.2/93.5 = 3.5$，根据经验判断，其比值小于 6 可诊断为磁路故障，比值大于 6 可诊断为电路故障，故初步诊断该变压器为磁路故障。

3）总烃的增长速率为 1011mL/d，乙炔的增长速率为 0。根据经验，乙炔增加慢，总烃增加快，故障一般在磁路；乙炔和总烃增加都快，故障一般在电路。故初步诊断故障在磁路。

4）乙炔占 2% 总烃以下。根据经验，乙炔占 2% 总烃以下，故障一般在磁路；乙炔超过 2% 总烃，故障一般在电路。初步诊断故障在磁路。

总之，根据色谱经验分析，初步判断该主变压器过热故障在磁路。但是由于色谱经验分析法对有的故障准确，有的故障不太准确，故进行了相关的测试，3 月 25 日当天对主变压器铁芯和夹件的接地电流测试及红外测温均未发现异常；3 月 26 日进行空载损耗和直流电阻以及绝缘电阻等项目检查试验，均未发现异常。进一步排除了铁芯多点接地、铁芯片间短接及穿芯螺杆和压板的绝缘故障、电路故障，铁芯有可能是磁屏蔽漏磁问题造成的外壳或夹件漏磁环流发热。

（5）拟采取的处理措施。从上述分析得出，虽然故障源功率不大，油中溶解气体达到饱和所需要的时间比较长，故障点面积不算大，但是热点温度较高，产气速率很快，故障发展的后果也不可轻视。为了确保该变压器能安全度夏，建议在适当的时候停电检查。

3. 色谱回归分析法

对于过热性故障，为了准确判断故障点在电路或磁路，可利用故障特征气体产气增量与负荷电流之间关系判断。在变压器空载运行情况下，在相同的间隔时间内取样进行色谱分析，要求操作条件完全一致。考察其产气速率，若产气速率增长较快，说明故障产气速率与负荷电流无相关性，则可判断故障部位在磁路。连续监视产气速率与负荷电流的关系，还可以获悉故障发展的趋势，以便及早采取对策。

为进一步确定故障部位，2009 年 3 月 27 日开始改变其运行方式，变压器在空载运行下，跟踪考察产气速率。取样间隔时间相同，取样部位、取样方法及取样人员相同，色谱分析操作条件、试验人员相同（目的在于减少色谱试验误差对分析判断的影响），准确计算出试验数据。色谱分析数据见表 6-25。由表 6-25 可知：空载运行下故障特征气体浓度仍不断增加，且增长速率基本相同，与负荷电流无相关关系，故障部位应在磁路。

回归分析法的诊断与色谱经验分析法诊断一致，故障部位在磁路。并且主变压器空载运行时产气速率增加不是特别快（若主磁路故障空载运行时，5 天内总烃增加有的甚至超过 $500\mu L/L$），初步判断故障不在主磁路，故障在磁屏蔽、外壳或夹件部位，结合主变压器铁芯和夹件的接地电流测试正常，故障不是铁芯多点接地，综合诊断可能是磁屏蔽内部片间短接引起的涡流发热或铁芯漏磁造成的发热。经主变压器解体检查，该变压器过热故障是磁屏蔽片间短路产生的涡流发热。

表 6-25   主变压器空载运行色谱分析数据

日期	油中溶解气体含量（$\mu L/L$）								备注
	H_2	CH_4	C_2H_4	C_2H_6	C_2H_2	CO	CO_2	总烃	
2009.3.27	168.1	251.5	312.2	99.9	0.35	488.2	2484	664	下部
2009.3.28	170.3	254.9	318.6	100.9	0.36	457.1	2495	674.8	下部
2009.3.29	173.5	257.5	328.3	103.5	0.34	481.9	2562	689.5	下部
2009.3.30	183.2	282.5	343.3	110.5	0.34	479	2368	736.6	下部
2009.4.1	181.6	294.6	351.9	112.4	0.33	473	2339	758.9	下部

4. 故障的检查、原因分析及处理

（1）故障检查。4 月 15 日，主变压器吊罩后，对铁芯外观及分接开关进行了全面的检查，未发现螺钉松动和明显的放电痕迹，然后脱离了铁芯三个油道短接螺钉，对油道间

图 6-11 烧坏的磁屏蔽

的绝缘情况进行了测量检查均无异常。当在油箱内部打开所有磁屏蔽表面绝缘纸板，露出磁屏蔽后，发现中低压侧箱壁上，靠近中压 C 相套管升高座下部的最右边一块磁屏蔽表面有两处明显过热痕迹；由厂家人员将磁屏蔽侧面固定卡爪打开后，拆下该位置整块磁屏蔽后，发现磁屏蔽靠近油箱一侧的表面有明显过热发黑痕迹；同时，可以看到油箱壁上也有明显发黑痕迹。检查其他位置未发现明显异常。至此，该主变压器故障位置已找到，如图 6-11 所示。

（2）故障原因分析。对故障原因进行综合分析，属于变压器质量控制及制造工艺方面出现的问题。主变压器油箱焊缝局部处理不好，焊缝严重凸凹不平，造成磁屏蔽和箱体接触缝隙较大，电容量增大，在电容电压的作用下，局部小缝隙处产生放电击穿，造成磁屏蔽和油箱间形成多点接地的短路回路，从而造成磁屏蔽局部过热并逐渐发展，致使磁屏蔽片间绝缘也逐渐烧损，多片磁屏蔽间短路并产生涡流发热。由于仅和油箱壁局部接触，通过油箱壁散热的面积很小，造成故障位置高温过热。

（3）故障临时处理。考虑到现场情况和条件，采取处理措施如下：将油箱壁上发黑的不平整位置进行打磨平整处理；将发黑的磁屏蔽硅钢片表面半导体漆去除，以和油箱壁良好接触；处理后重新将磁屏蔽安装固定好。当日下午，将主变压器重新扣罩完毕并安装部分附件，对主变压器进行抽真空处理。

为验证该主变压器问题处理临时措施是否有效，主变压器恢复投运后带大负荷运行，进行色谱跟踪分析。2009 年 4 月 23 日投运，至 2009 年 7 月 29 日，总烃由 $28\mu L/L$ 增加到 $512.6\mu L/L$（见表 6-26），证明处理措施不是完全有效，故障没有完全排除。

表 6-26　　　　　初次处理后运行主变压器色谱分析结果　　　　　$\mu L/L$

日期	H_2	CH_4	C_2H_4	C_2H_6	C_2H_2	CO	CO_2	总烃	备注
2009.4.23	5.93	9.76	14.5	3.77	0	5.03	193	28.03	下部
2009.4.26	9.06	13.85	18.69	5.5	0	8.33	266	38.14	下部
2009.4.29	15.4	33.2	42.74	13.96	0	15.6	270	89.9	下部
2009.4.2	18.6	40.8	50.6	17.2	0	19.3	371	108.6	下部
2009.4.5	21.3	49.3	61.1	21.2	0	23.7	404	131.6	下部
2009.7.29	28.8	171.5	256.5	84.6	0	29.9	489	512.6	下部

（4）故障最终处理。2009 年 8 月 13 日进行第二次吊罩，更换全部 36 块磁屏蔽，并对磁屏蔽处的油箱钟罩内壁表面进行处理。处理后，采取真空注油，进行变压器电气试验、油色谱分析试验及油质试验，一切试验正常。

案例 2：分接开关调挡未到位，造成接触不良的诊断。

某电厂 2 号主变压器型号为 $SFSZL_6$-31500/110，带有载调压，三侧电压为 110V±3×2.5%/38.5V±5%/6.6kV 的三绕组变压器，接线组别为 YNyn0d11。系沈阳变压器厂 1980 年 7 月的产品。1981 年 8 月 5 日投入运行。投运后的第三天，发生轻瓦斯动作一次，随即进行色谱跟踪，10 月 2 日又发生第二次轻瓦斯动作，并从 0：05 到 1：28 先后发出三次信号，并有气体源源不断产生之势。从气体继电器直观测得，每 20min 气体增加约 100mL。2：00 被停运。

1. 色谱分析诊断故障情况

（1）故障判断。气相色谱分析数据见表 6-27。由表中数据可见，在 10 月 2 日的油样色谱分析中，虽然总烃值还低于《导则》规定的注意值，但与 7 月 24 日油样色谱分析数据相比，其增长速度是很快的，经计算其绝对产气率为 662.4mL/d>12mL/d。产气率增长证明变压器内部有潜伏性故障。

根据平衡判据分析方法，对 10 月 2 日取的气样（自由气体）和油样（溶解气体）的气相色谱分析数据进行计算，即把表 6-27 中的自由气体中各组分的浓度值，利用各组分的浓解度 K_i 值，计算出油中溶解气体的理论值，见表 6-28，然后再进行比较。

表 6-27　　　　　　　气相色谱分析数据　　　　　　　$\mu L/L$

日期	H_2	CH_4	C_2H_6	C_2H_4	C_2H_2	总烃	CO	CO_2
投运前油样（7 月 24 日）	0	0	0	0	0	0	19.36	0
第一次轻瓦斯（气样）（8 月 8 日）	110	50	10.6	—	—	60.0	147	120

续表

日期	H_2	CH_4	C_2H_6	C_2H_4	C_2H_2	总烃	CO	CO_2
第一次轻瓦斯（气样）（10月2日）	5.7	60.5	21.4	0	0	81.9	129.8	23.8
第二次轻瓦斯（油样）（10月2日）	0	22.9	89.0	0	0	111.9	22.5	0
故障处理后（油样）（10月14日）	0.053	0	0	0	0	0	0	0

表 6-28　　　　　　　　　　变压器油中气体的理论计算及实测值　　　　　　　　$\mu L/L$

组分	CH_4	C_2H_2	Σ
理论值	26	51.36	77.36
实测值	22.9	89.0	111.9

由表 6-28 可见，虽然理论值与实测值相近，但是，溶解气体含量略高于自由气体的含量，油中实测气体溶解度为 $111.9\mu L/L$，而自由气体的溶解度理论值为 $77.36\mu L/L$。按《导则》方法判断，该变压器存在产生气体较慢的潜伏性故障。

（2）故障性质的分析。①根据气体中主要成分与异常关系推断，由 8 月 8 日和 10 月 2 日的气样数据可知，CH_4 也是主要成分，所以可推断该变压器有过热性故障。②用三比值法判断。对 10 月 2 日的油样数据，按《导则》中的三比值法进行计算，其编码组合为 020，所以可判断故障性质为 150～300℃低温范围的过热故障。由于 CO 和 CO_2 含量没有异常，可以认为过热不涉及固体绝缘，进而可推断过热是由于铁芯局部过热、铁芯短路、接头或接触不良引起的。

2. 电气试验

根据上述分析，拟进行下列电气试验：①直流电阻；②铁芯对地绝缘电阻；③绕组绝缘电阻和吸收比。以判断故障原因和部位。其中②、③正常，所以只介绍测量直流电阻发现的问题。

分别测量三侧绕组的直流电阻，其结果是除 35kV 侧直流电阻存在问题外，其他侧均合格，35kV 侧直流电阻见表 6-29。

表 6-29　　　　　　　　　　　35kV 绕组的直流电阻　　　　　　　　　　　　　Ω

分接开关位置	I			II			III		
	A0	B0	C0	A0	B0	C0	A0	B0	C0
故障后开关未动	0.059 4	0.059 2	0.096 2	0.090 9	0.090 6	0.091 2	0.864	0.863	0.148
开关经人工调节后	—	—	—	—	—	—	0.865	0.086 1	0.086 6
变压器出厂时	0.117	0.116	0.115	0.097 3	0.092 0	0.097 4	0.092 5	0.092 0	0.092 5
经处理后	0.093 4	0.093 1	0.093 6	0.089 1	0.088 6	0.089 1	0.084 6	0.084 4	0.084 8

由表 6-29 可见，当故障后分接开关未动时，测得的三相绕组的直流电阻值。在 C 相第Ⅲ挡位置不平衡十分严重，竟高达 57.7%，大大超过规程中规定的 2%；而在第Ⅰ、Ⅱ挡时，不平衡均未超出 1%，这说明 C 相 35kV 分接开关第Ⅲ挡接触存在问题，决定吊罩检查处理。

吊罩检查发现，35kV 分接开关 C 相第Ⅲ挡的动、静触头有烧坏的痕迹，接触处存在点滴焦炭。经反复查明，这是由于分接开关调挡时未到位造成接触不良所致。经处理后，各项试验合格，于 10 月 14 日投入运行，运行情况良好。

案例 3：某 110kV 主变压器故障分析。

2003 年 10 月 19 日，在系统正常运行的情况下，某变电站 2 号主变压器差动保护动作，继电保护专业立即对相关设备、回路进行检查，传动正确，未发现问题，高压试验也按常规交接项目进行了试验，也未发现问题，但油色谱分析结果却显示油中乙炔含量从 0 突然增长 $2.69\mu L/L$，总烃含量也有所增长，呈火花放电性故障特征，色谱分析试验数据见表 6-30。

表 6-30　　　　　　　　　　变压器主要色谱分析结果　　　　　　　　　　$\mu L/L$

日期	H_2	CH_4	C_2H_6	C_2H_4	C_2H_2	CO	CO_2	C_1+C_2	备注
2002.5.9	21.91	10.21	2.49	1.77	0	413.7	1482.36	14.38	周期
2003.8.25	14.29	10.71	3.1	4.55	0	763.91	3708.22	18.36	出口短路后检查
2003.9.15	15.3	12.2	2.66	4.44	0	886.05	4538.99	19.3	跟踪
2003.10.19	33.93	15.86	3.3	7.03	2.69	1153.49	5068.11	28.88	差动动作
2003.10.20	33.93	18.94	3.67	9.4	5.58	1143.91	5068.11	37.59	跟踪

从色谱试验数据来看，该 2 号主变压器内部存在火花放电故障，在依靠常规的高压试验方法不能有效发现问题的情况下，通过分析，建议 2 号主变压器暂不加入运行，需要增加非常规测试手段，如局部放电试验。由于在局放试验中发现，该主变压器中压侧绕组无法建立起来试验电压，于是进行低电压空载试验，试验数据见表 6-31。

表 6-31　　　　　　　　　　　　低电压空载试验数据

试验顺序	接线方式	空载损耗（W）	施加电压（V）
第一次	AB 加压，BC 短路	290	36
第二次	BC 加压，AC 短路	291	36
第三次	CA 加压，AB 短路	5.1	36

根据该主变压器 BC 相的磁路与 AB 相的磁路完全对称、AC 相的磁路较 BC 相的磁路稍长一些的原理，将表中的数据进行换算后发现，单相空载损耗比例不符合正常关系式（P0AB ＝ P0BC，P0AC ＝ KP0AB ＝ KP0BC，对于 110kV 级的变压器，K 值一般为 1.4～1.55，我们得到的 K 值为 0.018），而且情况非常严重，通过对表中数据对比可以发现：凡是涉及 B 相绕组的试验结果均明显增大，所以 B 相存在故障的可能性极大。经过综合分析认为，该主变压器中绕组存在比较严重的问题，建议进行吊罩处理。

2003 年 10 月 26 日，该主变压器吊罩后，外部观察只可检查到高压侧绕组，未发现问题，后经返厂大修发现变压器中压 B 相绕组变形（见图 6-12），层间、匝间绝缘破坏（见图 6-13），但未

图 6-12　中压 B 相绕组变形外观图

直接接触，检查的结果证明色谱分析和电气试验相结合准确地判断出了变压器的潜伏性故障。

图 6-13　中压 B 相绕组层间、匝间绝缘破坏直观图

案例 4：31.5MVA/110kV 变压器局部过热兼放电故障。

1. 日常追踪分析诊断

某大型企业自备变电站 31.5MVA/110kV 变压器油中气体日常追踪分析结果见表 6-32。由表 6-32 可知，该变压器投运前油中氢烃类气体很低。运行 1 年后，于 9 月 8 日分析，油中氢烃类气体明显增长，三比值编码组合为 022，CO 和 CO_2 变化不大。按改良三比值法诊断，该变压器内部存在高于 700℃ 的高温局部过热故障，但未涉及固体绝缘。经电气试验确认，该变压器内部存在铁芯多点接地故障。

表 6-32　　　　　　　　　　　变压器主要色谱分析结果　　　　　　　　　　　μL/L

日期	H_2	CH_4	C_2H_6	C_2H_4	C_2H_2	CO	CO_2	总烃
投运前	15	4	0	3	0	168	1089	7
运行 1 年（9 月 8 日）	43	87	25	92	1	260	1970	205
追踪分析（10 月 8 日）	235	310	95	369	11	342	2146	785

继续运行 1 个月后，即 10 月 8 日的追踪分析结果（见表 6-32）表明，该变压器油中氢烃类等故障特征气体增长很快，其三比值编码组合仍为 022，且 CO 和 CO_2 浓度仍无明显变化。按式（6-21）估算，如果该变压器内部故障仍按当前的产气速率等速发展，则达到油中气体溶解饱和释放，引起轻气体继电器报警，最多还需约 39 个月。因此，该变压器还可以继续运行，但须加强监视，缩短周期进行油中气体分析，考察产气速率是否加速。为确保运行安全，应尽早安排计划检修，消除故障源。

2. 短路冲击故障后分析诊断

该变压器继续运行时，于 10 月 10 日凌晨，由于鼠害引起配电房 10kV 三相短路，该变压器受短路冲击，差动保护、轻重气体继电器相继动作，变压器跳闸停运。当即取气体继电器集气室内游离气体和油样进行组分分析，其结果见表 6-33。将表 6-33 油中气体分析值与表 6-32 中 10 月 8 日的分析值进行比较，运行仅 2 天，油中溶解的氢烃和 CO、CO_2 等均明显增长，且 C_2H_2 和碳的氧化物增长尤为突出。按改良三比值法诊断，三比值编码组合为 122，属电弧放电兼过热故障。如果将表 6-33 短路冲击后油中气体分析值减去表 6-32 中 10 月 8 日追踪分析值，其差值的三比值编码组合则为 102。因此认为，该变压器内部除原来存在的铁芯多点接地故障外，还因短路冲击致使其内部发生了电弧放电故障，且涉及固体绝缘。

表 6-33 10 月 10 日短路冲击故障后色谱分析结果 $\mu L/L$

样品	H_2	CH_4	C_2H_6	C_2H_4	C_2H_2	CO	CO_2	C_1+C_2
油样	354	397	145	463	343	955	8100	1300
气样	8918	896	204	632	586	9710	10 007	2318

由表 6-33 所示的分析值，按气液平衡法诊断，将气样分析结果按下式 $C_{iL}=K_iP_EC_{ig}$，[式中：C_{iL} 为 i 组分溶于油中的摩尔浓度；K_i 为奥斯特瓦尔德系数；P_E 为油面上总压力，可以认为 101.3kPa；C_{ig} 为平衡条件下，气体 i 组分在气相中的浓度，$\mu L/L$] 换算成油中溶解气体理论值。必须注意，短路故障发生时，所产生的特征气体溶解于油中的实际浓度，应为表 6-33 油中分析值与表 6-32 的 10 月 8 日分析值之差。经比较，上述理论值远大于此差值。这说明短路故障发生时，该变压器内部产气量大且速度非常快，故障特征气体来不及溶解，致使大多释放至气体继电器内。由此进一步说明，该变压器内部确实发生了急速发展的电弧放电故障。

电气试验结论认为，该变压器低压绕组 C 相可能存在匝间短路和断股故障。

3. 内部检查和处理

该变压器内部检查发现，油中有大量的游离炭，油箱底部有少量灼烧的绝缘纸屑和铜熔渣。低压 B、C 相绕组严重变形，C 相绕组在换位处可见多处绝缘纸烧焦，导线漏铜，并有 4 股导线烧断。

经检查，铁芯多点接地系 A 相铁芯柱硅钢片尖角翘起，碰触了夹件所致，当即予以平整并刷漆，消除了铁芯多点接地故障源。对于烧损和变形的低压绕组，经变压器主管部门与制造厂商定，由制造厂在现场指导更换了 A、B、C 三相低压绕组。

案例 5：150MVA/220kV 主变压器故障及处理

该变压器油中气体分析值见表 6-35。由表 6-35 的数据可知该变压器油中故障特征气体浓度远远超过绝对浓度注意值，且产气速率高达 120mL/d，产气上升速率很快，按改良三比值法判断，编码组合为 022，系严重高温过热故障。按经验式（6-9）估算，热点温度高达 860℃，其故障功率达 350～390W。现场电气试验未发现异常，但铁芯接地小套管的绝缘电阻仅 2Ω，表明铁芯有多点接地故障。因系统负荷需要，该变压器夏季不能停运进行内部检查。经现场研究，将该变压器临时退出电网从低压侧零起升压，同时测量铁芯回路的电流，以便摸清情况，采取临时措施。其测量数据见表 6-34。

表 6-34 测量数据

低压侧电压（V）	1500	2000	3000	4000	5000
铁芯接地回路电流（A）	1	1.2	1.5	3.2	5

表 6-35 150MVA/220kV 主变压器油中溶解气体分析结果 $\mu L/L$

日期	H_2	CH_4	C_2H_6	C_2H_4	C_2H_2	CO	CO_2	C_1+C_2
4 月 27 日	79	27	7	45	2	440	3200	81

续表

日期	H_2	CH_4	C_2H_6	C_2H_4	C_2H_2	CO	CO_2	C_1+C_2
7月8日	90	124	26	259	6	416	2765	415
7月12日	160	223	45	495	11	389	3830	774

将上述数据作电压与电流曲线，判定低压达到额定值 10.5kV 时，铁芯接地回路电流将达到约 17A。因此，经研究决定，在铁芯接地回路串入 400Ω、500W 的电阻，以便限制其环流。结果表明，串入该电阻后，铁芯回路电流限制到 0.5A 以下，其后油中溶解气体分析数据基本稳定，该变压器顺利地完成了迎峰度夏任务。当年 10 月该变压器停止运行，进行内部检查，结果发现系金属异物造成铁芯下部多点接地。

案例 6：有载开关绝缘筒与变压器本体渗漏。

(1) 有载开关绝缘筒的油渗漏到变压器本体，油中溶解气体的组分具有以下特征：

1) 乙炔超出注意值，且乙炔含量不断增长。

2) 三比值法显示具有低能量放电特征。

3) 一氧化碳、二氧化碳无明显增加。

(2) 故障实例。某 110kV 变电站 2 号主变压器，按正常周期取本体油样进行色谱分析，发现乙炔超出注意值，而后进行跟踪，每月测试一次，具体色谱分析结果数据见表 6-36。

表 6-36   油中溶解气体色谱分析数据   μL/L

日期	H_2	CH_4	C_2H_6	C_2H_4	C_2H_2	总烃	CO	CO_2	结论
2007.8.7	32	12.1	3.2	4.3	3.7	23.3	486	4179	正常
2008.1.17	34	12.7	3.2	4.9	6.9	27.7	446	4038	乙炔超出注意值
2008.1.24	35	12.1	2.9	5.1	6.5	26.6	453	3730	乙炔超出注意值
2008.2.20	33	10.6	2.9	4.3	6.4	24.2	385	3453	乙炔超出注意值
2008.3.15	35	13.9	3.3	5.8	8.2	31.2	489	4328	乙炔超出注意值
2008.3.27	39	13.2	3.1	5.1	8.0	29.4	494	4104	乙炔超出注意值
2008.4.15	35	12.9	3.1	5.1	7.6	28.7	468	4045	乙炔超出注意值
2008.5.12	34	13.3	3.2	5.2	7.7	29.4	473	4007	乙炔超出注意值

用 2008 年 1 月 17 日的测试数据计算：

(1) 采用溶解气体分析解释表进行判断，$\frac{C_2H_2}{C_2H_4}>1$，$\frac{CH_4}{H_2}0.1\sim0.5$，$\frac{C_2H_4}{C_2H_6}>1$，属于低能量局部放电。

(2) 采用改良三比值法进行判断，编码为 101，属于低能量放电故障。

(3) 乙炔含量超出注意值，且有不断增长的趋势，但一氧化碳、二氧化碳无明显增加。

经检修人员现场检查，发现有载开关绝缘筒与本体渗漏，造成主变压器本体油受到污染，油中溶解乙炔含量超出注意值。

第六节　互感器故障综合分析诊断

一、概述

1. 适用范围

本方法适用于充有矿物绝缘油的互感器故障分析判断。

2. 引用标准

GB/T 7252—2001　变压器油中溶解气体分析和判断导则

GB/T 17623—1998　绝缘油中溶解气体组分含量的气相色谱判定法

DL/T 596—1996　电力设备预防性试验规程

DL/T 722—2014　变压器油中溶解气体分析和判断导则

DL/T 727—2013　互感器运行检修导则

二、相关知识点

互感器是电力系统中变换电压或电流的重要元件，其工作可靠性对整个电力系统具有重要意义，分为电流互感器和电压互感器。

1. 互感器的故障类型

互感器故障一般可按以下方面分类。

（1）互感器回路故障。

1）因雷击、系统短路、接地等产生的过电压、过电流侵入互感器，引起的接地事故。

2）二次回路的短路、断路及因为一次回路的故障引起二次回路上的故障。

3）因受潮、漏气、漏油等设备缺陷而引起的故障。

（2）互感器绕组故障。

1）绕组绝缘击穿故障。

a. 主绝缘击穿和烧损。

b. 匝间绝缘击穿故障。

c. 一、二次绕组烧坏故障。

2）油浸式互感器绝缘油老化变质。

3）互感器局部放电故障。

4）介质损耗角正切值 $\tan\delta$ 不合格及突变。

（3）互感器铁芯故障。

1）铁芯片间绝缘损坏。

2）铁芯接地不良。

3）铁芯松动。

2. 互感器的故障原因

（1）互感器管理方面引起的故障。

1）制造工艺不良。

a. 绝缘工艺不良。电容型电流互感器绝缘包绕松紧不均、外紧内松、纸有皱褶，电容末屏错位、断裂"并腿"时损伤绝缘等缺陷都能导致运行中发生绝缘击穿事故。

b. 绝缘干燥和脱气处理不彻底。由于对绝缘干燥和脱气处理不彻底，电流互感器在运行中发生绝缘击穿。

2）密封不良、进水受潮。这类事故占的比例较大，从检查中常发现互感器油中有水，端盖内壁积有水锈，绝缘纸明显受潮等。漏水受潮的部位主要在顶部螺孔和隔膜老化开裂的地方。有的电流互感器没有胶囊和呼吸器，为全密封型，但有的不能保证全密封性，进水后就积存在头部，水积多了就流进去。

3）安装、检修和运行人员过失。常见的过失有引线接头松动、注油工艺不良、二次绕组开路、电容末屏接地不良等。由于这些缺陷导致局部过热或放电，使色谱分析结果异常。

（2）铁芯故障。

1）铁芯片间绝缘损坏。运行中温度升高，空载损耗增大、误差加大。产生故障的可能原因：铁芯片间绝缘不良，使用环境条件恶劣或长期在高温下运行，促使铁芯片间绝缘老化。

2）接地片与铁芯接触不良。铁芯与油箱有放电声。产生故障原因：接地片没有插紧，安装螺栓没有拧紧。

3）互感器铁芯松动。有不正常的振动或噪声。产生故障原因：铁芯夹件未夹紧，铁芯片间有铁片。

（3）绕组故障。

1）绕组匝间短路。温度升高，有放电声响，高压熔丝熔断，二次电压表指示不稳（忽高、忽低，三相直流电阻不平衡，耐压试验电流增大，不稳定。产生故障原因：制造工艺不良，系统过电压，长期过载，绝缘老化。

2）绕组断线。断线处有可能产生电弧，有放电声响，断线相的电压表指示降低或为零；用万用表电阻挡测量线圈不通。产生故障原因：出厂时导线焊接工艺不良，或机械强度不够及引出线接线不合理，造成引线断线。

3）绕组对地绝缘击穿。高压熔丝连续熔断，可能有放电声响。或者是绝缘电阻不合格，交流耐压试验不合格。产生故障原因：绝缘老化或有裂纹缺陷，绝缘油受潮，绕组内有导电杂物，系统过电压击穿，严重缺油等。

4）绕组相间短路。高压熔丝熔断合不上闸，油温剧增，甚至有喷油冒烟现象。或者是三相直流电阻降低和不平衡。产生故障原因：绝缘老化，绝缘油受潮，严重缺油，绕组制造工艺有缺陷，又常常是对地弧光击穿转化为相间短路。

5）主绝缘击穿故障。

a. 解体检查，该电压互感器顶部密封圈老化变形且硬脆，出现密封失灵和不严现象，潮气及水分进入互感器内部，绝缘严重受潮。

b. 内部主绝缘薄弱，包扎不紧不密贴，致使主绝缘闪络击穿。

6）匝间绝缘击穿故障。经检测，U相线路上电流互感器直流电阻比V、W两相低，说明接在U相上的互感器匝间有短路现象。经解体检查和测量发现，装在U相电流互感器上的储油柜内的避雷器损坏，经查对该互感器随机资料，其绕组匝间耐压为2kV，为保护这类互感器绕组匝间不受过电压作用而损坏，才装设避雷器。因避雷器损坏，不起保护作用，电流互感器受过电压作用后，匝间绝缘承受不了 2kV 以上过电压冲击，造成匝间绝缘击穿。

7）二次绕组烧坏故障。单匝母线型电流互感器的二次绕组烧损较频繁，以其为例加以叙述。单匝母线型电流互感器为高动、热稳定、要求严的低安匝数电流互感器，其一次绕组匝数少，为 1 匝，导线截面积大，流过的电流大；而二次绕组为保护绕组，它的内阻抗很小，在系统短路时，一次绕组流过较大的短路电流，使二次绕组内过电流倍数增加很大，因大电流使绕组过热而烧坏。

（4）套管间放电闪络。高压熔丝熔断，套管闪络。产生故障原因为：套管受外力机构损伤，套管间有异物或小动物进入，套管严重污染，绝缘不良。

（5）油浸式互感器绝缘油老化变化故障原因。

1）互感器过负载运行，油温升高使油老化。

2）互感器经常发生短路过热使油变质。

3）互感器内浸入含酸的水及潮气。

4）互感器内常发生树脂状的局部放电。

（6）互感器 tanδ 值增大或突变原因。

1）互感器受潮，箱内进入水分和潮气。

2）互感器绝缘劣化和老化。

3. 测试意义

电流互感器、电压互感器因其内部用油量比较少（一般在 300kg 以下），并且设备所在部位高，取样有一定危险性，取样周期比较长，加之是瓷质外套，一旦出现问题，所产生的气体在油面上聚积而增压。当其气体空间压力达到或超过其所能承受的最大压力时，就有可能导致爆炸事故的发生，轻则影响设备的正常运行，重则危及其他设备及人身安全。

三、 作业程序及过程控制

（一）互感器故障现象及诊断

对于因受潮、电击等引起的绝缘事故，除了直观的检查外，可以通过一系列的绝缘试验进行检查。包括测绝缘电阻，测 TA 二次侧的励磁电流，测 TV 变压比，对绝缘油进行试验等方法。

对于二次回路中的故障，可以通过对二次回路的各组成部分进行检查试验查得。包括测绝缘电阻，测绕组直流电阻，检查接线端子是否过热变色，测 TA 二次励磁电流，检查熔丝状态，测 TV 和电容分压器的负荷特性，测电压波形等方法。

对于漏气、漏油，可以通过检漏方法和直观法查得。

互感器的故障现象及诊断见表 6-37。

表 6-37　　互感器故障现象及诊断

故障	故障现象	故障征兆	诊断方法
局部放电	油中产生气体→绝缘性能下降	介质损耗值增大	介质损耗测定

故障	故障现象	故障征兆	诊断方法
热劣化（过负荷、外部短路、局部过热）	升温→热解→绝缘纸聚合度下降→产生气体	局部放电增大及初始电压降低	局部放电测定
受潮	水分加速油氧化→绝缘性能下降	油中可燃气体增大	油中气体分析
油劣化	氧化增加→油绝缘性能下降	绝缘油特性（水分、氧化、击穿电压）变化	油特性检查

（二）互感器的故障检测诊断项目

根据规程规定，电流互感器绝缘预防性试验项目如下：

（1）测量绕组及末屏的绝缘电阻。

（2）测量 $\tan\delta$ 及电容量。

（3）油中溶解气体色谱分析。

（4）交流耐压试验。

（5）局部放电测量。

电磁式电压互感器绝缘例行试验项目如下：

（1）测量绝缘电阻。

（2）测量 20kV 及以上互感器的 $\tan\delta$。

（3）油中溶解气体的色谱分析。

（4）交流耐压试验。

（5）局部放电测量。

规程对电容式电压互感器例行试验项目未做明确规定。

1. 测置绕组及末屏的绝缘电阻

测量绕组绝缘电阻的主要目的是检查其绝缘是否有整体受潮或劣化的现象。测量电容型电流互感器末屏的绝缘电阻对发现绝缘受潮灵敏度较高。因为电容型电流互感器一般为十层以上电容串联。进水受潮后，水分一般不易渗入电容层间使电容层普遍受潮。因此，进行主绝缘试验往往不能有效地监测出其进水受潮。但是，水分的密度大于变压器油，所以往往沉积于套管和电流互感器外层（末层），或底部（末屏与法兰间）而使末屏对地绝缘水平大大降低。因此，进行末屏对地绝缘电阻的测量能有效地监测电容型试品进水受潮缺陷。

测量时采用 2500V 绝缘电阻表，测量绕组的绝缘电阻与初始值及历次数据比较，不应有显著变化。根据有关资料介绍，我国生产的电流互感器绕组绝缘电阻不应低于表 6-38 所列的数据。

表 6-38　　　　　20℃ 时各电压等级电流互感器绝缘电阻极限值

电压等级（kV）	绝缘电阻（MΩ）	电压等级（kV）	绝缘电阻（MΩ）
0.5	120	20～35	600
3～10	450	60～220	1200

电磁式电压互感器测量时一次绕组用 2500V 绝缘电阻表，二次绕组用 1000V 或 2500V 绝缘电阻表，而且非被测绕组应接地。测量时还应考虑空气湿度、套管表面脏污对绕组绝缘电阻的影响。必要时将套管表面屏蔽，以消除表面泄漏的影响。温度的变化对绝缘电阻影响很大，测量时应记下准确温度，以便比较。为减小温度的影响，最好在绕组温度稳定后进行测试。

规程中对绝缘电阻未做规定，试验结果可采用比较法进行综合分析判断。通常一次绕组的绝缘电阻不低于出厂值或以往测得值的 60%～70%，二次绕组的绝缘电阻不低于 10MΩ。

另外，当电压互感器吊芯时，应用 2500V 绝缘电阻表测量铁芯夹紧螺栓的绝缘电阻，其值规程也不做规定，通常不应低于 10MΩ。

对电容式电流互感器要求末屏对地绝缘电阻不低于 1000MΩ。对电容式电压互感器的电容分压器的极间绝缘电阻一般不低于 5000MΩ。对铁芯夹紧螺栓绝缘电阻一般不低于 10MΩ。

2. 测量 $\tan\delta$

此试验目的是发现绝缘受潮，劣化及套管绝缘缺陷。对固体绝缘的电流互感器不进行介质损失角 $\tan\delta$ 的测试。因为 $\tan\delta$ 值受表面状态和半导体涂层影响很大，不能反映绝缘的真实情况。

对于 $\tan\delta$ 值，要和历年数据比较，不应有显著变化，其允许值见 DL/T 596—1996 中有关规定，介质损耗因数是评定绝缘是否受潮的重要参数，对其测量结果要认真分析。

（1）主绝缘的 $\tan\delta$。主绝缘的 $\tan\delta$ 不应大于表 6-39 所列的数值，且与历年数据比较，不应有显著变化。

表 6-39　　　　20℃ 时电流互感器主绝缘 $\tan\delta$ 应不大于的数值（%）

电压等级（kV）		20～35	66～110	220	电压等级（kV）		20～35	66～110	220
大修后	油纸电容型		1.0	0.7	运行中	油纸电容型		1.0	0.8
	充油型	3.0	2.0			充油型	3.5	2.5	
	胶纸电容型	2.5	2.0			胶纸电容型	3.0	2.5	

（2）电容型电流互感器主绝缘电容量与初始值或出厂值差别超出 ±5% 范围时，应查明原因。

（3）在 2kV 试验电压下末屏对地 $\tan\delta$ 值不大于 2%。

测量 20kV 及以上电压互感器一次绕组连同套管的介质损耗因数 $\tan\delta$ 能够灵敏地发现绝缘受潮、劣化及套管绝缘损坏等缺陷。由于电压互感器的绝缘方式分为全绝缘和分级绝缘两种，而绝缘方式不同，测量方法和接线也不相同。

测量结果应不大于表 6-40 所列的数值。

表 6-40　　　　电压互感器的 $\tan\delta$ 应不大于的数值（%）

温度（℃）		5	10	20	30	40
35kV 及以下	大修后	1.5	2.5	3.0	5.0	7.0
	运行中	2.0	2.5	3.5	5.5	8.0
35kV 及以上	大修后	1.0	1.5	2.0	3.5	5.0
	运行中	1.5	2.0	2.5	4.0	5.5

3. 油中溶解气体色谱分析

油中溶解气体色谱分析对诊断电流互感器的异常或缺陷具有重要作用。根据色谱分析结果，判断该电流互感器有内部过热并兼有放电性故障。吊芯检查发现，电流互感器电容芯棒的末屏与地的接线，由于焊接不良，过热放电，手触及焊接处，焊点即脱落。

规程规定，电流互感器要进行油中溶解气体色谱分析并给出注意值：总烃 $100\mu L/L$，氢气 $150\mu L/L$（330kV 及以上）和 $150\mu L/L$（220kV 及以下），乙炔 $1\mu L/L$（330kV 及以上）和 $2\mu L/L$（220kV 及以下）。对新投运的电流互感器，其油中乙炔含量小于 $0.1\mu L/L$。

电压互感器绝缘油中溶解气体色谱分析对诊断放电性缺陷具有重要作用。其注意值为：总烃 $100\mu L/L$，氢气 $150\mu L/L$，乙炔 $2\mu L/L$（330kV 及以上）和 $3\mu L/L$（220kV 及以下）。对新投运的电流互感器，其油中乙炔含量小于 $0.1\mu L/L$。乙炔含量仍是重要指标，乙炔含量异常，一般有两种情况：一是穿心螺钉悬浮电位放电，二是绕组绝缘有放电性缺陷。现场实例表明，在三倍频感应耐压试验中，被击穿的电压互感器绝缘油中的乙炔含量一般可达数十 $\mu L/L$。所以当乙炔含量超过注意值时应跟踪试验，对有增长趋势者，应进行其他检查性试验，如局部放电、感应耐压试验等，直至吊芯检查，找出乙炔气体产生的原因。对氢气异常，除注意膨胀器是否经除氢处理外，还要检查铁芯是否有锈，铁芯有锈往往会导致一氧化碳气体单一增大，有的超过 $500\mu L/L$。这时，应根据 $\tan\delta$ 值判断是否进水受潮引起铁锈。若运行中电压互感器并未进水受潮，但出现一氧化碳气体，可能是铁芯在制造车间堆放时生锈所致。

4. 交流耐压试验

交流耐压试验是主要项目，应在绝缘电阻 $\tan\delta$ 和绝缘油试验后，认为绝缘正常时才可进行。其试验电压值在规程中已有规定。

对串级式或分级绝缘式的电压互感器来说，倍频感应耐压试验电压标准与工频耐压相同。做倍频感应耐压时，应在高压端测量电压，如在低压端测量应考虑容升电压（即电容电流经过漏抗引起试品端电压的升高）。其值按制造厂规定，无规定时可参考以下值：35kV，3%；66kV，4%；110kV，5%；220kV，8%。

电流互感器试验电压为出厂值的 85%。出厂值不明的按表 6-41 所列的电压进行试验。

表 6-41　　　　　　　　　电流互感器的交流耐压试验电压

电压等级（kV）	3	6	10	15	20	35	66
试验电压（kV）	15	21	30	38	47	72	120

5. 局部放电测量

局部放电测量是指设备的部分绝缘被击穿的电气放电现象。标准可见 GB 1208 规程的要求。为及时有效地发现互感器中存在的放电性缺陷，防止其扩大并导致整体绝缘击穿。规程将互感器局部放电测量正式列为诊断性试验项目，测量互感器在规定电压下的局部放电水平，进行设备诊断。

6. 测 TA 二次励磁电流

做此试验可以发现二次绕组有无匝间短路。

7. 测 TV 空载电流

通过试验和制造厂出厂值相比较，在额定电压下，空载电流应无明显变化。如相差大则说明设备有问题。

电容分压器的判断标准见表 6-42 所列，变压器的测量结果按电磁式电压互感器规定进行判断。

表 6-42　　　　　　　　　　电容分压器测量结果的判断标准

项目	测量类别	要　求　值
电容值偏差	交接时	不超过出厂值的 ±5% 时，500kV 按制造厂规定
	运行中	不超过额定值的 −5%～+10%，当大于出厂值的 102% 时应缩短试验周期
tanδ 值（20℃）	交接时	按制造厂规定
	运行中	10kV 下的 tanδ 值不大于下列数值：油纸绝缘为 0.005，膜纸复合绝缘为 0.002；当 tanδ 不符合要求时，可在额定电压下复测，复测值如符合 10kV 下的要求，可继续投运

电容式电压互感器按其安装位置的不同，可分为线路、母线和变压器出口几种。对不同的 TV，可分别采用 QS1 电桥正接线、反接线和利用感应电压法测量其介质损耗因数。不拆引线，测量电容式电压互感器的介质损耗因数。

案例分析：

1. 事故情况

某变电所 A 相电流互感器爆炸。瓷套碎片沿四周崩出 50 余米，由于爆炸起火，将其他两台互感器及本线路断路器同时烧损。

2. 事故原因分析

（1）该电流互感器系早年产品，从投运以来，介质损耗试验一直稳定在 0.6% 左右。绝缘油色谱试验中，氢气值为 $750\mu L/L$，最后两次色谱试验中，氢气值分别为 $6500\mu L/L$ 和 $6600\mu L/L$，较投运时增加 9 倍，是注意值 $100\mu L/L$ 的 60 多倍。化验人员将色谱分析的试验报告（氢气的含量写的"大量"，没有具体结论）共 8 份，分别送给总工程师、负责检修的副总工程师、检修科、运行科、电气分场及绝缘监督。试验结果没有进行综合分析判断，没提出明确结论，没有采取跟踪试验措施，生产技术管理工作上职责不清、分工不明，是发生事故的主要原因。

（2）事故后对互感器检查发现：呼吸器与端盖连接处内部严重锈蚀，胶垫有局部压偏现象。一次绕组端部连接螺钉上有锈迹。说明互感器绝缘烧损爆炸是由于内部受潮引起的。没有认真执行国家电网生〔2012〕352 号《国家电网公司十八项电网重大反事故措施》中防止互感器损坏事故，这是发生本次事故的重要原因。

3. 防止措施

（1）对设备绝缘油色谱试验要由专人进行综合分析。试验结果要与历年试验结果对比，与同类型设备的试验结果对比，切实做好综合分析判断，做出明确结论。发现异常应缩短试验周期，坚持跟踪试验，并及时组织研究提出处理意见，限期完成。

（2）对防止互感器损坏事故的措施要认真组织落实，务必逐台设备逐条逐项有针对性地一一对照检查。暂时落实不了的，应制定出相应的补充措施，以防事故重演。

第七节　油中溶解气体分析方法在气体继电器中的应用

一、概述

1. 适用范围

本方法适用于充有矿物绝缘油的电气设备，当轻瓦斯报警或重瓦斯动作后，取出气体继电器中气体分析，同时结合本体油中气体分析，对故障的严重性、故障原因及相应的处理措施进行分析诊断。

2. 引用标准

GB/T 7252—2001　变压器油中溶解气体分析和判断导则

GB/T 17623—1998　绝缘油中溶解气体组分含量的气相色谱判定法

DL/T 722—2014　变压器油中溶解气体分析和判断导则

Q/GDW 1799.1—2013　国家电网公司电力安全工作规程　变电部分

二、相关知识点

1. 概述

变压器集气室的作用和原理简介如下。

从注、放油管路的碟阀或连接变压器油箱管路的碟阀注入绝缘油，必须经过集气室才能够进入储油柜或油箱内。集气室的内部结构能够将夹杂在绝缘油中的气体分离出来，并使其积聚在其上部而不会进入储油柜或油箱内。随着积聚的气体量增多，油标管内（透明玻璃管）的油面就会下降，当油面下降到油标管中部时，应通过排气管路下面的蝶阀排出气体，使油标管内充满绝缘油即可。集气室底部安装有排污管路及碟阀，通过该管路的碟阀可以排出储油柜中的污油。

2. 平衡判据

当气体继电器发出信号时，除应立即取气体继电器中的游离气体进行检测外，还应同时取本体和气体继电器中油样进行溶解气体检测，并比较油中溶解气体与继电器中的游离气体的含量，以判断游离气体是否处于平衡状态，进而可以判断故障的持续时间。

在气体继电器中聚集有游离气体时，使用平衡判据进行判断。

（1）所有故障的产气速率均与故障的能量释放紧密相关。对于能量较低、气体释放缓慢的故障（如低温热点或局部放电），所生成的气体大部分溶解于油中，就整体而言，基本处于平衡状态；对于能量较大（如铁芯过热）造成故障气体释放较快，当产气速率大于溶解速率时可能形成气泡。在气泡上升的过程中，一部分气体溶解于油中（并与已溶解于油中的气体进行交换），改变了所生成气体的组分和含量。未溶解的气体和油中被置换出来的气体，最终进入继电器而积累下来；对于有高能量的电弧性放电故障，大量气体迅速生成，所形成的大量气泡迅速上升聚集在继电器里，引起继电器报警。这些气体几乎没有机会与油中溶解气体进行交换，因而远没有达到平衡。如果长时间留在继电器中，某些组分，特别是电弧性故障产生的乙炔，很容易溶于油中，而改变继电器里的游离气体组分，甚至导致错误的判断结果。因此当气体继电器发出信号时，除应立即取气体继电器中的游离气体进行色谱分析外，还应同时取本体油进行溶解气体分析，并比较油中溶解气体与继电器中的游离气体的浓度，以判断游离气体与溶解气体是否处于平衡状态，进而可以判断故障的持续时间和气泡上升的距离。

比较方法是首先要将游离气体中各组分的浓度值及各组分的奥斯特瓦尔德系数 K_i（见表 6-21）计算出平衡状况下油中溶解气体的理论值，再与从油样分析中得到的溶解气体组分的浓度值进行比较。

计算方法如下：

$$K = \frac{C_{o,i}}{C_i} = \frac{K_i C_{g,i}}{C_i} \tag{6-26}$$

式中　K——不平衡度或不平衡指数；

$C_{o,i}$——油中溶解组分 i 浓度的理论值，$\mu L/L$；

C_i——油中溶解组分 i 的浓度，$\mu L/L$；

$C_{g,i}$——继电器中游离气体中组分 i 的浓度，$\mu L/L$；

K_i——组分 i 的奥斯特瓦尔德系数。

（2）判断方法如下。

1）如果理论值和油中溶解气体的实测值近似相等，可认为气体是在平衡条件下释放出来的。这里有两种可能。一种是故障气体各组分浓度均很低，说明设备是正常的。应搞清这些非故障气体的来源及继电器报警的原因。另一种是溶解气体浓度略高于理论值，则说明设备存在较缓慢地产生气体的潜伏性故障。

2）如果气体继电器内的故障气体浓度明显超过油中溶解气体浓度，说明释放气体较多，设备内部存在产生气体较快的故障，应进一步计算气体的增长率。

3）判断故障性质的方法，原则上与油中溶解气体相同，但是，应将游离气体浓度换算为平衡状况下的溶解气体浓度，然后计算比值。

4）当气体继电器和本体油中未发现特征气体异常时，可进一步分析气样中的 O_2、N_2 含量，判断其体来源。

5）也可采用下列经验值进行判断：如果 K 值接近为 1，且故障气体各组分体积分数均很低，说明设备是正常的；如果 $1 \leqslant K \leqslant 2$，说明设备故障发展缓慢；如果 $K > 3$，说明设备故障较严重，K 值越大，故障越严重，故障发展越迅速。

3. 测试意义

利用色谱分析法能对气体继电器动作（报警）原因进行判别，并利用平衡判据进行故障严重性诊断。

三、作业程序及过程控制

（一）气体继电器动作的原因分析和故障推断

气体继电器动作的原因分析和故障推断见表 6-43。

表 6-43　　　　　　　　　气体继电器动作的原因分析和故障推断

序号	动作类别	油中气体	游离气体	动作原因	故障推断
1	重气体继电器动作	空气成分，CO、CO_2 稍增加	无游离气体	260～400℃时油的汽化	大量金属加热到 260～400℃ 时，即接地事故、短路事故中绝缘未受损伤时

续表

序号	动作类别	油中气体	游离气体	动作原因	故障推断
2	轻气体继电器动作	空气成分，CO、CO_2 和 H_2 较高	有游离气体，有少量 H_2 和 CO	铁芯强烈振动和导体短时过热	过励磁时（如系统振荡时）
3	重气体继电器动作	空气成分	无游离气体	继电器安装坡度校正不当，或储油柜与防爆筒无连通管的设备防爆膜安放位置不当	无故障
4	轻、重气体继电器动作	空气成分，氧含量较高	有游离气体，空气成分	补油时导管引入空气，或安装时油箱死角空气未排尽	无故障
5	重气体继电器动作	空气成分	无游离气体	地面强烈振动或继电器结构不良	无故障
6	轻、重气体继电器同时动作	空气成分	无游离气体	气体继电器进出油管直径不一致造成压差，或强迫油循环变压器某组散热器阀门关闭	无故障
7	轻气体继电器动作	空气成分	无游离气体	继电器触点短路	继电器外壳密封不良，进水造成触点短路
8	轻气体继电器动作，放气后立即动作，越来越频繁	总气量增高，空气成分，氧含量高，H_2 含量略增，有时可见油中有气泡	大量气体，空气成分，有时 H_2 含量略高	附件泄漏引入大气（严重故障）	变压器外壳、管道、气体继电器、潜油泵等漏气
9	轻气体继电器动作，放气后每隔几小时动作一次	总气量增高，空气成分，氧含量高，H_2 含量略增，有时可见油中有气泡	大量气体，空气成分，有时 H_2 含量略高	附件泄漏引入大气（中等故障）	变压器外壳、管道、气体继电器、潜油泵等漏气
10	轻气体继电器动作，放气后较长时间又动作	总气量增高，空气成分，氧含量高，H_2 含量略增，有时可见油中有气泡	大量气体，空气成分，有时 H_2 含量略高	附件泄漏引入大气（轻微故障）	变压器外壳、管道、气体继电器、潜油泵等漏气
11	轻气体继电器动作，投运初期次数较多，越来越稀少，有时持续达半月之久	总气量很高，氧含量很高，有时 H_2 含量略增	有游离气体，空气成分，有时有少许 H_2	油中空气饱和，温度和压力变化释放气体（常发生在深夜）	安装工艺不良，油未脱气未真空注油

续表

序号	动作类别	油中气体	游离气体	动作原因	故障推断
12	轻气体继电器动作	空气成分，含氧量正常	无游离气体	负压下油流冲击或油位过低（多发生在温度和负荷降低或深夜时）	隔膜不能活动自如，充氮管路堵塞不畅，或氮气袋严重缺氮，或油位太低时
13	轻气体继电器动作	空气成分，氧气含量很低，总气量低	无游离气体	负压下油流冲击或油位过低（多发生在温度和负荷降低或深夜时）	变压器吸湿器堵塞不畅
14	轻气体继电器动作	总气量高，空气成分，N_2含量很高	有游离气体，空气成分，N_2含量很高	充氮保护变压器氮气袋压力太大	油温急剧降低时，溶解于油中的氮气因过饱和而释放
15	轻气体继电器动作，几小时或十几小时动作一次	总气量高，含氧量低，总烃高，C_2H_2和CO含量不高	有游离气体，无C_2H_2，CO含量少，H_2和CH_4含量高	油热分解（300℃以上）产气，溶解达到饱和	过热性（慢性）故障，存在时间较长
16	轻气体继电器动作，几小时或十几小时动作一次	总气量高，含氧量低，总烃含量高，CO和CO_2含量高	有游离气体，无C_2H_2、CO_2、H_2含量较高，CO含量很高	油纸绝缘分解产气，饱和释放	过热性故障热点涉及固体绝缘，存在时间较长
17	轻、重气体继电器动作	总气量高，含氧量低，总烃和CO_2含量高，C_2H_2含量很高，有时CO并不突出	有大量游离气体，CO、H_2、CH_4含量均高	油纸绝缘分解产气，不饱和释放	电弧放电（匝、层间击穿，对地闪络等）
18	轻、重气体继电器动作	总气量高，含氧量低，总烃和CO_2含量高，但CO含量不高	有大量游离气体，H_2、CH_4、C_2H_2含量高，但CO含量不高	油热分解产气，不饱和释放	电弧放电未涉及固体绝缘（多见于分接开关飞弧）

（二）利用色谱分析法对气体继电器动作（报警）原因进行诊断

正常情况下，轻气体继电器报警是当其内部有气体压力（超过整定值）时气体继电器报警，报警的原因有三种：①当设备内部发生突发性故障（如电弧放电）时，由于巨大的能量使附近大量的油裂解，产生大量的气体，这些气体来不及溶解与扩散，涌入气体继电器而报警；②气体继电器内有自由气体（非故障特征组分），主要是N_2、O_2、H_2、少量烃类以及CO、CO_2气体，其原因是油中含气量达到饱和状态，因油温或压力的改变而释放进入气体继电器，或因某处漏气及形成负压（由油流流动时所产生）使其存在一定压力差；③属于误报，是由于继电器原因或振动引起，继电器内没有气体。无论是什么原因造成的轻瓦斯报警，都应及时查明原因。

当轻气体继电器报警时，应查看气体继电器内有无气体，若没有气体，很可能是误动；若有气体，应同时取气体继电器内气体及本体油进行色谱分析。若气体成分主要是 N_2、O_2、极少量氢和烃类气体（包括少量 CO 和 CO_2），且油中各组分浓度正常，则可能是油中含气量达到饱和后的释放以及有漏气的地方，若气体继电器气体中含有一定浓度（高于油中溶解气体注意值）且油中浓度也比较高（或超过注意值）的特征组分，应执行平衡判据，计算出其换算到油中的理论值。若理论值与油中实测值近似相等，有两种可能：一是接近于 1，若故障气体各组分体积分数均很低，说明设备是正常的；二是略大于 1，则表明设备存在缓慢发展的故障。若比值大于 3 或更高，则表明设备存在发展较快的故障，应加强跟踪分析，观察特征气体产气速率。若产气速率也超过注意值（并大于 2 倍），说明故障产气迅速，应尽快停电处理，使其产气速率达到注意值，按其故障类型制定适当的跟踪分析周期。

（三）气体继电器报警或动作后的处理措施

1. 变压器轻气体继电器报警后的处理

变压器轻气体继电器动作发信号时，应立即对变压器进行检查，查明动作原因，进行相应的处理，包括：

（1）检查变压器油位、绕组温度、声音是否正常，是否因变压器漏油引起。

（2）检查气体继电器内有无气体，若有，用取气装置抽取部分气体，检查气体颜色、气味、可燃性，以判断是变压器内部故障还是油中溶解空气析出，并同时取油样和气样做气相色谱试验，以进一步判断故障性质；若无气体，则应检查二次回路。

（3）检查储油柜、压力释放装置有无喷油、冒油，盘根和塞垫有无凸出变形。

2. 新投入运行的变压器在试运行中轻气体继电器动作后的处理

轻气体继电器动作原因：

（1）在加油、滤油和吊芯等工作中，将空气带入变压器内部不能及时排出，当变压器运行后，油温逐渐上升，内部储存的空气被逐渐排出使轻气体继电器动作。一般气体继电器的动作次数与内部储存的气体多少有关。

（2）变压器内部确有故障。

（3）直流系统有两点接地而误发信号。

针对上述原因，应采取的分析处理方法如下。

（1）首先检查变压器的声响、温度等情况并进行分析，如无异常现象，则将气体继电器内部气体放出，记录出现轻气体继电器信号的时间。根据出现轻气体继电器时间间隔的长短，可以判断变压器出现轻气体继电器动作的原因。如果一次比一次长，说明是内部存有气体，否则说明内部存在故障。

（2）如有异常现象，应取气体继电器内部的气体进行点燃试验，以判断变压器内部是否确有故障。

（3）如果油面正常，且气体继电器内没有气体，则可能是直流系统接地而引起的误动作。

3. 变压器重气体继电器保护动作后的处理措施

（1）变压器跳闸后，立即停油泵，并将情况向调度及有关部门汇报，然后根据调度指令进行有关操作。

（2）若只是重气体继电器保护动作，应重点考虑是否呼吸不畅或排气未尽、保护及直流等二次回路是否正常、变压器外观有无明显反映故障性质的异常现象、气体继电器中积聚气体是否可燃，并根据气体继电器中气体和油中溶解气体的色谱分析结果，必要的电气试验结果和变压器其他保护装置动作情况综合判断。

（3）跳闸后外部检查无任何故障迹象和异常，气体继电器内无气体且动作掉牌信号能复归。检查其他线路上若无保护动作信号掉牌，可能属振动过大导致误动跳闸，可以投入运行；若有保护动作信号掉牌，属外部有穿越性短路引起的误动跳闸，故障线路隔离后，可以投入运行。经确认是二次触点受潮等引起的误动，故障消除后向上级主管部门汇报，可以试送。

（4）跳闸前轻气体继电器报警时，变压器声音、油温、油位、油色无异常，变压器重气体继电器动作跳闸，其他保护未动作，外部检查无任何异常，但气体继电器内有气体。拉开变压器各侧隔离开关，由专业人员取样进行化验分析，如气体纯净无杂质、无色（或很淡不易鉴别），且气体无味、不可燃，就可能是进入空气太多、析出太快，此时查明进气的部位并处理，然后放出气体测量变压器绝缘无问题后，由检修人员处理密封不良问题。最后根据调度和主管生产领导命令试送一次，并严密监视运行情况，若不成功应做内部检查。

（5）色谱分析有疑问时应测量变压器绝缘及绕组直流电阻，必要时根据安全工作规程做好现场的安全措施，吊罩检查。在未查明原因或消除故障之前不得将变压器投入运行。

（6）现场有明火等特殊情况时，应进行紧急处理。

（7）按要求编写现场事故处理报告。

4. 变压器有载分接开关重气体继电器动作跳闸后的检查处理

有载分接开关重气体继电器保护动作时，在未查明原因或消除故障之前不得将变压器投入运行。此时，专业人员应进行下列检查：

（1）检查变压器各侧断路器是否跳闸，察看其他运行变压器及各线路的负荷情况。

（2）检查各保护装置动作信号、直流系统及有关二次回路、故障录波器动作等情况。

（3）储油柜、压力释放装置和吸湿器是否破裂，压力释放装置是否动作。

（4）检查变压器有无着火、爆炸、喷油、漏油等情况。

（5）检查有载分接开关及本体气体继电器内有无气体积聚，或收集的气体是空气还是故障气体。

（6）检查变压器本体及有载分接开关油位情况。

（7）检查有载分接开关气体继电器接线盒内有无进水受潮或异物造成端子短路。

分接开关重气体继电器保护动作后的处理包括：立即将情况向调度及有关部门汇报，并根据调度指令进行有关操作，同时根据 Q/GDW 1799.1—2013 做好现场的安全措施；现场有明火等特殊情况时，应进行紧急处理。

第八节　变压器色谱在线监测装置的维护管理现场作业指导及应用

一、概述

1. 适用范围

本方法适用于变压器色谱（也称油中溶解气体）在线监测装置在变电站现场的维护与管理，并了解变压器色谱在线监测系统的结构、原理、作用及技术要求。

2. 引用标准

GB 2536—2011　电工流体　变压器和开关用的未使用过的矿物绝缘油

GB/T 7595—2008　运行中变压器油质量标准

GB/T 7597—2007　电力用油（变压器油、汽轮机油）取样方法

GB/T 14542—2005　运行变压器油维护管理导则

GB 50150—2006　电气装置安装工程电气设备交接试验标准

DL/T 984—2005　油浸式变压器绝缘老化判断导则

Q/GDW 534—2010　变电设备在线监测系统技术导则

Q/GDW 535—2010　变电设备在线监测装置通用技术规范

Q/GDW 536—2010　变压器油中溶解气体在线监测装置技术规范

Q/GDW 538—2010　变电设备在线监测系统运行管理规范

Q/GDW 539—2010　变电设备在线监测系统安装验收规范

Q/GDW 540.2—2010　变电设备在线监测装置检验规范　第二部分：变压器油中溶解气体在线监测装置

Q/GDW 1168—2013　输变电设备状态检修试验规程

DL/T 722—2014　变压器油中溶解气体分析和判断导则

二、相关知识点

(一)变压器色谱在线监测系统

1. 变压器色谱在线监测系统简介

当变电设备带电运行时，变压器色谱在线监测系统可对变电设备的色谱状态参数进行连续监测，也可按要求以较短的周期定时在线检测。一般由色谱监测单元、通信控制单元和主站单元组成。安装变压器油色谱在线监测系统，实现变压器油色谱在线监测，可及时发现电力变压器运行过程中的潜伏性故障，实现对电力变压器故障的监测和预警。

油中溶解气体在线监测装置设备可按监测方式、油气分离方式、检测器等进行分类。一般分类如下：

按监测方式分：气相色谱法、传感器法、红外光谱法、光声光谱法。

按监测气体组分分类：单（少）组分监测、全（多）组分独立监测、可燃气体总量监测。

按油气分离方式分类：高分子聚合物薄膜渗透法、动态顶空分离法、抽真空分离法等。

按检测器分类：热导检测器（TCD）、红外分光光谱检测器（FTIR）、光声光谱检测器（PAS）、半导体热敏检测器（SEM）。

2. 变压器色谱在线监测装置的系统结构

（1）在线监测系统的监测单元。监测单元包括油气分离系统、气体组分的分离系统和检测信号处理系统等。

1）油气分离。油气分离系统是一个关键过程，油气分离效率的好坏，直接影响着测试结果的准确性。一般采用顶空法、膜渗透法等实现油中溶解气体的分离脱出过程。

2）气体组分的分离。油中溶解气体脱出后，经过色谱柱将各种组分按一定的样品保留时间分离开来，为后面的检测器测量提供条件。

3）监测单元。依据气体组分特性，使用色谱检测器将气体组分的浓度转换为电子信号。

4）外围附件。外围附件包括载气钢瓶、排油桶、温控装置、进出油管路等。检测单元如图 6-14 所示。

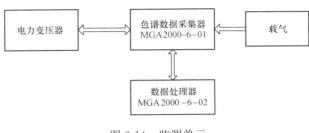

图 6-14 监测单元

（2）在线监测系统的主站单元。在线监测系统的主站单元是计算机数据处理系统。可实现对监测数据的同步测量、通信和远传管理、储存管理、查询显示和分析。可安装在主控制室、实验室，也可借助局域网，完成对现场监测数据的采集和传输，并具备本站的监测数据库。

主站单元核心部分在于其软件系统，它负责整个系统的运行控制，接收监测数据，并对数据进行处理、计算、分析、储存、打印和显示，以实现对监测到的设备状态数据的综合诊断分析和处理。

主站单元还可以实现对监测设备类型进行权重分类，对不同监测参数进行权重分类。由此进行综合的状态信息打分判断，最终发出状态信息提示（如正常、报警等）。

（3）分析功能。对于在线监测系统所获取的数据，应进行综合的比较分析，并结合被监测设备的运行工况、交接和预防性试验数据及其他信息，进行全面分析。

（4）信号传输。监测单元应配置 RS-232 就地数据通信接口、USB 接口或其他专用接口，并安装相应驱动程序，能将历史数据、实时数据及录波文件传送给装置外部的储存介质。

3. 色谱在线监测装置的技术要求

（1）技术指标。可同时监测变压器油中溶解的 H_2、CO、CH_4、C_2H_4、C_2H_2、C_2H_6 六种以上组分及总烃的含量、各组分的相对增长速率及绝对增长速率，并能根据需要增加油中微水监测功能。在线监测装置的基本技术指标见表 6-44。

表 6-44　　　　　　　　　　色谱在线监测装置技术参数

序号	气体组分	最低检测限值（$\mu L/L$）	检测范围（$\mu L/L$）	精度（%）
1	H_2	1	1～2000	±10
2	CO	5	5～5000	±10

续表

序号	气体组分	最低检测限值（$\mu L/L$）	检测范围（$\mu L/L$）	精度（%）
3	CH_4	2	2～2000	±10
4	C_2H_6	2	2～2000	±10
5	C_2H_2	0.5	0.5～500	±10
6	C_2H_4	2	2～2000	±10
7	总烃	10	10～8000	±10

（2）监测装置的性能要求。

1）检测原理。采用气相色谱原理、红外光谱原理、激光光谱原理或红外声光谱原理等。

2）高精度定量分析，能长期连续监测。

3）油气分离装置。油气分离装置应满足少消耗油、不污染油以及免维护等前提条件，确保监测系统的取样方式不影响主设备的安全运行。取样必须能代表变压器中油的真实情况。对采用真空脱气原理的油气分离装置，分析后的油样不能循环回变压器本体。

4）能监测变压器油中溶解的 CH_4、C_2H_4、C_2H_6、C_2H_2、H_2、CO 六种以上组分。

5）应该具有原始图谱查询功能，可以输出图谱；具有图谱基线自动跟踪功能。

6）气密性。气密性直接影响测量结果。应具有自带的气路气密性检测功能。

7）整套监测系统通过国家权威机构的产品性能测试，并提供测试报告和测试方法。

（二）工作原理

1. 主机工作原理

主机按照设定的周期开机后首先自检，根据环境条件分别启动一级和二级温控系统，整机稳定后进行油路循环，变压器本体油样进入脱气装置进行油气分离，脱出的混合气体经色谱柱分离，依次进入检测器，由电路系统换算后的各组分浓度数据，通过无线或有线通信系统传输到后台监控工作站。工作站根据历史数据自动生成浓度变化趋势图，超过设定注意值时进行声光报警，同时工作站还可根据自带的专家智能诊断系统进行故障诊断。其测量过程如下：

1）采集一定条件的油样。

2）油品中的气体分离过程，即脱气。

3）气体组分的分离。

4）检测器对各种气体组分进行分析，输出电信号。

5）利用工作软件，对测量电信号与标准电信号进行计算，得出各种组分结果。对结果进行初步分析判断，根据用户的设置，利用互联网光缆或 GPRS 无线发射装置等，对用户发布监测结果，有异常或者设备故障的给出告警信息。

2. 主机脱气方式及其原理（主要介绍动态顶空脱气法）

主机脱气方式采用动态顶空（吹扫—捕集）脱气技术，用流动的气体将样品中的特征气体反复吹扫，通过一个吸附装置（捕集器）将样品收集，再由切换阀将捕集器接入色谱的载气气路，同时捕集器中的样品组分快速解吸后随着载气进入后面的色谱系统进行分析。

（三）在线监测装置的作用

变压器油中溶解气体在线监测装置的作用主要包括油中气体组分含量的检测和故障的诊断两大部分。主要功能是在线监测油中气体组分含量及超限值报警。采用在线监测装置的目的是实时或定时监视变压器运行状态，诊断变压器内部存在的故障性质、类型、严重程度，并预测缺陷的发展趋势，指导用户对变压器的管理和维护。

1. 变压器运行状态的动态监测

在线色谱监测的任务是检测油中溶解气体的组分含量随检测时间的变化趋势，以便了解和掌握变压器运行状态，结合气体在线监测项目，如局部放电等，对变压器运行状态进行评估，判断其处于正常或非正常状态，对状态给予显示、储存，并对预测状态予以超限值报警，以便用户及时给予处理，并为变压器的故障诊断分析提供信息数据。

2. 变压器故障的初步诊断

故障诊断的任务是根据状态监测获得的在线信息，专家系统结合被监测变压器自身的结构特性、参数及运行环境、运行历史信息等，对变压器已发生或可能发生的故障进行判断，确定故障性质、类别、程度、原因、故障发生和发展趋势，提出控制故障发展和维护的对策。

3. 指导变压器状态检修

状态检修主要依赖于在线监测和带电预防性试验等手段，其中在线监测技术起到了电力设备安全运行保障第一道关口的作用。在线设备发现电力设备异常后，应及时进行相关的其他验证试验。

三、 在线监测装置的运行管理

在生产管理过程中，包括两大部分内容，一是变压器色谱分析检测无故障情况的运行管理，二是变压器色谱分析诊断存在故障情况的运行管理。

（一）正常运行监督管理

（1）定时收集上端设备的色谱数据和色谱谱图并归档。

（2）定时收集油质检测分析数据。

（3）实验室检测色谱数据（比对数据）。

（4）定时收集色谱校对数据等。

（5）对收集的实验数据进行分析比较，当油质数据异常时，发出告警提示信息。

（6）当运行的在线色谱数据与实验室检测色谱数据（比对数据）差别太大时，发出异常警告提示并启动进入设备色谱校核工作程序和色谱仲裁工作程序，设备异常时应及时通知运行单位进行在线色谱检修维护处理。

（7）色谱校核数据与标样差别太大时（不合格时），发出异常告警提示，通知运行单位检修维护处理。

（8）色谱数据与上次比较增长太大，并超过注意值时，发出异常告警提示并启动进入超标处理程序，并加强色谱监测工作和数据比对仲裁分析工作。

（9）定期对在线系统进行检查维护工作，如检查载气瓶压力、储油罐液面、油路管道是否存在渗油等。

（二）异常情况处理程序

（1）当发现色谱分析数据超过注意值，并与上次采集结果相比明显增长时，发出指示进行色谱比对仲裁工作。

（2）缩短监测周期，分析测试频率适当提高。

（3）按照 DL/T 722—2014 中的色谱气体含量注意值和气体增长率注意值进行分析判断。

（4）工作站用特征气体法、三比值法、CO_2/CO 比值法、导则法、改良电协法、专家诊断法和典型事例法等综合分析判断变压器故障类型和部位，指导检修工作。

（5）色谱数据增长太快时，发出停电检修告警提示信息。

（6）进行停电检修工作。检修后上传变压器检修报表并归档。

（7）质量检查及判断。

（三）质量检查程序

为了确保在线监测装置的品质，应实行全面严格的质量检查程序。

1. 模拟运行试验

自动运行 72h 以上，定期（或周期）采集四次以上数据，油泵、油路无渗漏，有谱图及数据上传，各组分保留时间与标定数据相同。

2. 其他试验

检查设备出厂时出具的检测报告，项目齐全，报告合格。

（1）外观质量检验。

（2）功能性质量检验。

（3）外机箱防撞击测试。

（4）密封性防水试验。

（5）管路打压试验。

（6）振动试验。

（7）交变高低温试验。

（8）老化试验。

（9）电气性能试验。

（10）安全性能试验。

（11）精密度分析。

1）准确度试验。

准确度是指实验室里根据标准程序所准备的油中气体样品与该系统的测量值之间的差异。对于准确度，厂内检测检查时应对比于标准程序所要求的油中气体样品的差异来标定。而现场可暂以同一油样与实验室用精密色谱仪的测试值间的差异来进行现场校核，即以此来进行现场准确度的校核及标定。

该现场准确度的计算方法为式（6-27）所示。

$$准确度 = [(在线监测装置测量值 - 精密色谱仪测试值)/精密色谱仪测试值] \times 100\%$$

$$(6\text{-}27)$$

在实验室条件下，模拟表 6-45 规定的测量范围的状态参数（至少包括最大、最小以及介于其间的 3～5 个值），对在线监测系统（至少包括检测单元和主站单元）的测试结果与准确级更高的标准计量值进行比对，应满足表 6-45 中测量参数范围及测量误差要求。

表 6-45　　　　　　对现场监测单元测量参数及准确度的一般要求

设备参数	监测参数	测量周期	检测范围（μL/L）	分辨率（μL/L）	测量误差
变压器	H_2	24h	1~2000	5	±15%或5μL/L，取大者
	CO		5~5000	10	±15%或25μL/L，取大者
	CH_4		2~2000	5	±15%或1μL/L，取大者
	C_2H_6		2~2000	5	
	C_2H_2		0.5~500	1	
	C_2H_4		2~2000	2	

2）重复性或精度。

重复性或精度用于反映多组分监测系统在短时间（同一天）内对同一油源多次采样所得数据的差异性。

3）再现性。对于多组分监测系统，由同一油源取得的多个油样进行试验时的差异性：即同一试验条件下对同一油样的监测结果间的偏差不应超过 10%（对于中等浓度而言）。如多个系统中试验称为系统之间的再现性；如以同一系统在较长时间（如在连续的几个月中每周测试或每月测试）中数据比较，称为该系统的再现性。

四、　危险点分析及预控措施

（1）防止变压器油因在线监测装置泄漏。尽量缩短采油管路的长度，油管必须加装保护套管。

（2）防止对变压器油造成污染。铺设的油管要密封好油管口，不可以有杂质进入油管中，否则必须清洗油管，并保持油管干净。

（3）防止空气进入变压器油中。取样管路、取样阀必须密封良好，确保不能将空气带入变压器油中。应进行气密性检查。

（4）在变压器上选用的进样阀必须标准，能可靠地关闭和开启。

（5）打开变压器上的油阀时要缓慢，不可用力过猛。

（6）载气钢瓶中存储气体，拆卸和运输过程应遵守相关压缩气体管理规定。

（7）监测装置由专用电源供电，保证设备供电稳定可靠，不受其他设备干扰。

（8）仪器外壳要求与变电站地网可靠连接，安装符合电力系统设备安装规范要求。否则可能会导致仪器工作不稳定，外界的电磁干扰会影响内部电子元件的正常工作。

（9）载气 1 年左右更换 1 次，油桶的费油 1~2 年排 1 次。

（10）现场如果发现在线主机渗油情况，直接关闭主变压器下部在线取样阀的截止阀，电话通知厂家及时进行现场处理。

五、　在线监测装置维护保养及校验

（一）仪器维护保养

1. 日常维护

（1）设备在无断电的情况下是全自动运行的，维护量较少。

（2）带有载气的设备。应定期记录监测系统内部气瓶上高压表的压力数据，比较两次的压力数据，发现压力数据变化量大时，说明系统存在气体泄漏问题，需要检查漏点。当气瓶上高压表的压力指示下降到厂家规定的压力及以下时，及时更换气瓶。

注意：请勿在系统采样时更换气瓶，以免对数据造成不确定的影响，并可能产生错误报警。

（3）带有废油桶的设备。应定期检查油桶的液面高度，达到厂家规定的高度时，及时处理掉废液。

（4）循环油流速。定期检查循环油路系统的油流速度，按照厂家提供的检查方法，测试油流速度是否满足要求。

（5）组分测量结果。定期进行色谱数据的比对工作，发现数据重复性、再现性等异常时，及时查找原因。

（6）分离柱。各组分的分离度不能满足试验要求时，应进行活化或者更换工作。

（7）仪器标定。目前的仪器一般不设定自标定，标定已经在出厂前完成，调试好后一般不需要标定，在线监测系统全部自动化，重复性很高，操作条件一致，只要仪器性质不发生变化，一般不用再标定。如果仪器需要标定，一般就需要对仪器大修了。可以手动标定，在线监测仪器一般采用标准油进行标定。

2.停机维护

对变压器或者变压器辅助部分进行检修或对变压器油进行滤油处理时，或不需要系统运行时，必须关闭采样分析系统，在智能控制器上通过监控软件停止系统采样，同时关闭油路上的阀门。

注意，当现场的环境温度低于－10℃时，现场的变压器油色谱在线监测系统不能断电，以便保证主机内的温度满足要求。

3.故障维护

（1）故障类型。

1）变压器油色谱在线监测装置与变压器连接处渗漏油。

2）装置检测数据异常。

3）数据传输故障。

4）装置异常。

5）色谱在线监测装置失去电源是其不能正常工作的重要因素。

（2）故障处理程序。

1）首先应按照维护手册进行检查和恢复。检查通信是否正常、装置工作是否正常、连接电缆是否松动和脱落。

2）取油样进行数据比对分析。

3）对在线设备进行标准油样的校对工作。

4）变压器色谱在线监测装置发生不能恢复的故障时，运行单位应及时组织相关单位和厂家查明原因，进行修理，并在监测装置的记录中进行记录。

（二）变压器色谱在线装置的校验

1.校验方法

（1）采用现场校验。色谱在线监测系统应定期在现场进行系统标定，以确定监测系统所测数据的准确性。

（2）标准油样浓度的确定。用标准浓度的油样进行标定校准。现场标定时，标准油样浓度应随现场变压器油中气体浓度而定。建议采用三种以上不同浓度标准油样（最大、最小、接近值）。

2. 校验周期

以下三种情况下必须对在线监测系统在现场进行系统校验。

（1）监测系统连续运行 1 年以上。

（2）监测系统连续停运三个月以上后再投入运行。

（3）监测系统所测各组分数据多次与实验室离线色谱分析数据相对误差大于 50%时。

六、 变压器色谱在线监测装置应用中的主要问题

1. 装置监测数据准确性差

目前国内外监测装置生产厂家众多，技术水平参差不齐，在引进在线装置时过于偏重性价比，导致装置的检测性能达不到要求。按照 Q/GDW 540.2—2010 中要求，在线装置数据通实验室色谱数据相比结果误差不得大于 30%，而很多厂家技术水平达不到这个要求，造成装置监测数据没有实际意义，有些甚至干扰生产。

2. 装置安装不规范

在线装置的油路需要与主变压器本体直接相连，运行过程中油路的开、断是通过在线装置自身的阀门完成，因此其附件的选材和安装质量的好坏直接关系到监测数据的有效性和主变压器的安全运行。

3. 监测装置的检测数据稳定性差

根据 Q/GDW 540.2—2010 对在线装置的数据重现性做出明确要求，但一些厂家限于技术力量并不能满足要求，甚至发生误报，对于被监测的主变压器基本无法反映其油中溶解气体的趋势。

4. 装置元器件耐用性差

在线装置一般安装于主变压器附近，长期带电运行，运行条件较为恶劣，而装置本身元器件非常精密，对运行环境要求较高，因此必须选用耐用的元器件。装置本身还必须配备如内置空调等措施来保证检测元件的工作环境。

5. 数据传输故障

在线装置正常发挥作用除需要能够实现对主变压器油中溶解气体进行监测外，还要能够对数据和指令进行传送。随着变电站智能化改造，很多都选择多种在线装置共用一台终端的方案，带来了通信接口及数据格式冲突问题。

七、 在线监测装置正确应用的措施及建议

在线监测装置技术虽然已经比较成熟，但其应用时间不长，需要加强规范化管理，使其正常发挥作用。

（1）贯彻落实国网公司 Q/GDW 534—2010 等技术规范及管理规定，确保设备技术条件能够满足相关要求。

（2）建立在线装置检验手段，对在线装置能够进行准确性、稳定性、安全性方面的校

验，实行在线装置的准入制度，保证入网装置能够正常发挥作用。

（3）制定在线装置的运行管理、安装验收方面的管理办法，按照国网公司 Q/GDW 538—2010 对在线装置进行管理，确保装置运行安全，不发生因在线装置异常运行危及主变压器安全的事故。

八、色谱在线案例分析

1. 主变压器缺陷简介

2008 年 6 月，晋阳某 220kV 变电站 1 号主变压器安装了色谱在线监测系统，在安装后的一年多的时间内，主变压器的油色谱在线监测结果一直比较稳定，检测结果与离线色谱也比较一致，证明主变压器一直处于正常运行的状态。但是在 2009 年 8 月 17 日，油色谱在线监测装置检测的数据突然呈现明显增长趋势，产气速率超过了预设的报警值并进行了报警，特征气体中以甲烷、乙烯增长较明显，一氧化碳、二氧化碳略微增长，同时试验室色谱分析数据趋势与在线数据基本相同。跟踪数据见表 6-46 和表 6-47。

表 6-46　　　　　　　　　　油色谱在线监测数据　　　　　　　　　　μL/L

日期	H_2	CO	CO_2	CH_4	C_2H_4	C_2H_6	C_2H_2	总烃
2009.8.16 8：42	13.9	491	2874	16.2	1.39	5.51	0	23.1
2009.8.17 8：44	23.7	553	3012	36.8	48.3	12.2	0	97.3
2009.8.18 8：49	26.2	563	2895	48.6	61.8	14.6	0	125
2009.8.19 8：51	20.3	541	2947	50.2	64.4	16.6	0	131.2
2009.8.20 8：48	22.9	562	3174	52.2	68.3	16.9	0	137.4
2009.8.21 8：48	24.2	555	3028	59.1	72.7	17.3	0	149.1
2009.8.22 8：50	24.7	570	3171	61.5	71.9	16.6	0	150
2009.8.23 8：58	25.4	585	3131	63.1	80.3	17.9	0	161.3
2009.8.24 8：56	30.4	597	3019	80.3	106	24.8	0	211.1
2009.8.25 8：52	34.8	580	3198	82.4	111	26.2	0	219.6
2009.8.26 8：55	34.1	594	3146	81.2	102	26.7	0	209.9

表 6-47　　　　　　　　　　试验室色谱分析数据　　　　　　　　　　μL/L

日期	H_2	CO	CO_2	CH_4	C_2H_4	C_2H_6	C_2H_2	总烃
2009.1.10	7.6	423.6	2024.8	15.7	1.2	5.1	0	22
2009.7.26	8.6	435.6	2215.7	17.5	1.5	5.1	0	24.1
2009.9.1	29.7	432.6	2576.4	149.5	253	60.8	0	463.7
2009.9.2	38.7	476.3	2536.1	156.3	257	61.5	0	474.6
2009.9.3（上午）	59.8	597.4	2814.9	191.2	299	70.7	0	560.4
2009.9.3（下午）	40.1	471.4	2413.1	177.9	282	68.6	0	528.3
2009.9.4（上午）	41.3	488.9	2259.7	180.7	285	69.8	0	535.1
2009.9.4（下午）	48.1	528.8	2548.8	189.3	289	70.9	0	549.5

对主变压器绝缘油做了相应的简化试验，包括杂质悬浮物、闭口闪点、击穿电压、介

质损耗因数、油中含气量、油中糠醛含量、酸值、水分、界面张力等试验均合格；油中含气量为 5.46%（最高 6.5%，最低 3.64%）。

2. 现场检查与处理

（1）检查结果。经过对主变压器进行检修，发现变压器 220kV B 相高压引线与高压套管尾端处有明显过热痕迹，引线烧断 2 股半，共 4 股受损（该引线为 30 股左右并绕软铜线），绝缘用纸和白布带局部已烧损、碳化，如图 6-15 所示。

（2）原因分析。分析造成引线断股的原因为：主变压器高压套管、引线安装连接时 B 相引线反向受力不匀，并且有散股现象，进入高压套管内后引线与套管末端摩擦受力，导致局部绝缘损伤，在主变压器正常运行振动等作用力下最终绝缘破损，

图 6-15　变压器 B 相高压引线与高压套管尾端处的过热烧损痕迹

引线与套管内侧铜管末端接触，运行时主变压器电流（约 300A）中一部分通过套管内侧铜管经接触点流入主变压器绕组，导致发热、油色谱异常。

（3）处理方法。现场截断烧损的 4 股铜线后利用磷铜焊条进行了修补，用绝缘纸和白布带进行绝缘包扎，修补后测量直阻正常。

3. 结论

从上述案例可以看出，通过对绝缘油中溶解气体的测量和分析，实现了对变压器内部运行状态的在线监控：从 2009 年的 8 月由正常状态下监测到各组分大幅增长，到 10 月份主变压器停电检修，也就是短短的 2 个月时间，及时发现和诊断出其内部故障，为保证变压器的安全经济运行和状态检修提供了技术支持。反过来说，如果没有加装在线监测系统，按照 DL/T 722—2014 规定的 6 个月进行色谱试验，将不可避免造成一次恶性事故的发生。可以说，该套在线监测系统为避免该事故的发生起到了关键性的作用。

第九节　气体继电器校验现场作业指导及应用

一、概述

1. 适用范围

本方法适用于对现场安装和运行中的气体继电器进行检验，以提高气体继电器的检验质量及运行可靠性。

2. 引用标准

GB 50150—2006　电气装置安装工程电气设备交接试验标准

DL/T 540—2013　气体继电器检验规程

Q/GDW 1168—2013　输变电设备状态检修试验规程

Q/GDW 1799.1—2013　国家电网公司电力安全工作规程　变电部分

二、 相关知识点

1. 基本概念

（1）术语及定义。

1）流速整定值（setting of the flow speed）：预先设定的气体继电器动作的油流速值。

2）流速动作值（operating value of the flow speed）：在校验时气体继电器实际动作的油流速值。

3）气体容积整定值（setting of the gas volume）：预先设定的气体继电器动作的气体容积值。

4）气体容积动作值（operating value of the gas volume）：在校验时气体继电器实际动作的气体容积值。

（2）气体继电器概述。气体继电器又称瓦斯继电器，是利用变压器内部故障时产生的气体、热油流及热气流推动继电器动作的元件，内部有轻瓦斯接点和重瓦斯接点，是变压器的保护元件；气体继电器安装在变压器的储油柜和油箱之间的管道内；如果充油的变压器内部发生放电故障，放电电弧使变压器油发生分解，产生甲烷、乙炔、氢气、一氧化碳、二氧化碳、乙烯、乙烷等多种特征气体，故障越严重，气体的量越大，这些气体产生后从变压器内部上升到上部储油柜的过程中，流经气体继电器；若气体量较少，则气体聚积在气体继电器上部，使挡板倾斜，或浮子下降，当聚积的气体体积大于 250（300）mL 时，使继电器的常开轻瓦斯接点闭合，作用于轻瓦斯保护发出轻瓦斯警告信号；若故障能量很大，不仅气体量很大，而且产生强烈的油流，当油气流动速度大于 3m/s 时，通过气体继电器快速冲出，推动气体继电器内挡板迅速动作，使另一组常开接点闭合（即重瓦斯常开接点闭合），则断路器直接启动继电保护跳闸，断开断路器，切除故障变压器。当然，刚投入的变压器通电后，油受热使油中溶解的气体上升，及其他一些因发热产生的气体也可以使气体继电器误动作。

2. 气体继电器校验原理

气体继电器校验台模拟变压器内部故障时气体继电器的动作机理，采用先进的计算机测控技术，通过实时采集流量信号并准确计算出流速值，以达到定量检测动作于跳闸流速值的目的；通过定量容积计量装置，以达到准确检测动作于信号容积值的目的。可以实现气体继电器动作于跳闸流速值、动作于信号容积值和密封性能的校验，各校验项目可分别独立完成，且互不影响，校验完成后可将测试结果进行保存和打印。

3. 校验意义

气体继电器是油浸式变压器的主要保护组件，其能够在变压器内部发生故障时发出报警信号或者自动切断供电，保护变压器运行安全，所以要保证气体继电器的正常安装及运行。

三、 试验前准备

1. 人员要求

经过专业培训的设备操作员，能够熟练、正确无误地操作设备，并能够根据故障现象处理简单的设备故障。

2. 气象条件

环境温度：0～+40℃；相对湿度：≤75%。

3. 试验设备、工器具及耗材

试验设备、工器具及耗材见表6-48。

表 6-48　　　　　　　　　　　　　试验设备、工器具及耗材

序号	名称	规格/编号	单位	数量	备 注
一	试验设备				
1	气体继电器校验台	WSJYC	台	1	
二	工器具				
1	螺钉旋具	一字	把	1	
2	万用表		块	1	
3	套筒扳手	10/12/13/14	把	各 1	
4	专用密封垫		套	4	
5	水平尺		个	1	
三	耗材				
1	变压器油	25 号	L	100	首次试验

四、 试验程序及过程控制

（一）操作步骤

1. 结构与外观检查

（1）检查气体继电器壳体、玻璃窗、出线端子、探针和波纹管等应完好。

（2）气体继电器内部零件应完好，螺钉应有弹簧垫并拧紧，固定支架牢固可靠，焊缝焊接良好，无漏焊现象。

（3）放气阀、探针操作应灵活，探针头与挡板挡舌间保持 1.5～2.5mm 的间隙。

（4）转动开口杯，测量轴向活动范围为 0.3～0.5mm，开口杯转动过程中与出线端子最近距离不小于 3mm。

（5）转动挡板，测量轴向活动范围为 0.3～0.5mm。

（6）检查接线盒漏水孔是否畅通。

2. 试验前准备

（1）首次使用校验台前必须添加适量的合格变压器油，加油孔位于回油槽处。加油量使液位计观察孔油位距离油箱上盖面 6～8cm 为宜。

（2）按照要求连接校验台电源线及地线。

（3）目测检查待校验气体继电器，拆除继电器内固定线、进出口防尘封等。

3. 试验步骤

（1）将待测气体继电器装上相对应密封垫，将其卡装在校验台对应管径的测试管道上。气体继电器安装方向与校验台上指示安装方向一致，且气体继电器安装后前后位置水平。

（2）连接信号线，信号线航插端安装在校验台信号线接口上，鳄鱼夹端与被测气体继

电器接线柱相连。红色鳄鱼夹与气体继电器信号端子相连，黑色鳄鱼夹与待测气体继电器跳闸端子相连，当跳闸端子或信号端子有两组或多组接点时可接其中任意一组。

（3）通过 RS485 连接线将校验台与安装有校验台控制程序的计算机连接。

（4）接通设备电源，按下设备开机按钮；接通计算机电源，打开校验程序。

（5）气体继电器校验参数设置。根据待校验气体继电器情况设置继电器信息及校验参数，包括：生产厂家、出厂编号、密封时间、密封预置压力、重瓦斯校验次数、继电器信号接点状态等参数。

生产厂家：待测气体继电器生产厂家。

出厂编号：待测气体继电器出厂编号。

密封时间：按照规程要求设置为 20min，也可根据需求调整设置。

密封预置压力：按照规程要求设置为 0.2MPa，也可根据需求调整设置。

重瓦斯校验次数：进行重瓦斯校验次数设置，默认次数为 3 次，可以根据需求输入重瓦斯校验次数（范围 1～3 次）。

继电器信号接点状态：进行继电器信号状态设置，默认常开状态。可以对继电器的实际信号状态进行设置。

（6）校验台排气操作。为保证测试数据的准确性，在进行重瓦斯和轻瓦斯校验前，必须将继电器内部的气体排除干净。当排气口有持续稳定的油流流出时，完成排气工作。

（7）流速动作值（重瓦斯）校验。排气完成后，开始流速动作值校验，设备根据设置参数自动完成待校验气体继电器的流速动作值（重瓦斯）校验，整个校验过程自动进行。

（8）容积动作值（轻瓦斯）校验。在"轻瓦斯校验"栏中单击"开始校验"按钮，根据设备提示，打开排气阀后，单击"确定"按钮，系统弹出轻瓦斯校验提示。当排气口流出稳定的油柱时，单击"确定"按钮，系统开始进行轻瓦斯容积值的测试，整个校验过程自动进行。

（9）密封性能校验。在"密封性能校验"栏中单击"密封校验"按钮，界面下部提示区显示"正在准备密封校验"。系统弹出密封性能校验提示对话框，单击"确定"按钮后系统自动开始密封性能校验，整个校验过程自动进行。

（二）计算及判断

1. 流速动作值（重瓦斯）计算及判断

继电器动作流速整定值以连接管内的稳态流速为准，流速整定值由变压器、有载分接开关生产厂家提供，或参考 DL/T 573—2010 的相关内容。

继电器动作流速整定值试验中，油流速度从 0 开始，在流速整定值的 30%～40% 之间油流的冲击下，稳定 3～5min，观察其稳定性。以不大于 0.02m/s 的油流速度增加量缓慢增加，直至有跳闸动作输出时测得稳态流速值。继电器各次动作值偏差不超过 ±10%，重复试验三次，三次测量动作值最大误差不超过 10%。

检验不符合整定值时，可调整气体继电器使之达到整定值。

继电器检验时，油温应达到 20～40℃。

2. 容积动作值（轻瓦斯）计算及判断

将继电器充满变压器油后，两端封闭，水平放置，打开继电器放气阀，并对继电器进行缓慢放油，直至有信号动作输出时，测量放出油的体积值，即为继电器动作容积值。重复试验三次，继电器动作容积刻度值与实测容积值均满足气体容积整定范围。

$\phi50$、$\phi80$ 继电器：气体容积整定范围为 $250\sim300$mL。

检验不符合整定值时，可调整气体继电器使之达到整定值。

3. 密封性能判断

对挡板式继电器密封检验，其方法是对继电器充满变压器油，在常温下加压至 0.2MPa、稳压 20min 后，检查放气阀、探针、干簧管、出线端子、壳体及各密封处应无渗漏。

对空心浮子式继电器密封检验，其方法是对继电器内部抽真空处理，绝对压力不高于 133Pa，保持 5min。在维持真空状态下对继电器内部注满 20℃以上的变压器油，并加压至 0.2MPa，稳压 20min 后，检查放气阀、探针、干簧管、浮子、出线端子、壳体及各密封处应无渗漏。

（三）结束工作

（1）打开被测气体继电器排气口，继电器及测试管路中变压器油流至储油箱。

（2）拆卸信号线。

（3）拆卸被测气体继电器，将继电器腔体内变压器油清理干净。

（4）关闭校验台电源，关闭安装校验程序计算机电源。

（5）整理试验场所，将工具分类放好，清理校验台及校验过程中产生的油渍。

（四）试验报告编写

试验报告编写格式见表 6-49。

表 6-49　　　　　　　气体继电器校验试验报告

送检单位：		安装地点：		备注
一、铭牌抄录				
规格型号：		出厂编号：		
生产厂家：		出厂日期：		
二、机械部分及外观检查				
三、动作可靠性检查				
四、密封性能试验（加压：（压力）MPa，时间：（时间）min）				
五、重瓦斯动作流速整定试验				
六、轻瓦斯动作容积整定试验				
七、绝缘强度试验（用 2500V 绝缘电阻表）				
接线端子对外壳：（绝缘电阻）MΩ　　干簧接点之间：（绝缘电阻）MΩ				
八、耐压试验				
接线端子对外壳：（耐压）V，历时（耐压）min 无击穿或闪络				
干簧接点之间：（耐压）V，历时（耐压）min 无击穿或闪络				
信号端子对跳闸端子：（耐压）V，历时（耐压）min 无击穿或闪络				
九、结论：				
检定员：　　　　核验员：　　　　校验时间：				

五、 危险点分析及预控措施

（1）校验台使用前必须可靠接地。接地线不可与其他大电流负载共同接地，应单独接地，接地线越短越好。

（2）校验台使用一段时间后应及时过滤油中杂质或更换新的合格变压器油，以防校验台受损。

（3）校验台采用交流 380V 三相四线制电源，并装有相序保护装置，接线后若不能正常启动，调整相序即可。

（4）只有接受过专业培训的人员才能操作本校验台进行气体继电器校验，其他人不能操作。

（5）气体继电器校验台较重，移动时应注意安全。

（6）切断校验台电源后至少要等待 30s 才能再次开机。

六、 仪器维护保养及校验

（一）仪器维护保养

（1）校验台属于精密电子产品，存放保管时应注意环境温度和相对湿度，放在干燥通风的地方为宜，要防尘、防潮、防振、防酸碱及腐蚀性气体。严禁存放在高温、潮湿环境中。不能在有结露可能的场所及光直射下长时间放置。

（2）校验台使用完毕后，要将其所有配件分类放入其附件箱相对应位置，方便下次取用；将使用过程中产生的油渍擦拭干净。

（3）校验台附件需定期检查是否有损坏，避免造成现场无法使用。

（二）仪器校验

（1）校验台必须定期校验，每年至少经有资格的计量单位校验一次。

（2）校验后应认真填写校验记录和校验合格证，并粘贴校验合格标识。已经超过校检期限的校验仪应停止使用。

（3）正常运行过程中，如果发现仪器显示值不正常或有其他可疑迹象，应立即检验校正。

七、 试验数据超极限值原因及处理

试验数据超极限值的原因及处理方法，见表 6-50。

表 6-50　　　　　　气体继电器校验数据超极限值的原因及处理方法

警戒极限	原因解释	采取措施
容积值校验偏差	气体继电器原因	气体容积整定范围为 250～300mL。检验不符合整定值时，可调整气体继电器使之达到整定值
	气体继电器安装偏斜	使用水平尺调整气体继电器到水平位置
	校验台校验数据不准确	设备停止使用，由校验机构检验或设备厂家检修后方能使用

警戒极限	原因解释	采取措施
流速值校验偏差	未达到试验条件	（1）继电器检验时，油温应达到 20～40℃，确保油温达标后重新校验。 （2）试验用介质必须为合格的 25 号变压器油
	气体继电器原因	大部分气体继电器整定值是可调的。检验不符合整定值时，可调整气体继电器使之达到整定值
	校验台校验数据不准确	设备停止使用，由校验机构检验或设备厂家检修后方能使用

附录 A　SF₆气体现场试验报告编写格式

Q/GDW 11062—2013 推荐报告见表 A-1、表 A-2。

表 A-1　　　　　　　　　　　SF₆气体泄漏成像检测报告

变电站名称			检测原理			
检测单位			检测仪器			
设备名称		设备出厂编号		设备运行编号		
检测位置			上次补气时间			
天气		环境温度 （℃）		环境湿度 （%）		环境风速 （m/s）
检测日期			检测人员			
测试结果						
气体泄漏部位图片						
激光/红外图片			可见光图片			
泄漏部位的描述						
处理意见						
备注						

审核：　　　　　　　日期：　　　　　　　批准：　　　　　　　日期

表 A-2 　　　　　　　　　　　　**SF₆设备现场定量检漏报告**

序号	检测设备名称	SF₆气体红外检漏仪			
	(变电站名称)：				
		充气压力（MPa）	年漏气率（%）	设备泄漏位置	设备状态
1					
2					

参 考 文 献

[1] 李德志，寇晓逗，曹宏伟，等 . 电力变压器油色谱分析及故障诊断技术 . 北京：中国电力出版社，2013.

[2] 操敦奎 . 变压器油中气体分析诊断与故障检查 . 北京：中国电力出版社，2013.

[3] 罗竹杰 . 电力用油与六氟化硫 . 北京：中国电力出版社，2007.

[4] 罗竹杰，吉殿平 . 火力发电厂用油技术 . 北京：中国电力出版社，2006.

[5] 汪红梅 . 电力用油(气). 北京：化学工业出版社，2008.

[6] 孙坚明，孟玉婵，刘永洛 . 电力用油分析及油务管理 . 北京：中国电力出版社，2009.

[7] 孟玉婵，李荫才，贾瑞君，等 . 油中溶解气体分析及变压器故障诊断 . 北京：中国电力出版社，2012.

[8] 温念珠 . 电力用油实用技术 . 北京：中国水利水电出版社，1998.

[9] 国家电网公司运维检修部 . 电网设备状态检测技术应用典型案例(上册)(2011～2013 年). 北京：中国电力出版社，2014.

[10] 国家电网公司运维检修部 . 电网设备状态检测技术应用典型案例(下册)(2011～2013 年). 北京：中国电力出版社，2014.

[11] 国家电网公司运维检修部 . 电网设备带电检测技术 . 北京：中国电力出版社，2014.

[12] 国家电网公司人力资源部组 . 油务化验 . 北京：中国电力出版社，2010.

[13] 国家电网公司人力资源部组 . 电气试验 . 北京：中国电力出版社，2010.

[14] 孟玉婵，朱芳菲 . 电气设备用六氟化硫的检测与监督 . 北京：中国电力出版社，2009.

[15] 郝有明，温念珠，范玉华，等 . 电力用油(气)实用技术问答 . 北京：中国水利水电出版社，2000.

[16] 河南电力技师学院 . 油务员 . 北京：中国电力出版社，2008.

[17] 郭清海 . 变压器实用技术问答 . 北京：中国电力出版社，2011.

[18] 《电力用油、气标准汇编》编委会，中国标准出版社第二编辑室 . 电力用油、气标准汇编 . 北京：中国标准出版社，2005.

[19] 郝有明，温念珠，范玉华，等 . 电力用油(气)实用技术问答 . 北京：中国水利水电出版社，2000.

[20] 《火力发电职业技能培训教材》编会委 . 电厂化学设备运行 . 北京：中国电力出版社，2005.

[21] 孙才新，陈伟根，李俭，等 . 电气设备油中气体在线监测与故障诊断技术 . 北京：科学出版社，2003.

[22] 陈天翔，王寅仲 . 电气试验 . 北京：中国电力出版社，2005.

[23] 王远璋 . 变电设备维护与检修作业指导书 . 北京：中国电力出版社，2005

[24] 陈化钢 . 电力设备预防性试验方法及诊断技术 . 北京：中国科学技术出版社，2001.

[25] 汪永华，陈化钢，等 . 常用电气设备故障诊断技术手册 . 北京：中国科学技术出版社，2014.

[26] 刘珍编 . 化验员读本 . 北京：化学工业出版社，1998.